第3章　1次関数

● 1次関数とグラフ

一般に，1次関数は $\boldsymbol{y=ax+b}$ (a，b は定数，$a \neq 0$) のように表す。

①　1次関数 $y=ax+b$ の値の変化

(1)　**増加・減少**　x の値が増加するとき，y の値は　$a>0$　ならば増加
$a<0$　ならば減少

(2)　**変化の割合** $=\dfrac{y\text{ の増加量}}{x\text{ の増加量}}=a$ (一定)

②　1次関数 $y=ax+b$ のグラフ

(1)　**傾き** a，**切片** b の直線

(2)　**直線** $y=ax+b$ の傾き a は，1次関数 $y=ax+b$ の変化の割合 a に等しい。

(3)　$a>0$ のとき，右上がりの直線
$a<0$ のとき，右下がりの直線

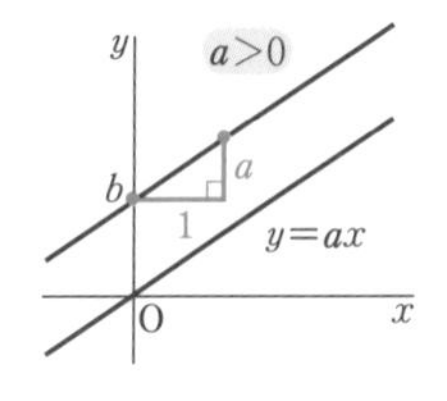

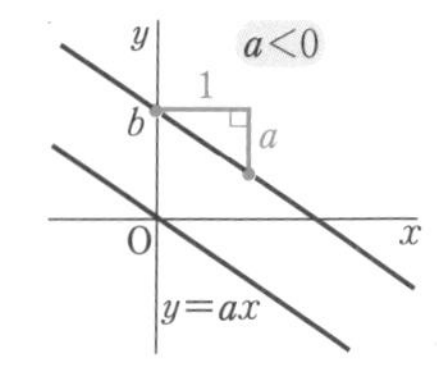

● 1次関数の式の求め方

1次関数の式の決定　1次関数は $y=ax+b$

(1)　**直線が通る点と傾きから決定**　a は傾
⟶ 変

(2)　**直線が通る2点から決定**　2点の座標
または，2点の座標を $y=ax+b$ に代入

● 1次関数と方程式

①　2元1次方程式 $ax+by=c$ のグラフ

(1)　直線を表す。

(2)　$a \neq 0$，$b \neq 0$ のとき，y について解くと，$y=-\dfrac{a}{b}x+\dfrac{c}{b}$

⟶ 傾き $-\dfrac{a}{b}$，切片 $\dfrac{c}{b}$ の直線

②　x 軸，y 軸に平行な直線

(1)　$\boldsymbol{y=q}$ **のグラフ**　x 軸に平行な直線

(2)　$\boldsymbol{x=p}$ **のグラフ**　y 軸に平行な直線

$ax+by=c$ において，

$a=0$，$b \neq 0$ のとき，$by=c \longrightarrow y=\dfrac{c}{b}$

$a \neq 0$，$b=0$ のとき，$ax=c \longrightarrow x=\dfrac{c}{a}$

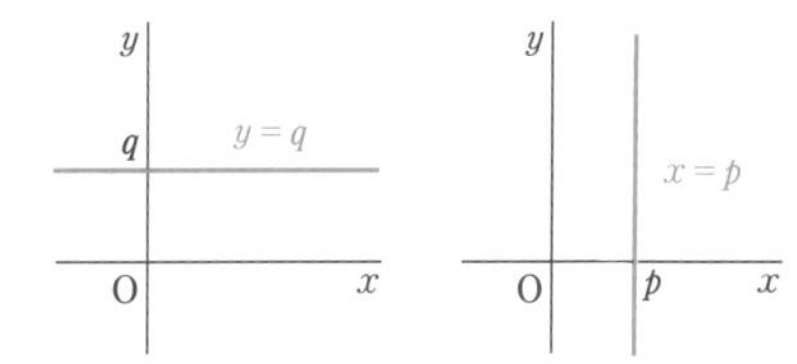

③　連立方程式とグラフ

連立方程式 $\begin{cases} ax+by=c & \cdots ① \\ a'x+b'y=c' & \cdots ② \end{cases}$ の解は，2直線 ①，② の交点の座標

考える力。
それは「明日」に立ち向かう力。

あらゆるものが進化し、世界中で昨日まで予想もしなかったことが起こる今。
たとえ便利なインターネットを使っても、「明日」は検索できない。

チャート式は、君の「考える力」をのばしたい。
どんな明日がきても、この本で身につけた「考えぬく力」で、
身のまわりのどんな問題も君らしく解いて、夢に向かって前進してほしい。

チャート式が大切にする5つの言葉とともに、
いっしょに「新しい冒険」をはじめよう。

1　地図を広げて、ゴールを定めよう。

1年後、どんな目標を達成したいだろう？
10年後、どんな大人になっていたいだろう？
ゴールが決まると、たどり着くまでに必要な力や道のりが見えてくるはず。
大きな地図を広げて、チャート式と出発しよう。
これからはじまる冒険の先には、たくさんのチャンスが待っている。

2　好奇心の船に乗ろう。「知りたい」は強い。

君を本当に強くするのは、覚えた公式や単語の数よりも、
「知りたい」「わかりたい」というその姿勢のはず。
最初から、100点を目指さなくていい。
まわりみたいに、上手に解けなくていい。
その前向きな心が、君をどんどん成長させてくれる。

3 味方がいると、見方が変わる。

どんなに強いライバルが現れても、
信頼できる仲間がいれば、自然と自信がわいてくる。
勉強もきっと同じ。
この本で学んだ時間が増えるほど、
どんなに難しい問題だって、見方が変わってくるはず。
チャート式は、挑戦する君の味方になる。

4 越えた波の数だけ、強くなれる。

昨日解けた問題も、今日は解けないかもしれない。
今日できないことも、明日にはできるようになるかもしれない。
失敗をこわがらずに挑戦して、くり返し考え、くり返し見直してほしい。
たとえゴールまで時間がかかっても、
人一倍考えることが「本当の力」になるから。
越えた波の数だけ、君は強くなれる。

5 一歩ずつでいい。でも、毎日進み続けよう。

がんばりすぎたと思ったら、立ち止まって深呼吸しよう。
わからないと思ったら、進んできた道をふり返ってみよう。
大切なのは、どんな課題にぶつかってもあきらめずに、
コツコツ、少しずつ、前に進むこと。

チャート式はどんなときも
ゴールに向かって走る君の背中を押し続ける

チャート式®

中学数学 2年

もくじ

学習コンテンツ ➡

コラム

別冊解答編

練習，EXERCISES，定期試験対策問題，問題，入試対策問題の解答をのせています。

問題数

例　題	111問
練　習	111問
EXERCISES	88問
定期試験対策問題	54問
発展例題	18問
問　題	18問
入試対策問題	53問
合　計	**453問**

本書の特色と使い方

ぼく，数犬チャ太郎。
いっしょに勉強しよう！

デジタルコンテンツを活用しよう！

解説動画

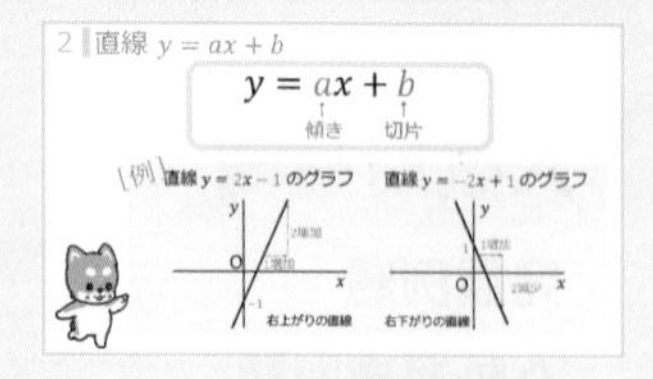

●「要点のまとめ」の中で，とくに大事な部分には，スライド形式の解説動画を用意しました。
紙面の内容にそって，わかりやすく解説しています。→「1 要点のまとめ」もチェック

計算カード

これらは QR コードからアクセスできるよ

●反復練習が必要な問題が，カード形式で現れます。

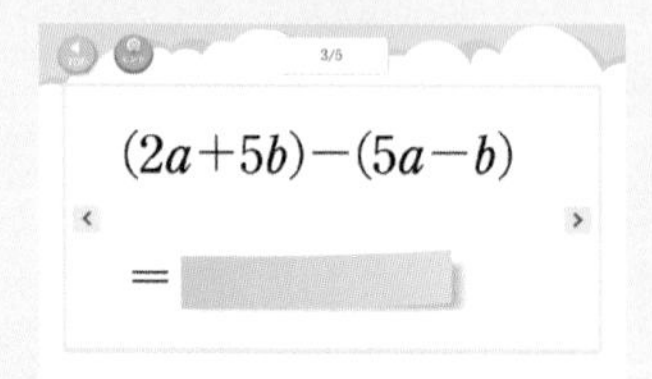

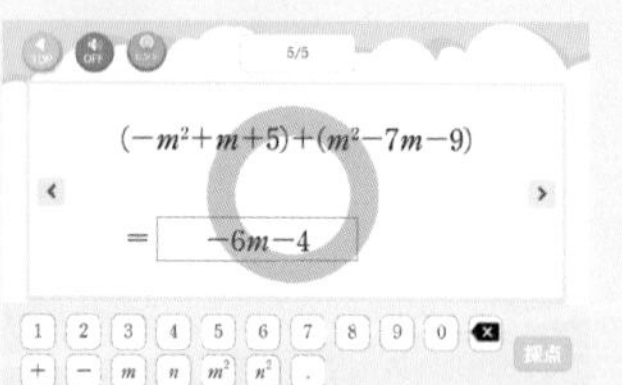

●制限時間を設定することができます。また，ふせんモードと入力モードがあります。
入力モードでは，画面下に表示されたキーボードを使って入力すると，自動で採点されます。

※他にも，理解を助けるアニメーションなどを用意しています。

各章の流れ

1 要点のまとめ

●用語や性質，公式などの要点を簡潔（かんけつ）にまとめています。

●授業の予習・復習はもちろん，テスト直前の最終確認にも活用しましょう。

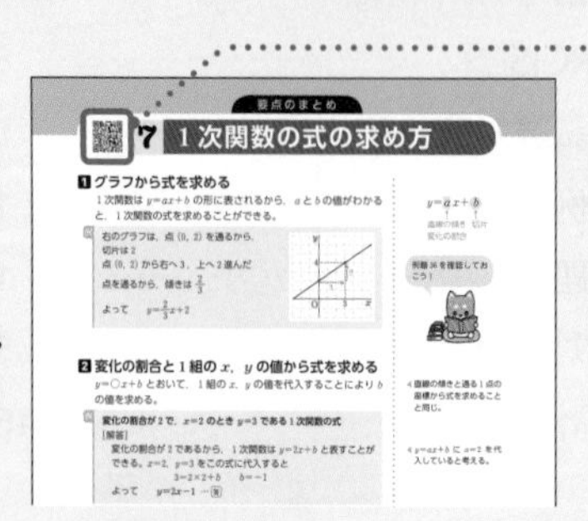

QR コード
解説動画や計算カードなどの学習コンテンツにアクセスできます。※1，※2

PCからは
https://cds.chart.co.jp/books/l764ucip4y

コンテンツの内容は，予告なしに変更することがあります。

※1　QR コードは，㈱デンソーウェーブの登録商標です。
※2　通信料はお客様のご負担となります。Wi-Fi 環境での利用をおすすめいたします。

2 例題

- 代表的な問題を扱っています。レベルは■，■■（基本～教科書本文レベル）が中心です。>> で関連するページを示している場合があります。
- 考え方では，問題を解くための方針や手順をていねいに示しています。ここをしっかり理解することで，思考力や判断力が身につきます。
- 練習では，例題の類題，反復問題を扱っています。

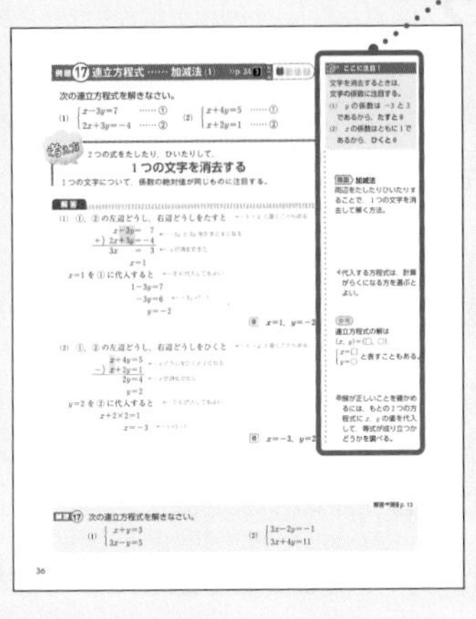

側注で理解が深まる

ここに注目！

問題を整理しよう！ など

問題文の注目する箇所（かしょ）や問題を理解するための図解などをのせています。

確認

要点や学習済みの内容などを取り上げています。

小学校の復習 など

小学校や１年生で学習した内容のうち，関連が深いものを取り上げています。

⚠

まちがいやすい内容など，注意点を取り上げています。

参考

参考事項を取り上げています。

CHART（チャート）　問題と重要事項（性質や公式など）を結びつけるもので，この本の１つの特色です。頭に残りやすいように，コンパクトにまとめています。→p. 6 をチェック

3 EXERCISES（エクササイズ）

- 例題の反復問題や，その応用問題を扱っています。

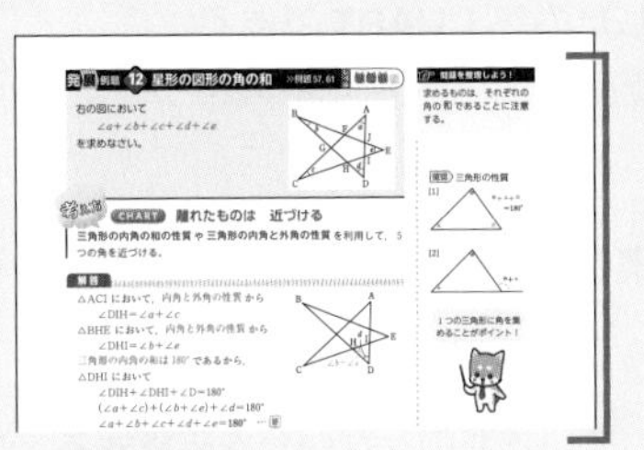

もどって復習できる

EXERCISES，定期試験対策問題では，ともに参考となる例題番号を示しています。

4 定期試験対策問題

- 学校の定期試験で出題されやすい問題を扱っています。

入試対策編

1 発展例題

- 入試によく出題される問題を扱っています。レベルは■■■，■■■■（入試標準～やや難レベル）が中心です。

本編の例題と同じ形式

例題と同じ流れで勉強できます。（発展例題の類題は「問題」になります）

2 入試対策問題

- 実際に出題された入試問題を中心に扱っています。

CHART(チャート)とは？

数学の問題を解くことは，航海(こうかい)（船で海をわたること）に似ています。

航海では，見わたすかぎり空と海で，目的の港はすぐに見えません。
目的の港に行くには，海についての知識や，波風に応じて船をあやつる技術が必要です。

数学も同じ。問題の答えはすぐにわかりません。
答えを求めるには，問題の内容についての知識（性質や公式）はもちろんのこと，その問題の条件に応じて，知識を使いこなす技を身につける必要があります。

この「知識を使いこなす技を身につける」のにもっとも適した参考書が，チャート式です。

CHART とは，海図(かいず)を意味します。海図とは，海の深さや潮の流れなど海の情報を示した地図のようなものであり，航海の進路を決めるのに欠かせないものです。

航海における海図のように，問題を解く上で進むべき道を示してくれるもの
―そして，それは誰もが安心して答えにたどり着けるもの―
それがチャート式です。

〈チャート式　問題解決方法〉

1．問題の理解

何がわかっているか，何を求めるのか をはっきりさせる。

……出発港と目的港を決めないと，船を出すことはできない。

2．解法の方針を決める

わかっているものと求めるものに **つながりをつける。**
このつながりをわかりやすく示したのが **CHART** である。

……出発港と目的港の間に，船の通る道をつける。このとき，海図が役に立つ。

3．答案をつくる

2 で決めた方針にしたがって答案をつくる。　……実際に，船を進める。

4．確認する

求めた答えが正しいか，見落としているものはないかを確認する。

……港へ着いたら，目的と異なる港に着いていないかを確認する。

第1章

式の計算

要点のまとめ

1 単項式と多項式，多項式の計算

1 単項式と多項式

❶ 数や文字をかけ合わせただけの式を **単項式**（たんこうしき）という。
x や -3 のように，1つの文字や数も単項式である。

例

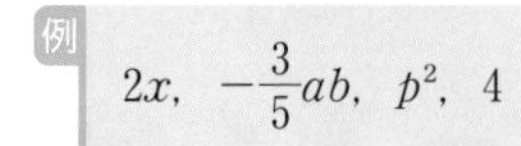

$2x$，$-\frac{3}{5}ab$，p^2，4

$2x$ は 2 と x をかけ合わせただけの式である。

1年生の復習
文字をふくむ項 $2x$ において，数の部分 2 を x の **係数** という。

単項式の和の形で表される式を **多項式**（たこうしき）といい，その1つ1つの単項式を，多項式の **項** という。
特に，数だけの項を **定数項**（ていすう）という。

例

$3a+b$，$4x^2+3x-1$

多項式 $4x^2+3x-1$ の項は
$4x^2$，$3x$，-1
定数項

❷ 単項式において，かけ合わされている文字の個数を，その単項式の **次数**（じすう）という。多項式では，各項の次数のうち，もっとも大きいものを，その多項式の **次数** という。

例

単項式 … $2x$ の次数は 1，$-\frac{3}{5}ab$ の次数は 2，p^2 の次数は 2
多項式 … $3a+b$ の次数は 1，$4x^2+3x-1$ の次数は 2

$-\frac{3}{5}ab=-\frac{3}{5}\times a\times b$
かけ合わされている文字は2個

次数が1の式を **1次式**，次数が2の式を **2次式** という。

$4x^2+3x-1$ は2次式。
$4x^2$ の次数2がもっとも大きい

2 多項式の計算

❶ 1つの多項式において，文字の部分が同じである項を **同類項**（どうるいこう）という。

同類項は，分配法則を使って，1つの項にまとめることができる。
$3x+5x=(3+5)x$

❷ **多項式の加法・減法**

[**加法**] すべての項を加えて，同類項をまとめる。
[**減法**] ひく式の各項の符号を変えて，すべての項を加える。

❸ **多項式と数の乗法・除法**

[**乗法**] 分配法則を使って計算する。
[**除法**] 乗法になおして計算する。

分配法則
$a(b+c)=ab+ac$
$(a+b)c=ac+bc$

例題 1 単項式と多項式

>>p. 8 1 レベル

(1) 次の式のうち，単項式を選びなさい。また，多項式を選びなさい。

(ア) $-\dfrac{ab}{2}$　(イ) $2x+3y$　(ウ) $\dfrac{1}{4}x-y^2$　(エ) $-\dfrac{2}{3}$

(2) 多項式 $2x^2-3xy+\dfrac{1}{2}y^2-4$ の項を答えなさい。

考え方

単項式 … 数や文字をかけ合わせただけの式
多項式 … 単項式の和の形で表される式
└→ 1つ1つの単項式を，多項式の **項** という。

解答

(1) (ア) $-\dfrac{ab}{2}=-\dfrac{1}{2}\times a\times b$　よって，単項式。
└ 数と文字をかけ合わせただけ

(イ) $2x+3y$ ← 単項式の和の形　よって，多項式。

(ウ) $\dfrac{1}{4}x-y^2=\dfrac{1}{4}x+(-y^2)$　よって，多項式。
↑ 単項式の和の形

(エ) $-\dfrac{2}{3}$ は1つの数。　よって，単項式。

答 **単項式は (ア) と (エ)，多項式は (イ) と (ウ)**

(2) $2x^2-3xy+\dfrac{1}{2}y^2-4=2x^2+(-3xy)+\dfrac{1}{2}y^2+(-4)$
（加法になおす）（加法になおす）

よって，項は　$\boldsymbol{2x^2,\ -3xy,\ \dfrac{1}{2}y^2,\ -4}$ … 答

⚠ x や -3 のように，1つの文字や数も単項式。

参考 $-\dfrac{2}{ab}$ のように，分母に文字がある式は単項式でも多項式でもない。

(ウ) $-●=+(-●)$

(2) 単項式の和の形で表す。

⚠ 定数項 -4 を忘れない。符号－も項にふくまれる。

解答➡別冊 p. 1

練習 1 (1) 次の式のうち，単項式を選びなさい。また，多項式を選びなさい。

(ア) $-3a$　(イ) $\dfrac{1}{2}x-5$　(ウ) $\dfrac{2}{3}a^2b$　(エ) x^2-xy+y^2　(オ) b

(2) 多項式 $a^3-5ab-7b^2+2$ の項を答えなさい。

例題 2 次数

>>p. 8 1

(1) 次の単項式の次数を答えなさい。

(ア) a^3　　(イ) $3xy$　　(ウ) $-\frac{1}{2}pq^2$

(2) 次の多項式の次数を答えなさい。

(ア) $2x-3$　　(イ) $x+2y$　　(ウ) $3a^2-ab+b^3$

単項式の次数

かけ合わされている文字の個数

多項式の次数

各項の次数のうち，もっとも大きいもの

解答

(1) (ア) $a^3=a\times a\times a$（3個）　次数は　3 …答

(イ) $3xy=3\times x\times y$（2個）　次数は　2 …答

(ウ) $-\frac{1}{2}pq^2=-\frac{1}{2}\times p\times q\times q$（3個）　次数は　3 …答

(2) (ア) $2x-3$（$2x$ 次数1）　次数は　1 …答

(イ) $x+2y$（x 次数1，$2y$ 次数1）　次数は　1 …答

(ウ) $3a^2$ $-ab$ $+b^3$（次数2　次数2　次数3）

もっとも大きい次数は3であるから，次数は　3 …答

⚠ 文字が同じでも，3回かけ合わせていたら，3個と数える。
（文字の種類の数ではない）

参考 定数項（数だけの項）は，文字をかけ合わせていないから，**次数は0**と考える。

⚠ $x+2y$ は，文字は2個であるが x と y をかけ合わせていないので，次数は2でない。

参考 (2)の(ア)，(イ)は1次式，(1)の(イ)は2次式，(1)の(ア)，(ウ)と(2)の(ウ)は3次式である。

練習 2 次の式は何次式か答えなさい。

解答➡別冊 p. 1

(1) $5xy$　　(2) $-2x^2y$　　(3) $-a^2b^3$　　(4) $\frac{2}{3}x^5$

(5) $x+y-3$　　(6) $2x^2-6x+5$　　(7) $ab^2-2ab+3b$

例題 3 同類項をまとめる

>>p. 8 2

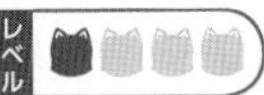

次の式の同類項をまとめて簡単にしなさい。

(1) $4x+3y-5x+2y$　　(2) $3x^2-5x-3-x^2-3x+1$

(3) $\frac{3}{2}a-2b+c-\frac{1}{3}a+\frac{6}{5}b$

確認 同類項
1つの多項式において，文字の部分が同じである項。

考え方 文字の部分が同じものをまとめる

(1) $4x+3y-5x+2y=4x-5x+3y+2y$
$=(4-5)x+(3+2)y$

同類項　同類項　項を並びかえて同類項をまとめる

分配法則
$ax+bx=(a+b)x$
を使ってまとめる。

解答

(1) $4x+3y-5x+2y=4x-5x+3y+2y$
$=(4-5)x+(3+2)y$
$=\boldsymbol{-x+5y}$ …答

$-x+5y$ はこれ以上まとめることができない。
$(-x+5y=-5xy$ でない$)$

(2) $3x^2-5x-3-x^2-3x+1=3x^2-x^2-5x-3x-3+1$
$=(3-1)x^2+(-5-3)x+(-3+1)$
$=\boldsymbol{2x^2-8x-2}$ …答

$3x^2$ と $-5x$ は次数が異なるから，同類項ではない。

(3) $\frac{3}{2}a-2b+c-\frac{1}{3}a+\frac{6}{5}b=\frac{3}{2}a-\frac{1}{3}a-2b+\frac{6}{5}b+c$
$=\left(\frac{3}{2}-\frac{1}{3}\right)a+\left(-2+\frac{6}{5}\right)b+c$
$=\boldsymbol{\frac{7}{6}a-\frac{4}{5}b+c}$ …答

$\frac{3}{2}-\frac{1}{3}=\frac{9}{6}-\frac{2}{6}=\frac{7}{6}$

$-2+\frac{6}{5}=-\frac{10}{5}+\frac{6}{5}$
$=-\frac{4}{5}$

c をふくむ項は1つしかないから，そのまま残る。

解答➡別冊 p. 1

練習 3 次の式の同類項をまとめて簡単にしなさい。

(1) $7a-6b-3a+4b$　　(2) $x^2+3x-4+2x^2-5x+1$　　(3) $5ab-3a-ab+3a$

(4) $-2x+\frac{3}{5}y+4+\frac{1}{3}x-y$　　(5) $\frac{1}{2}a-\frac{3}{4}b+\frac{2}{3}a+\frac{1}{2}b+c$

例題 4 多項式の加法・減法

≫p. 8 2

次の計算をしなさい。

(1) $(5a+2b)+(-3a+4b)$　　(2) $(-x^2+5x-3)-(3x^2-4)$

考え方　かっこをはずし，同類項をまとめる

かっこの前が ＋ のときは，そのままかっこをはずす。

$+(-3a+4b)=-3a+4b$　　← $+-3a+4b$ とはしない。

かっこの前が － のときは，各項の符号を変えてかっこをはずす。

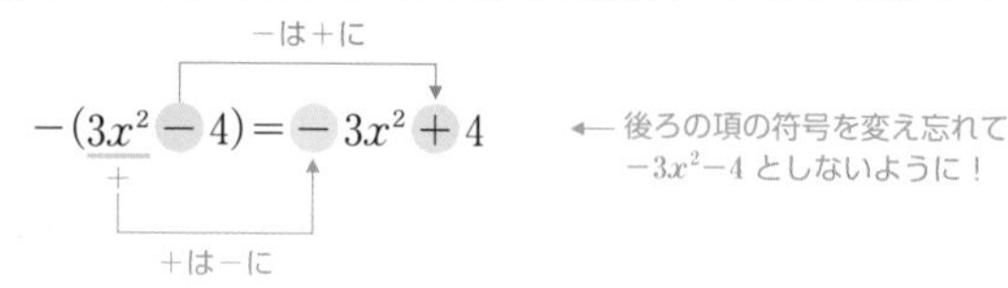

← 後ろの項の符号を変え忘れて $-3x^2-4$ としないように！

解答

(1) $(5a+2b)+(-3a+4b)=5a+2b-3a+4b$

$=(5-3)a+(2+4)b$

$=\mathbf{2a+6b}$ …答

(2) $(-x^2+5x-3)-(3x^2-4)=-x^2+5x-3-3x^2+4$

$=(-1-3)x^2+5x+(-3+4)$

$=\mathbf{-4x^2+5x+1}$ …答

(1) かっこの前が＋
→ **そのままはずす。**
式の最初の項は，符号＋を省略している。

(2) かっこの前が－
→ **符号を変えてはずす。**

参考　縦書きの計算をする場合は，同類項を上下にそろえる。

$$\begin{array}{rr} & 5a+2b \\ +) & -3a+4b \\ \hline & 2a+6b \end{array} \qquad \begin{array}{rrrr} & -x^2 & +5x & -3 \\ -) & 3x^2 & & -4 \\ \hline & -4x^2 & +5x & +1 \end{array}$$

●かっこのはずし方について，CHART としておさえておこう。

> **CHART** かっこをはずす　－（マイナス） **変わる**　＋（プラス） **はそのまま**

練習 4 次の計算をしなさい。　解答➡別冊 p. 1

(1) $(8x-7y)+(-x+5y)$　　(2) $(7a+2b)-(9a-5b)$

(3) $(4x+8y-2)-(-x+8y-3)$　　(4) $(-9x^2+4x-1)-(5x^2-3x+7)$

(5) $(10x^2-9x-2)+(10x-9x^2-2)$　　(6) $(10x^2-9x-2)-(10x-9x^2-2)$

例題 5 多項式と数の乗法・除法，かっこをふくむ式の計算 >>p. 8 2 レベル 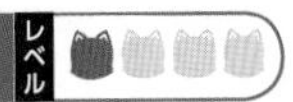

次の計算をしなさい。

(1) $-5(3x-y-6)$　(2) $(6a-24b)\div(-3)$　(3) $6(-4x+y)-7(x+2y)$

考え方 分配法則を利用する

$$a(b+c)=ab+ac,\ (a+b)c=ac+bc$$

(2) 除法は乗法になおす。$\div\square$ は $\times\dfrac{1}{\square}$ に。

(3) 分配法則を利用した後，同類項をまとめる。

解答

(1) $-5(3x-y-6)=(-5)\times 3x+(-5)\times(-y)+(-5)\times(-6)$
$=\boldsymbol{-15x+5y+30}$ …答

(2) $(6a-24b)\div(-3)=(6a-24b)\times\left(-\dfrac{1}{3}\right)$ ← $\div(-3)$ は $\times\left(-\dfrac{1}{3}\right)$
$=6a\times\left(-\dfrac{1}{3}\right)+(-24b)\times\left(-\dfrac{1}{3}\right)$
$=\boldsymbol{-2a+8b}$ …答

(3) $6(-4x+y)-7(x+2y)$
$=6\times(-4x)+6\times y+(-7)\times x+(-7)\times 2y$
$=-24x+6y-7x-14y$
$=-24x-7x+6y-14y$
$=(-24-7)x+(6-14)y$ ← 同類項をまとめる
$=\boldsymbol{-31x-8y}$ …答

⚠ 項が3つの場合は
$a(b+c+d)$
$=ab+ac+ad$

確認 **乗法と除法**
ある数でわることは，**その逆数をかけることと同じ。**

⚠ $-15x-5y-30$ とミスしやすいので注意。
符号－は，すべての項にかかる。

参考
$-(a+b)$ は $-1\times(a+b)$ と考える。
$-1\times(a+b)$
$=-1\times a+(-1)\times b$
$=-a-b$ であるから
$-(a+b)=-a-b$

>>例題 4

解答➡別冊 p. 2

練習 5 次の計算をしなさい。

(1) $-3(-x+5y-7)$　(2) $(10x-25y)\div\left(-\dfrac{5}{2}\right)$

(3) $\dfrac{3}{4}(12x+8y)-6\left(\dfrac{1}{2}x-\dfrac{2}{3}y\right)$　(4) $-3(2x-3y+2)-(2x+3y-5)$

例題 6 分数をふくむ式の計算

≫p. 8 2

次の計算をしなさい。

(1) $\dfrac{2x+y}{4}+\dfrac{x-3y}{2}$　　(2) $\dfrac{7a-5b}{2}-\dfrac{a+3b}{3}$

2 通りの方法がある。

① 通分して，1 つの分数にまとめる

② (分数)×(多項式) の形にする

どちらでも計算できるようにしておこう。

解答

［① の方法］

(1) $\dfrac{2x+y}{4}+\dfrac{x-3y}{2}$

$=\dfrac{2x+y}{4}+\dfrac{2(x-3y)}{4}$　← 通分する

$=\dfrac{2x+y+2(x-3y)}{4}$　← 1 つの分数にまとめる

$=\dfrac{2x+y+2x-6y}{4}$　← かっこをはずす

$=\boldsymbol{\dfrac{4x-5y}{4}}$ …答　← 同類項をまとめる

(2) $\dfrac{7a-5b}{2}-\dfrac{a+3b}{3}$

$=\dfrac{3(7a-5b)}{6}-\dfrac{2(a+3b)}{6}$　← 通分する

$=\dfrac{3(7a-5b)-2(a+3b)}{6}$　← 1 つの分数にまとめる

$=\dfrac{21a-15b-2a-6b}{6}$　← かっこをはずす

$=\boldsymbol{\dfrac{19a-21b}{6}}$ …答　← 同類項をまとめる

［② の方法］

(1) $\dfrac{2x+y}{4}+\dfrac{x-3y}{2}$

$=\dfrac{1}{4}(2x+y)+\dfrac{1}{2}(x-3y)$　← (分数)×(多項式)の形にする

$=\dfrac{1}{2}x+\dfrac{1}{4}y+\dfrac{1}{2}x-\dfrac{3}{2}y$　← かっこをはずす

$=\dfrac{1}{2}x+\dfrac{1}{2}x+\dfrac{1}{4}y-\dfrac{6}{4}y$　← 項を並びかえて通分する

$=\boldsymbol{x-\dfrac{5}{4}y}$ …答　← 同類項をまとめる

(2) $\dfrac{7a-5b}{2}-\dfrac{a+3b}{3}$

$=\dfrac{1}{2}(7a-5b)-\dfrac{1}{3}(a+3b)$　← (分数)×(多項式)の形にする

$=\dfrac{7}{2}a-\dfrac{5}{2}b-\dfrac{1}{3}a-b$　← かっこをはずす

$=\dfrac{21}{6}a-\dfrac{2}{6}a-\dfrac{5}{2}b-\dfrac{2}{2}b$　← 項を並びかえて通分する

$=\boldsymbol{\dfrac{19}{6}a-\dfrac{7}{2}b}$ …答　← 同類項をまとめる

⚠ (1) $\dfrac{4x-5y}{4}=\dfrac{4}{4}x-\dfrac{5}{4}y=x-\dfrac{5}{4}y$，(2) $\dfrac{19a-21b}{6}=\dfrac{19}{6}a-\dfrac{21}{6}b=\dfrac{19}{6}a-\dfrac{7}{2}b$

となるから，どちらの方法で計算しても答えは同じである。

練習 6 次の計算をしなさい。

解答➡別冊 p. 2

(1) $\dfrac{3x-2y}{4}+\dfrac{2x-3y}{6}$　　(2) $\dfrac{a-17b}{6}-\dfrac{5a-7b}{12}$

EXERCISES

解答➡別冊 p. 5

1 (1) 次の単項式の次数を答えなさい。

(ア) $-7a^3b$　　(イ) $0.1x^4$　　(ウ) $\dfrac{x}{4}$

(2) 次の多項式について，項を答えなさい。また，多項式は何次式ですか。

(ア) $3a^2-2ab-6b^2$　　(イ) $7x^2+5x-3x^4-5$

>>例題 1, 2

2 次の計算をしなさい。

>>例題 4

(1) $(3x+4y)+(2x-3y)$　　(2) $(2x-y)+(-5x+3y)$

(3) $(0.6x+2y)-(1.3x-4y)$　　(4) $(x^2+3x+1)+(-2x^2-3x-2)$

(5) $(-x^2+4x)-(-x^2-4x+1)$

3 $9x-8y-7$ にある多項式を加えたら，$5x+y-11$ になった。どんな多項式を加えましたか。

>>例題 4

4 次の計算をしなさい。

>>例題 5

(1) $3(2x-3y)$　　(2) $-\dfrac{2}{3}\left(2a+\dfrac{3}{2}b\right)$

(3) $(-9x+15y)\div(-3)$　　(4) $3(x-2y)-2(4x-3y)$

(5) $-2(-3x+2y)+5(3y-x)$

5 次の計算をしなさい。

>>例題 6

(1) $\dfrac{2x+y}{4}-\dfrac{x-3y}{3}$　　(2) $2x-\dfrac{y}{3}-\dfrac{x-2y}{5}$

(3) $\dfrac{4x-y}{3}-\dfrac{7x-y}{15}-\dfrac{x-3y}{5}$　　(4) $\dfrac{2a-b}{3}-\dfrac{3a+2b}{4}-2\left(\dfrac{a}{3}-\dfrac{b}{2}\right)$

2 単項式の乗法，除法

1 単項式の乗法，除法

❶ 単項式どうしの乗法は，**係数の積に文字の積をかける**。

例

$2x\times 3y=2\times x\times 3\times y=2\times 3\times x\times y=6xy$

$5a\times 3a^2=5\times a\times 3\times a\times a=5\times 3\times a\times a\times a=15a^3$

❷ 単項式どうしの除法は，**分数になおすか乗法になおして** 計算する。

例

$6x^3y^2\div 3xy=\dfrac{6x^3y^2}{3xy}$　← $6x^3y^2\times\dfrac{1}{3xy}$ としてもよい。

$=\dfrac{6\times x\times x\times x\times y\times y}{3\times x\times y}=2x^2y$

$a^3\div\left(-\dfrac{a}{4}\right)=a^3\times\left(-\dfrac{4}{a}\right)=-\left(a\times a\times a\times\dfrac{4}{a}\right)=-4a^2$

❸ 乗法と除法の混じった計算

❶ と ❷ を組み合わせる。

例

$2a^2b\div 4a\times 3b=\dfrac{2a^2b\times 3b}{4a}=\dfrac{2\times a\times a\times b\times 3\times b}{4\times a}$

$=\dfrac{3}{2}ab^2$

$12x^3y^2\div 2xy\div\dfrac{3}{5}x^2=12x^3y^2\div 2xy\div\dfrac{3x^2}{5}=\dfrac{12x^3y^2}{2xy}\times\dfrac{5}{3x^2}$

$=\dfrac{12\times x\times x\times x\times y\times y\times 5}{2\times x\times y\times 3\times x\times x}$

$=10y$

1年生の復習

- 文字と数の積では，数を文字の前に書く。
- 同じ文字の積では，指数を使って書く。

確認 除法

ある数でわることは，その逆数をかけることと同じ。

$a\div b=\dfrac{a}{b}$　← $a\times\dfrac{1}{b}$

$a\div\dfrac{b}{c}=a\times\dfrac{c}{b}=\dfrac{ac}{b}$

⚠

$\div 3xy$ の $3xy$ はひとかたまり，つまり $\div(3xy)$ とみる。

($\div 3\times x\times y$ ではない！)

⚠

$\dfrac{3}{5}x^2$ の逆数は $\dfrac{5}{3x^2}$

$\left(\dfrac{5}{3}x^2\right.$ ではない$\left.\right)$

2 式の値

式の値を求めるとき，**式を簡単にしてから数を代入する** と，計算がしやすくなる場合がある。

>>例題 10

1年生の復習

式の中の文字を数におきかえることを，文字にその数を **代入する** という。

例題 7 単項式どうしの乗法

>>p. 16 1 レベル

次の計算をしなさい。

(1) $3x\times(-4y)$　(2) $\left(-\frac{2}{3}xy\right)^3$　(3) $2a\times(-3a)^2$

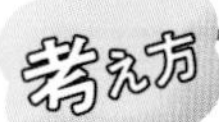

単項式どうしの乗法は

単項式の係数の積に，文字の積をかける

(3) まず，累乗の部分を計算する。

先に符号を決めるとよい。

解答

(1) $3x\times(-4y)=\underline{3\times(-4)}\times\underline{x\times y}$
係数の積　文字の積
$=\mathbf{-12xy}$ …答

(2) $\left(-\frac{2}{3}xy\right)^3=\left(-\frac{2}{3}xy\right)\times\left(-\frac{2}{3}xy\right)\times\left(-\frac{2}{3}xy\right)$
$=\underline{\left(-\frac{2}{3}\right)\times\left(-\frac{2}{3}\right)\times\left(-\frac{2}{3}\right)}\times\underline{x\times x\times x\times y\times y\times y}$
$=\mathbf{-\frac{8}{27}x^3y^3}$ …答

(3) $2a\times(-3a)^2=2a\times9a^2$　← $(-3a)^2=(-3a)\times(-3a)$ $=(-3)\times(-3)\times a\times a$ $=9a^2$
$=\underline{2\times9}\times\underline{a\times a^2}$
$=\mathbf{18a^3}$ …答

1年生の復習

- 文字と数の積では，数を文字の前に書く。
- 同じ文字の積では，指数を使って書く。

(2) 負の数が3個であるから，**積の符号は**$-$。
なお，
$\left(-\frac{2}{3}xy\right)^3=\left(-\frac{2}{3}\right)^3x^3y^3$
が成り立つ（下の 参考 ）。

(3) $(-3a)^2=(-3)^2a^2$
が成り立つ（下の 参考 ）。

参考 指数について，次の法則が成り立つ。

指数法則　① $a^m\times a^n=a^{m+n}$　(例) $x^2\times x^3=(x\times x)\times(x\times x\times x)=x^5$　← x^{2+3}

② $(a^m)^n=a^{mn}$　(例) $(x^2)^3=(x\times x)\times(x\times x)\times(x\times x)=x^6$　← $x^{2\times3}$

③ $(ab)^n=a^nb^n$　(例) $(xy)^3=(x\times y)\times(x\times y)\times(x\times y)=x^3y^3$

解答➡別冊 p. 3

練習 7 次の計算をしなさい。

(1) $4xy\times(-3y^2)$　(2) $-2x\times(-3x)^3$

(3) $15ab^2\times\left(-\frac{2}{5}a\right)$　(4) $\left(-\frac{1}{3}ab\right)^3\times(6a^2)^2$

例題 8 単項式どうしの除法

>>p. 16 1

次の計算をしなさい。

(1) $8x^2y\div(-4xy)$　　(2) $(-a)^3\div\dfrac{a^2}{9}$　　(3) $\dfrac{7}{6}a^3b^2\div\dfrac{14}{3}ab$

考え方

単項式どうしの除法は

式に分数がふくまれていないとき　**分数になおす**

式に分数がふくまれているとき　**乗法になおす**

(2) まず，累乗の部分を計算する。

(3) $\dfrac{7}{6}a^3b^2=\dfrac{7a^3b^2}{6}$，$\dfrac{14}{3}ab=\dfrac{14ab}{3}$ と考える。

分数になおす

$a\div b=\dfrac{a}{b}$

乗法になおす

$a\div\dfrac{b}{c}=a\times\dfrac{c}{b}=\dfrac{ac}{b}$

(逆数をかける)

解答

(1) $8x^2y\div(-4xy)=-\dfrac{8x^2y}{4xy}$　← $a\div b=\dfrac{a}{b}$

$=-\dfrac{8\times x\times x\times y}{4\times x\times y}$

$=\mathbf{-2x}$ …答

$-\dfrac{\overset{2}{\cancel{8}}\times\overset{1}{\cancel{x}}\times x\times\overset{1}{\cancel{y}}}{\underset{1}{\cancel{4}}\times\underset{1}{\cancel{x}}\times\underset{1}{\cancel{y}}}$

(2) $(-a)^3\div\dfrac{a^2}{9}=-a^3\times\dfrac{9}{a^2}$　← $(-a)^3=(-a)\times(-a)\times(-a)$ $=-a^3$

$=-\dfrac{a\times a\times a\times 9}{a\times a}$

$=\mathbf{-9a}$ …答

(3) $\dfrac{7}{6}a^3b^2\div\dfrac{14}{3}ab=\dfrac{7a^3b^2}{6}\div\dfrac{14ab}{3}=\dfrac{7a^3b^2}{6}\times\dfrac{3}{14ab}$

$=\dfrac{7\times a\times a\times a\times b\times b\times 3}{6\times 14\times a\times b}$

$=\mathbf{\dfrac{1}{4}a^2b}$ …答

(1) **分数になおす**

乗法になおしてもよい。

$8x^2y\div(-4xy)$

$=8x^2y\times\left(-\dfrac{1}{4xy}\right)$

なれてきたら，約分は次のようにしてもよい。

$-\dfrac{\overset{2}{\cancel{8}}\cancel{x^2}\cancel{y}}{\cancel{4}\cancel{x}\cancel{y}}=-2x$

(1は省略)

(2)，(3) **乗法になおす**

$\div\dfrac{○}{□}$ は $\times\dfrac{□}{○}$ に。

(3) $\dfrac{\cancel{7}\overset{2}{\cancel{a^3}}b^2\times\cancel{3}}{\underset{2}{\cancel{6}}\times\underset{2}{\cancel{14}}\cancel{a}\cancel{b}}$

練習 8 次の計算をしなさい。

解答⇒別冊 p. 3

(1) $-10a^2b\div 5ab$　　(2) $\dfrac{1}{2}xy\div(-4y)$　　(3) $12a^3b^2\div 4ab^2$

(4) $\dfrac{xy^2}{3}\div\dfrac{xy}{6}$　　(5) $(-2x)^4\div\dfrac{x}{16}$　　(6) $(-3x)^3\div(-3x^3)$

例題 9 乗法と除法の混じった計算

≫p. 16 1

次の計算をしなさい。

(1) $4a^3b\times 3b\div(-6a)$　　(2) $-2xy\div\left(-\frac{4}{3}xy^2\right)\times 6x^2y$

(3) $\frac{2}{3}x^3y^4\div\left(-\frac{1}{6}xy\right)^2\div 4y^2$

考え方

例題 7, 8 で学んだ内容を組み合わせる。

乗法 … **係数の積に, 文字の積をかける**

除法 … **分数になおす　か　乗法になおす**

1 年生のときに学んだ次の CHART もおさえておこう。

CHART **×□ は分子に, ÷□ は分母に**

先に符号を決めるとよい。

解答

(1) $4a^3b\times 3b\div(-6a)=-\frac{4a^3b\times 3b}{6a}$　← 符号は－　$3b$ は分子に, $6a$ は分母に

$=\boldsymbol{-2a^2b^2}$ …答

$-\frac{\overset{2}{\cancel{4}}\overset{2}{\cancel{a^3}}b\times\cancel{3}b}{\cancel{6}\cancel{a}}$

(2) $-2xy\div\left(-\frac{4}{3}xy^2\right)\times 6x^2y=2xy\div\frac{4xy^2}{3}\times 6x^2y$

－が 2 個あるから符号は＋

$=2xy\times\frac{3}{4xy^2}\times 6x^2y$

$=\frac{2xy\times 3\times 6x^2y}{4xy^2}=\boldsymbol{9x^2}$ …答

⚠ $a\div b\times c$ と $a\div bc$ は異なるので注意。

$a\div b\times c=\frac{a}{b}\times c=\frac{ac}{b}$

$a\div bc=\frac{a}{bc}$

(3) $\frac{2}{3}x^3y^4\div\left(-\frac{1}{6}xy\right)^2\div 4y^2=\frac{2x^3y^4}{3}\div\frac{x^2y^2}{36}\div 4y^2$

$(-□)^2=□^2$ であるから符号は＋

$=\frac{2x^3y^4}{3}\times\frac{36}{x^2y^2}\times\frac{1}{4y^2}$

$=\frac{2x^3y^4\times 36}{3\times x^2y^2\times 4y^2}$

$=\boldsymbol{6x}$ …答

(3) 累乗を先に計算。

$\left(-\frac{1}{6}xy\right)^2=\left(-\frac{xy}{6}\right)^2$

$\frac{\cancel{2}x^{\cancel{3}}y^{\cancel{4}}\times\overset{6}{\cancel{36}}}{\cancel{3}\times\cancel{x^2}\cancel{y^2}\times\cancel{4}\cancel{y^2}}$

練習 9 次の計算をしなさい。

解答➡別冊 p. 3

(1) $12ab\times(-2ab^2)\div(-6a^2b)$　　(2) $8a^2\div(-2ab)\times 4b^2$

(3) $(-3xy)^2\div\frac{1}{2}xy^2\times\frac{2}{3}y^3$　　(4) $(-xy)^3\div\frac{1}{3}xy\div\frac{9}{4}x^2y^2$

例題 10 式の値

>>p. 16 2

次の式の値を求めなさい。

(1) $x=-2$, $y=3$ のとき　$6(2x-3y)-3(3x-4y)$

(2) $x=\frac{1}{2}$, $y=-\frac{1}{3}$ のとき　$12x^4y^2\div(-2x)\div xy$

1年生の復習

式の中の文字に，数を代入して計算した結果を，**式の値** という。

考え方 式を簡単にしてから数を代入する

負の数を代入するときは，(　　) をつけて代入する。

式を簡単にしないまま代入すると，面倒だよ。

解答

(1) $6(2x-3y)-3(3x-4y)$

$=12x-18y-9x+12y$

$=3x-6y$　←式を簡単にする

$x=-2$, $y=3$ を代入すると

$3\times(-2)-6\times3=-6-18=-24$　　答 -24

└負の数は (　　) をつけて代入する

⚠ 負の数を代入するとき，(　　) をつけないと $3-2-6\times3$ のようになり，計算ミスにつながる。

(2) $12x^4y^2\div(-2x)\div xy$

$=12x^4y^2\times\left(-\frac{1}{2x}\right)\times\frac{1}{xy}$　←除法は乗法になおす

$=-\frac{12x^4y^2}{2x\times xy}$　←「分数になおす」の方針で，いきなりこの式にしてもよい

$=-6x^2y$　←式を簡単にする

$x=\frac{1}{2}$, $y=-\frac{1}{3}$ を代入すると

$-6\times\left(\frac{1}{2}\right)^2\times\left(-\frac{1}{3}\right)=6\times\frac{1}{4}\times\frac{1}{3}=\frac{1}{2}$　　答 $\frac{1}{2}$

－が 2 個であるから符号は＋

└負の数は (　　) をつけて代入する

(2) 累乗に分数を代入するときも (　　) をつける。

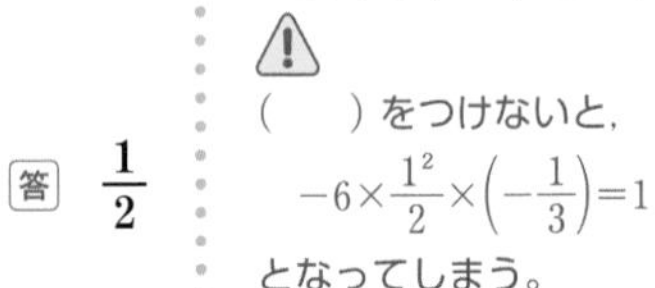

⚠ (　　) をつけないと，

$-6\times\frac{1^2}{2}\times\left(-\frac{1}{3}\right)=1$

となってしまう。

解答➡別冊 p. 4

練習 10 次の式の値を求めなさい。

(1) $a=2$, $b=-3$ のとき　$2(3a-4b)-4(a-3b)$

(2) $x=3$, $y=-4$ のとき　$x^3y^4\div x^4y^3\times x^2$

(3) $x=-\frac{4}{5}$, $y=\frac{2}{3}$ のとき　$15x^2y^2\times(-x^3)\div8x^4y$

EXERCISES 解答➡別冊 p. 7

6 次の計算をしなさい。 >>例題 7

(1) $3a\times 2b$　(2) $5x\times(-3y)$　(3) $(-4m)\times(-n)$

(4) $\frac{1}{2}x\times\left(-\frac{3}{4}x^2\right)$　(5) $\frac{2}{3}x\times(-3x)^2$　(6) $\frac{2}{3}ab\times\frac{1}{4}c$

(7) $\left(-\frac{ab}{10}\right)^3$　(8) $(2xy^2)^2\times\left(-\frac{3}{4}xy\right)$

7 次の計算をしなさい。 >>例題 8

(1) $36ab^2\div 4b^2$　(2) $-12a^2b\div(-6ab)$　(3) $-21x^2y^3\div 7xy$

(4) $-\frac{2}{3}x^2\div\frac{4}{3}x$　(5) $-\frac{5}{18}a^3b\div\left(-\frac{10}{9}a\right)$　(6) $\frac{5}{6}x^2\div\left(-\frac{10}{3}x\right)$

(7) $\left(-\frac{1}{3}x^2\right)^2\div\frac{1}{3}x^3$　(8) $\left(\frac{2}{3}a^2b\right)^2\div\left(-\frac{1}{6}ab\right)^2$

8 次の計算をしなさい。 >>例題 9

(1) $4a^2\div 2ab\times 3b^2$　(2) $18xy\times x^2y\div(-3x)^2$

(3) $-5xy\times 7y\times(-2x)^2$　(4) $-12a^2b^3\div(-6ab)\div 2b^2$

(5) $(-4xy^2)^2\div 2x^3y^4\times(-xy^2)$　(6) $(-2a)^3\times(3b)^2\div(-6a^2b)$

(7) $(-3xy)^3\div 9x^4y^3\times(-2xy)^2$　(8) $\frac{8a^3b^2}{3}\times\left(-\frac{3}{2}ab^2\right)^2\div 3ab$

9 次の式の値を求めなさい。 >>例題 10

(1) $a=2$, $b=\frac{1}{3}$ のとき　$5(2a+b)-(5a-b)$　〔山口〕

(2) $a=2$, $b=-3$ のとき　$8a^2b\div 6ab\times(-3b)$

(3) $x=\frac{1}{10}$, $y=10$ のとき　$(5xy^2)^2\div(-10xy^2)^3\times 4x^2y^4$

ヒント　**9** (3)　p. 17 の指数法則を利用するとらく。 $(a^m)^n=a^{mn}$, $(ab)^n=a^nb^n$

要点のまとめ

3 文字式の利用

1 文字式の利用

いつも成り立つことを説明するために，文字を使う方法がある。

❶ 整数の表し方　n を整数とする。

① 偶数　$2n$　　奇数　$2n+1$

② 倍数　a を自然数とすると，a の倍数は an

③ 連続する 3 つの整数

$n,\ n+1,\ n+2$　(または　$n-1,\ n,\ n+1$)

④ 2 けたの自然数，3 けたの自然数

十の位の数を a，一の位の数を b とすると

$10a+b$　← ab ではない（ab は $a\times b$ の意味）

百の位の数を a，十の位の数を b，一の位の数を c とすると

$100a+10b+c$

⑤ 余りのある自然数　$a,\ b$ を自然数とする。

a でわると，b 余る数は　$an+b$　$(0\leqq b\leqq a-1)$

奇数は，$2n-1$ と表すこともある。

参考
連続する 3 つの偶数
$2n,\ 2n+2,\ 2n+4$
連続する 3 つの奇数
$2n+1,\ 2n+3,\ 2n+5$
（2 ずつ大きくなる）

〈⑤ の例〉
3 でわると，2 余る数は
$3n+2$
と表すことができる。

❷ 図形の性質を文字を使って説明することがある。

例
円の面積について，半径を 2 倍にすると，面積は 4 倍になる。
このことを文字を使って説明すると，次のようになる。
もとの円の半径を r とすると，半径を 2 倍にしたとき，面積は
$2r\times2r\times\pi=4\pi r^2$　← $4\times\pi r^2$
これは，もとの円の面積の 4 倍であることを表している。

文字式を利用することで，すべての数の場合を調べることができる。

2 等式の変形

たとえば，$x,\ y$ をふくむ等式について，$y=\cdots\cdots$ の形に変形することを，**y について解く** という。

例
等式 $x+2y=30$ について
［**x について解く**］
移項して　$x=-2y+30$
［**y について解く**］
移項して　$2y=-x+30$
両辺を 2 でわると　$y=-\dfrac{1}{2}x+15$

例題 11 整数の性質の説明

>>p. 22 1 レベル

次の(1)，(2)を，文字を使って説明しなさい。

(1) 2つの偶数の和は，偶数である。

(2) 連続する3つの整数の和は，3の倍数である。

考え方 aの倍数 $a\times$(整数)の形に表す

(1) m，nを整数とすると，2つの偶数は，$2m$，$2n$と表すことができる。この和が$2\times$(整数)の形になればよい。

(2) nを整数とすると，連続する3つの整数は，n，$n+1$，$n+2$（あるいは，$n-1$，n，$n+1$）と表すことができる。この和が$3\times$(整数)の形になればよい。

◀偶数は2の倍数。

◀連続する3つの整数とは「3，4，5」，「10，11，12」などである。

解答

(1) m，nを整数として，2つの偶数を$2m$，$2n$と表す。

このとき，これらの和は

$$2m+2n=2(m+n) \quad \leftarrow 2\times\text{(整数)の形}$$

$m+n$は整数であるから，$2(m+n)$は偶数である。

よって，2つの偶数の和は，偶数である。

⚠ 同じ文字を使って，2つの偶数を$2n$，$2n$などと表してはいけない。（同じ数になってしまう）

(2) nを整数として，連続する3つの整数をn，$n+1$，$n+2$と表す。

このとき，これらの和は

$$\begin{aligned} n+(n+1)+(n+2) &= n+n+1+n+2 \\ &= 3n+3 \\ &= 3(n+1) \quad \leftarrow 3\times\text{(整数)の形} \end{aligned}$$

$n+1$は整数であるから，$3(n+1)$は3の倍数である。

よって，連続する3つの整数の和は，3の倍数である。

⚠ 連続する整数であるから，同じ文字を使う。m，$n+1$，$m+2$などとすると，連続することを表さない。

別解 nを整数として，連続する3つの整数を，$n-1$，n，$n+1$と表す。このとき，これらの和は

$$\begin{aligned} (n-1)+n+(n+1) &= n-1+n+n+1 \\ &= 3n \quad \leftarrow 3\times\text{(整数)の形} \end{aligned}$$

nは整数であるから，$3n$は3の倍数である。

よって，連続する3つの整数の和は，3の倍数である。

◀まん中の数をnとする。この場合，式が簡単になる。

練習 11 連続する3つの偶数の和は6の倍数である。このことを，文字を使って説明しなさい。

解答➡別冊 p. 4

例題 12　3けたの自然数の性質

>>p. 22 1 レベル 

3けたの自然数から，その数の各位の数の和をひくと，いつも9の倍数になる。
このことを，文字を使って説明しなさい。

考え方

3けたの自然数 **$100a+10b+c$ と表す**
（百の位の数 a，十の位の数 b，一の位の数 c）
たとえば，234 から各位の数の和 $2+3+4=9$ をひくと

$$234-9=225$$

$225=9\times25$ であるから，確かに9の倍数になる。
このように，適当な数で実験してみると考えやすくなる。

$$234=200+30+4$$
$$=100\times\underset{a}{2}+10\times\underset{b}{3}+\underset{c}{4}$$

のように考える。

解答

3けたの自然数の百の位の数を a，十の位の数を b，一の位の数を c とすると，3けたの自然数は

$$100a+10b+c$$

と表される。
各位の数の和は $a+b+c$ であるから

$$(100a+10b+c)-(a+b+c)$$
$$=100a+10b+c-a-b-c$$
$$=99a+9b$$
$$=9(11a+b)\quad \leftarrow 9\times(\text{整数})\text{の形}$$

$11a+b$ は整数であるから，$9(11a+b)$ は9の倍数である。
したがって，3けたの自然数から，その数の各位の数の和をひくと，9の倍数になる。

3けたの自然数を abc と表さないように！
abc は $a\times b\times c$ の意味。

9の倍数であるから，3の倍数でもある。

参考　$11a+b=M$（M は整数）とおくと，$(100a+10b+c)-(a+b+c)=9M$ となる。
移項すると　$100a+10b+c=\underbrace{9M}_{9\text{の倍数}}+\underbrace{(a+b+c)}_{\text{各位の数の和}}$

よって，$a+b+c$ が9の倍数ならば，$100a+10b+c$ は9の倍数である。
いいかえると，**各位の数の和が9の倍数ならば，その自然数は9の倍数である。**
これは，3けた以外の自然数についても成り立ち，9の倍数の見分け方に利用される。

→次ページ

解答➡別冊 p. 4

練習 12　3けたの自然数と，その数の百の位の数と一の位の数を入れかえた自然数の差は99の倍数になる。このことを，文字を使って説明しなさい。

倍数の見分け方

例題 12 の参考で，9 の倍数の見分け方を紹介しました。
このページでは，代表的な倍数の見分け方を紹介しましょう。

2 の倍数	……	一の位の数が 0，2，4，6，8 のどれか（一の位が 2 の倍数）
3 の倍数	……	各位の数の和が 3 の倍数
4 の倍数	……	下 2 けたが 4 の倍数（00 をふくむ）
5 の倍数	……	一の位の数が 0，5 のどちらか（一の位が 5 の倍数）
6 の倍数	……	2 の倍数かつ 3 の倍数
8 の倍数	……	下 3 けたが 8 の倍数（000 をふくむ）
9 の倍数	……	各位の数の和が 9 の倍数

このうち，4 の倍数，8 の倍数について，文字を利用して説明することを考えてみましょう。
ここでは，4 けたの自然数について考えることにします。

千の位の数を a，百の位の数を b，十の位の数を c，一の位の数を d とすると，4 けたの自然数は　$1000a+100b+10c+d$　と表すことができます。

$$1000a+100b+10c+d=4\times250a+4\times25b+10c+d$$
$$=\underbrace{4(250a+25b)}_{4\text{の倍数}}+\underbrace{(10c+d)}_{\text{下2けた}}$$

$250a+25b$ は整数なので，$4(250a+25b)$ は 4 の倍数です。
よって，$10c+d$ が 4 の倍数ならば，$1000a+100b+10c+d$ は 4 の倍数となります。
$10c+d$ は，その自然数の下 2 けたの数を表しますから，
　　下 2 けたが 4 の倍数ならば，その自然数は 4 の倍数である
ことがわかります。

では，8 の倍数はどうでしょうか。

$$1000a+100b+10c+d=\underbrace{8\times125a}_{8\text{の倍数}}+\underbrace{(100b+10c+d)}_{\text{下3けた}}$$

もうおわかりですね？
$100b+10c+d$ は，その自然数の下 3 けたの数を表しますから，
　　下 3 けたが 8 の倍数ならば，その自然数は 8 の倍数である
ことがわかります。
文字式を使うと，こうしたことも説明できるので便利ですね。

例題 13 余りがある数についての説明

>>p. 22 1 レベル 

次の (1), (2) を，文字を使って説明しなさい。

(1) 3 でわると 1 余る数と 3 でわると 2 余る数の和は，3 の倍数である。

(2) 連続する 3 つの奇数の和は，6 でわると 3 余る。

考え方

a でわると b 余る数

$a\times$(整数)$+b$ の形に表す

ただし，$0\leqq b\leqq a-1$

(1) 3 でわると 1 余る数は　3×(整数)+1

3 でわると 2 余る数は　3×(整数)+2

と表すことができる。この和が **3×(整数)** の形になればよい。

(2) n を整数とすると，連続する 3 つの奇数は，$2n+1$，$2n+3$，$2n+5$ と表すことができる。

この和が 6×(整数)+3 の形になればよい。

小学校の復習

(わられる数)
=(わる数)×(商)+(余り)
たとえば　$4=3\times1+1$,
$8=3\times2+2$

◀連続する 3 つの奇数とは「1，3，5」，「9，11，13」などである。

解答

(1) m，n を整数として，

3 でわると 1 余る数を　$3m+1$,

3 でわると 2 余る数を　$3n+2$

と表す。このとき，これらの和は

$$(3m+1)+(3n+2)=3m+1+3n+2$$
$$=3m+3n+3$$
$$=3(m+n+1)$$

← 3×(整数) の形

$m+n+1$ は整数であるから，$3(m+n+1)$ は 3 の倍数である。

よって，3 でわると 1 余る数と 3 でわると 2 余る数の和は，3 の倍数である。

(2) n を整数として，連続する 3 つの奇数を $2n+1$，$2n+3$，$2n+5$ と表す。このとき，これらの和は

$$(2n+1)+(2n+3)+(2n+5)=2n+1+2n+3+2n+5$$
$$=6n+9$$
$$=6(n+1)+3$$

← $6n+6+3$

$n+1$ は整数であるから，$6(n+1)+3$ は 6 でわると 3 余る数である。

よって，連続する 3 つの奇数の和は，6 でわると 3 余る。

参考　連続する 3 つの奇数を，$2n-1$，$2n+1$，$2n+3$ としてもよい (和は $6n+3$ になる)。

同じ文字を使わない。
$3m+1$，$3m+2$ とすると，「4，5」など連続する自然数しか説明できない。

連続する整数であるから，同じ文字を使う。

◀ 9 は，まだ 6 でわることができる。**余りの数は，わる数より小さい。**

解答➡別冊 p. 5

練習 13 連続する 2 つの自然数がある。小さい方を 5 でわった余りが 2 であるとき，2 つの数の和は 5 の倍数になる。このことを，文字を使って説明しなさい。

例題 14 図形への応用

>>p. 22 1 レベル

右の図のように円形の花だんがあり，半径を 2 m のばして，この花だんを広くしたい。広くした花だんの円周の長さはもとの花だんの円周の長さより何 m 長くなりますか。〔岐阜〕

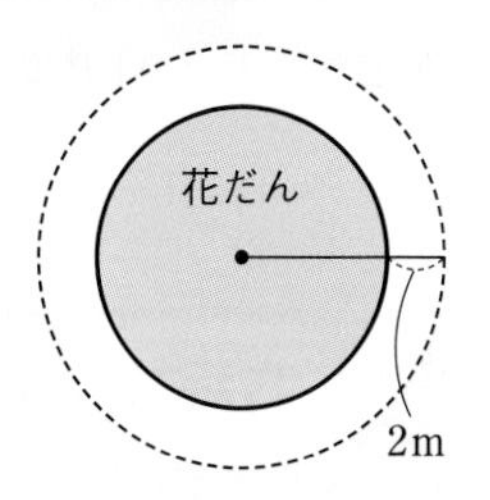

考え方 1つの数量を文字でおいて，式を立てる

円周の長さを求めるには，半径がわかればよい。
花だんの半径を r (m) とすると，広くした花だんの半径を $r+2$ (m) と表すことができ，その円周も文字で表すことができる。

確認 円周の長さ
半径 r の円の円周の長さは
$2\pi r$
（直径×円周率）

参考
円の半径は，文字でおくとき，r とすることが多い。これは半径を表す英語の radius の頭文字に由来する。

解答

もとの花だんの半径を r (m) とすると，
広くした花だんの半径は $r+2$ (m) と表される。
もとの花だんの円周の長さは　$2\pi r$ (m)
広くした花だんの円周の長さは　$2\pi(r+2)$ (m)
したがって，円周の長さの差は

$$2\pi(r+2)-2\pi r=2\pi r+4\pi-2\pi r$$
$$=4\pi \text{ (m)}$$

答 **4π m**

⚠
円周の長さの差は 4π m で，半径 r がふくまれていない。
これは，円周の長さの差は **花だんの半径の長さに関係ない** ことを意味している。
なお，広くした花だんの半径を r (m) とすると，もとの花だんの半径は $r-2$ (m) と表される。このとき，円周の長さの差は

$$2\pi r-2\pi(r-2)=2\pi r-2\pi r+4\pi=4\pi \text{ (m)}$$

となり，同じ結果となる。

花だんの半径が，0.5 m でも，5 m でも結果は同じということだね！

練習 14 底面の半径が r cm，高さが h cm の円柱Aと，円柱Aの底面の半径を2倍，高さを3倍にした円柱Bがある。円柱Bの体積は，円柱Aの体積の何倍か求めなさい。

解答➡別冊 p. 5

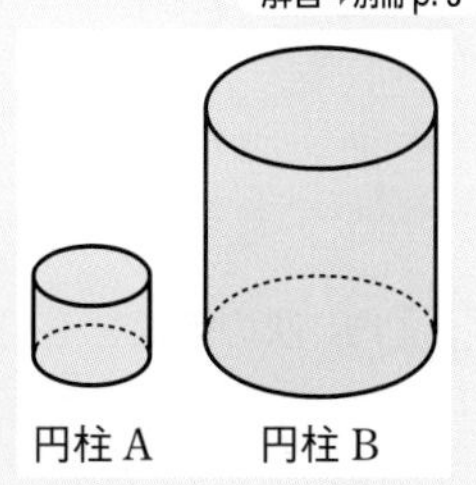

例題 15 等式の変形

>>p. 22 2

レベル 

次の等式を〔　〕内の文字について解きなさい。

(1)　$y=5x-7$　〔x〕　　(2)　$V=\frac{1}{3}Sh$　〔h〕　　(3)　$S=\frac{(a+b)h}{2}$　〔a〕

考え方　方程式を解くやり方で，式を変形する

〔　〕で指定された文字の項が左辺に，それ以外の項が右辺にくるように，移項や等式の性質を用いて式を変形する。

確認 等式の性質

$A=B$ ならば

$A+C=B+C$

$A-C=B-C$

$AC=BC$

$\frac{A}{C}=\frac{B}{C}$　$(C \neq 0)$

また，$A=B$ ならば

$B=A$

解答

(1)

$y=5x-7$

両辺を入れかえると　$5x-7=y$

-7 を移項すると　$5x=y+7$　←移項すると符号が変わる

両辺を 5 でわると　$\boldsymbol{x=\frac{y+7}{5}}$　…答

(2)

$V=\frac{1}{3}Sh$

両辺を入れかえると　$\frac{1}{3}Sh=V$

両辺に 3 をかけると　$Sh=3V$

両辺を S でわると　$\boldsymbol{h=\frac{3V}{S}}$　…答

参考

底面積が S，高さが h の角錐（または円錐）の体積が V であるとき

$V=\frac{1}{3}Sh$ が成り立つ。

(3)

$S=\frac{(a+b)h}{2}$

両辺を入れかえると　$\frac{(a+b)h}{2}=S$

両辺を 2 倍すると　$(a+b)h=2S$

両辺を h でわると　$a+b=\frac{2S}{h}$

b を移項すると　$\boldsymbol{a=\frac{2S}{h}-b}$　…答

参考

上底が a，下底が b，高さが h の台形の面積が S であるとき

$S=\frac{(a+b)h}{2}$ が成り立つ。

解答⇒別冊 p. 5

練習 15　次の等式を〔　〕内の文字について解きなさい。

(1)　$5x+6y=30$　〔y〕　　(2)　$y=\frac{1}{2}ax+b$　〔x〕　　(3)　$V=\pi r^2h$　〔h〕

EXERCISES

解答➡別冊 p. 9

10 連続する 2 つの奇数の和は 4 の倍数になる。このことを，文字を使って説明しなさい。

>>例題 11

11 右の図は，ある月のカレンダーである。
たとえば，$11+18+25=54=3\times18$ のように，縦に並んだ 3 つの数の和は，その中央の数の 3 倍になる。
このことを，文字を使って説明しなさい。

>>例題 11

日	月	火	水	木	金	土
1	2	3	4	5	6	7
8	9	10	11	12	13	14
15	16	17	18	19	20	21
22	23	24	25	26	27	28
29	30	31				

12 百の位，十の位，一の位の数がすべて等しい 3 けたの自然数は，3 の倍数であることを，文字を使って説明しなさい。

>>例題 12

13 6 でわった余りが 2 になる自然数と，9 でわった余りが 4 になる自然数の和は 3 の倍数になる。このことを，文字を使って説明しなさい。

>>例題 13

14 底面の半径が r，高さが h の円錐がある。この円錐の底面の半径を $\frac{1}{3}$ 倍にし，高さを 4 倍にした円錐をつくると，できる円錐の体積はもとの円錐の体積の何倍になるか答えなさい。

>>例題 14

15 次の等式を〔 〕内の文字について解きなさい。

>>例題 15

(1) $S=\frac{1}{2}\ell r$ 〔r〕　(2) $6x+2y=15$ 〔y〕　(3) $n=100a+10b+c$ 〔b〕

定期試験対策問題 解答➡別冊 p. 10

1 下の ①～④ の式について，次の問いに答えなさい。 >>例題 1, 2

① $-6x^2y$　② $2x+3$　③ $5x^2+2x+4$　④ -4

(1) 単項式をすべて選びなさい。

(2) 2 次式をすべて選びなさい。

2 次の計算をしなさい。 >>例題 4

(1) $(5a+2b)+(3a-5b)$　(2) $(6x-3y)-(7x-5y)$

(3) $\left(\frac{1}{3}x^2+x+1\right)-(2x+x^2-3)$　(4) $(a^2-2a+4)-(7a-2a^2)$

(5)
$$\begin{array}{rr} & 8x-3y \\ +) & -2x+5y \\ \hline \end{array}$$

(6)
$$\begin{array}{rr} & -7x+5y \\ -) & x-3y \\ \hline \end{array}$$

3 次の計算をしなさい。 >>例題 5, 6

(1) $-2(3x+7y-4)$　(2) $(12x^2-7x+6)\div(-42)$

(3) $3(a-2b)+5(-a+3b)$　(4) $2(2x-3y)-3(4x-7y)$

(5) $\frac{1}{3}(15x^2+9x-1)-6\left(\frac{1}{3}x^2+\frac{1}{2}x-\frac{1}{6}\right)$　(6) $\frac{2x-3y}{3}+\frac{3x-2y}{6}$

(7) $\frac{3x-2y}{4}-\frac{5x+2y}{10}$　(8) $\frac{10x+5y}{3}-(2x-y)$

4 次の計算をしなさい。 >>例題 7～9

(1) $(-4x^2y)\times 5y$　(2) $24x^2y\div(-6x)$

(3) $(-a^3)^2\times(2a)^3$　(4) $(4ab^2)^2\div(-2b)^3$

(5) $-\frac{3}{4}x\times\frac{2}{3}xy$　(6) $\frac{4}{5}x^2y\div\left(-\frac{3}{10}x^2\right)$

(7) $12x^2y\div 3y\div(-2x)$　(8) $(-4x)^3\div(8x)^2\times(-7x^3)$

5 次の式の値を求めなさい。

(1) $x=\frac{1}{2}$，$y=-1$ のとき　　$3(2x-y)-2(x-4y)$

(2) $a=2$，$b=-\frac{1}{3}$ のとき　　$6ab\div(-3a)^2\times 9a^2b$

>>例題 10

6 連続する 3 つの 4 の倍数の和は 12 の倍数になる。このことを，文字を使って説明しなさい。

>>例題 11

7 千の位の数と一の位の数，百の位の数と十の位の数がそれぞれ同じ数である 4 けたの自然数は，11 の倍数になる。このことを，文字を使って説明しなさい。

>>例題 12

8 円柱Aがある。Aの底面の半径を 2 倍にし，高さを $\frac{1}{2}$ 倍にしたものを円柱Bとすると，円柱Bの体積は，円柱Aの体積の何倍になるか求めなさい。

>>例題 14

9 線分 AB の中点をO，線分 OB の中点を O′ とし，円Oの内部に，右の図のように，AO，OB，AO′，O′B を直径とする半円をかく。
図の赤色の部分の長さと灰色の部分の長さを比べなさい。

>>例題 14

10 次の等式を，〔 〕内の文字について解きなさい。

>>例題 15

(1) $8x-3y=12$ 〔y〕

(2) $a=2(b+c)$ 〔c〕

(3) $V=\frac{1}{3}\pi r^2h$ 〔h〕

11 右の図において，四角形 ABCD は AD∥BC の台形である。四角形 ABCD の面積を x とするとき，y を x で表しなさい。

>>例題 15

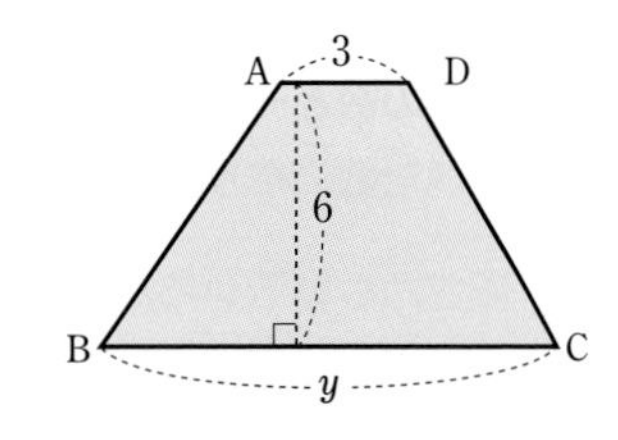

数あてゲーム

紙と鉛筆を用意して，次の計算をしてみましょう。

> 好きな 2 けたの自然数を思いうかべてください。
> ただし，一の位の数は 0 以外とします。
> ①　思いうかべた数の十の位の数と一の位の数をたして，
> 　1 をひきます。
> ②　① の結果に 11 をかけてください。
> ③　② の結果から，はじめに思いうかべた数をひいてください。

24 とすると…
①：$2+4-1=5$
②：$5\times11=55$
③：$55-24=31$

いくらになりましたか？

31！

ということは，思いうかべた自然数は「24」ですね。

あたり！
どうしてわかったの？

十の位の数を a，一の位の数を b として，2 けたの自然数を $10a+b$ $(b\neq0)$ とします。
十の位の数と一の位の数をたして，1 をひくと　　$a+b-1$
これに 11 をかけると　　$11(a+b-1)$
この数から，はじめに思いうかべた数をひくと

$$11(a+b-1)-(10a+b)=11a+11b-11-10a-b=10b+a-11$$

b が 0 だと，ここが 0 になってしまう

となります。
$10b+a$ は，はじめに思いうかべた数の十の位と一の位を入れかえた数ですから，この計算は
　思いうかべた数の十の位の数と一の位の数を入れかえて，
　11 をひいた数になる
ということがわかります。
したがって，逆にたどって，**相手の回答に，11 をたして，十の位の数と一の位の数を入れかえれば，相手がはじめに思いうかべた数になります。**

31
↓ ← 11 をたす（各位の数に 1 をたす）
42
↓ ← 十の位の数と一の位の数を入れかえる
24

皆さんもいろいろ試して，オリジナルの数あてゲームを作ってみてはどうでしょうか。

第2章

連立方程式

4 連立方程式

1 2元1次方程式

$3x+y=10$ のように，2つの文字をふくむ1次方程式を2元（げん）1次方程式 という。 ← 2元とは2つの文字のこと

2元1次方程式を成り立たせる2つの文字の値の組を，その方程式の **解** という。

2元1次方程式の解は無数にある。
(例) $3x+y=10$ の解は
$x=1,\ y=7$；
$x=2,\ y=4$；
$x=-1,\ y=13$ など。

2 連立方程式とその解

方程式をいくつか組にしたものを **連立（れんりつ）方程式** という。
連立方程式のどの方程式も成り立たせる文字の値の組を，その連立方程式の **解** といい，その解を求めることを連立方程式を **解く** という。

連立方程式は
$$\begin{cases} 3x+y=10 & \cdots\cdots ① \\ x+y=6 & \cdots\cdots ② \end{cases}$$
のように表す。$x=2$，$y=4$ は，方程式①，②のどちらも成り立たせるから，この連立方程式の解である。

3 連立方程式の解き方

❶ **加減法** と **代入法** がある。

加減法（かげんほう）

>>例題 17, 18

1つの文字の係数の絶対値をそろえ，両辺をたしたりひいたりすることで，1つの文字を消去して解く方法。

たとえば x，y についての連立方程式から，y をふくまない方程式をつくることを，y を **消去する** という。

代入法（だいにゅうほう）

>>例題 19

代入によって1つの文字を消去して解く方法。

❷ **$A=B=C$ の形をした方程式**

次の(ア)〜(ウ)のどの連立方程式とも同じ。

(ア) $\begin{cases} A=B \\ B=C \end{cases}$　(イ) $\begin{cases} A=B \\ A=C \end{cases}$　(ウ) $\begin{cases} A=C \\ B=C \end{cases}$

例　方程式　$2x+5y=x+2y=1$　は
(ア) $\begin{cases} 2x+5y=x+2y \\ x+2y=1 \end{cases}$　(イ) $\begin{cases} 2x+5y=x+2y \\ 2x+5y=1 \end{cases}$　(ウ) $\begin{cases} 2x+5y=1 \\ x+2y=1 \end{cases}$
のどれかの連立方程式を解けばよい。

その他の連立方程式

かっこをふくむ
分配法則などを利用してかっこをはずす。

小数や分数をふくむ
小数の場合は10の累乗，分数の場合は分母の最小公倍数を両辺にかけて，係数を整数にする。

例題 16 連立方程式の解

>>p. 34 2 レベル

次の (ア)〜(ウ) の中から，連立方程式 $\begin{cases} 2x+3y=13 & \cdots\cdots ① \\ x-y=4 & \cdots\cdots ② \end{cases}$ の解を選びなさい。

(ア) $x=2,\ y=3$　(イ) $x=3,\ y=-1$　(ウ) $x=5,\ y=1$

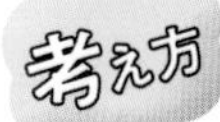

x，y の値を代入して，
両方の方程式が成り立つかどうか を調べる。

連立方程式の解とは，**どの方程式も成り立たせる文字の値の組** のこと。

片方の式のみを成り立たせるのは，**連立方程式の解ではない。**

解答

(ア) $x=2,\ y=3$ を ①，② の左辺に代入すると
① は　(左辺)$=2\times2+3\times3=13$，(右辺)$=13$
よって　(左辺)$=$(右辺)

② は　(左辺)$=2-3=-1$，(右辺)$=4$
よって　(左辺)$\neq$(右辺)

(イ) $x=3,\ y=-1$ を ① の左辺に代入すると
(左辺)$=2\times3+3\times(-1)=3$，(右辺)$=13$
よって　(左辺)$\neq$(右辺)

(ウ) $x=5,\ y=1$ を ①，② の左辺に代入すると
① は　(左辺)$=2\times5+3\times1=13$，(右辺)$=13$
よって　(左辺)$=$(右辺)

② は　(左辺)$=5-1=4$，(右辺)$=4$
よって　(左辺)$=$(右辺)

以上から，①，② の両方を成り立たせるのは (ウ) である。

答　**(ウ)**

(ア) ①：成り立つ
②：成り立たない

(イ) 片方の式が成り立たない時点で，連立方程式の解ではない。
(② を調べる必要はない)

(ウ) ①：成り立つ
②：成り立つ
どちらも成り立つから連立方程式の解。

第2章 連立方程式

解答➡別冊 p. 13

練習 16 次の (ア)〜(ウ) の中から，連立方程式 $\begin{cases} 3x-4y=7 & \cdots\cdots ① \\ x+2y=9 & \cdots\cdots ② \end{cases}$ の解を選びなさい。

(ア) $x=1,\ y=-1$　(イ) $x=7,\ y=1$　(ウ) $x=5,\ y=2$

例題 17 連立方程式 …… 加減法 (1)

>>p. 34 3

レベル 

次の連立方程式を解きなさい。

(1) $\begin{cases} x-3y=7 & \cdots\cdots ① \\ 2x+3y=-4 & \cdots\cdots ② \end{cases}$　　(2) $\begin{cases} x+4y=5 & \cdots\cdots ① \\ x+2y=1 & \cdots\cdots ② \end{cases}$

ここに注目！

文字を消去するときは，
文字の係数に注目する。
(1) y の係数は -3 と 3 であるから，**たすと 0**
(2) x の係数はともに 1 であるから，**ひくと 0**

考え方

2 つの式をたしたり，ひいたりして，

1 つの文字を消去する

1 つの文字について，係数の絶対値が同じものに注目する。

確認 加減法
両辺をたしたりひいたりすることで，1 つの文字を消去して解く方法。

解答

(1) ①，② の左辺どうし，右辺どうしをたすと　← ①＋② と書くこともある

$$\begin{array}{rl} x-3y= & 7 \\ +)\ 2x+3y= & -4 \\ \hline 3x\quad\ \ = & 3 \end{array}$$

← $-3y$ と $3y$ をたすと 0 になる
← y が消去できた

$x=1$

$x=1$ を ① に代入すると　← ② に代入してもよい

$1-3y=7$

$-3y=6$　← $-3y=7-1$

$y=-2$

答　$x=1$，$y=-2$

◀代入する方程式は，計算がらくになる方を選ぶとよい。

(2) ①，② の左辺どうし，右辺どうしをひくと　← ①－② と書くこともある

$$\begin{array}{rl} x+4y= & 5 \\ -)\ x+2y= & 1 \\ \hline 2y= & 4 \end{array}$$

← x どうしをひくと 0 になる
← x が消去できた

$y=2$

$y=2$ を ② に代入すると　← ① に代入してもよい

$x+2\times2=1$

$x=-3$　← $x=1-4$

答　$x=-3$，$y=2$

参考
連立方程式の解は
$(x,\ y)=(□,\ ○)$，
$\begin{cases} x=□ \\ y=○ \end{cases}$ と表すこともある。

●解が正しいことを確かめるには，もとの 2 つの方程式に x，y の値を代入して，等式が成り立つかどうかを調べる。

解答➡別冊 p. 13

練習 17 次の連立方程式を解きなさい。

(1) $\begin{cases} x+y=3 \\ 3x-y=5 \end{cases}$　　(2) $\begin{cases} 3x-2y=-1 \\ 3x+4y=11 \end{cases}$

例題 18 連立方程式 …… 加減法 (2)

>>p. 34 3

次の連立方程式を解きなさい。

(1) $\begin{cases} 5x-2y=16 & \cdots\cdots ① \\ 3x+4y=-6 & \cdots\cdots ② \end{cases}$ (2) $\begin{cases} 2x-3y=-4 & \cdots\cdots ① \\ 3x-7y=-1 & \cdots\cdots ② \end{cases}$

2つの式をそのままたしたり，ひいたりしても文字が消去できない場合は，等式の性質を使い両辺を何倍かして，

文字の係数の絶対値をそろえる

等式の性質
$A=B$ ならば
$AC=BC$

解答

(1) ①の両辺を2倍して②をたすと

①×2 $10x-4y=32$ ← $(5x-2y)\times2=16\times2$

② $+)\ 3x+4y=-6$

$13x=26$

$x=2$

$x=2$ を①に代入すると

$5\times2-2y=16$

$-2y=6$ ← $-2y=16-10$

$y=-3$

答 $x=2,\ y=-3$

係数の絶対値は，**最小公倍数にそろえるとよい。**
(1)は，①を3倍，②を5倍して，xの係数を15でそろえてもよい。

$15x-6y=48$
$-)\ 15x+20y=-30$
$-26y=78$
$y=-3$

ただし，左の解答の方が計算がらく。

(2) ①の両辺の3倍から，②の両辺の2倍をひくと

①×3 $6x-9y=-12$ ← $(2x-3y)\times3=-4\times3$

②×2 $-)\ 6x-14y=-2$ ← $(3x-7y)\times2=-1\times2$

$5y=-10$

$y=-2$

$y=-2$ を①に代入すると

$2x-3\times(-2)=-4$

$2x=-10$ ← $2x=-4-6$

$x=-5$

答 $x=-5,\ y=-2$

⚠ 必ず両辺に同じ数をかける。右辺に数をかけ忘れないように注意。

[解の確かめ]
$2\times(-5)-3\times(-2)$
$=-10+6=-4$
$3\times(-5)-7\times(-2)$
$=-15+14=-1$
どちらの等式も成り立つ。

解答➡別冊 p. 13

練習 18 次の連立方程式を解きなさい。

(1) $\begin{cases} 3x+2y=7 \\ x-5y=8 \end{cases}$ (2) $\begin{cases} 5x-3y=1 \\ 7x-4y=2 \end{cases}$

例題 19 連立方程式 …… 代入法

≫p. 34 3

次の連立方程式を解きなさい。

(1) $\begin{cases} 2x+3y=7 & \cdots\cdots ① \\ y=x+9 & \cdots\cdots ② \end{cases}$ (2) $\begin{cases} x-2y=-3 & \cdots\cdots ① \\ 2x+y=4 & \cdots\cdots ② \end{cases}$

一方の式を $y=$(xの式) または $x=$(yの式) に変形して，他方の式に代入する

代入することで，**1つの文字を消去する。**

解答

(1) ① の y に，② の $x+9$ を代入すると ← yを消去する

$2x+3(x+9)=7$

$2x+3x+27=7$

$5x=-20$

$x=-4$

$x=-4$ を ② に代入すると $y=-4+9=5$

答 $x=-4$，$y=5$

② より y は $x+9$ と同じであるから，① の y に $x+9$ を代入する。

⚠ かっこをつけて代入する。

① に代入してもよいが，② に代入した方がらく。

(2) ① より $x=2y-3$ ……③

② の x に，③ の $2y-3$ を代入すると ← xを消去する

$2(2y-3)+y=4$

$4y-6+y=4$

$5y=10$

$y=2$

$y=2$ を ③ に代入すると $x=2\times2-3=1$

答 $x=1$，$y=2$

⚠ ③ は ① を変形した式なので，③ を ① に代入しても，解は求められない。

別解 ② を変形して

$y=-2x+4$

これを ① に代入して計算を進めてもよい。

●加減法，代入法で連立方程式を解いたが，共通する考え方は

文字を減らして，x か y だけの方程式をつくりだす

ことである。これが連立方程式の解き方のポイントになる。

CHART 連立方程式 **文字を減らす方針 代入法 または 加減法**

解答➡別冊 p. 14

練習 19 次の連立方程式を解きなさい。

(1) $\begin{cases} x=y+8 \\ 2x+y=7 \end{cases}$ (2) $\begin{cases} 4x+y=2 \\ 7x-5y=-1 \end{cases}$

例題 20 かっこのある連立方程式

>>p. 34 3 レベル 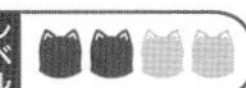

連立方程式 $\begin{cases} 5(x-1)-3y=8 \\ 3x-2(3y+1)=10 \end{cases}$ を解きなさい。

1年生の復習
かっこをふくむ1次方程式は，分配法則などを利用して **かっこをはずし，** $ax=b$ **の形に整理。**

考え方

かっこのある連立方程式

かっこをはずして，$ax+by=c$ の形に整理

解答

$5(x-1)-3y=8$ のかっこをはずすと　$5x-5-3y=8$

よって　$5x-3y=13$ ……①

$3x-2(3y+1)=10$ のかっこをはずすと　$3x-6y-2=10$

$3x-6y=12$ ……②

①×2−② より

「①の両辺を2倍して，②をひく」という意味

$$\begin{array}{rrl} & 10x-6y & =26 \quad \leftarrow (5x-3y)\times 2=13\times 2 \\ -) & 3x-6y & =12 \\ \hline & 7x & =14 \end{array}$$

$x=2$

$x=2$ を①に代入すると　$5\times 2-3y=13$

$-3y=3$

$y=-1$

答　$x=2$，$y=-1$

かっこをはずして整理すると，連立方程式は $\begin{cases} 5x-3y=13 \\ 3x-6y=12 \end{cases}$ となる。

（$x-2y=4$ でもよい）

あとは，加減法，代入法の解きやすい方で解く。

別解　②の両辺を3でわると　$x-2y=4$

よって　$x=2y+4$ ……③

③を①に代入すると

$5(2y+4)-3y=13$

$10y+20-3y=13$

$7y=-7$

$y=-1$

$y=-1$ を③に代入すると　$x=2\times(-1)+4=2$

答　$x=2$，$y=-1$

別解　$x-2y=4$ の両辺を5倍して

$5x-10y=20$ …④

①から④をひくと

$$\begin{array}{rrl} & 5x-3y & =13 \\ -) & 5x-10y & =20 \\ \hline & & 7y=-7 \end{array}$$

$y=-1$

$y=-1$ を $x-2y=4$ に代入して　$x=2$

練習 20

解答➡別冊 p. 14

次の連立方程式を解きなさい。

(1) $\begin{cases} 5(x+1)=4(y+6) \\ x-2y=-1 \end{cases}$

(2) $\begin{cases} 2(x+1)-3(y-2)=25 \\ 5x+2(y+1)=16 \end{cases}$

例題 21 係数が分数や小数の連立方程式

>>p. 34 3 レベル 

次の連立方程式を解きなさい。

(1) $\begin{cases} \dfrac{x}{3}+\dfrac{y-7}{5}=2 & \cdots\cdots ① \\ x-y=-9 & \cdots\cdots ② \end{cases}$

(2) $\begin{cases} 0.2x-0.3y=1 & \cdots\cdots ① \\ 5x+4y=2 & \cdots\cdots ② \end{cases}$

考え方 両辺を何倍かして，係数を整数にする

分数をふくむ場合 …… 両辺に **分母の最小公倍数** をかける

小数をふくむ場合 …… 両辺に **10 の累乗** をかける

↑ 10，100，… をかける

◀小数第 1 位までなら $10^1=10$，小数第 2 位までなら $10^2=100$ を両辺にかける。

解答

(1) ① の両辺に 15 をかけると

$5x+3(y-7)=30$ ← かっこをつける。$5x+3y-21=30$

整理すると　$5x+3y=51$ …… ③

② より　$x=y-9$ …… ④

④ を ③ に代入して　$5(y-9)+3y=51$ ← 代入法

$5y-45+3y=51$

$8y=96$

$y=12$

$y=12$ を ④ に代入すると　$x=12-9=3$

答　$x=3$，$y=12$

◀$\dfrac{x}{3}\times15+\dfrac{y-7}{5}\times15=2\times15$

別解 (1) 加減法を用いると

$$\begin{array}{rl} & 5x+3y=51 \\ +) & 3x-3y=-27 \\ \hline & 8x \quad\; =24 \end{array}$$

$x=3$

$x=3$ を $x-y=-9$ に代入すると　$y=12$

(2) ① の両辺に 10 をかけると　$2x-3y=10$ …… ③

③×5−②×2 より

$$\begin{array}{rl} & 10x-15y=50 \\ -) & 10x+\;8y=4 \\ \hline & -23y=46 \end{array}$$

← $(2x-3y)\times5=10\times5$

← $(5x+4y)\times2=2\times2$

$y=-2$

$y=-2$ を ③ に代入して　$2x-3\times(-2)=10$

$2x=4$ ← $2x=10-6$

$x=2$

答　$x=2$，$y=-2$

参考

(1) は $\begin{cases} 5x+3y=51 \\ x-y=-9 \end{cases}$

(2) は $\begin{cases} 2x-3y=10 \\ 5x+4y=2 \end{cases}$

を解くことと同じである。

解答⇒別冊 p. 14

練習 21 次の連立方程式を解きなさい。

(1) $\begin{cases} \dfrac{x}{6}+\dfrac{y-2}{9}=2 \\ 2x-7y=10 \end{cases}$

(2) $\begin{cases} x-3y=1 \\ 0.7(x-5)-0.3(y-4)=-1 \end{cases}$

例題 22 $A=B=C$ の形をした方程式

≫p. 34 3

方程式 $3x-4y-2=4x+3y=7$ を解きなさい。

考え方 $A=B=C$ の形をした方程式

$\begin{cases} A=B \\ B=C \end{cases}$ $\begin{cases} A=B \\ A=C \end{cases}$ $\begin{cases} A=C \\ B=C \end{cases}$ **のどれかになおす**

$A=B=C$ は
$A=B,\ B=C,\ A=C$
をまとめたもの。

解答

次の連立方程式を解けばよい。

$$\begin{cases} 3x-4y-2=7 \\ 4x+3y=7 \end{cases}$$

← $\begin{cases} A=C \\ B=C \end{cases}$ を使っている

$\begin{cases} 3x-4y-2=4x+3y \\ 3x-4y-2=7 \end{cases}$
などの組み合わせでもよい。

$3x-4y-2=7$ を整理すると

$3x-4y=9$ …… ①

$4x+3y=7$ …… ②

①×3+②×4 より

$$\begin{array}{rr} & 9x-12y=27 \\ +) & 16x+12y=28 \\ \hline & 25x \qquad =55 \end{array}$$

$$x=\frac{55}{25}=\frac{11}{5}$$

$x=\frac{11}{5}$ を ② に代入すると

$$4\times\frac{11}{5}+3y=7$$

$$\frac{44}{5}+3y=7$$

$$3y=7-\frac{44}{5}$$

← $3y=\frac{35}{5}-\frac{44}{5}$

$$3y=-\frac{9}{5}$$

$$y=-\frac{3}{5}$$

◀分母をはらってもよい。
両辺に 5 をかけて
$44+15y=35$
$15y=-9$
$y=-\frac{3}{5}$

答 $x=\frac{11}{5},\ y=-\frac{3}{5}$

⚠ 解は整数とは限らない。

解答➡別冊 p. 15

練習 22 方程式 $2x+3y=5x+2y=6$ を解きなさい。

例題 23 解から連立方程式の係数を求める

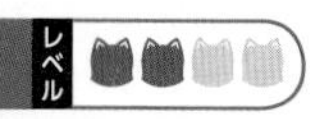

x，y についての連立方程式 $\begin{cases} ax-by=-9 \\ bx+ay=19 \end{cases}$ の解が $x=3$，$y=5$ であるとき，a，b の値を求めなさい。

考え方

1年生のときに学んだ，次の CHART を利用する。

CHART　方程式の解　代入すると成り立つ

連立方程式の解が $x=3$，$y=5$ ということは，連立方程式に $x=3$，$y=5$ を代入すると，等式が成り立つということ。

実際に代入すると $\begin{cases} 3a-5b=-9 \\ 3b+5a=19 \end{cases}$

これは a，b についての連立方程式である。

連立方程式の解とは，連立方程式を成り立たせる文字の値の組のこと。

解答

連立方程式の解が $x=3$，$y=5$ であるから，これを

$\begin{cases} ax-by=-9 \\ bx+ay=19 \end{cases}$ に代入すると $\begin{cases} 3a-5b=-9 \\ 3b+5a=19 \end{cases}$

つまり $\begin{cases} 3a-5b=-9 & \cdots\cdots ① \\ 5a+3b=19 & \cdots\cdots ② \end{cases}$

①×3＋②×5 より

$$\begin{array}{rrcr} & 9a-15b & = & -27 \\ +) & 25a+15b & = & 95 \\ \hline & 34a & = & 68 \end{array}$$

$$a=2$$

$a=2$ を ② に代入すると

$$5\times2+3b=19$$
$$10+3b=19$$
$$3b=9$$
$$b=3$$

答　$\boldsymbol{a=2}$，$\boldsymbol{b=3}$

⚠ 項の並びに注意。
① にあわせて a，b の順に並びかえる。

$a=2$，$b=3$ のとき，もとの連立方程式は

$\begin{cases} 2x-3y=-9 \\ 3x+2y=19 \end{cases}$

$2\times3-3\times5=-9$，
$3\times3+2\times5=19$　であるから，確かに $x=3$，$y=5$ は解である。

解答➡別冊 p. 15

練習 23　x，y についての連立方程式 $\begin{cases} 2x+ay=5b \\ bx+4y=a \end{cases}$ の解が，$x=1$，$y=-1$ であるとき，a，b の値を求めなさい。

解が特殊な連立方程式

次の連立方程式を考えてみましょう。

(1) $\begin{cases} 2x-y=3 & \cdots\cdots ① \\ -4x+2y=5 & \cdots\cdots ② \end{cases}$　　(2) $\begin{cases} 2x-y=3 & \cdots\cdots ① \\ -6x+3y=-9 & \cdots\cdots ② \end{cases}$

(1) ①×2+② より

$$\begin{array}{rr} & 4x-2y=6 \\ +) & -4x+2y=5 \\ \hline & 0=11 \end{array}$$

x と y の 2 つの文字がどちらも消えてしまい，「0=11」という，成り立たない式が出てきました。これはどういうことでしょう。

② の両辺に $-\dfrac{1}{2}$ をかけると，$2x-y=-\dfrac{5}{2}$ となります。このとき，連立方程式は

$\begin{cases} 2x-y=3 \\ 2x-y=-\dfrac{5}{2} \end{cases}$ となります。同じ x，y の値で，$2x-y$ の値が 3 にも $-\dfrac{5}{2}$ にもなるものは存在しません。つまり，① と ② は **同時に成り立たない** ということです。

この場合，連立方程式の **解はない**（**解なし**）ということになります。

(2) ①×3+② より

$$\begin{array}{rr} & 6x-3y=\ \ 9 \\ +) & -6x+3y=-9 \\ \hline & 0=\ \ 0 \end{array}$$

今度は，x と y の 2 つの文字がどちらも消え，「0=0」という，いつも成り立つ等式が出てきました。

実は，② の両辺に $-\dfrac{1}{3}$ をかけると，① と同じ（2元1次）方程式になります。

つまり，① の解はすべて ② を成り立たせることになりますから，この連立方程式の **解は無数に存在する** ことになります。

↑ 2元1次方程式の解は無数に存在

このように，連立方程式の解がない場合や，解が無数に存在する場合があることは，次の章「1次関数」で詳しく説明します。

EXERCISES

解答➡別冊 p. 17

16 2 元 1 次方程式 $3x-4y=12$ について，次の x，y の組から，解になるものを，すべて選びなさい。

(ア) $x=0,\ y=-3$ (イ) $x=2,\ y=1$ (ウ) $x=\dfrac{5}{3},\ y=-\dfrac{7}{4}$ (エ) $x=-4,\ y=-6$

17 次の連立方程式を加減法で解きなさい。 >>例題 17，18

(1) $\begin{cases} 3x-y=5 \\ 2x-3y=-6 \end{cases}$ (2) $\begin{cases} 3x+y=3 \\ x-y=-5 \end{cases}$ (3) $\begin{cases} 3a+2b=7 \\ 2a-3b=22 \end{cases}$

18 次の連立方程式を代入法で解きなさい。 >>例題 19

(1) $\begin{cases} x=3y \\ 3x-5y=8 \end{cases}$ (2) $\begin{cases} x=2y+8 \\ x=5y-1 \end{cases}$ (3) $\begin{cases} 5x-3y=21 \\ 2x+y=4 \end{cases}$

19 次の連立方程式を解きなさい。 >>例題 20，21

(1) $\begin{cases} 2(x+y)-y=9 \\ x-3(x-y)=-5 \end{cases}$ (2) $\begin{cases} 4(x+2y)+x=9 \\ 3x=5(y+5) \end{cases}$

(3) $\begin{cases} 4x-3y=14 \\ \dfrac{x}{2}-\dfrac{y}{3}=2 \end{cases}$ (4) $\begin{cases} \dfrac{4x-3}{6}-\dfrac{y-3}{4}=2 \\ 6x-4y=21 \end{cases}$

(5) $\begin{cases} 3x-2y=1 \\ 2.5x+0.5y=9.5 \end{cases}$ (6) $\begin{cases} \dfrac{2}{5}x-\dfrac{1}{3}y=1 \\ 0.5y=0.1x+1 \end{cases}$

20 方程式 $2x+y-4=x+2y=1$ を解きなさい。〔広陵高〕 >>例題 22

21 連立方程式 $\begin{cases} ax-by=7 \\ bx+ay=-4 \end{cases}$ の解が $x=1$，$y=-2$ であるとき，a，b の値を求めなさい。

>>例題 23

ヒント **19** (5) $2.5x+0.5y=9.5$ は，両辺に 2 をかけると，係数が整数になる。

5 連立方程式の利用

1 文章題を解く手順

連立方程式を利用して文章題を解くとき，次の手順で進める。
基本的には，1 年生の 1 次方程式の利用で学んだ手順と同じである。

手順1 数量を文字で表す

求める数量を x，y とすることが多いが，それ以外の数量を x，y とした方が，式が簡単になることもある。

▼

手順2 連立方程式をつくる

等しい数量を見つけて，2 つの方程式に表す。

▼

手順3 連立方程式を解く

▼

手順4 解を確認する

解が問題に適しているかを確かめる。

問題文を読むコツ

問題文を読むときに，
- **求めるものは何か**
- **問題文に与えられているものは何か**

をおさえる。**図や表をかいて，情報を整理することも大事。**

たとえば，x，y が値段や個数であれば，x，y は自然数（または 0 以上の整数）である。

2 よく利用される関係式

次の関係は，よく見られるものなのでおさえておく。

- 代金の問題

 (代金)＝(1 個の値段)×(個数)

- 速さの問題

 (道のり)＝(速さ)×(時間)，

 $$\left[(\text{速さ})=\frac{(\text{道のり})}{(\text{時間})},\ (\text{時間})=\frac{(\text{道のり})}{(\text{速さ})}\right]$$

- 割合

 1 割は $\frac{1}{10}$ または 0.1，1 % は $\frac{1}{100}$ または 0.01

- 自然数の問題

 2 けたの自然数　$10x+y$　（十の位が x，一の位が y）

速さの関係式は，1 つおさえておけば，式変形で他の式をつくりだすことができる。

「□割増」，「○ % 減」などに注意。

a 割増は　$\times\left(1+\frac{a}{10}\right)$

a % 減は　$\times\left(1-\frac{a}{100}\right)$

例題 24 代金と個数の問題

>>p. 45 1 2 レベル 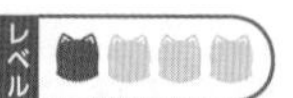

2 種類のケーキ A，B がある。A が 3 個と B が 2 個の代金の合計は 1100 円，A が 4 個と B が 6 個の代金の合計は 2300 円であった。A，B それぞれの 1 個の値段を求めなさい。

問題を整理しよう！

●求めるもの
A，B の 1 個の値段

●与えられているもの
A 3 個と B 2 個の代金 1100 円
A 4 個と B 6 個の代金 2300 円

求める数量を x，y として，連立方程式をつくる

手順1 数量を文字で表す

…… A 1 個の値段を x 円，B 1 個の値段を y 円とすると
A 3 個と B 2 個の代金は $(3x+2y)$ 円
A 4 個と B 6 個の代金は $(4x+6y)$ 円

手順2 連立方程式をつくる

…… $3x+2y=1100$，$4x+6y=2300$

◀等しい数量を見つけて，2 つの方程式に表す。

手順3 連立方程式を解く

手順4 解を確認する

…… x，y は値段であるから，自然数である。

解答

A 1 個の値段を x 円，B 1 個の値段を y 円とすると

$$\begin{cases} 3x+2y=1100 & \cdots\cdots ① \\ 4x+6y=2300 & \cdots\cdots ② \end{cases}$$

◀何を x，何を y とするかをかく。

①×3−② より

$$\begin{array}{rr} & 9x+6y=3300 \\ -) & 4x+6y=2300 \\ \hline & 5x \quad\;\; =1000 \end{array}$$

$$x=200$$

$x=200$ を ① に代入すると　$3\times200+2y=1100$

$$2y=500$$
$$y=250$$

これらは，問題に適している。

答　**A：200 円，B：250 円**

参考 連立方程式の解き方
① より　$2y=1100-3x$
② の $6y=3\times2y$ に代入すると

$$4x+3(1100-3x)=2300$$
$$-5x=-1000$$
$$x=200$$

x，y は値段であるから，自然数であることを確認。

解答➡別冊 p. 15

練習 24 ある美術館と博物館の入館券はそれぞれ 1 枚 350 円と 250 円である。ある日，これら 2 種類の入館券は合わせて 200 枚売れ，売り上げ金額の合計は 62800 円であった。この日に美術館と博物館の入館券はそれぞれ何枚売れましたか。

例題 25 道のり・速さ・時間の問題 >>p. 45 2 レベル

ある人が山の頂上を目指して，ふもとのA地点を午前 8 時に出発した。頂上では 1 時間の休憩（きゅうけい）をとり，下（くだ）りは登（のぼ）りと別のコースを通り，もとのA地点に午後 3 時に着いた。コースの全長は 22 km で，登りは時速 3 km，下りは時速 5 km の速さで歩いた。登りの道のりと下りの道のりをそれぞれ求めなさい。

問題を整理しよう！

図を使って整理すると，次のようになる。

求める数量は，登りと下りの道のり。

考え方 図をかいて，等しい数量を見つける

(登りの道のり)＋(下りの道のり)＝22 (km)

(登りにかかった時間)＋(下りにかかった時間)＝6 (時間)

そこで，登りの道のりを x km，下りの道のりを y km として，これらの関係を方程式に表す。

◀午前 8 時〜午後 3 時は 7 時間。移動時間は，1 時間の休憩を除いて 6 時間。

解答

登りの道のりを x km，下りの道のりを y km とする。

コースの全長について　$x+y=22$　……①

午前 8 時から午後 3 時までの時間は 7 時間で，移動した時間は

$7-1=6$ (時間) であるから

$$\frac{x}{3}+\frac{y}{5}=6 \quad \cdots\cdots ②$$

← (時間)＝$\frac{(道のり)}{(速さ)}$

$$\begin{array}{lrl} ①\times 3 & & 3x+3y=66 \\ ②\times 15 & -) & 5x+3y=90 \\ \hline & & -2x \quad =-24 \\ & & x=12 \end{array}$$

$x=12$ を ① に代入すると　$12+y=22$

$y=10$

これらは，問題に適している。

答　**登りの道のりは 12 km，下りの道のりは 10 km**

別解 登りの時間を x 時間，下りの時間を y 時間とする。
時間について
$x+y=6$　……①
道のりについて
$3x+5y=22$　……②
①，② から　$x=4$，$y=2$
よって
登り　$3\times4=12$ (km)
下り　$5\times2=10$ (km)

解答➡別冊 p. 15

練習 25 Aさんが家から 2.8 km 離れた学校に向かった。はじめは分速 80 m で歩き，途中から分速 230 m で走ったところ，家を出発してから 20 分で着くことができた。Aさんが歩いた時間と走った時間をそれぞれ求めなさい。

例題 26 割合の問題

>>p. 45 2 レベル

ある学校のテニス部の部員は，昨年は全員で 50 人であった。今年は男子が 10 % 減り，女子が 5 % 増えたので，全体で 2 人減った。昨年の男子，女子それぞれの部員の人数を求めなさい。

問題を整理しよう！

[昨年]
(男子)＋(女子)＝50
[今年]
(男子)＋(女子)＝50－2
10 % 減　5 % 増

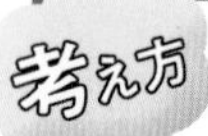

a % 増は $\times\left(1+\dfrac{a}{100}\right)$，$a$ % 減は $\times\left(1-\dfrac{a}{100}\right)$

昨年の男子部員を x 人，女子部員を y 人とすると，今年の

男子部員は $x\times\left(1-\dfrac{10}{100}\right)$ 人，女子部員は $y\times\left(1+\dfrac{5}{100}\right)$ 人

10 % 減る … **90 %** になる
5 % 増える … **105 %** になる

	男	女	計
昨年	x	y	50
今年	$0.9x$	$1.05y$	48
今年－昨年	$-0.1x$	$0.05y$	-2

解答

昨年の男子部員を x 人，女子部員を y 人とする。
昨年の部員全員の人数について

$$x+y=50 \quad \cdots\cdots ①$$

今年の人数について

男子は 10 % 減っているから　$\left(1-\dfrac{10}{100}\right)x=\dfrac{90}{100}x$ (人)　← $0.9x$ でもよい

女子は 5 % 増えているから　$\left(1+\dfrac{5}{100}\right)y=\dfrac{105}{100}y$ (人)　← $1.05y$ でもよい

昨年より全体で 2 人減っているから

$$\frac{90}{100}x+\frac{105}{100}y=48$$　← (右辺)＝50－2

$$6x+7y=320 \quad \cdots\cdots ②$$

② 　　$6x+7y=320$
①×6　$-)\ 6x+6y=300$
　　　　$y=20$

$y=20$ を ① に代入すると　$x+20=50$
　　　　$x=30$

これらは，問題に適している。

答　**男子 30 人，女子 20 人**

別解
② は，増減分のみを考えて
$-\dfrac{10}{100}x+\dfrac{5}{100}y=-2$
$(-0.1x+0.05y=-2)$
としてもよい。
(整理すると　$2x-y=40$)

◀両辺に 100 をかけると
$90x+105y=4800$
両辺を 15 でわると
$6x+7y=320$

◀ x，y は人数であるから，自然数であることを確認。

⚠ 今年は，男子が $30\times\dfrac{10}{100}=3$ (人) 減り，女子が $20\times\dfrac{5}{100}=1$ (人) 増え，確かに全体で 2 人減ったことになる。

解答➡別冊 p. 15

練習 26 ある高等学校の入学者数を調べると，今年の入学者は昨年より 8 人多かった。今年と昨年とを比較(ひかく)すると，男子が 2 % 減少し，女子が 6 % 増加したため，全体の入学者数は 4 % 増加していた。今年の男子生徒，女子生徒の入学者数をそれぞれ求めなさい。

例題 27 割引の問題

>>p. 45 2 レベル

ある文房具店で，鉛筆 6 本とノート 3 冊を定価で買うと，代金は 840 円である。
ある日，同じ鉛筆が定価の 2 割引き，同じノートが定価の 3 割引きになっていたので，鉛筆を 10 本とノートを 5 冊買ったところ，代金は，定価で買うときよりも 340 円安くなった。
鉛筆 1 本とノート 1 冊の定価を，それぞれ求めなさい。〔類 愛媛〕

考え方 **a 割引きは $\times\left(1-\dfrac{a}{10}\right)$**

鉛筆 1 本の定価を x 円，ノート 1 冊の定価を y 円とすると

鉛筆 1 本の定価の 2 割引きの値段は $x\times\left(1-\dfrac{2}{10}\right)$ 円

ノート 1 冊の定価の 3 割引きの値段は $y\times\left(1-\dfrac{3}{10}\right)$ 円

参考
a 割増は $\times\left(1+\dfrac{a}{10}\right)$
考え方は，前の例題 26 と同様である。
1 割 ＝ 10 %

解答

鉛筆 1 本の定価を x 円，ノート 1 冊の定価を y 円とする。
鉛筆 6 本とノート 3 冊を定価で買うときの代金について

$$6x+3y=840 \quad \cdots\cdots ①$$

鉛筆 1 本の定価の 2 割引きは $x\times\left(1-\dfrac{2}{10}\right)=\dfrac{8}{10}x$ (円)

ノート 1 冊の定価の 3 割引きは $y\times\left(1-\dfrac{3}{10}\right)=\dfrac{7}{10}y$ (円)

鉛筆を 10 本とノートを 5 冊買ったときの代金について

$$\frac{8}{10}x\times10+\frac{7}{10}y\times5=10x+5y-340$$

$$4x+3y=680 \quad \cdots\cdots ②$$

①−② から　$2x=160$　$x=80$

$x=80$ を ② に代入すると　$4\times80+3y=680$

$$3y=360$$

$$y=120$$

これらは，問題に適している。

答 **鉛筆 1 本の定価は 80 円，ノート 1 冊の定価は 120 円**

2 割引き … 定価の **8 割**
3 割引き … 定価の **7 割**
になるということ。それぞれ $0.8x$ 円，$0.7y$ 円でもよい。

◀安くなった金額について
$\dfrac{2}{10}x\times10+\dfrac{3}{10}y\times5=340$
という式でもよい。
これを整理すると，② が得られる。

解答➡別冊 p. 16

練習 27 ある博物館に大人 2 人と中学生 3 人で入館すると，合計料金は 3400 円であった。
大人 10 人と中学生 30 人で入館すると，団体割引で大人は 1 人あたり 2 割引き，中学生は 1 人あたり 1 割引きとなるため，合計料金は 21100 円であった。大人 1 人と中学生 1 人の通常料金を求めなさい。〔類 富山〕

例題 28 食塩水の問題

>>p. 45 2 レベル

8 % の食塩水と 15 % の食塩水がある。この 2 種類の食塩水を混ぜ合わせて，10 % の食塩水を 700 g つくるとき，2 種類の食塩水を，それぞれ何 g ずつ混ぜればよいか求めなさい。

食塩水の問題

食塩と食塩水（または 水）を分けて考える

（食塩水の重さ）＝（食塩の重さ）＋（水の重さ）

（食塩の重さ）＝（食塩水の重さ）×（濃度）

8 % の食塩水 x g と 15 % の食塩水 y g を混ぜるとすると，食塩と食塩水の関係は，次のようになる

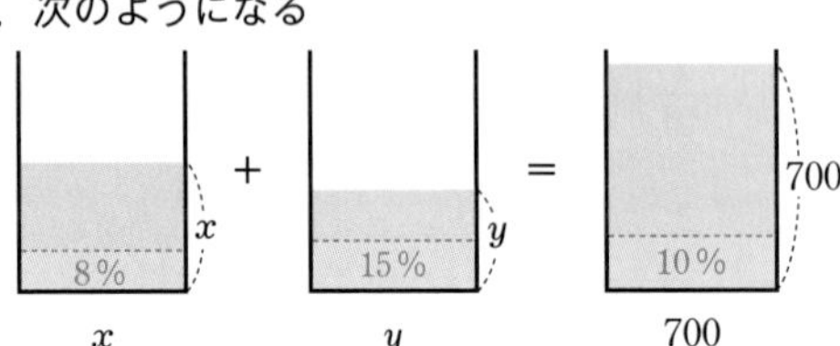

食塩水 (g)	x	y	700
食塩 (g)	$x\times\frac{8}{100}$	$y\times\frac{15}{100}$	$700\times\frac{10}{100}$

●濃度

食塩水の濃度とは，**食塩水の中に食塩がとけている割合** $\left(\frac{\text{食塩の重さ}}{\text{食塩水の重さ}}\right)$ のこと。

これを百分率で表すと

濃度（%）

$=\frac{\textbf{食塩の重さ}}{\textbf{食塩水の重さ}}\times100$

（例） a % の食塩水が x g あるとき，食塩の重さは

$\left(x\times\frac{a}{100}\right)$ g

表にまとめてもよい

	8 %	15 %	10 %
食塩水	x	y	700
食塩	$\frac{8}{100}x$	$\frac{15}{100}y$	$700\times\frac{10}{100}$

解答

8 % の食塩水を x g，15 % の食塩水を y g 混ぜるとする。

食塩水の重さ，食塩の重さについて

$$\begin{cases} x+y=700 & \cdots\cdots ① \\ \frac{8}{100}x+\frac{15}{100}y=700\times\frac{10}{100} & \cdots\cdots ② \end{cases}$$

$$\begin{array}{lrl} ②\times100 & 8x+15y & =7000 \\ ①\times8 & -)\ 8x+\ 8y & =5600 \\ \hline & 7y & =1400 \\ & y & =200 \end{array}$$

$y=200$ を ① に代入すると　$x+200=700$

$x=500$

これらは，問題に適している。

答　**8 % の食塩水 500 g，15 % の食塩水 200 g**

問題文からわかるように，8 % と 15 % の食塩水を混ぜても 23 %（＝8＋15）の食塩水にはならない。

x，y は重さであるから，正の数であることを確認。

解答➡別冊 p. 16

練習 28 10 % の食塩水と 6 % の食塩水がある。この 2 種類の食塩水を混ぜ合わせて，7 % の食塩水を 120 g つくるとき，2 種類の食塩水を，それぞれ何 g ずつ混ぜればよいか求めなさい。

例題 29 自然数についての問題

≫p. 45 2 レベル

2 けたの自然数がある。その数に 6 を加えた数は，十の位の数と一の位の数の和の 4 倍に等しい。
また，十の位の数と一の位の数を入れかえてできる 2 けたの数は，もとの数より 36 大きくなる。もとの自然数を求めなさい。

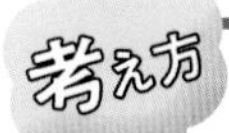

2 けたの自然数 **$10x+y$ とおく**
（x は十の位の数，y は一の位の数）

もとの自然数の十の位の数を x，一の位の数を y とすると
もとの数は $\mathbf{10x+y}$，十の位の数と一の位の数の和は $\mathbf{x+y}$
十の位の数と一の位の数を入れかえてできる数は $\mathbf{10y+x}$

3 けたの自然数は
$100x+10y+z$ などとおく。
（x は百の位，y は十の位，z は一の位の数）

解答

もとの自然数の十の位の数を x，一の位の数を y とすると

$$\begin{cases} 10x+y+6=4(x+y) & \cdots\cdots ① \\ 10y+x=(10x+y)+36 & \cdots\cdots ② \end{cases}$$

① より　$10x+y+6=4x+4y$　← かっこをはずす
$6x-3y=-6$
$2x-y=-2$　……③

② より　$-9x+9y=36$
$-x+y=4$　……④

③　$2x-y=-2$
④　$+)\ -x+y=4$
$x=2$

$x=2$ を ④ に代入すると
$-2+y=4$　　$y=6$

$x=2$，$y=6$ とすると，もとの自然数は 26 である。
これは，問題に適している。

答　**26**

問題文から，x，y は 1〜9 の自然数である。
「10」など一の位が 0 である数は，十の位と一の位を入れかえると「01」などとなるため，適さない。

◀ x，y が 1 から 9 までの自然数であることを確認。

解答➡別冊 p. 16

練習 29　2 けたの正の整数がある。その整数は，各位の数の和の 7 倍より 3 小さく，また，十の位の数と一の位の数を入れかえてできる 2 けたの数は，もとの整数より 36 小さくなる。もとの整数を求めなさい。

例題 30 鉄橋を通る列車の問題

レベル 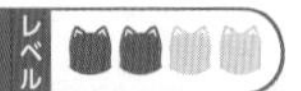

長さ 390 m の貨物列車が，ある鉄橋（てっきょう）を渡り始めてから渡り終わるまでに 65 秒かかった。また，長さ 165 m の急行列車が，貨物列車の 2 倍の速さでこの鉄橋を渡り始めてから渡り終わるまでに 25 秒かかった。このとき，鉄橋の長さを求めなさい。
また，貨物列車の速さは時速何 km か答えなさい。

問題を整理しよう！

渡り始めてから，渡り終わるまでを図に表すと，次のようになる。

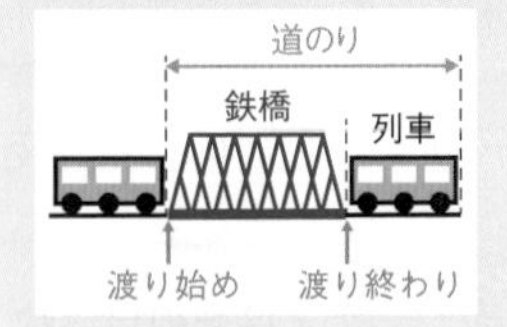

また，求める数量は
鉄橋の長さと
貨物列車の速さ（時速）

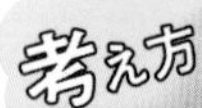

考え方 鉄橋を渡り始めてから渡り終わるまでに，
(鉄橋の長さ)＋(列車の長さ) の分だけ進んでいることに注意。
また，文字で表すときは **単位をそろえる**。
鉄橋の長さは，列車の長さの単位にあわせて x m，貨物列車の速さは，時間と道のりの単位にあわせて **秒速 y m** とすると，式をつくりやすい。
最後に時速 ○ km になおすことを忘れずに！

◀時速 y km とすると，単位をそろえるのが面倒。

解答

鉄橋の長さを x m，貨物列車の速さを秒速 y m とする。
貨物列車が渡り始めてから渡り終わるまでの道のりについて

$65y=390+x$ ……① ←(速さ)×(時間)＝(道のり)

急行列車が渡り始めてから渡り終わるまでの道のりについて

$25\times 2y=165+x$ ……②

①、②の式は，単位 m でそろっている。

$$\begin{array}{lr} ① & 65y=390+x \\ ② & -)\ 50y=165+x \\ \hline & 15y=225 \end{array}$$

$y=15$

$y=15$ を①に代入すると　$65\times 15=390+x$

$x=585$

これらは，問題に適している。

秒速 15 m は $\dfrac{15\times 60\times 60}{1000}=54$ より　時速 54 km

秒速 15 m は
1 秒間で 15 m 進む
→ 1 分間で 15×60 m 進む
→ 1 時間で 15×60×60 m 進む
m を km で表すから ÷1000

答　**鉄橋の長さは 585 m，貨物列車の速さは時速 54 km**

解答➡別冊 p. 16

練習 30 ある列車が，2630 m のトンネルに入り始めてから出終わるまでに，2 分かかった。また，この列車が，トンネル内での速さの 80 % の速さで，806 m の鉄橋を渡り始めてから渡り終わるまでに 55 秒かかった。この列車の速さは秒速何 m か答えなさい。また，列車の長さを求めなさい。

EXERCISES

解答➡別冊 p. 19

22 1個360円のケーキと1個250円のアイスクリームを合わせて32個買おうとしたところ，買う個数を逆にしたため予定より660円高くなった。最初に買おうとしたケーキとアイスクリームの個数をそれぞれ求めなさい。

>>例題 24

23 2種類の品物A，Bがある。A3個とB1個の重さは合わせて800 g，A1個とB2個の重さは合わせて400 gである。A1個，B1個の重さを，それぞれ求めなさい。

>>例題 24

24 ある中学校では，遠足のため，バスで学校から休憩所を経て目的地まで行くことにした。学校から目的地までの道のりは98 kmである。バスは午前8時に学校を出発し，休憩所まで時速60 kmで走った。休憩所で20分間休憩した後，再びバスで目的地まで時速40 kmで走ったところ，目的地には午前10時15分に到着した。
このとき，学校から休憩所までの道のりと休憩所から目的地までの道のりは，それぞれ何kmですか。〔静岡〕

>>例題 25

25 1周2.1 kmの遊歩道がある。AさんとBさんが同じ地点から同時に反対向きに歩き始めると，14分後に出会う。また，同じ向きに歩き始めると，AさんはBさんに70分後に追いつく。このとき，Aさんの歩く速さ，Bさんの歩く速さはそれぞれ分速何mですか。

〔類 専修大学松戸高〕 >>例題 25

26 A中学校の生徒数は，男女合わせて365人である。そのうち，男子の80％と女子の60％が，運動部に所属しており，その人数は257人であった。
このとき，A中学校の男子の生徒数と女子の生徒数をそれぞれ求めなさい。〔類 富山〕

>>例題 26

27　ある店において，商品Aと商品Bがそれぞれ定価の1割引きで売られていた。このとき，商品Aと商品Bを1つずつ買った合計金額は540円であった。1週間後，商品Aが定価の1割引きで，商品Bが1週間前の売値の2割引きで売られていた。このとき，商品Aと商品Bを1つずつ買った合計金額は450円であった。
商品Aと商品Bの定価をそれぞれ求めなさい。〔類 滝川高〕

>>例題 27

28　容器Aには濃度が9％の食塩水，容器Bには濃度が3％の食塩水が入っている。容器Aに入っている食塩水の $\frac{2}{3}$ を取り出し，容器Bに入れて混ぜたら，5％の食塩水が600gできた。
容器A，Bには，初め食塩水がそれぞれ何gありましたか。〔愛知高〕

>>例題 28

29　2けたの自然数Mに対して，一の位と十の位の数を入れかえて自然数Nをつくる。MはNより27だけ大きく，NはMの半分より1だけ小さいとき，Mの値を求めなさい。〔大手前高〕

>>例題 29

30　A町からB町に向かう長さ80mの電車がある。この電車がトンネルに入り始めてから全部出るまでに40秒かかる。また，A町からB町までの距離はトンネルの長さの5倍である。電車の長さを考慮せずに，A町からB町まで3分かかるとき，電車の速さは時速何kmですか。ただし，電車の進む速さは一定とする。〔類 東北学院高〕

>>例題 30

定期試験対策問題 （解答➡別冊 p. 21）

12 次の連立方程式を解きなさい。 >>例題 17〜19, 21

(1) $\begin{cases} x=3y-1 \\ 5x-4y=17 \end{cases}$ (2) $\begin{cases} 3x+5y=1 \\ 2y=3x-8 \end{cases}$

(3) $\begin{cases} 6x-4y=7 \\ 4x-3y=5 \end{cases}$ (4) $\begin{cases} 0.8x+1.5y=-5 \\ 1.4x-0.5y=10 \end{cases}$

(5) $\begin{cases} 1.5x+y=-0.1 \\ -\frac{1}{3}x+\frac{1}{2}y=\frac{3}{5} \end{cases}$ (6) $\begin{cases} \frac{2}{3}x+\frac{y}{4}=-\frac{1}{2} \\ \frac{5x-y}{4}=\frac{1}{2} \end{cases}$

13 次の連立方程式を解きなさい。 >>例題 20, 21

(1) $\begin{cases} x+2y-2(x-y)=13 \\ 3(4x-3y)=2(3x-5y)-28 \end{cases}$ (2) $\begin{cases} 0.3x+0.1y=1.3 \\ -\frac{1}{4}x+y=\frac{2y+5}{4} \end{cases}$

14 方程式　$x+4y-2=3x+2y=27$ を解きなさい。 >>例題 22

15 連立方程式 $\begin{cases} ax+3by=1 \\ 2bx+ay=8 \end{cases}$ の解が $x=-2$, $y=3$ であるとき，a, b の値を求めなさい。

>>例題 23

16 2種類のケーキ A，B がある。A 3 個と B 2 個の代金の合計は 1000 円，A 4 個と B 6 個の代金の合計は 2100 円である。A，B それぞれの 1 個の値段を求めなさい。 >>例題 24

17 Aさんは午前 10 時に家を出発し，自転車に乗って時速 12 km で走り，午前 11 時 30 分に目的地に着く予定であった。ところが，途中で自転車が故障したので，そこからは時速 4 km で歩いた。そのため，目的地に着いたのは出発してから 2 時間後の正午であった。家から自転車が故障した地点までの道のりを求めなさい。

>>例題 25

18 周囲が 8 km の湖を，Aさんは自転車で，Bさんは徒歩で同じところを出発して反対の方向にまわる。2 人が同時に出発すると，AさんとBさんは 30 分後に出会い，AさんがBさんよりも 20 分おくれて出発すると，Aさんが出発してから 25 分後にBさんと出会う。Aさん，Bさんそれぞれの速さは時速何 km ですか。

>>例題 25

19 2 種類の品物 A，B がある。A 8 個と B 5 個をそれぞれ定価どおりで買うと，代金の合計は 5000 円であるが，Aが定価の 2 割引き，Bが定価の 4 割引きであるときに，A 9 個と B 10 個を買うと，代金の合計は 5160 円である。A，B それぞれの 1 個の定価を求めなさい。

>>例題 27

20 食塩水Aと食塩水Bがある。食塩水Aを 200 g とBを 100 g 混ぜると 7 % の食塩水となり，食塩水Aを 500 g とBを 400 g 混ぜると 7.5 % の食塩水となる。このとき，食塩水 A，B の濃度をそれぞれ求めなさい。

>>例題 28

21 2 けたの自然数がある。この自然数の各位の数の和を 5 倍すると，もとの数より 5 だけ大きくなり，十の位の数と一の位の数を入れかえてできる数は，もとの数より 18 だけ大きくなる。このとき，もとの自然数を求めなさい。

>>例題 29

第3章

1次関数

6 1次関数とグラフ

1 1次関数

y が x の関数で y が x の1次式で表されるとき，y は x の **1次関数** であるという。

一般に，1次関数は $y=ax+b$ （a，b は定数）のように表される。（$a \neq 0$）

$y=ax+b$（ax：x に比例する項，b：定数項）

$b=0$ の場合は $y=ax$ となるから，比例は1次関数の特別な場合である。

2 1次関数の値の変化

❶ x の増加量に対する y の増加量を **変化の割合** という。

$$(\text{変化の割合})=\frac{(y\text{の増加量})}{(x\text{の増加量})}$$

❷ 1次関数 $y=ax+b$ の変化の割合は一定で，その値は **x の係数 a に等しい。**

1次関数 $y=ax+b$ では（変化の割合）$=a$

1次関数 $y=2x+4$ について，x の値が1から3まで増加したとき，y の値は6から10まで増加する。

よって，変化の割合は $\frac{10-6}{3-1}=\frac{4}{2}=2$ ← x の係数に等しい

◀ $x=1$ のとき $y=2\times1+4=6$
$x=3$ のとき $y=2\times3+4=10$

3 1次関数のグラフ

❶ 1次関数 $y=ax+b$ のグラフは，$y=ax$ **のグラフを y 軸の正の方向に b だけ平行移動した直線** である。

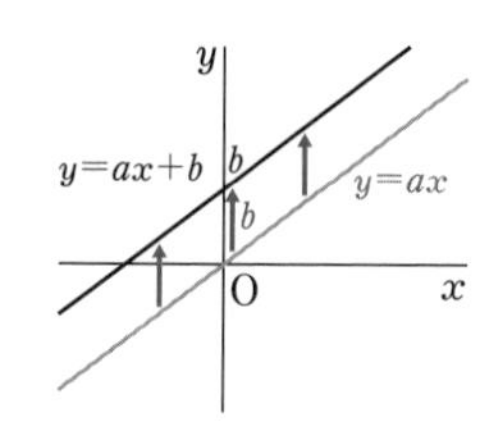

❷ 1次関数 $y=ax+b$ のグラフを，**直線 $y=ax+b$** という。

❸ 直線 $y=ax+b$ は，点 $(0,\ b)$ を通る。この y 座標 b の値を，この直線の **切片**（せっぺん）という。（直線と y 軸の交点）

❹ 直線 $y=ax+b$ の傾き（かたむ）ぐあいは，a の値によって決まる。この a の値を，直線 $y=ax+b$ の **傾き** という。

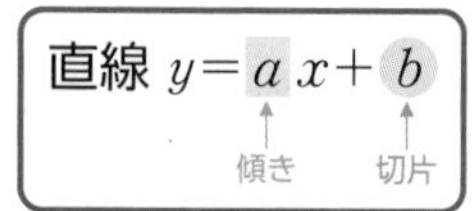

a の絶対値が大きいほど，傾きぐあいは大きくなる。

直線 $y=x+b$ の傾きは1，直線 $y=-x+b$ の傾きは -1 である。

$a>0$ のとき

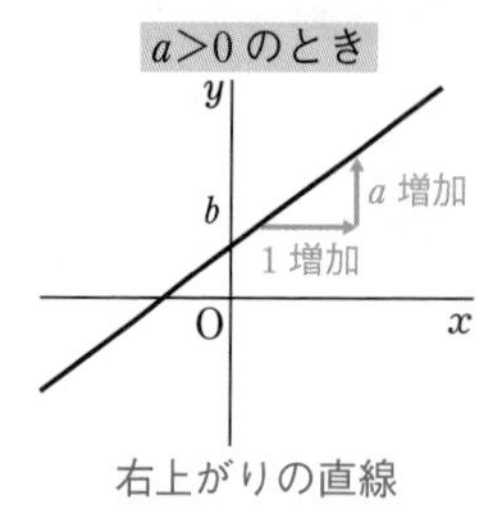

右上がりの直線

$a<0$ のとき

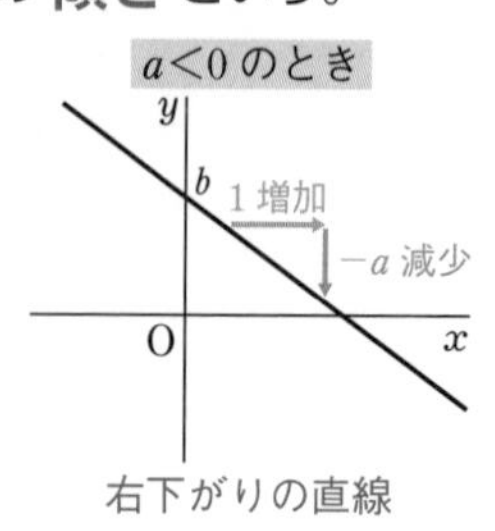

右下がりの直線

例題 31 1次関数と値

≫p. 58 1 レベル

水が 25 L 入る水そうに，3 L の水が入っている。ここにホースで毎分 2 L の水を入れるとき，水を入れ始めてから x 分後の水そうの水の量を y L とする。

(1) 右の表を完成させなさい。

x	0	1	2	3	4
y	3				

(2) x と y の関係を式で表しなさい。

(3) 水そうに水がいっぱいになるのは，水を入れ始めてから何分後ですか。

問題を整理しよう！

図に表すと，次のようになる。

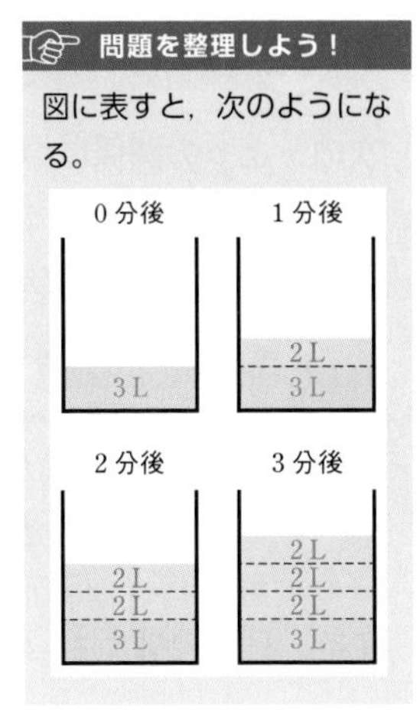

考え方

1次関数の式

x に比例する項 ax と定数項 b の和

(1) 1分後の水の量は $(3+2\times1)$ L，2分後の水の量は $(3+2\times2)$ L，3分後の水の量は $(3+2\times3)$ L …… となる。

(2) (1) より，x に比例する項は $2x$，定数項は 3 である。

(3) (2) の式に $y=25$ を代入する。

解答

(1) 答

x	0	1	2	3	4
y	3	5	7	9	11

← x の値が 1 増えると，y の値は 2 増える

(2) 水は，初め 3 L 入っていて，x 分後に $2\times x$ L 増えるから，

水の量 y ＝ 3 ＋ $2\times x$

3：最初の水の量（定数項）　$2\times x$：増えた分の水の量（x に比例する項）

$y=ax+b$　ax：x に比例する項　b：定数項

答 **$y=2x+3$**

(3) 水そうに水がいっぱいになるのは，$y=25$ のときであるから，

$y=2x+3$ に $y=25$ を代入して　$25=2x+3$

$2x=22$

$x=11$

答 **11 分後**

別解 (3) もともと 3 L の水が入っていたから，残りは　$25-3=22$ L

毎分 2 L で 22 L の水の量を入れるから

$22\div2=11$　**11 分後**

解答➡別冊 p. 24

練習 31 40 L の水が入った水そうから，毎分 3 L の水を抜く。水を抜き始めてから x 分後の水そうの水の量を y L とするとき，次の問いに答えなさい。

(1) y を x の式で表しなさい。　(2) 8 分後の水の量は何 L ですか。

(3) 水そうが空(から)になるのは，水を抜き始めてから何分後ですか。

例題 32 1次関数の例

>>p. 58 1 レベル

次の x と y の関係について，y を x の式で表し，y が x の1次関数であるものを選びなさい。

(1) 1個80円のりんご x 個を200円の箱に入れたときの代金の合計 y 円

(2) 面積が $10\ \text{cm}^2$ の長方形の縦の長さ x cm と横の長さ y cm

(3) 5%の食塩水 x g に含まれる食塩 y g

x と y の関係式が

$y=ax+b$ ($a \neq 0$) の形ならば　y は x の1次関数

$b=0$ の場合 ($y=ax$ の形) も1次関数にふくまれることに注意。

なお，$a=0$ の場合は，$y=b$ (定数) となり x が消えてしまうので，1次関数でない。

解答

(1) 80円のりんご x 個の代金は　$80x$ 円　← ($80\times x$) 円

200円の箱の代金をたすと，代金の合計は　$(80x+200)$ 円

よって　$y=80x+200$

◀ $y=ax+b$ の形。

答　$y=80x+200$

(2) (長方形の面積)=(縦の長さ)×(横の長さ) であるから

$10=xy$　よって　$y=\dfrac{10}{x}$　← 反比例

答　$y=\dfrac{10}{x}$

⚠ (2) $y=\dfrac{a}{x}+b$ の形は1次関数でないが，$y=\dfrac{x}{a}+b\left(=\dfrac{1}{a}x+b\right)$ の形は1次関数である。

(3) 食塩水 x g の5%が食塩の重さであるから

$y=x\times\dfrac{5}{100}=\dfrac{1}{20}x$　← 比例。$y=0.05x$ でもよい

◀比例は，1次関数 $y=ax+b$ の $b=0$ の場合。

答　$y=\dfrac{1}{20}x$

以上から，y が x の1次関数であるものは　**(1)，(3)** …答

解答➡別冊 p. 24

練習 32 次の x と y の関係について，y を x の式で表し，y が x の1次関数であるものを選びなさい。

(1) 1本60円の鉛筆を x 本買い，1000円だしたときのおつり y 円

(2) 半径 x cm の円の周の長さ y cm

(3) 面積が $10\ \text{cm}^2$ の三角形の底辺の長さ x cm と高さ y cm

(4) x km の道のりを時速 30 km のバイクで進むと y 時間かかる。

例題 33 変化の割合

≫p. 58 2 レベル

次の 1 次関数について，x の値が -2 から 3 まで増加するときの y の増加量と変化の割合を求めなさい。

(1) $y=6x-3$　　(2) $y=-\frac{1}{3}x+1$

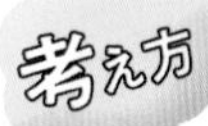

$$(\text{変化の割合})=\frac{(y\text{の増加量})}{(x\text{の増加量})}$$

y の増加量は，$x=-2$，$x=3$ のときの y の値から求める。

解答

x の増加量は　$3-(-2)=5$

(1) $x=-2$ のとき　$y=6\times(-2)-3=-15$

$x=3$ のとき　$y=6\times3-3=15$

よって，**y の増加量は**　$15-(-15)=\mathbf{30}$ …答

変化の割合は　$\frac{30}{5}=6$ …答

(2) $x=-2$ のとき　$y=-\frac{1}{3}\times(-2)+1=\frac{5}{3}$

$x=3$ のとき　$y=-\frac{1}{3}\times3+1=0$

よって，**y の増加量は**　$0-\frac{5}{3}=\mathbf{-\frac{5}{3}}$ …答

変化の割合は　$\frac{-\frac{5}{3}}{5}=-\frac{5}{3}\div5=\mathbf{-\frac{1}{3}}$ …答

確認 **増加量・変化の割合**

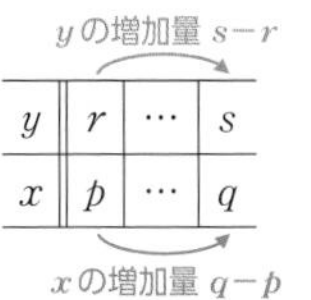

変化の割合は $\frac{s-r}{q-p}$

⚠ 「a から b まで増加」とあったら，**増加量は $b-a$**
(値が負の数でも同様)

確認 1 次関数では，変化の割合は **x の係数に等しい。** よって，(1)，(2) の変化の割合は，それぞれ

(1) 6　(2) $-\frac{1}{3}$

となる。

◀ $-\frac{5}{3}\div5=-\frac{5}{3}\times\frac{1}{5}$

参考 たとえば，反比例 $y=\frac{6}{x}$ において，x の値が 1 から 3 まで増加するとき，変化の割合は $\frac{2-6}{3-1}=-2$ となるが，x の値が 2 から 6 まで増加するときの変化の割合は $\frac{1-3}{6-2}=-\frac{1}{2}$ となる。

このように，1 次関数でない関数では，**変化の割合は一定でない。**

解答➡別冊 p. 24

練習 33 次の 1 次関数について，x の値が -3 から -1 まで増加するときの y の増加量と変化の割合を求めなさい。

(1) $y=-2x+3$　　(2) $y=\frac{2}{3}x-1$

例題 34 比例のグラフと1次関数のグラフ

>>p. 58 3 レベル 

比例 $y=2x$ のグラフを利用して，1次関数 $y=2x+4$ のグラフと $y=2x-3$ のグラフをかきなさい。

考え方

$y=ax+b$ のグラフ

$y=ax$ のグラフを y 軸の正の方向に b だけ平行移動する

$b<0$ の場合，たとえば $b=-2$ のときは，y 軸の正の方向に -2 だけ平行移動，
つまり **負の方向に 2 だけ平行移動する。**

解答

$y=2x$ のグラフを y 軸の正の方向に 4 だけ平行移動すると $y=2x+4$ のグラフになる。

また，$y=2x$ のグラフを y 軸の負の方向に 3 だけ平行移動すると，$y=2x-3$ のグラフになる。

（負の方向に 3 だけ平行移動 ＝ 正の方向に -3 だけ平行移動）

答　**下の図**

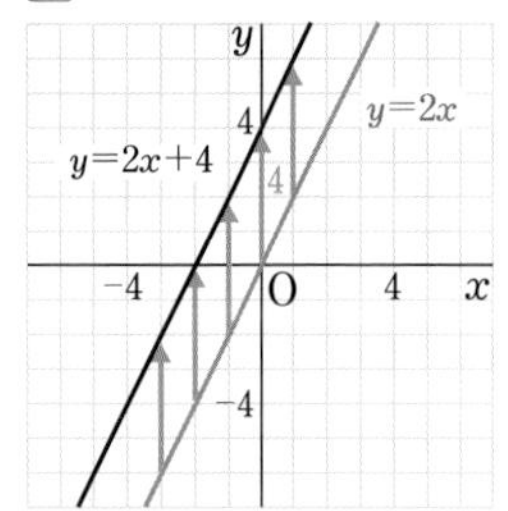

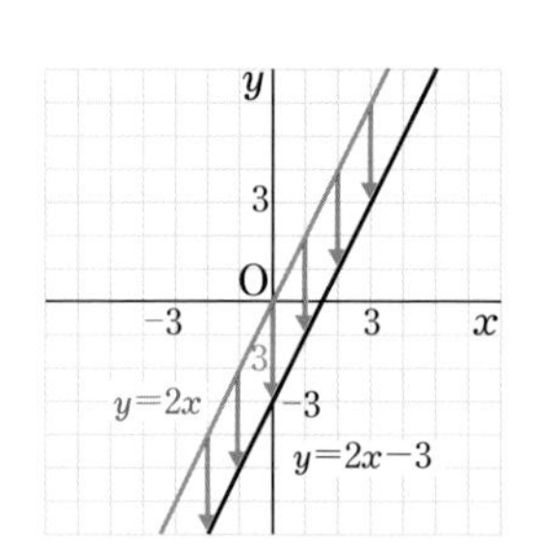

1年生の復習

[比例 $y=ax$ のグラフ]
原点を通る直線 であり

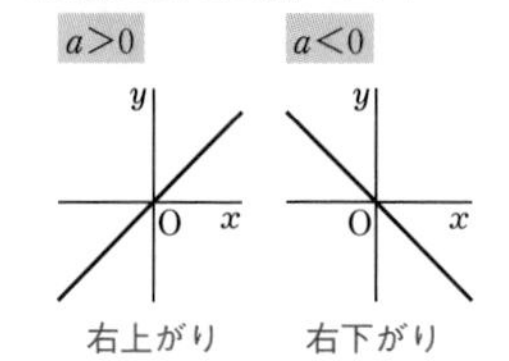

平行な 2 直線は，**傾きが等しい。**

確認 $y=2x$，$y=2x+4$，$y=2x-3$ について，同じ x の値に対応する y の値をまとめると，次の表のようになる。

x	…	-3	-2	-1	0	1	2	3	…
$2x$	…	-6	-4	-2	0	2	4	6	…
$2x+4$	…	-2	0	2	4	6	8	10	…
$2x-3$	…	-9	-7	-5	-3	-1	1	3	…

◀たとえば，x の値に対応する $y=2x+4$ の y の値は，どれも $y=2x$ の y の値より 4 大きい。
⟶ 直線 $y=2x$ 上の点を 4 だけ上に移動。

解答➡別冊 p. 25

練習 34 比例 $y=-\frac{1}{2}x$ のグラフを利用して，1次関数 $y=-\frac{1}{2}x+2$ のグラフと $y=-\frac{1}{2}x-1$ のグラフをかきなさい。

例題 35 直線の傾きと切片

>>p. 58 3

(ア) 直線 $y=3x-2$ (イ) 直線 $y=-\frac{2}{3}x+1$ について，次の問いに答えなさい。

(1) 傾きと切片をそれぞれ答えなさい。

(2) それぞれの直線において，右へ 1 進むとき，上へ（下へ）どれだけ進みますか。
また，右へ 3 進むとき，上へ（下へ）どれだけ進みますか。正の数で答えなさい。

考え方 直線 $y=ax+b$ の　傾きは a，切片は b

(2) 直線の傾きは，**1 次関数 $y=ax+b$ の変化の割合 a に等しい。**
a は x の値が 1 増加したときの y の値の増加量を表しているから，直線において，右へ 1 進むとき，上へ a 進む。

直線 $y=ax+b$
（a：傾き　b：切片）

解答

(1) (ア) **傾きは 3，切片は** -2 …答

(イ) **傾きは** $-\frac{2}{3}$，**切片は 1** …答

傾き　切片
(ア) $y=3x-2$
(イ) $y=-\frac{2}{3}x+1$

(2) (ア) 傾きが 3 であるから，
この直線では
右へ 1 進むとき上へ 3 進み，
右へ 3 進むとき上へ 9 進む。…答

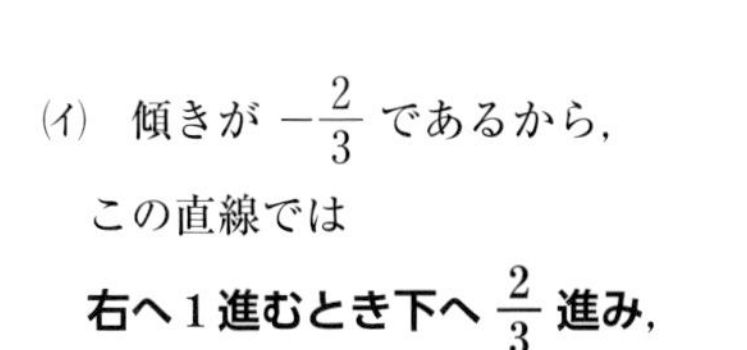

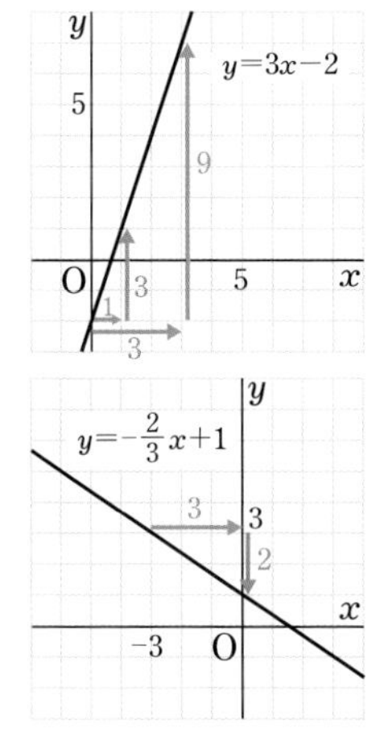

◀変化の割合 $3=\frac{3}{1}=\frac{9}{3}$
x の値が 1 増加すると，y の値は 3 増加し，x の値が 3 増加すると，y の値は 9 増加する。

(イ) 傾きが $-\frac{2}{3}$ であるから，
この直線では
右へ 1 進むとき下へ $\frac{2}{3}$ 進み，
右へ 3 進むとき下へ 2 進む。…答

◀ x の値が 1 増加すると，y の値は $\frac{2}{3}$ 減少し，x の値が 3 増加すると，y の値は 2 減少する。

解答➡別冊 p. 25

練習 35 直線 $y=-\frac{3}{2}x+2$ について，次の問いに答えなさい。

(1) 傾きと切片を答えなさい。

(2) 右へ次の値だけ進むと，下へどれだけ進みますか。

(ア) 1　　(イ) 2　　(ウ) 6

第3章 1次関数

例題 36　1次関数のグラフのかき方（切片が整数）

≫p. 58 3 レベル 

次の1次関数のグラフをかきなさい。

(1)　$y=3x-5$　　　　(2)　$y=-\frac{4}{3}x+2$

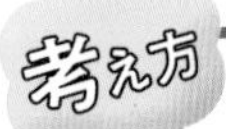

1次関数 $y=ax+b$ のグラフ

切片と傾きから，通る2点を求める

グラフは傾きが a，切片が b の直線であるから

① y 軸上の点 $(0,\ b)$ を通る。

② 点 $(0,\ b)$ から右へ1，上に a 進んだ点を通る。

1年生の復習

$y=ax$ のグラフのかき方
原点と原点以外の通る1点を直線で結ぶ

$y=ax+b$ のグラフでは
y 軸上の点とそれ以外の通る1点を直線で結ぶ

解答

(1)　切片は -5 であるから，y 軸上の点 $(0,\ -5)$ を通る。
また，傾きは3であるから，点 $(0,\ -5)$ から右へ1，上へ3進んだ点 $(1,\ -2)$ を通る。
よって，グラフは2点 $(0,\ -5)$，$(1,\ -2)$ を通る直線で **左下の図** のようになる。…答

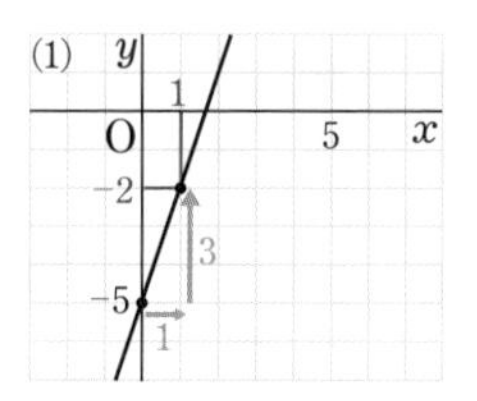

(2)　切片は2であるから，y 軸上の点 $(0,\ 2)$ を通る。
また，傾きは $-\frac{4}{3}$ であるから，点 $(0,\ 2)$ から右へ3，下へ4進んだ点 $(3,\ -2)$ を通る。
よって，グラフは2点 $(0,\ 2)$，$(3,\ -2)$ を通る直線で **右下の図** のようになる。…答

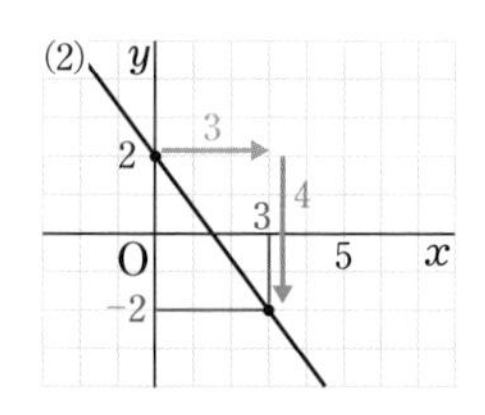

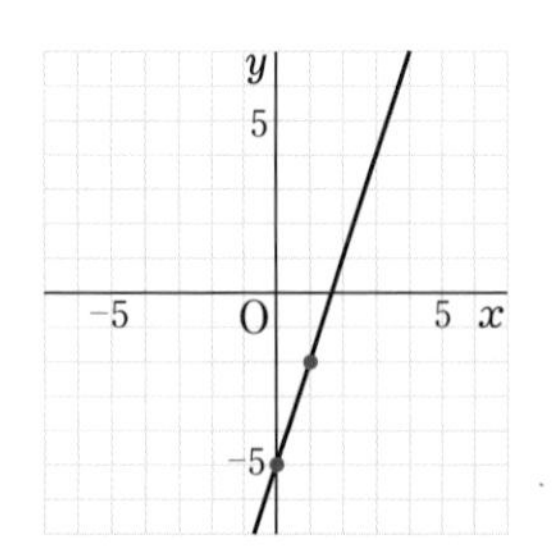

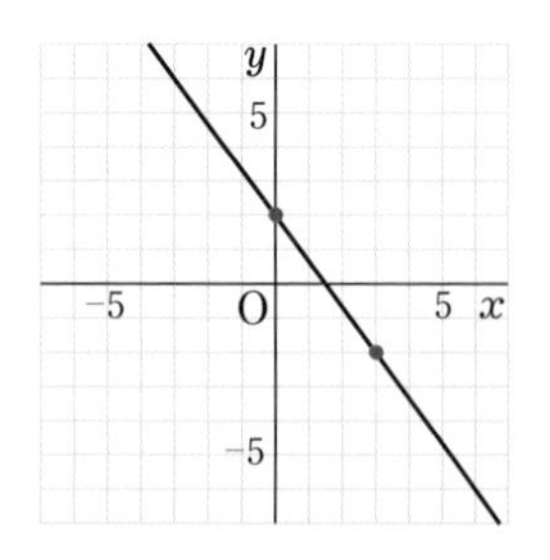

◀解答に示した点以外にも，たとえば
(1)は点 $(2,\ 1)$，$(3,\ 4)$
(2)は点 $(-3,\ 6)$，$(6,\ -6)$
といった点も通っていることを確認する。

練習 36　次の1次関数のグラフをかきなさい。　解答➡別冊 p. 25

(1)　$y=-x+4$　　　　(2)　$y=\frac{1}{2}x-3$

例題 37　1次関数のグラフのかき方（切片が分数）

>>p. 58 3 レベル

1次関数 $y=\frac{1}{2}x-\frac{3}{2}$ のグラフをかきなさい。

考え方

前の例題と異なり，切片が分数であるため，点をとりにくい。そのようなときは，

x 座標，y 座標がともに整数になる点を 2 つ見つける

という方法もある。

$y=\frac{x-3}{2}$ であるから，$x=3$ や $x=5$ のとき y は整数になる。

グラフは点 $\left(0,\ -\frac{3}{2}\right)$ を通るが，グラフをかくとなると点がとりにくい。

解答

$x=3$ のとき　$y=\frac{1}{2}\times3-\frac{3}{2}=0$

$x=5$ のとき　$y=\frac{1}{2}\times5-\frac{3}{2}=1$　であるから，グラフは

2点 $(3,\ 0)$，$(5,\ 1)$ を通る。

よって，グラフは

右の図 のようになる。…答

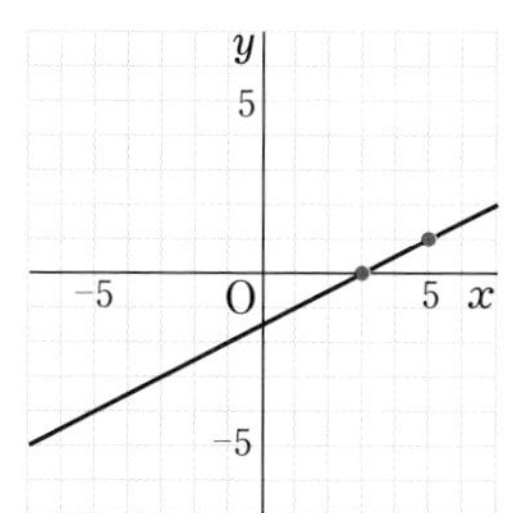

別解 1点を見つけたら，例題 36 と同様に，傾きからもう 1 点を求めてもよい。

⟶ 傾きが $\frac{1}{2}$ であるから，点 $(3,\ 0)$ から右へ 2，上へ 1 進んだ点 $(5,\ 1)$ を通る。

◀他に，点 $(1,\ -1)$，$(-1,\ -2)$，$(-3,\ -3)$ などを通る。

●グラフのかき方をまとめておこう。

CHART　$y=ax+b$ のグラフのかき方

① **切片と傾きから**

a は $\frac{たて}{よこ}$，b は y 軸との交点

② **2点をおさえる**

x 座標，y 座標がともに整数になる 2 点

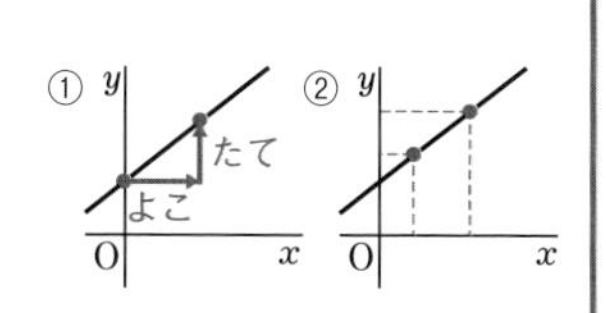

解答⇒別冊 p. 25

練習 37　1次関数 $y=\frac{x+2}{3}$ のグラフをかきなさい。

例題 38　1次関数のグラフと変域

レベル 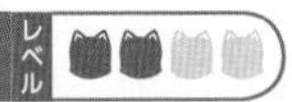

xの変域が限られた，次の1次関数のグラフをかきなさい。
また，yの変域を求めなさい。

(1)　$y=x+4$　　　ただし，$-1 \leqq x \leqq 3$

(2)　$y=-3x-1$　　ただし，$x>-2$

確認 変域
変数がとることのできる値の範囲のこと。

考え方　変域の端をふくむかどうかに注意する

変域が限られたグラフでは，変域の端（はし）や変域内・外の部分が区別できるように表す。
また，yの変域は **グラフから考える**。xの変域内におけるyの値の範囲をグラフから読みとる。

本書では●はグラフの線が端をふくむことを表し，○はふくまないことを表す。
また，変域外の部分は破線（はせん）で表す。

解答

(1)　$x=-1$ のとき
　　$y=-1+4=3$
　$x=3$ のとき
　　$y=3+4=7$
グラフは **図の実線部分**
yの変域は　$3 \leqq y \leqq 7$ …答

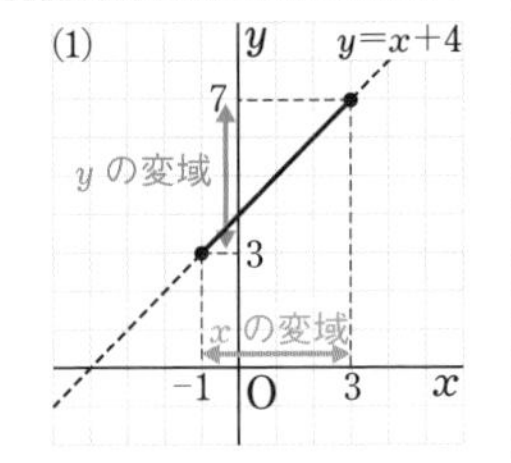

(1)　xの変域は $-1 \leqq x \leqq 3$ であるから，グラフの線は両端をふくむ。
よって，yの変域も両端をふくむ。

(2)　$x=-2$ のとき
　　$y=-3\times(-2)-1$
　　　$=6-1=5$
グラフは **図の実線部分**
yの変域は　$y<5$ …答

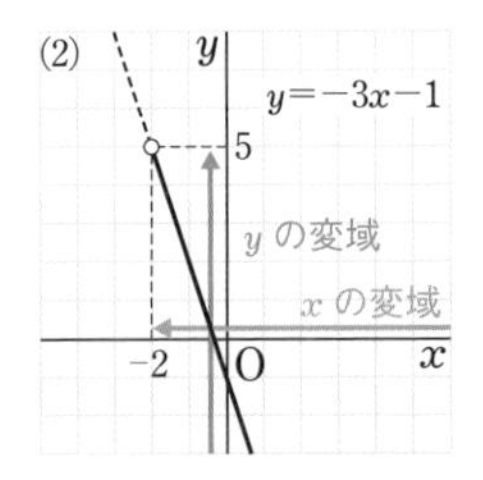

(2)　xの変域は $x>-2$ であるから，グラフの線は端をふくまない。
よって，yの変域も端をふくまない。

解答➡別冊 p. 25

練習 38　xの変域が（　）内の範囲であるとき，次の1次関数のグラフをかきなさい。
また，yの変域を求めなさい。

(1)　$y=2x+1$　$(-2 \leqq x<1)$　　　(2)　$y=-\dfrac{3}{2}x+3$　$(x \leqq 2)$

EXERCISES 解答➡別冊 p. 29

31 次のxとyの関係について，yをxの式で表し，yがxの1次関数であるものをすべて選びなさい。 >>例題 32

(1) 450円のケーキをx個買うときの代金y円

(2) 1辺の長さがx cmの立方体の体積y cm^3

(3) 定価300円の品物がx%引きとなったときの売り値y円

(4) 数学のテストの点数がx点，英語のテストの点数がy点，国語のテストの点数が70点であるとき，3教科の平均点が75点

32 1次関数 $y=-3x+5$ について，次の問いに答えなさい。 >>例題 33

(1) xの値が -2 から2まで増加するとき，変化の割合を求めなさい。

(2) xの増加量が3のとき，yの増加量を求めなさい。

33 1次関数 $y=-\dfrac{2}{3}x+6$ …… ① のグラフは，原点を通る直線 $y=$ ア□ …… ② に平行であり，② をy軸の正の方向に イ□ だけ平行に移動させた直線である。② は原点と点 (3, ウ□) を通るから，① は点 (0, エ□) と点 (3, オ□) を通る。 >>例題 34

34 ①～④ の1次関数から，次の性質を満たすものを，それぞれ選びなさい。

(1) xの値が増加するにつれて，yの値が減少する。

(2) グラフが点 (0, 3) を通る。

(3) グラフは傾き -1 の直線である。

(4) グラフが直線 $y=2x-3$ に平行である。

① $y=2x+5$　② $y=3-x$　③ $y=-\dfrac{1}{2}x+2$　④ $y=2x$ >>例題 34, 35

35 次の1次関数のグラフをかきなさい。 >>例題 36, 37

(1) $y=-\dfrac{2}{3}x+6$　(2) $y=0.75x-2$　(3) $y=2-x$

36 xの変域が ( ) 内の範囲であるとき，次の1次関数のyの変域を求めなさい。 >>例題 38

(1) $y=-\dfrac{1}{5}x+1$ $(-5 \leqq x \leqq 10)$　(2) $y=4x+3$ $\left(0<x \leqq \dfrac{9}{4}\right)$

7 1次関数の式の求め方

1 グラフから式を求める

1次関数は $y=ax+b$ の形に表されるから，a と b の値がわかると，1次関数の式を求めることができる。

$y=ax+b$
a：直線の傾き 変化の割合
b：切片

例 右のグラフは，点 $(0,\ 2)$ を通るから，
切片は 2
点 $(0,\ 2)$ から右へ 3，上へ 2 進んだ点を通るから，傾きは $\frac{2}{3}$

よって　$y=\frac{2}{3}x+2$

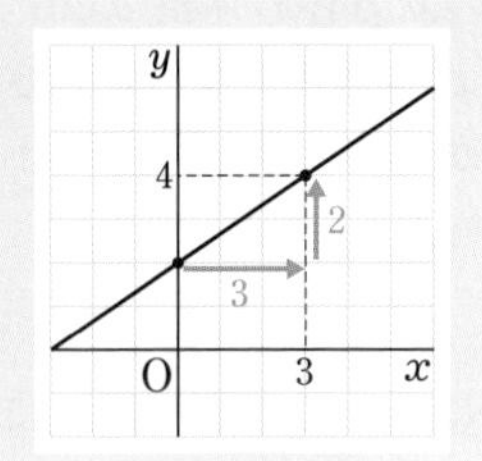

2 変化の割合と1組の x，y の値から式を求める

$y=\bigcirc x+b$ とおいて，1組の x，y の値を代入することにより b の値を求める。

◀直線の傾きと通る1点の座標から式を求めることと同じ。

例 **変化の割合が 2 で，$x=2$ のとき $y=3$ である1次関数の式**

[解答]
変化の割合が 2 であるから，1次関数は $y=2x+b$ と表すことができる。$x=2$，$y=3$ をこの式に代入すると

$3=2\times2+b$　　$b=-1$

よって　$y=2x-1$ …答

◀$y=ax+b$ に $a=2$ を代入していると考える。

3 直線が通る2点の座標から式を求める

2組の x，y の値を $y=ax+b$ に代入して，a，b についての連立方程式を解くことにより，a，b の値を求める。

◀2点の座標から変化の割合を求めて，**2** と同じ手順で求める方法もある。 >>例題 41

例 **2点 $(1,\ 1)$，$(2,\ 3)$ を通る直線の式**

[解答]
求める式を $y=ax+b$ とする。
$x=1$，$y=1$ を代入すると　$1=a+b$　……①
$x=2$，$y=3$ を代入すると　$3=2a+b$　……②
この連立方程式を解くと　$a=2$，$b=-1$
よって　$y=2x-1$ …答

◀②－① から　$2=a$
$a=2$ を ① に代入して
$1=2+b$　　$b=-1$

例題 39 グラフから 1 次関数の式を求める

≫p. 68 1 レベル ■□□□

グラフが右の図の ①～③ の直線になる 1 次関数の式をそれぞれ求めなさい。

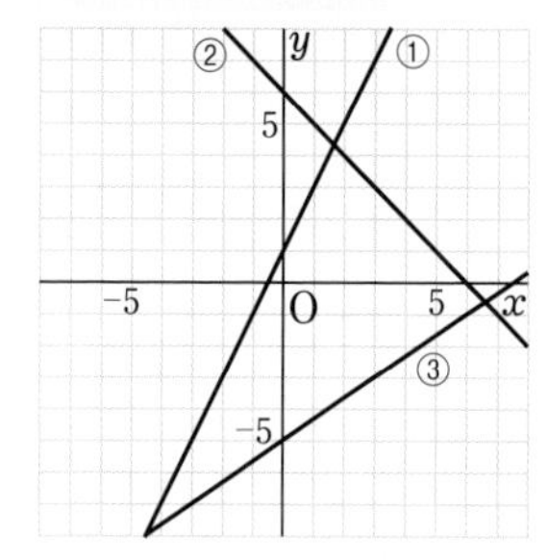

考え方 グラフから 傾き と 切片 を読みとる

まず，直線と y 軸の交点の y 座標を読みとる。⟶ **切片がわかる**

次に，右へ 1，2，… と進んだときに，上（または下）にどれだけ進むかを読みとる。⟶ **傾きがわかる**

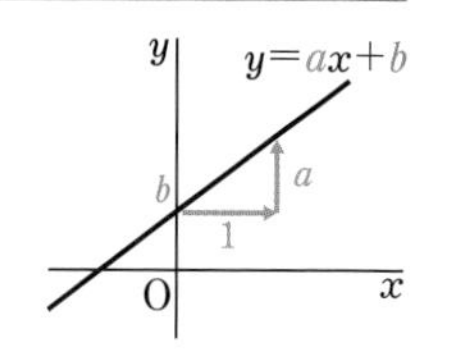

解答

① 点 (0，1) を通るから，切片は 1
　また，右へ 1 進むと上へ 2 進むから，傾きは 2

答 $y=2x+1$

② 点 (0，6) を通るから，切片は 6
　また，右へ 1 進むと下へ 1 進むから，傾きは -1

答 $y=-x+6$

③ 点 (0，-5) を通るから，切片は -5
　また，右へ 3 進むと上へ 2 進むから，傾きは $\frac{2}{3}$

答 $y=\frac{2}{3}x-5$

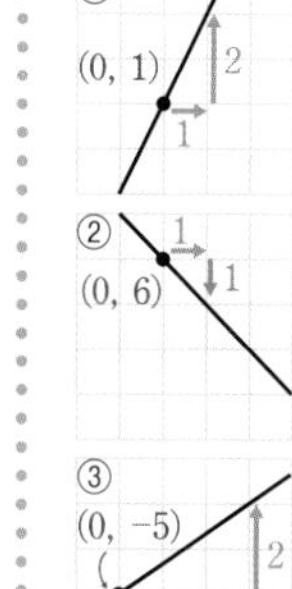

練習 39 グラフが右の図の ①～③ の直線になる 1 次関数の式をそれぞれ求めなさい。

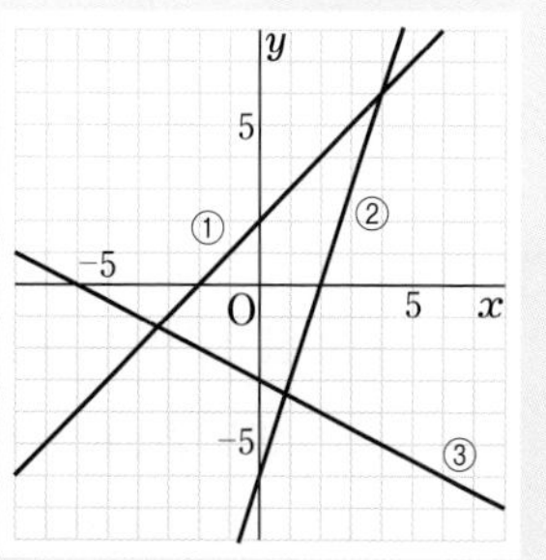

例題 40 変化の割合と1組の x, y の値から式を求める

>>p. 68 2 レベル 

次のような1次関数の式を求めなさい。

(1) 変化の割合が -2 で，$x=1$ のとき $y=3$

(2) グラフの傾きが $\frac{4}{5}$ で，点 $(5,\ 2)$ を通る。

(3) グラフが直線 $y=-x$ に平行で，点 $(5,\ -3)$ を通る。

考え方

変化の割合や直線の傾きが与えられているから，**$y=\bigcirc x+b$ とおいて，1組の x, y の値を代入する**ことで，b の値を求める。

(3) 重要 平行な2直線は，**傾きが等しい** >>例題 34

$y=a x+b$
↑ 直線の傾き 変化の割合 ↑ 切片

解答

(1) 変化の割合が -2 であるから，1次関数は $y=-2x+b$ と表すことができる。

$x=1$, $y=3$ を代入すると　$3=-2\times1+b$

$b=5$　　答 $\boldsymbol{y=-2x+5}$

$x=1$ のとき $y=3$ であるから，これらの値を式に代入する。

(2) グラフの傾きが $\frac{4}{5}$ であるから，1次関数は $y=\frac{4}{5}x+b$ と表すことができる。

$x=5$, $y=2$ を代入すると　$2=\frac{4}{5}\times5+b$

$2=4+b$

$b=-2$　　答 $\boldsymbol{y=\frac{4}{5}x-2}$

直線 $y=ax+b$ が点 $(p,\ q)$ を通るとき
$q=ap+b$

(3) グラフが直線 $y=-x$ に平行であるから，1次関数は $y=-x+b$ と表すことができる。

$x=5$, $y=-3$ を代入すると　$-3=-5+b$

$b=2$　　答 $\boldsymbol{y=-x+2}$

(3) 平行ということは，直線の傾きぐあいが同じということ。つまり **x の係数が等しい。**

解答➡別冊 p. 26

練習 40

次のような1次関数の式を求めなさい。

(1) 変化の割合が2で，$x=3$ のとき $y=4$

(2) グラフの傾きが $-\frac{2}{3}$ で，点 $(-3,\ 5)$ を通る。

(3) グラフが直線 $y=3x+2$ に平行で，点 $(-2,\ 1)$ を通る。

例題 41 直線が通る2点から式を求める

≫p. 68 3 レベル ■□□□

2点 $(1,\ -5)$, $(5,\ 3)$ を通る直線の式を求めなさい。

考え方

2通りの解法が考えられる。

(解法1)　2点から直線の傾きを求め，1組の x，y の値を代入。 ≫例題 40

(解法2)　$y=ax+b$ とおき，2組の x，y の値を代入して a，b の連立方程式を解く。

解答

(解法1)　直線の傾きは　$\dfrac{3-(-5)}{5-1}=\dfrac{8}{4}=2$

よって，直線の式は $y=2x+b$ と表すことができる。

$x=1$，$y=-5$ を代入すると　← $x=5$，$y=3$ を代入してもよい

$$-5=2\times1+b$$

$$b=-7$$

答　$y=2x-7$

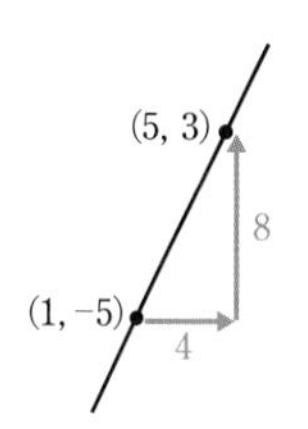

(解法2)　直線の式を $y=ax+b$ とする。

$x=1$，$y=-5$ を代入すると　$-5=a+b$

$a+b=-5$　……①

$x=5$，$y=3$ を代入すると　$3=5a+b$

$5a+b=3$　……②

②−① より　$4a=8$

$a=2$

$a=2$ を ① に代入して　$2+b=-5$

$b=-7$

答　$y=2x-7$

$$\begin{array}{rr} ② & 5a+b=3 \\ ① & -)\ \ a+b=-5 \\ \hline & 4a\ \ \ \ =8 \end{array}$$

● 1次関数や直線の式の決定についてまとめておこう。

CHART　1次関数や直線の式の決定

$y=ax+b$ とおいて，a，b を求める

① 変化の割合と1組の x，y の値から（直線の傾きと通る1点から）

② 2組の x，y の値から（直線が通る2点から）

解答➡別冊 p. 26

練習 41　次の直線の式を求めなさい。

(1)　x 軸との交点の x 座標が -3 で，点 $(2,\ 15)$ を通る。

(2)　2点 $(-1,\ 5)$，$(3,\ -5)$ を通る。

EXERCISES

解答➡別冊 p. 30

37 グラフが右の図の ①～④ の直線になる 1 次関数の式をそれぞれ求めなさい。 >>例題 39

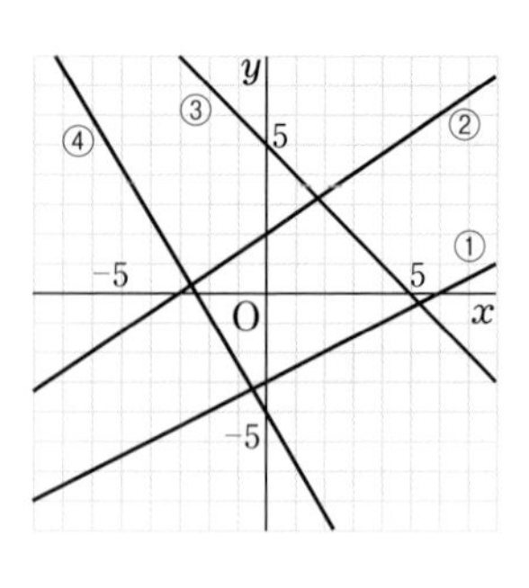

38 次のような 1 次関数や直線の式を求めなさい。 >>例題 40

(1) グラフの傾きが $-\frac{4}{5}$ で，点 $\left(0,\ -\frac{8}{5}\right)$ を通る。

(2) 変化の割合が $\frac{2}{3}$ で，$x=1$ のとき $y=2$ である。

(3) x の値が 3 増加すると y の値は 5 減少し，$x=0$ のとき $y=4$ である。

(4) 切片が 4 で，点 $(2,\ 3)$ を通る。

39 グラフが次の条件を満たす 1 次関数の式を，それぞれ求めなさい。 >>例題 40

(1) 直線 $y=\frac{2}{3}x$ に平行で，点 $(3,\ 4)$ を通る。

(2) 直線 $y=-2x+3$ に平行で，点 $(-1,\ 3)$ を通る。

40 次の条件を満たす 1 次関数の式を，それぞれ求めなさい。 >>例題 41

(1) $x=1$ のとき $y=-2$，$x=4$ のとき $y=6$ である。

(2) グラフが 2 点 $(0,\ 1)$，$(3,\ 5)$ を通る。

(3) グラフが 2 点 $(-1,\ 6)$，$(3,\ -2)$ を通る。

8 1次関数と方程式

1 2元1次方程式 $ax+by=c$ のグラフ

❶ たとえば，方程式 $2x+y=3$ の解を座標とする点の集まりは，1次関数 $y=-2x+3$ のグラフと一致し，直線になる。
この直線を，方程式 $2x+y=3$ のグラフという。
（直線 $2x+y=3$ ということもある）

2元1次方程式 $ax+by=c$ のグラフは **直線** である。

確認 2元1次方程式
2つの文字をふくむ1次方程式のこと。
方程式 $2x+y=3$ の解 $(x,\ y)=(0,\ 3),\ (1,\ 1),\ \cdots$ を座標とする点は，すべて直線 $y=-2x+3$ 上にある。

❷ $ax+by=c$ において

[1]　$a \neq 0$，$b \neq 0$ のとき　　$y=-\dfrac{a}{b}x+\dfrac{c}{b}$

傾き $-\dfrac{a}{b}$，切片 $\dfrac{c}{b}$ の直線

◀ $ax+by=c$ から
$by=-ax+c$
両辺を b でわって
$y=-\dfrac{a}{b}x+\dfrac{c}{b}$

[2]　$a=0$，$b \neq 0$ のとき，$by=c$ から

$y=\dfrac{c}{b}$　　右辺を q とおくと

方程式 $y=q$ のグラフは
点 $(0,\ q)$ を通り，x 軸に平行な直線
（x がどんな値であっても y の値は q）

[3]　$a \neq 0$，$b=0$ のとき，$ax=c$ から

$x=\dfrac{c}{a}$　　右辺を p とおくと

方程式 $x=p$ のグラフは
点 $(p,\ 0)$ を通り，y 軸に平行な直線
（y がどんな値であっても x の値は p）

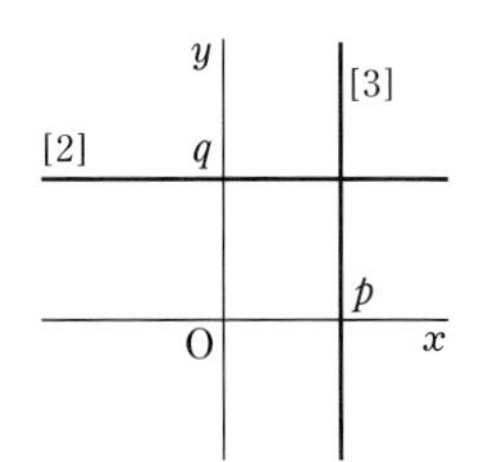

2 連立方程式とグラフ

x，y についての連立方程式の解は，それぞれの方程式のグラフの交点の x 座標，y 座標の組で表される。

例
連立方程式 $\begin{cases} x+y=6 & \cdots\cdots ① \\ 2x-3y=2 & \cdots\cdots ② \end{cases}$ の解は　$x=4$，$y=2$
2直線①，②の交点の座標は
$(4,\ 2)$

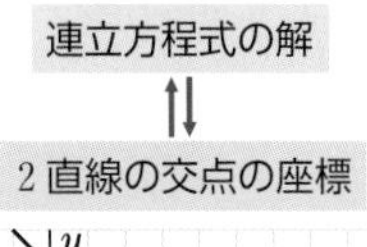

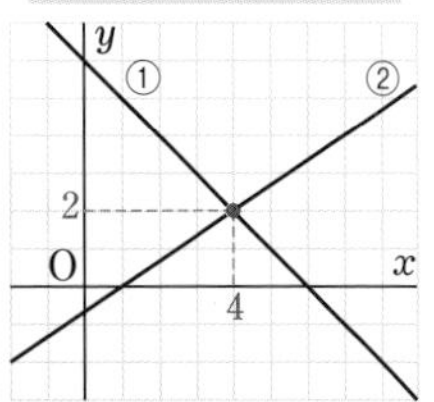

例題 42 2元1次方程式のグラフのかき方

≫p. 73 1 レベル

方程式 $3x-2y=6$ のグラフをかきなさい。

考え方

2元1次方程式 $ax+by=c$ のグラフは **直線**

2通りの解法が考えられる。

（解法1） 方程式を $y=○x+□$ の形に変形して，切片と傾きからグラフをかく。

（解法2） 方程式の解である2組の x，y の値を見つけ，それらを座標とする2点を直線で結ぶ。

解答

（解法1）

$3x-2y=6$ より　$2y=3x-6$

よって　$y=\frac{3}{2}x-3$

グラフは，傾き $\frac{3}{2}$，切片 -3 の直線で，

右の図 のようになる。…答

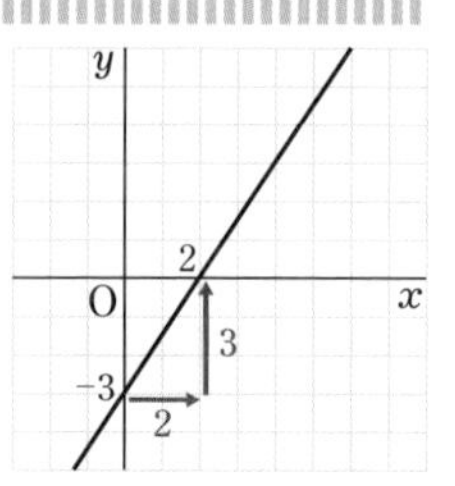

（解法1）
例題36，37と同じようにして，直線をかくことができる。

（解法2）

方程式 $3x-2y=6$ において

$x=0$ のとき　$y=-3$

$y=0$ のとき　$x=2$

よって，この方程式のグラフは

2点 $(0,\ -3)$，$(2,\ 0)$ を通る直線で，

右の図 のようになる。…答

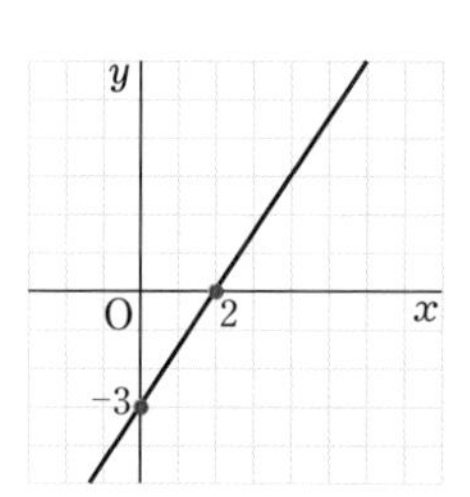

（解法2）
x，y にそれぞれ0を代入した値を調べると，グラフが通る y 軸上の点と，x 軸上の点がわかる。

参考　方程式 $\frac{x}{a}+\frac{y}{b}=1$ のグラフは，

$x=0$ のとき，$\frac{y}{b}=1$ より　$y=b$　　$y=0$ のとき，$\frac{x}{a}=1$ より　$x=a$

となるから，2点 $(0,\ b)$，$(a,\ 0)$ を通る直線になる。

◀ $3x-2y=6$ の両辺を6でわると

$\frac{x}{2}-\frac{y}{3}=1$

$\left(\frac{x}{2}+\frac{y}{-3}=1\right)$

解答➡別冊 p. 26

練習 42 次の方程式のグラフをかきなさい。

(1) $2x-y=-6$　　(2) $4x+3y=12$　　(3) $\frac{x}{5}+\frac{y}{3}=1$

例題 43　x 軸，y 軸に平行な直線

≫p. 73 1　レベル

次の方程式のグラフをかきなさい。

(1)　$2y-4=0$　　　　(2)　$4x+16=0$

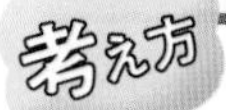

$y=q$ のグラフ

点 $(0,\ q)$ を通り，x 軸に平行な直線

↑ y 軸に垂直な直線ともいえる

$x=p$ のグラフ

点 $(p,\ 0)$ を通り，y 軸に平行な直線

↑ x 軸に垂直な直線ともいえる

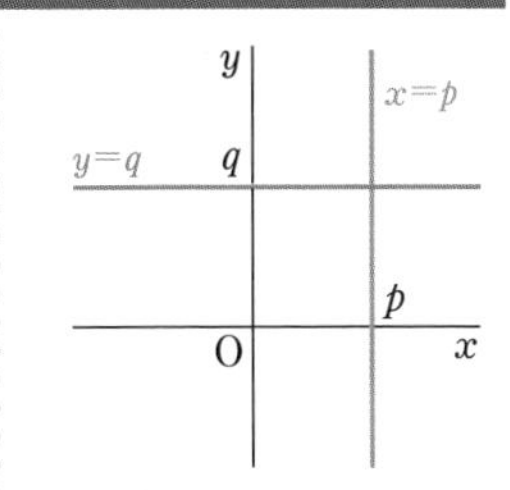

解答

(1)　$2y-4=0$ より　　$y=2$

よって，グラフは

点 $(0,\ 2)$ を通り，

x 軸に平行な直線

で，**右の図** のようになる。…答

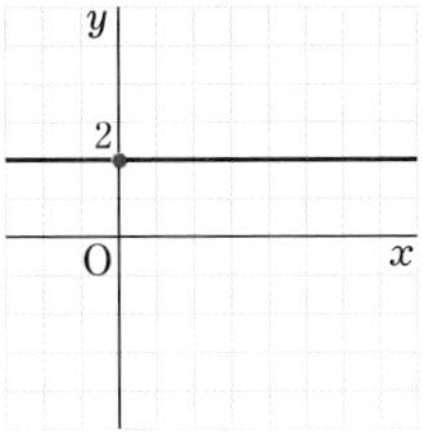

(1)　x がどんな値であっても，y の値がつねに 2 となるグラフ。

(2)　$4x+16=0$ より　　$x=-4$

よって，グラフは

点 $(-4,\ 0)$ を通り，

y 軸に平行な直線

で，**右の図** のようになる。…答

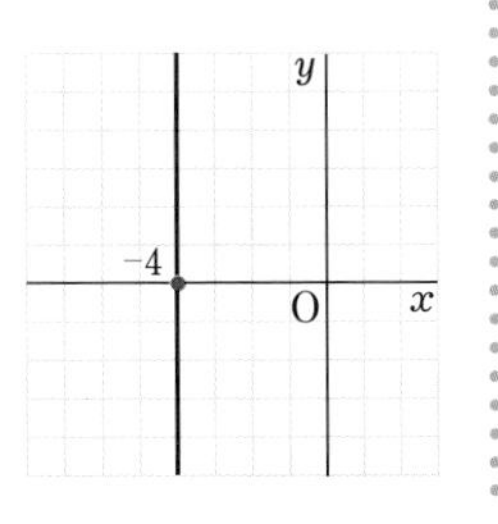

(2)　y がどんな値であっても，x の値がつねに -4 となるグラフ。

●ここで，2 元 1 次方程式 $ax+by=c$ のグラフについて，CHART でまとめておこう。

> **CHART**　2 元 1 次方程式 $ax+by=c$ のグラフは **直線**
> 特に，$a=0$ のとき　　**x 軸に平行**
> 　　　$b=0$ のとき　　**y 軸に平行**

⚠ 方程式の形につられて，$x=p$ のグラフを「x 軸に平行」と覚えないように！

解答➡別冊 p. 27

練習 43　次の方程式のグラフをかきなさい。

(1)　$5y+20=0$　　　　(2)　$\dfrac{x}{3}=2$

第 3 章　1 次関数

例題 44 連立方程式の解とグラフ

>>p. 73 2

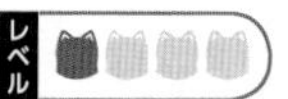

連立方程式 $\begin{cases} x+y=4 & \cdots\cdots ① \\ 2x-y=2 & \cdots\cdots ② \end{cases}$ の解を，グラフを利用して求めなさい。

考え方

連立方程式の解は

グラフの交点の x 座標，y 座標の組

よって，それぞれの方程式のグラフの交点を読みとればよい。

連立方程式の解は，方程式 ①，② をともに満たすから，解を表す点は，どちらの直線上にもある。
つまり，交点となる。

解答

方程式 ① のグラフと方程式 ② のグラフはそれぞれ右の図のようになる。
図から，グラフの交点の座標は

$(2,\ 2)$

よって，連立方程式の解は

$\boldsymbol{x=2,\ y=2}$ … 答

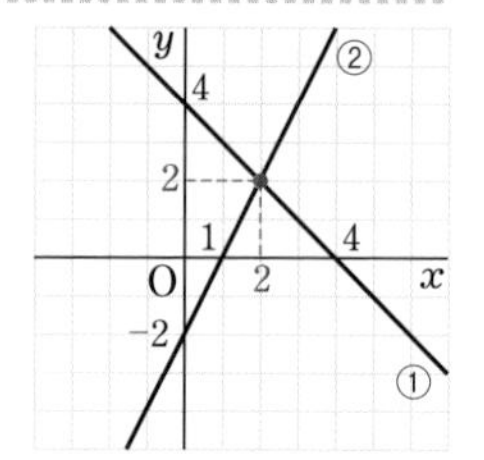

◀ ① のグラフは，2 点 $(0,\ 4)$，$(4,\ 0)$ を通り，② のグラフは，2 点 $(0,\ -2)$，$(1,\ 0)$ を通る。

参考

$p.$ 43 のコラムで次の 2 つの連立方程式を取り上げた。これらをグラフで考えてみよう。

(1) $\begin{cases} 2x-y=3 & \cdots\cdots ① \\ -4x+2y=5 & \cdots\cdots ② \end{cases}$　　(2) $\begin{cases} 2x-y=3 & \cdots\cdots ① \\ -6x+3y=-9 & \cdots\cdots ② \end{cases}$

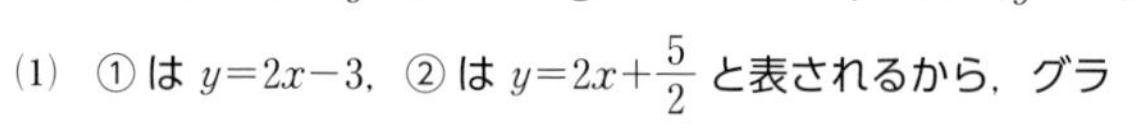

(1) ① は $y=2x-3$，② は $y=2x+\frac{5}{2}$ と表されるから，グラフは図の直線 ①，② のようになる。
直線 ①，② は傾きが等しいから，

2 直線は平行で交わらない。

よって，この連立方程式の **解はない。**

(2) ①，② はともに $y=2x-3$ と表されるから，グラフは同じ直線になる。
通る点が同じであるから，この直線上の点の x 座標，y 座標の組はすべて解となる。
よって，この連立方程式の解は **無数にある。**

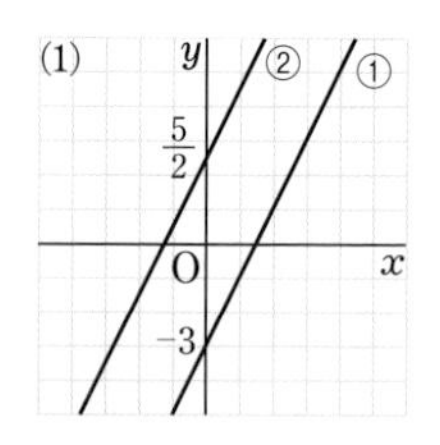

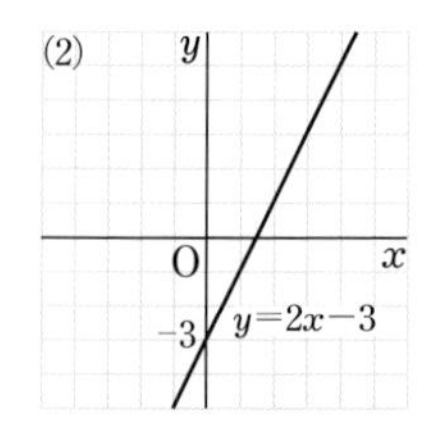

解答➡別冊 p. 27

練習 44 次の連立方程式の解を，グラフを利用して求めなさい。

(1) $\begin{cases} x+y=3 \\ 3x-2y=4 \end{cases}$　　(2) $\begin{cases} x-y=2 \\ 4x+y=3 \end{cases}$

例題 45 2直線の交点の座標

≫p. 73 2 レベル

(1) 右の図の直線 ①，② の交点の座標を求めなさい。

(2) 2直線 $y=3x-2$，$2x-3y=5$ の交点の座標を求めなさい。

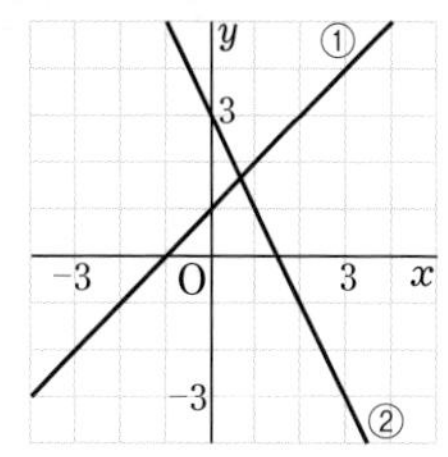

考え方

2直線の交点の座標は **連立方程式を解く**

連立方程式の解が，交点の x 座標，y 座標となる。

(1) 図から交点の座標が読みとれないので，直線 ①，② の式を求め，連立方程式を解く。

解答

(1) 直線 ① の式は　$y=x+1$　　直線 ② の式は　$y=-2x+3$

連立方程式 $\begin{cases} y=x+1 & \cdots\cdots ① \\ y=-2x+3 & \cdots\cdots ② \end{cases}$ を解く。

y を消去して　$x+1=-2x+3$

$3x=2$

$x=\dfrac{2}{3}$

$x=\dfrac{2}{3}$ を ① に代入すると　$y=\dfrac{5}{3}$　　答 $\left(\dfrac{2}{3},\ \dfrac{5}{3}\right)$

(1) グラフから，① は切片 1，傾き 1 の直線，② は切片 3，傾き −2 の直線とわかる。

(2) 連立方程式 $\begin{cases} y=3x-2 & \cdots\cdots ① \\ 2x-3y=5 & \cdots\cdots ② \end{cases}$ を解く。

① を ② に代入すると　$2x-3(3x-2)=5$

$2x-9x+6=5$

$-7x=-1$

$x=\dfrac{1}{7}$

$x=\dfrac{1}{7}$ を ① に代入すると　$y=-\dfrac{11}{7}$　　答 $\left(\dfrac{1}{7},\ -\dfrac{11}{7}\right)$

◀ 直線の式が $y=$ の形をしている場合は，代入法がよい。

解答➡別冊 p. 27

練習 45 次の2直線の交点の座標を求めなさい。

(1) $y=2x-3$，$y=5x+2$　　(2) $3x+2y=-3$，$9x-4y=16$

例題 46 変域から1次関数の式を求める

(1) 1次関数 $y=3x+p$ において，x の変域が $-2\leqq x\leqq q$ のとき，y の変域が $0\leqq y\leqq 12$ となるように，定数 p，q の値を定めなさい。

(2) 1次関数 $y=ax+b$ において，x の変域が $-1\leqq x\leqq 2$ のとき，y の変域が $-1\leqq y\leqq 5$ となるように，定数 a，b の値を定めなさい。ただし，$a<0$ とする。

確認 y の変域

(例) $y=x+4$ において，$-1\leqq x\leqq 3$ のときの y の変域は，下の図から

$3\leqq y\leqq 7$ >>例題 38

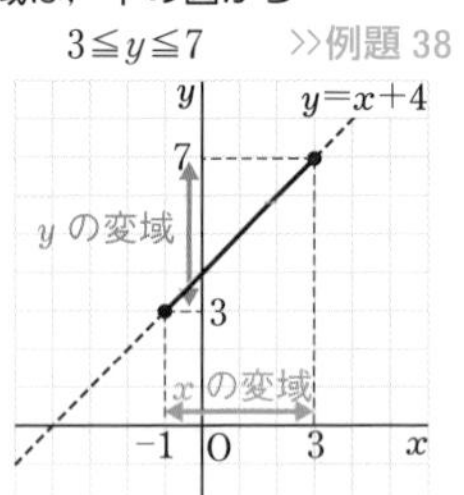

考え方

変域の問題は **グラフをかいて考える**

(2) $a<0$ であるから，1次関数 $y=ax+b$ のグラフは右下がりの直線である。

解答

(1) 1次関数 $y=3x+p$ のグラフは右上がりの直線である。

よって　$x=-2$ のとき $y=0$，$x=q$ のとき $y=12$

$x=-2$，$y=0$ を $y=3x+p$ に代入すると　$0=3\times(-2)+p$

$p=6$

したがって，1次関数は $y=3x+6$ である。

$x=q$，$y=12$ を $y=3x+6$ に代入すると　$12=3q+6$

$q=2$　　答 $\boldsymbol{p=6,\ q=2}$

グラフは，傾きがわかる程度の大まかなものでよい。

(1)

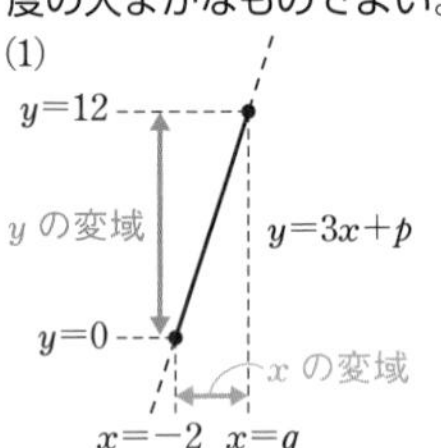

(2) $a<0$ であるから，1次関数 $y=ax+b$ のグラフは右下がりの直線である。

よって　$x=2$ のとき $y=-1$，$x=-1$ のとき $y=5$

これらを $y=ax+b$ に代入すると

$$\begin{cases}-1=2a+b\\ 5=-a+b\end{cases}\quad \text{つまり}\quad \begin{cases}2a+b=-1 & \cdots\cdots ①\\ -a+b=5 & \cdots\cdots ②\end{cases}$$

①−② より　$3a=-6$

$a=-2$ ← $a<0$ であることを確認

$a=-2$ を ② に代入すると　$2+b=5$

$b=3$　　答 $\boldsymbol{a=-2,\ b=3}$

(2)

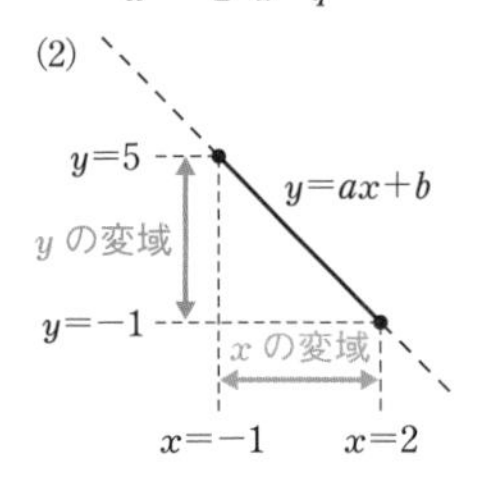

参考

$a>0$ の場合は，異なる結果になる。($y=2x+1$)

解答➡別冊 p. 27

練習 46 1次関数 $y=ax+b$ において，x の変域が $1<x<3$ のとき，y の変域が $-2<y<4$ となるように定数 a，b の値を定めなさい。ただし，$a<0$ とする。

例題 47 1点を共有する3直線

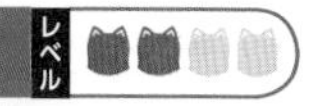

2直線 $y=-x+9$, $y=\frac{2}{3}x-1$ の交点を直線 $y=ax+1$ が通るとき，定数 a の値を求めなさい。

考え方

1点を共有する3直線

2直線の交点を，残りの直線が通る

2直線 $y=-x+9$, $y=\frac{2}{3}x-1$ の交点の座標は，連立方程式から求めることができるので，その点を直線 $y=ax+1$ が通ると考える。

解答

まず，2直線 $y=-x+9$ ……①，$y=\frac{2}{3}x-1$ ……② の交点の座標を求める。

連立方程式 $\begin{cases} y=-x+9 \\ y=\frac{2}{3}x-1 \end{cases}$ を解くと

$$-x+9=\frac{2}{3}x-1 \quad \leftarrow y\text{を消去}$$

$$-3x+27=2x-3$$

$$-5x=-30$$

$$x=6$$

$x=6$ を①に代入すると　$y=-6+9=3$

よって，2直線①，②の交点の座標は　(6, 3)

直線 $y=ax+1$ ……③ も点 (6, 3) を通るから

$$3=6a+1$$

$$2=6a$$

$$\boldsymbol{a=\frac{1}{3}} \cdots \boxed{答}$$

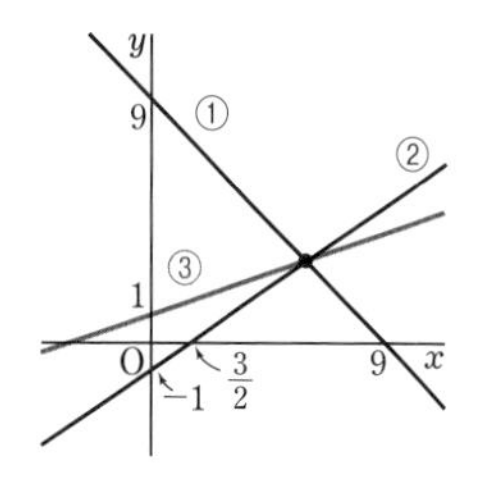

◀ $-x+9=\frac{2}{3}x-1$ の両辺に3をかける。

◀ ③に $x=6$, $y=3$ を代入。

参考

2直線①，②**の交点を，直線③が通る**ということは，3直線①，②，③**が1点で交わる**といいかえることができる。

解答➡別冊 p. 27

練習 47 3直線 $3x-y=9$, $x+2y=-4$, $2x-5y=a$ が1点で交わるとき，定数 a の値を求めなさい。

EXERCISES　解答➡別冊 p. 31

41　次の方程式のグラフをかきなさい。　>>例題 42, 43

(1)　$3x-4y=12$　　(2)　$\frac{x}{2}+\frac{y}{4}=1$

(3)　$2y+6=0$　　(4)　$2x=4$

42　次の 2 直線の交点の座標を求めなさい。　>>例題 45

(1)　$y=11x-2$，$y=-x+4$　　(2)　$2x-3y=4$，$3x-4y=5$

(3)　$2x-y=-7$，$3x+4y=6$　　(4)　$5x-10=0$，$6y+30=0$

43　右の図において，次の問いに答えなさい。

(1)　直線 ①，② の式をそれぞれ求めなさい。

(2)　直線 ①，② の交点の座標を求めなさい。

(3)　直線 ①，② の交点を通り，直線 $y=\frac{1}{2}x-3$ に平行な直線の式を求めなさい。　>>例題 45

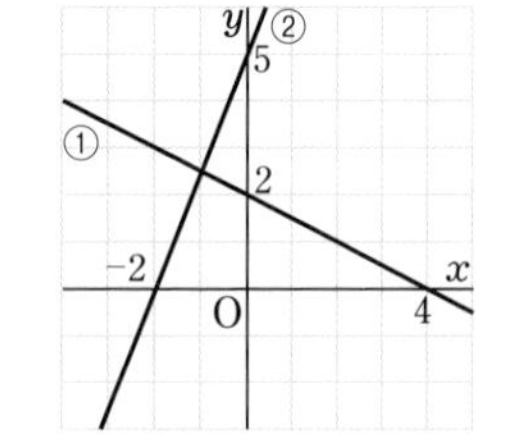

44　(1)　1 次関数 $y=-x+3$ において，x の変域が $-1\leqq x\leqq a$ のとき，y の変域が $-2\leqq y\leqq b$ となるように，定数 a，b の値を定めなさい。

(2)　1 次関数 $y=ax+1$ は，x の変域が $b\leqq x\leqq 8$ のとき，y の変域は $-2\leqq y\leqq 7$ である。定数 a，b の値を定めなさい。ただし，$a>0$ とする。　>>例題 46

45　3 直線 $y=2x-3$，$y=-x+12$，$y=3x+a$ が 1 点で交わるとき，定数 a の値を求めなさい。　>>例題 47

9 1次関数の利用

例題48 おもりの重さとばねの長さ

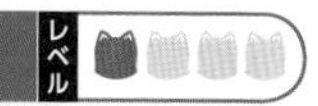

つるまきばねののびは，ばねの下端につるしたおもりの重さに比例する。右の図は，あるつるまきばねにおもりをつるしたときのおもりの重さとばねの長さの関係を表したものである。おもりの重さを x g，ばねの長さを y mm とするとき，次の問いに答えなさい。

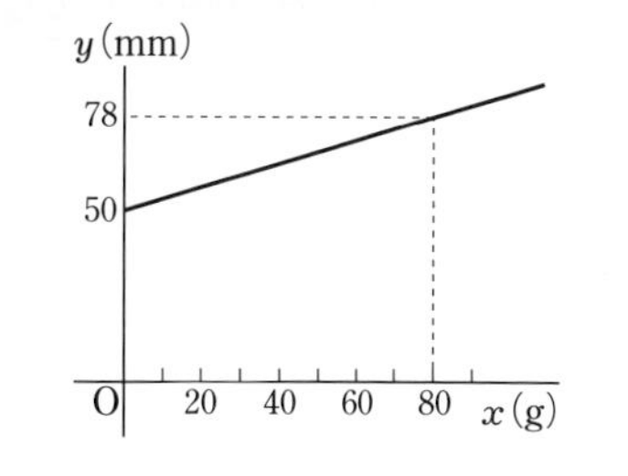

(1)　y を x の式で表しなさい。

(2)　おもりの重さが 60 g のときのばねの長さを求めなさい。

考え方　グラフから，直線の式を読みとる

グラフから，ばねの長さは 50 mm。(切片)
ばねののびは，おもりの重さに比例するから，$y=ax+50$ と表すことができる。

解答

(1)　グラフから，$y=ax+50$ と表すことができる。
$x=80$ のとき，$y=78$ であるから

$78=80a+50$　← $y=ax+50$ に $x=80$，$y=78$ を代入

$28=80a$

$a=\frac{28}{80}=\frac{7}{20}$

よって　$\boldsymbol{y=\frac{7}{20}x+50}$ …答

(2)　(1)の式に $x=60$ を代入すると

$y=\frac{7}{20}\times60+50=21+50=71$　　答　**71 mm**

(ばねの長さ)
=(はじめの長さ)+(のび)
定数項
↑
おもりの重さに比例する項

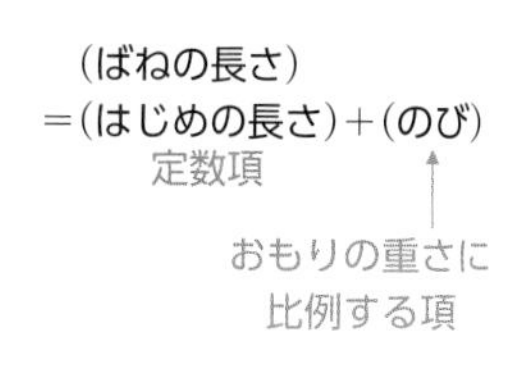

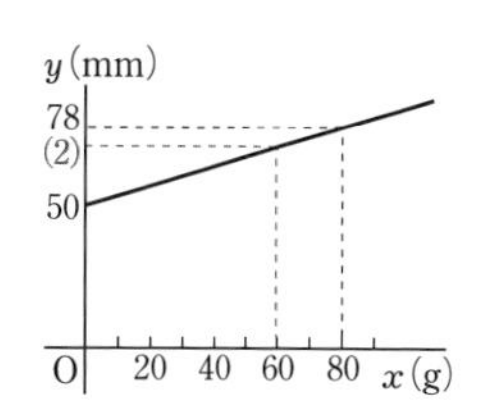

解答➡別冊 p. 28

練習48　ある線香が，一定の速さで短くなるように燃えている。火をつけてから 4 分後の長さは 14 cm，10 分後の長さは 5 cm であった。火をつけてから x 分後のこの線香の長さを y cm とするとき，次の問いに答えなさい。

(1)　y を x の式で表しなさい。

(2)　火をつけてから，7 分後の線香の長さを求めなさい。

例題 49 時間と道のり

Aさんは午前7時に家を出て，2000 m 離れた駅に向かった。途中コンビニで買い物をして，午前7時48分に駅に着いた。右のグラフは，午前7時 x 分におけるAさんと家との道のりを y m としたときの，x と y の関係を表したものである。

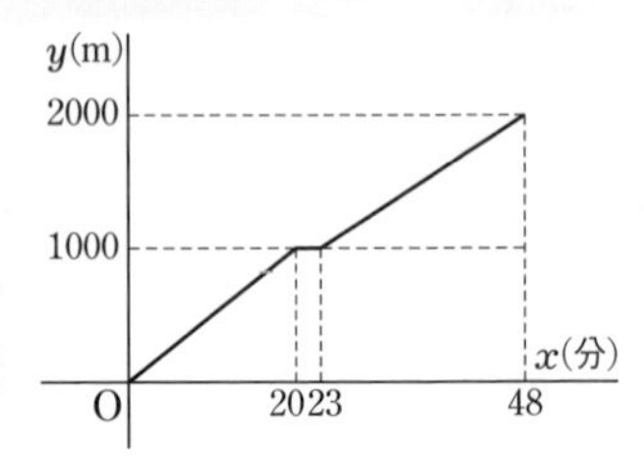

(1) Aさんがコンビニを出てから駅に着くまでの x と y の関係を式で表しなさい。

(2) Aさんの忘れ物に気づいた母が午前7時23分に自転車で家を出て，分速 240 m で同じ道を通ってAさんを追いかけたとすると，家から何 m の地点でAさんに追いつきますか。

〔類 沖縄〕

考え方　グラフから，直線の式を読みとる

(1) Aさんがコンビニを出てから駅に着くまでの x と y の関係について
グラフから，$x=23$ のとき $y=1000$，$x=48$ のとき $y=2000$ である。

(2) 母がAさんに追いつくということは

(Aさんが進んだ道のり)＝(母が進んだ道のり)

ということ。そこで，母が午前7時 t 分にAさんに追いつくとして方程式をつくる。
母が追いつくのにかかった時間は $(t-23)$ **分であることに注意。**

解答

(1) $\dfrac{2000-1000}{48-23}=40$ であるから，2点 (23, 1000)，(48, 2000) を通る直線は $y=40x+b$ と表すことができる。

◀通る2点の座標から，直線の傾きを求める。

$x=23$，$y=1000$ を代入すると

$$1000=40\times23+b$$

これを解くと　$b=80$　　答　$\boldsymbol{y=40x+80}$

◀$23\leqq x\leqq48$

(2) 母が午前7時 t 分に，Aさんに追いつくとすると

$$40t+80=240(t-23)$$ ←進んだ道のりが等しい

両辺を40でわると　$t+2=6(t-23)$　←$t+2=6t-138$

これを解くと　$t=28$

よって，Aさんに追いついた地点は，家から

$$240\times(28-23)=1200\ (\text{m})$$

のところである。

答　**家から 1200 m**

母の行動をグラフにかき入れると下のようになる。

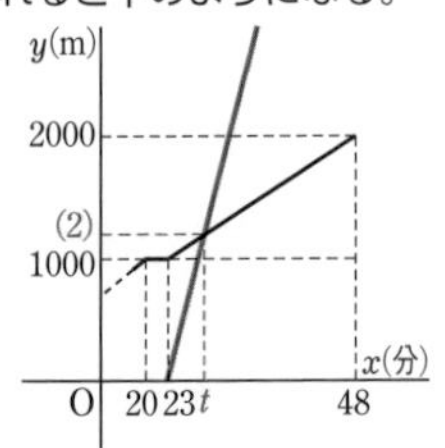

解答➡別冊 p. 28

練習 49 Aさんは 12 時に家を出発して 4000 m 離れた駅に向かった。最初は走っていき，途中から歩いて行ったところ，ちょうど 30 分で駅に到着した。右の図は，Aさんが出発してから x 分後の家との距離を y m として，その関係をグラフに表したものである。

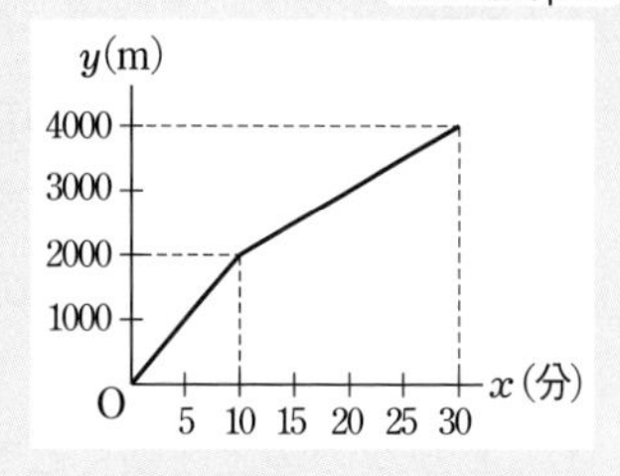

(1) 走ったときと歩いたときの x と y の関係をそれぞれ式で表しなさい。

(2) Bさんが 12 時に自転車で駅を出て，分速 300 m で同じ道を通ってAさんの家に向かったとすると，12 時何分に 2 人は出会いますか。

コラム

ダイヤグラム

例題 49 のように，時間と道のりの関係を表すグラフをダイヤグラムとよぶことがあり，主に，列車などの運行状況を示すときに使われます。

たとえば，A駅からC駅の間を走る列車があり，午前 8 時から午前 10 時までの運行が，下の図のようであったとします。

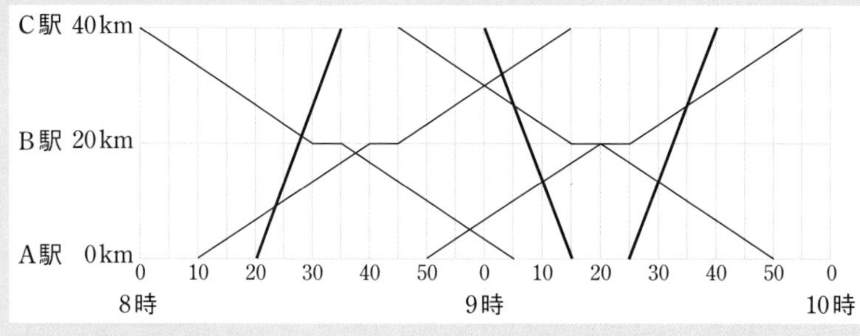

細線：
各駅に停まる普通列車
太線：
B駅を通過する特急列車

このダイヤグラムからは，次のようなことがわかります。

- 普通列車はB駅に 5 分間停車する。
- 普通列車は，30 分で 20 km 進むから，速さは　分速 $\dfrac{20}{30}=\dfrac{2}{3}$ km　(時速 40 km)
- 特急列車は，15 分で 40 km 進むから，速さは　分速 $\dfrac{40}{15}=\dfrac{8}{3}$ km　(時速 160 km)
- 9 時にC駅を発車する特急列車は，9 時 15 分にA駅に着くまでに，9 時～9 時 5 分の間で 1 回，9 時 5 分で 1 回，9 時 10 分で 1 回の計 3 回普通列車とすれ違ったり追いぬいたりする。

例題 50 図形の辺上を動く点（変域で式が異なる関数）

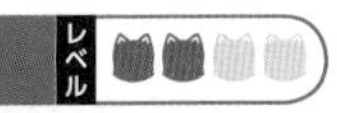

図のように，1辺 6 cm の正方形 ABCD がある。点Pが点Aから出発し，秒速 3 cm で，辺上を点D，C を通って点Bまで移動する。PがAを出発してから x 秒後の △APB の面積を y cm^2 とするとき，次の問いに答えなさい。

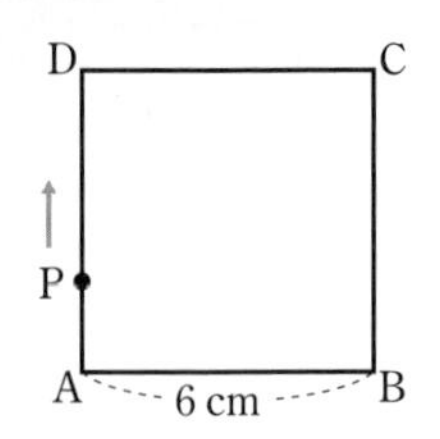

(1) Pが次の辺上を動くとき，x の変域を求め，y を x の式で表しなさい。

(ア) 辺 AD 上　(イ) 辺 DC 上　(ウ) 辺 CB 上

(2) (1)を利用して，PがAからBまで移動するときの x と y の関係を，グラフに表しなさい。

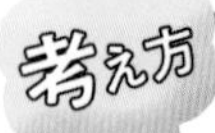

図をかいて考える

(1) Pが (ア) 辺 AD 上 (イ) 辺 DC 上 (ウ) 辺 CB 上 のどこを動くかによって，△APB の面積の求め方が変わってくるから，それぞれの場合で y を x の式で表す必要がある。

また，x の変域について

(ア) PがDに着くとき　(イ) PがCに着くとき　(ウ) PがBに着くとき

は，それぞれPがAを出発してから何秒後かを考える。

(2) (1)のそれぞれの変域におけるグラフをかいて，**それをつなげる。**

解答

(1) (ア) PがDに着くのは，動き始めてから 2 秒後であるから，x の変域は　$0 \leqq x \leqq 2$

（2秒後 ← 6 cm を秒速 3 cm で進む (6÷3)）

PA$=3x$ (cm) であるから，△APB の面積は

$$\frac{1}{2}\times 6\times 3x=9x\ (\text{cm}^2)$$ ← $\frac{1}{2}\times$AB$\times$PA

よって　$y=9x$

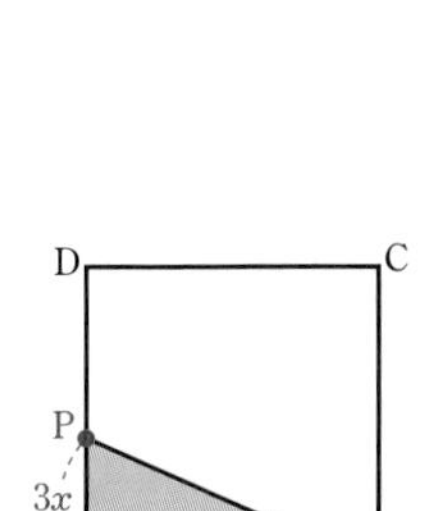

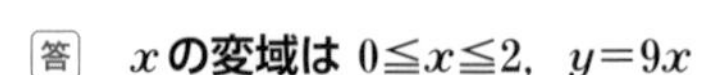

答　**x の変域は $0 \leqq x \leqq 2$，$y=9x$**

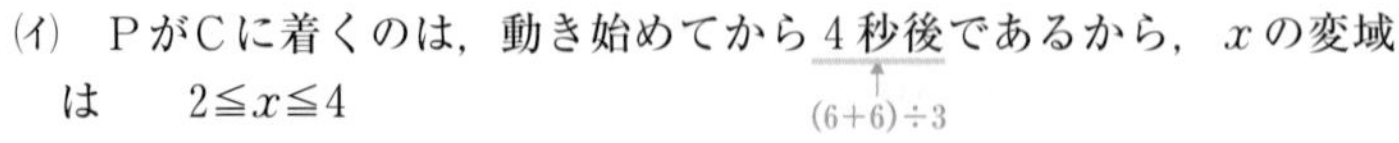

(イ) PがCに着くのは，動き始めてから 4 秒後であるから，x の変域は　$2 \leqq x \leqq 4$

（4秒後 ← (6+6)÷3）

△APB の面積は　$\frac{1}{2}\times 6\times 6=18\ (\text{cm}^2)$ ← $\frac{1}{2}\times$AB$\times$DA

よって　$y=18$

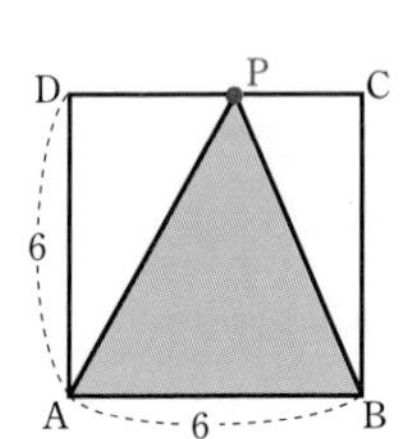

答　**x の変域は $2 \leqq x \leqq 4$，$y=18$**

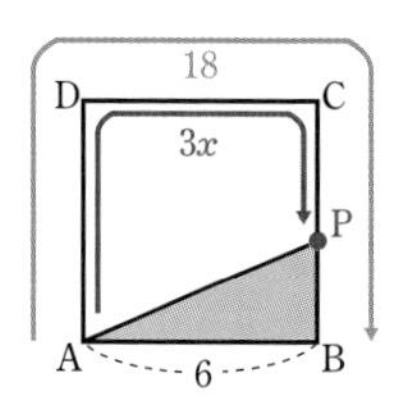

(ウ)　PがBに着くのは，動き始めてから6秒後であるから，x の変域は　$4 \leqq x \leqq 6$

$(6+6+6) \div 3$

$AD+DC+CP=3x$ (cm) であるから

$PB=18-3x$ (cm)

△APB の面積は　$\dfrac{1}{2} \times 6 \times (18-3x) = -9x+54$

よって　$y=-9x+54$

答　**x の変域は $4 \leqq x \leqq 6$，$y=-9x+54$**

(2)　(1) より，(ア)〜(ウ) のグラフはそれぞれ次のようになる。
ただし，グラフの線は端をふくむ。

(ア)

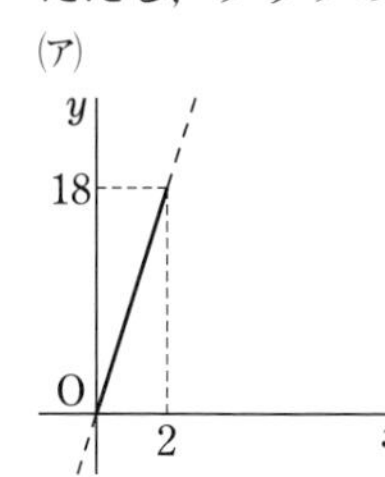

(イ)

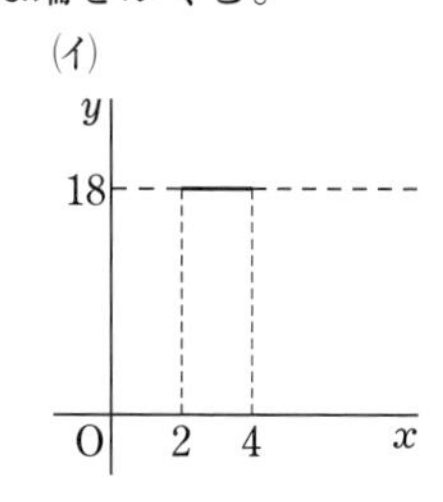

(ウ)

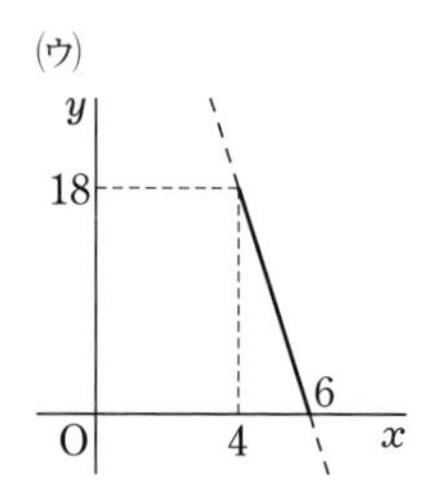

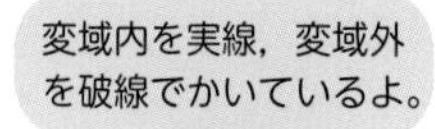

これをつなげると，**右の図の実線部分** のようになる。…答

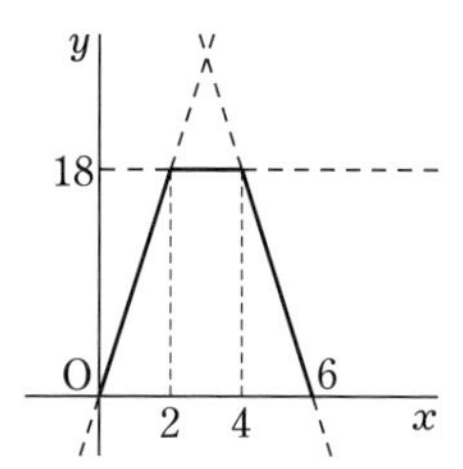

解答➡別冊 p. 28

練習 50　右の図のような長方形 ABCD がある。点Pが点Aから出発して，秒速 1 cm で，辺上を点B，C を通って点Dまで移動する。PがAを出発してから x 秒後の △PAD の面積を y cm^2 とするとき，次の問いに答えなさい。

(1)　Pが次の辺上を動くとき，x の変域を求め，y を x の式で表しなさい。

(ア)　辺 AB 上　　(イ)　辺 BC 上　　(ウ)　辺 CD 上

(2)　PがAからDまで移動するときの x と y の関係を，グラフに表しなさい。

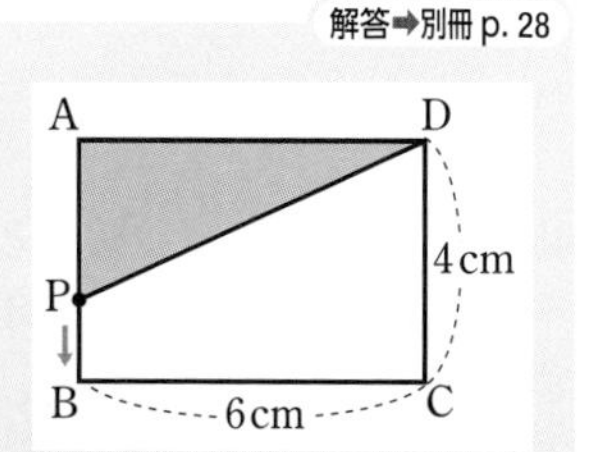

EXERCISES

解答➡別冊 p. 33

46 ある薬品を一定量の水に溶かすとき，水の温度 x ℃と水に溶ける最大量 y g との関係を調べたところ，右の図のような直線のグラフになった。x と y の関係を式に表しなさい（ただし，x の変域は答えなくてよい）。また，24 ℃では何 g 溶けるか求めなさい。

>>例題 48

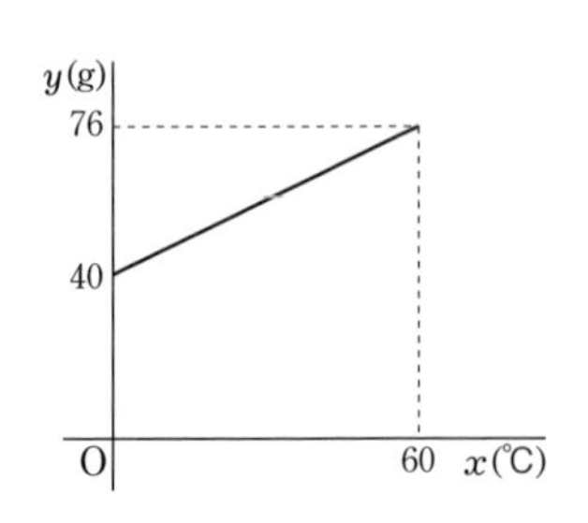

47 Aさんは，毎朝歩いて 2000 m 離れた中学校に通っている。
この日は 7 時 30 分に家を出発し，家から 1000 m の位置にある文具店でノートを買ってから学校に行った。
右のグラフは，Aさんが家を出発してからの時間 x 分と道のり y m の関係を表したものである。次の問いに答えなさい。

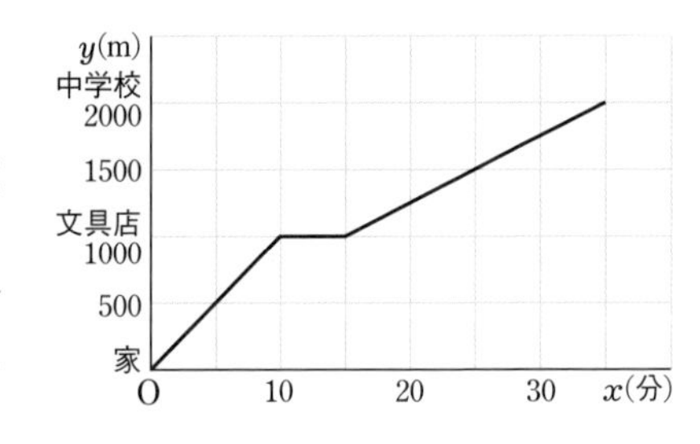

(1) 家を出てから文具店までのAさんの歩く速さは，分速何 m であるか答えなさい。

(2) Aさんが弁当を忘れたので，母は 7 時 50 分に自転車で家を出発し，Aさんを追いかけた。自転車の速さを時速 18 km とするとき，母がAさんに追いつく時刻を求めなさい。

>>例題 49

48 図のように，1 辺 6 cm の正方形 ABCD がある。点Pは点Aを出発し，辺 AD 上では秒速 3 cm，辺 DC 上では秒速 2 cm，辺 CB 上では秒速 1 cm で，点 D，C を通って点Bまで移動する。Pが点Aを出発してから x 秒後の △APB の面積を y cm^2 とするとき，x の変域と，x と y の関係を式に表しなさい。また，x と y の関係を表すグラフをかきなさい。

>>例題 50

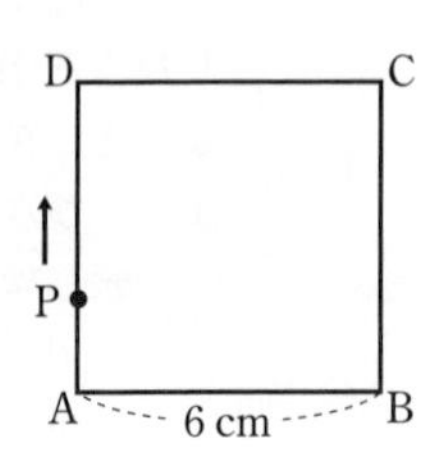

定期試験対策問題 

解答➡別冊 p. 34

22 1次関数 $y=-\frac{3}{2}x+4$ について，次の問いに答えなさい。 >>例題 33

(1) 変化の割合を求めなさい。

(2) x が1から5まで増加するときの y の増加量を求めなさい。

23 次の1次関数や方程式のグラフをかきなさい。ただし，(5)，(6) は (　) 内の x の変域に限られたグラフをかきなさい。 >>例題 36〜38，42，43

(1) $y=\frac{3}{2}x+3$

(2) $y=-0.5x+2$

(3) $y=3$

(4) $2x=-4$

(5) $y=-2x+4$ $(x<2)$

(6) $3x-y=-2$ $(-2<x\leqq 1)$

24 右の図の ①，② は，それぞれ1次関数のグラフである。これらの関数の式を求めなさい。また，直線 ①，② の交点の座標を求めなさい。 >>例題 39，45

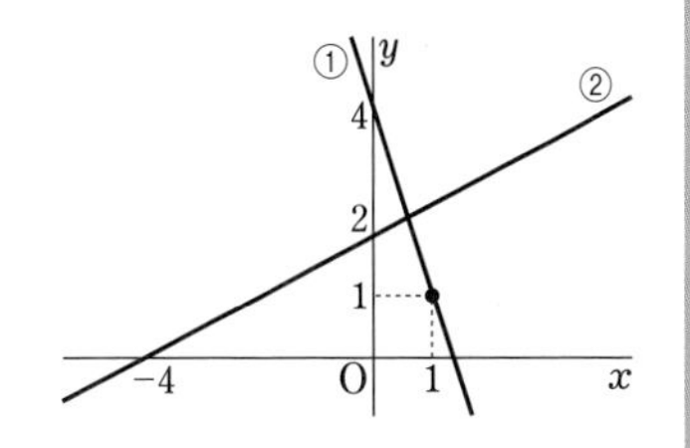

25 次の直線の式を求めなさい。 >>例題 40，41，45

(1) 点 $(4,\ 6)$ を通り，切片が -6 の直線

(2) 2点 $(-2,\ 3)$，$(4,\ -2)$ を通る直線

(3) 直線 $2x+3y=6$ に平行で，点 $(-1,\ 2)$ を通る直線

(4) 2直線 $x+2y=3$，$y+1=0$ の交点を通り，傾きが -4 の直線

26 2つの1次関数 $y=ax-1$ と $y=-x+b$ (a，b は定数) のグラフの交点の座標は $(2,\ 3)$ である。a，b の値を求めなさい。また，1次関数 $y=-x+b$ について，x の変域が $1\leqq x\leqq 3$ のとき，y の変域を求めなさい。 >>例題 38，45

27 3直線 $y=2x+1$, $y=-x+5$, $y=ax+3$ が1点で交わるように，定数 a の値を求めなさい。

>>例題 47

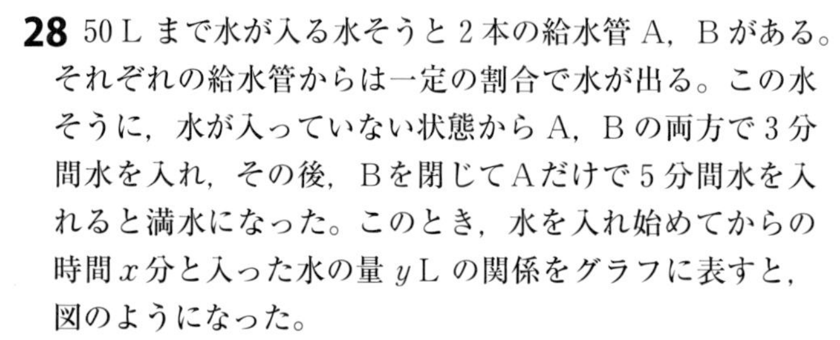

28 50 L まで水が入る水そうと2本の給水管 A，B がある。それぞれの給水管からは一定の割合で水が出る。この水そうに，水が入っていない状態から A，B の両方で3分間水を入れ，その後，Bを閉じてAだけで5分間水を入れると満水になった。このとき，水を入れ始めてからの時間 x 分と入った水の量 y L の関係をグラフに表すと，図のようになった。

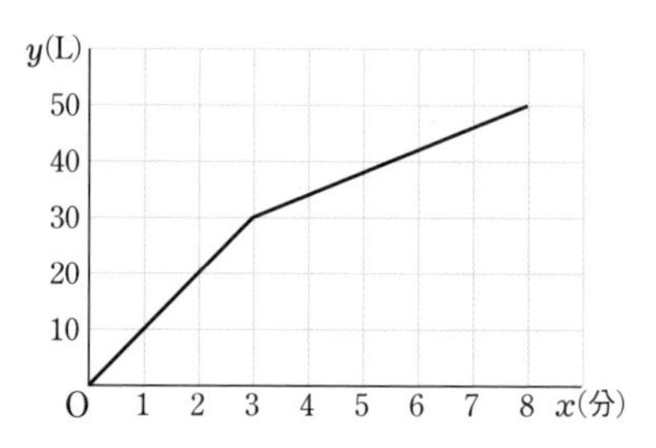

(1) Aから1分間に出る水の量は何Lか求めなさい。

(2) この水そうにBだけで水を入れると，満水になるまでにかかる時間は何分か求めなさい。

(3) この水そうに最初Bだけで水を入れ，その後 A，B の両方で水を入れると，満水になるまでに7分かかった。このとき，Bだけで水を入れた時間は何分か求めなさい。

>>例題 49

29 AB＝3 cm，BC＝4 cm である長方形 ABCD の周上を，頂点Aから秒速 1 cm の速さで，点Dを通り点Cまで動く点Pがある。Pが頂点Aを出発してから x 秒後の四角形 ABCP の面積を y cm^2 とする。次の問いに答えなさい。

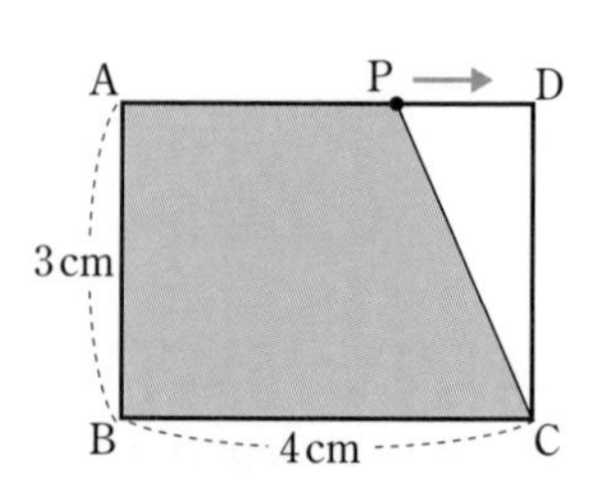

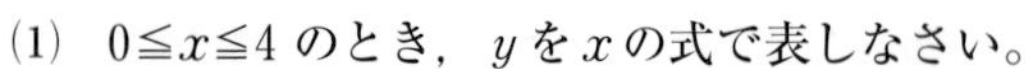

(1) $0 \leqq x \leqq 4$ のとき，y を x の式で表しなさい。

(2) $4 \leqq x \leqq 7$ のとき，y を x の式で表しなさい。

(3) $0 \leqq x \leqq 7$ のときの x と y の関係を表すグラフをかきなさい。

>>例題 50

第4章

図形の性質と合同

要点のまとめ

10 平行線と角

1 対頂角

❶ 2直線が交わってできる4つの角のうち，向かい合っている2つの角を**対頂角**（たいちょうかく）という。

❷ 対頂角の性質

対頂角は等しい

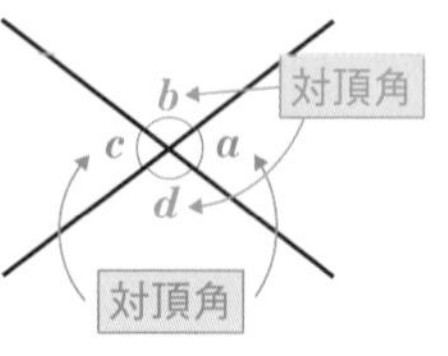

$\angle a=\angle c$，$\angle b=\angle d$

これは，2直線が交わってできた角でないから，対頂角ではない。

2 同位角，錯角

❶ 2直線に1つの直線が交わってできる8つの角のうち，右の図の

$\angle a$ と $\angle e$，　$\angle b$ と $\angle f$，

$\angle c$ と $\angle g$，　$\angle d$ と $\angle h$

のような位置関係にある角を**同位角**（どういかく）という。

❷ 右上の図の

$\angle c$ と $\angle e$，　$\angle d$ と $\angle f$

のような位置関係にある角を**錯角**（さっかく）という。

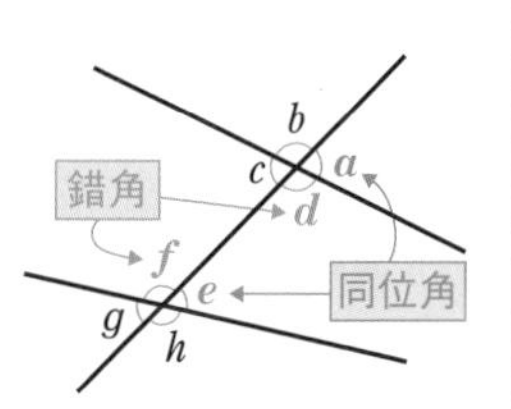

錯角は「Z」の形で覚えるとよい（Zの向きが左右逆の場合もある）。

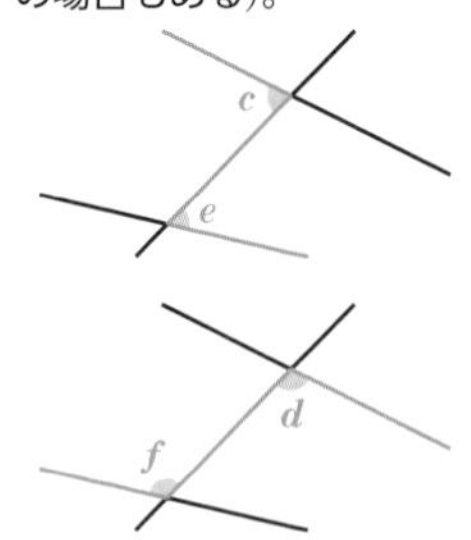

3 平行線と同位角，錯角

2直線に1つの直線が交わるとき，次のことが成り立つ。

❶ 平行線の性質

2直線が平行ならば

同位角，錯角が等しい

↑ 同位角や錯角が等しいのは，2直線が平行のときのみ

❷ 平行線になる条件

同位角または錯角が等しいならば，

2直線は平行

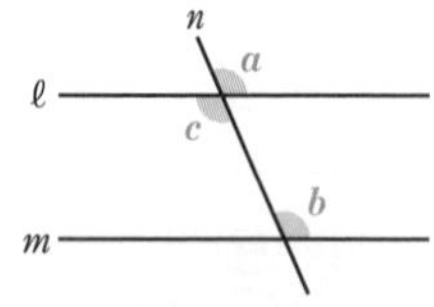

上の図において

❶ $\ell /\!/ m$ ならば

$\angle a=\angle b=\angle c$

❷ $\angle a=\angle b=\angle c$

ならば　$\ell /\!/ m$

$\angle a=\angle c$ は対頂角の性質

例題 51 対頂角

>>p. 90 1

レベル 

右の図のように，3 直線が 1 点で交わるとき，$\angle a$，$\angle b$，$\angle c$，$\angle d$ の大きさをそれぞれ求めなさい。

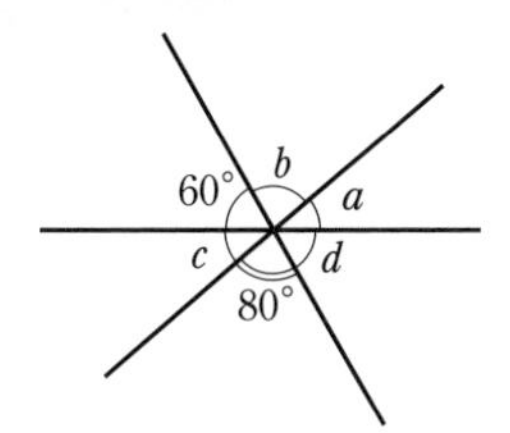

確認 対頂角

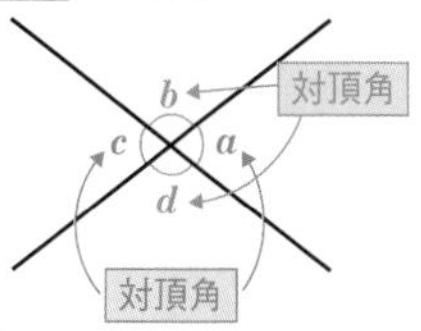

向かい合う 2 つの角を対頂角という。

考え方 対頂角は等しい

直線のつくる角は 180° であることも利用する。

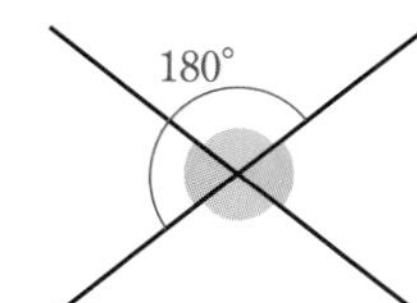

確認 対頂角が等しい理由

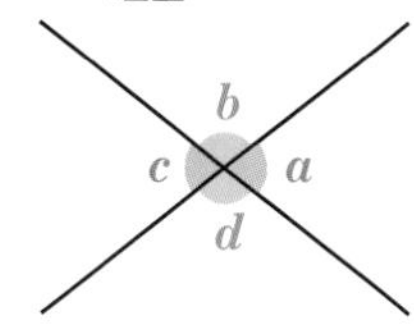

上の図において，

$\angle a+\angle b=180°$

$\angle a+\angle d=180°$

であるから

$\angle b=\angle d$

解答

対頂角は等しいから

$\angle b=80°$，

$\angle d=60°$

また　$\angle a=\angle c$

直線のつくる角は 180° であるから

$60°+\angle c+80°=180°$

よって　$\angle c=180°-(60°+80°)$

$=40°$

したがって　$\angle a=40°$

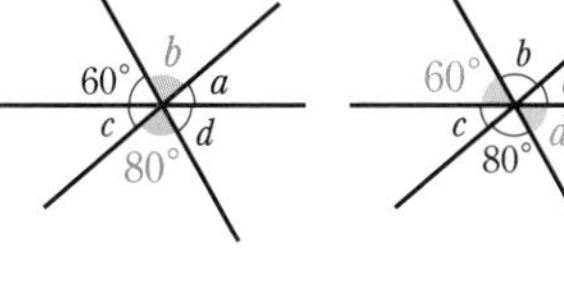

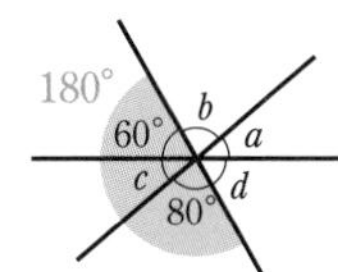

答　$\angle \boldsymbol{a}=40°$，$\angle \boldsymbol{b}=80°$，$\angle \boldsymbol{c}=40°$，$\angle \boldsymbol{d}=60°$

解答➡別冊 p. 36

練習 51 右の図のように，4 直線が 1 点で交わるとき，$\angle a$，$\angle b$，$\angle c$ の大きさをそれぞれ求めなさい。

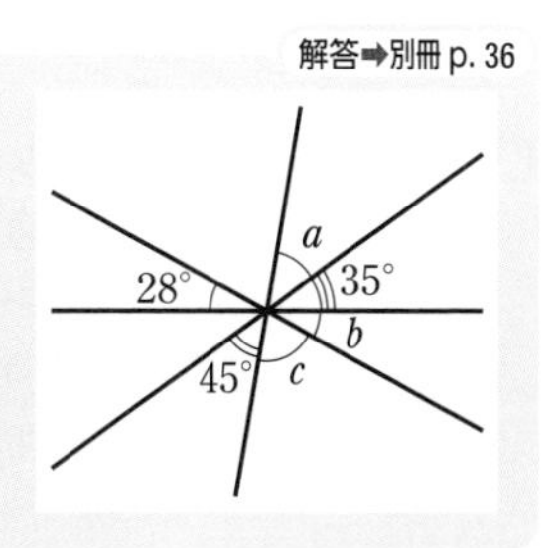

例題 52 同位角，錯角

≫p. 90 2 3

(1) 右の図 (1) において，$\angle d$ の同位角と錯角を答えなさい。

(2) 右の図 (2) において，$\ell /\!/ m$ のとき，$\angle x$，$\angle y$ の大きさをそれぞれ求めなさい。

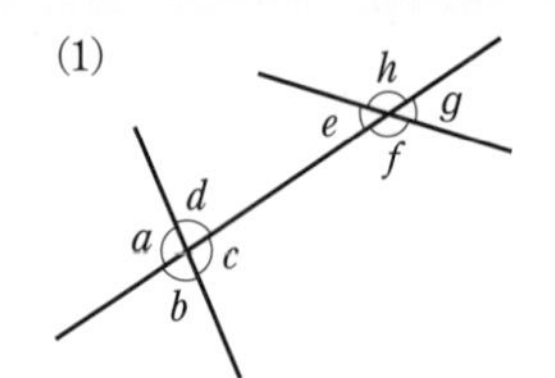

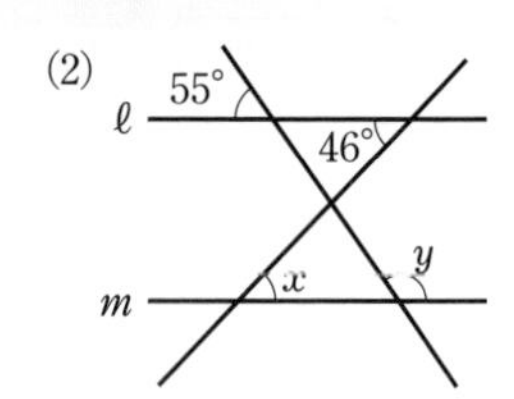

考え方

右の図において

同位角…$\angle a$ と $\angle e$，$\angle b$ と $\angle f$，$\angle c$ と $\angle g$，$\angle d$ と $\angle h$

錯　角…$\angle d$ と $\angle f$，$\angle c$ と $\angle e$

2 直線 ℓ，m が平行のとき　**同位角・錯角は等しい**

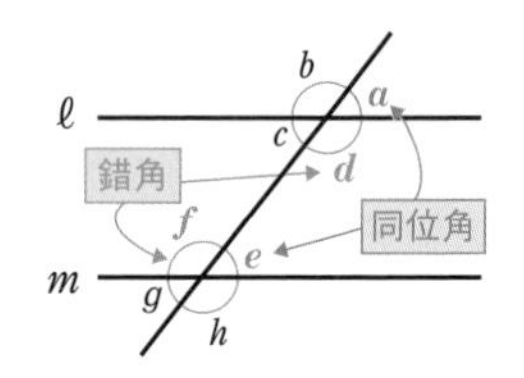

解答

(1) 答　**$\angle d$ の同位角は $\angle h$，錯角は $\angle f$**

(2) $\ell /\!/ m$ のとき，錯角は等しいから

$\angle x = 46°$　…答

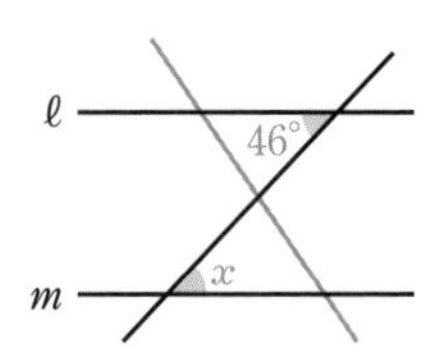

また，$\ell /\!/ m$ のとき，同位角も等しいから，右の図より

$55° + \angle y = 180°$

$\angle y = 125°$　…答

(1)

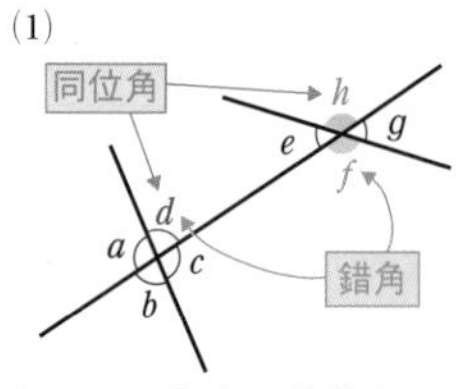

(2) $\angle y$ を上に移動させて考えてもよい。

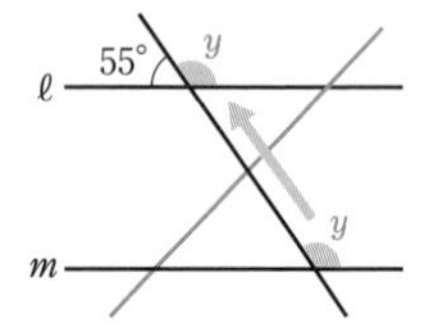

これ以外にも，様々な解法が考えられる。

●次の CHART をおさえておこう。

CHART　平行線と角　**離れたものは　近づける**

解答➡別冊 p. 36

練習 52 次の問いに答えなさい。

(1) 上の例題の図 (1) において，$\angle c$ の同位角と錯角を答えなさい。

(2) 右の図において，$\ell /\!/ m$ のとき，$\angle x$，$\angle y$ の大きさをそれぞれ求めなさい。

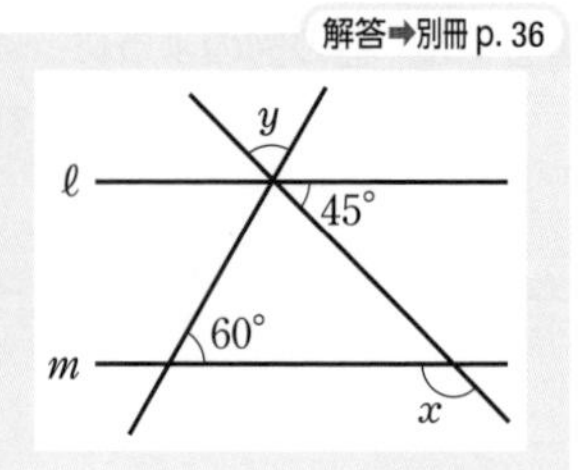

例題 53 平行線になる条件

≫p. 90 3 レベル

右の図のように直線が交わっている。
直線 ℓ, m, n のうち，平行な直線の組を答えなさい。

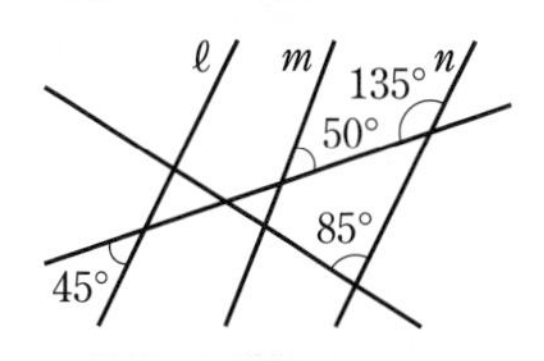

考え方

平行線になるための条件
同位角・錯角が等しいかどうかを調べる
同位角・錯角が等しいならば 2 直線は平行

確認 **平行線になる条件**
同位角または錯角が等しいならば
2 直線は平行

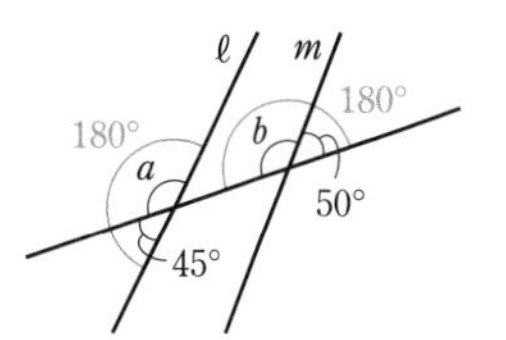

解答

右の図のように，$\angle a$, $\angle b$, $\angle c$ を定めると

$\angle a=180^\circ-45^\circ=135^\circ$
$\angle b=180^\circ-50^\circ=130^\circ$
$\angle c=135^\circ$

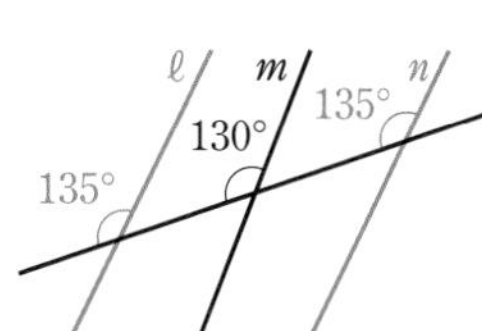

$\angle a$, $\angle b$, $\angle c$ は同位角 であり，
$\angle a=\angle c$ であるから，平行な 2 直線は
直線 ℓ と直線 n …答

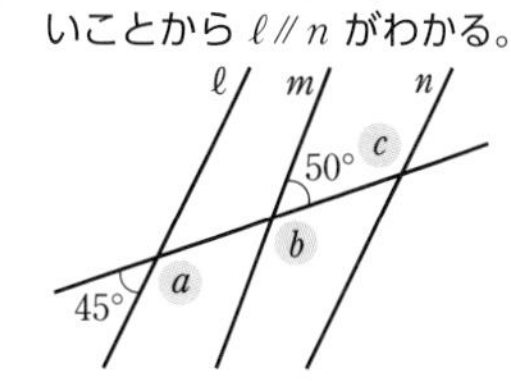

別解 $\angle a$, $\angle b$ を下の図のようにとると，
$\angle a=\angle c$ より錯角が等しいことから $\ell /\!/ n$ がわかる。

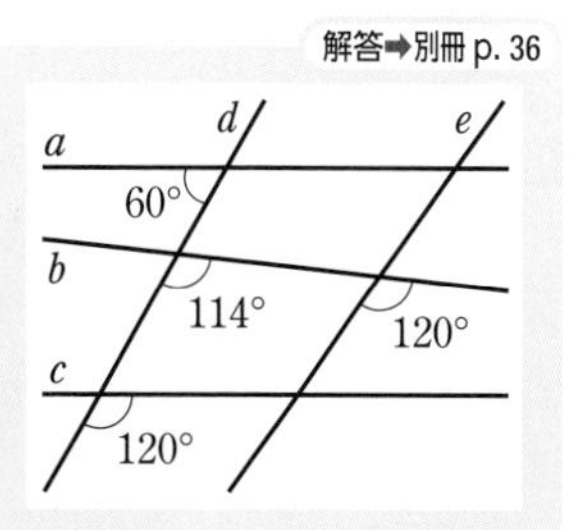

●次の CHART もおさえておこう。

CHART	平行線と角 **平行線には同位角・錯角**

練習 53 右の図において，平行な直線の組を答えなさい。

解答➡別冊 p. 36

例題 54　2組の平行線と角

>>p. 90 3 レベル 

下の図において，$k /\!/ m$，$\ell /\!/ n$ とする。$\angle x$ の大きさを求めなさい。

(1)

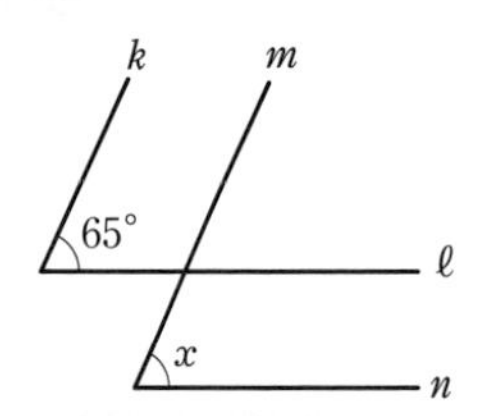

(2)

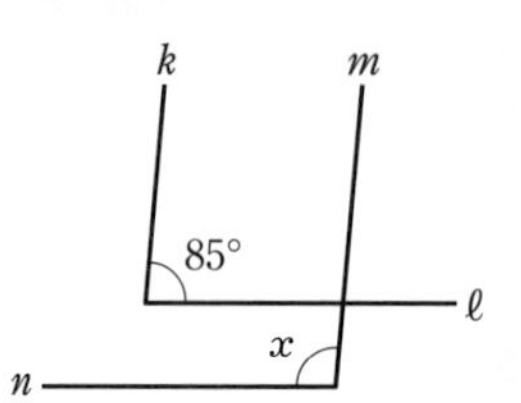

CHART　平行線には　同位角・錯角

2 直線が平行であったら，同位角・錯角が等しいことを思い浮かべよう。

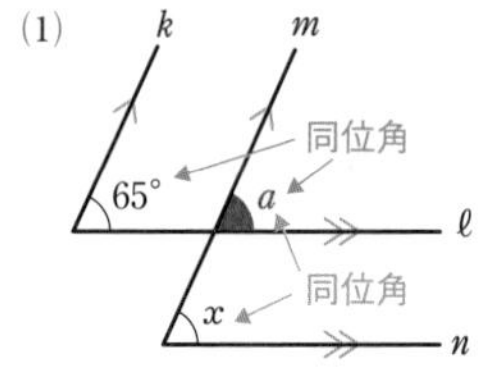

(2) 同位角　85°　b　ℓ　x　c　n　錯角

解答

(1)　図のように $\angle a$ を定める。

$k /\!/ m$ より　$\angle a=65°$　←同位角

$\ell /\!/ n$ より　$\angle x=\angle a$　←同位角

よって　　$\boldsymbol{\angle x=65°}$　…答

(2)　図のように $\angle b$，$\angle c$ を定める。

$k /\!/ m$ より　$\angle b=85°$　←同位角

よって　$\angle c=180°-85°=95°$

$\ell /\!/ n$ より　$\angle x=\angle c$　←錯角

よって　　$\boldsymbol{\angle x=95°}$　…答

参考　右の図の，$\angle p$ と $\angle r$，$\angle q$ と $\angle s$ のような位置関係にある角を**同側内角**（どうそく）とよぶことがある。

$\ell /\!/ m$ のとき，同側内角の和は 180° である。
また，同側内角の和が 180° のとき，$\ell /\!/ m$ である。

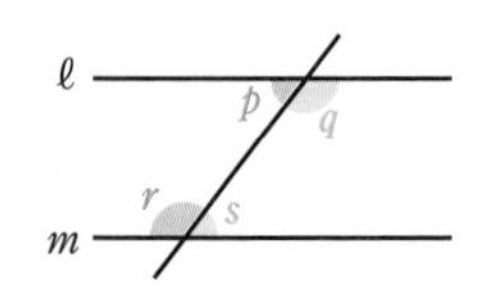

解答➡別冊 p. 36

練習 54　右の図において，$k /\!/ m$，$\ell /\!/ n$ のとき，$\angle x$，$\angle y$ の大きさをそれぞれ求めなさい。

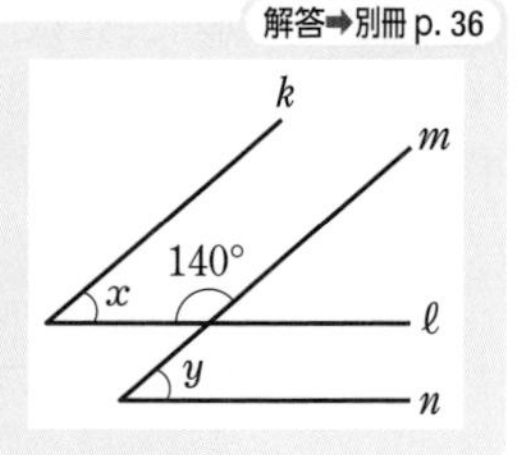

EXERCISES 解答➡別冊 p. 40

49 次の図において，$\angle a$，$\angle b$，$\angle c$ の大きさを求めなさい。 >>例題 51，52

(1)

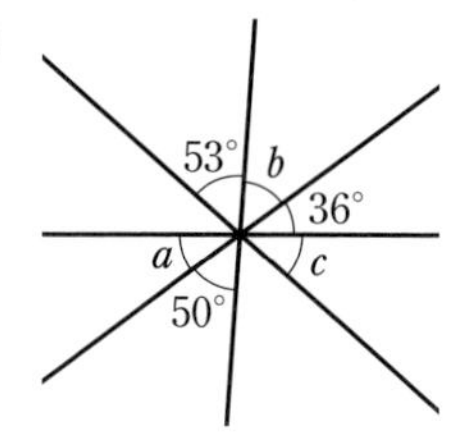

(2) $\ell /\!/ m$ とする。

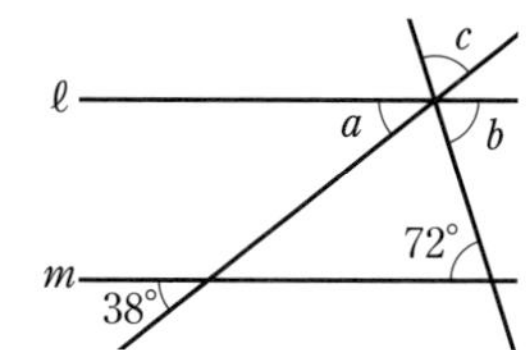

50 右の図において，$a /\!/ b$，$b /\!/ c$ であることを説明しなさい。
また，$\angle x$，$\angle y$ の大きさを求めなさい。 >>例題 52，53

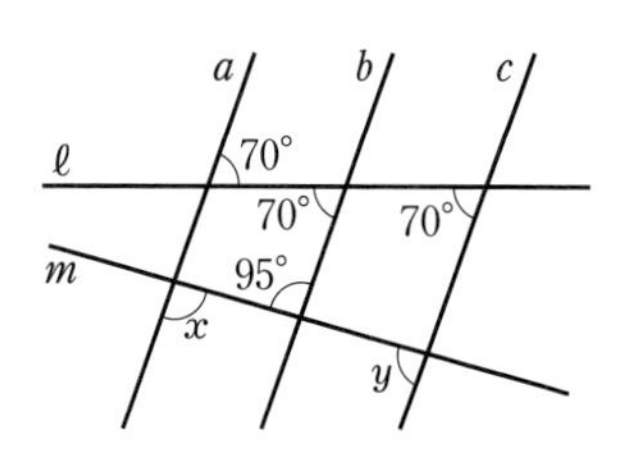

51 右の図の直線 ℓ，m，a，b，c，d，e のうち，平行な直線の組をすべて答えなさい。 >>例題 53

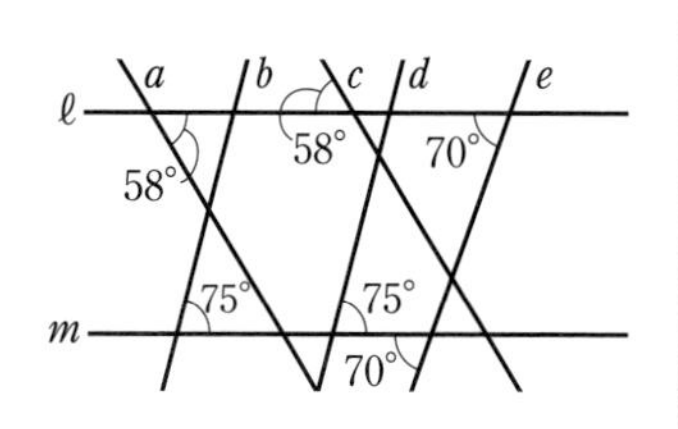

52 次の図で，$k /\!/ m$，$\ell /\!/ n$ とする。$\angle x$，$\angle y$ の大きさを求めなさい。 >>例題 54

(1)

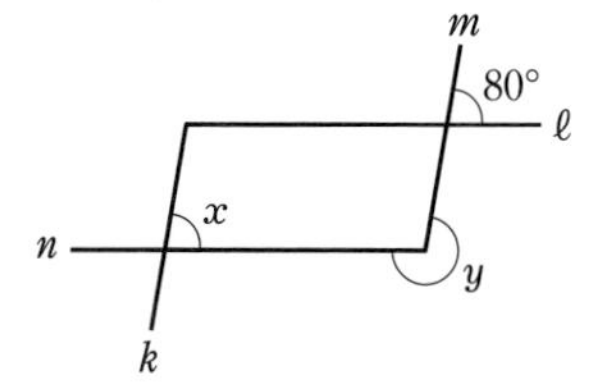

(2)

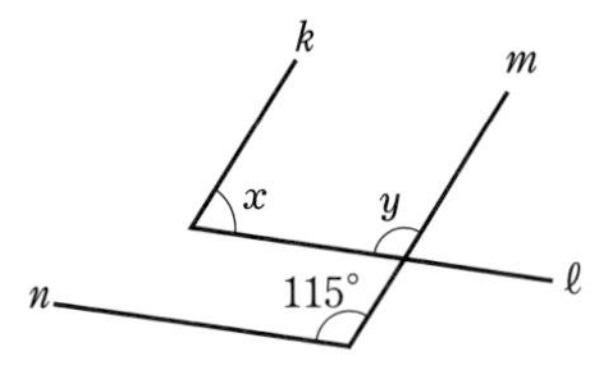

第4章 図形の性質と合同

11 三角形の角

1 三角形の内角と外角

❶ $\triangle ABC$ の 3 つの角 $\angle A$, $\angle B$, $\angle C$ を **内角**（ないかく）という。
また，1 つの辺と，それととなり合う辺の延長がつくる角を **外角**（がいかく）という。

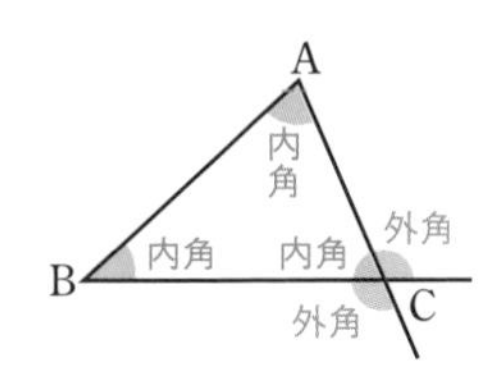

❷ 三角形の内角と外角の性質

[1]　**三角形の 3 つの内角の和は 180° である。**

[2]　**三角形の 1 つの外角は，それととなり合わない 2 つの内角の和に等しい。**

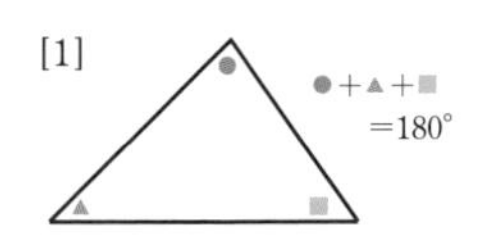

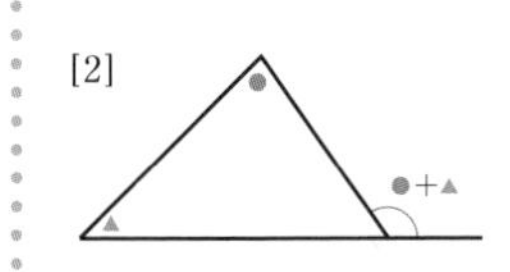

2 三角形の種類

❶ 0° より大きく 90° より小さい角を **鋭角**（えいかく），90° より大きく 180° より小さい角を **鈍角**（どんかく）という。

❷ 三角形は，内角の大きさによって，次の 3 つに分類される。

鋭角三角形　3 つの内角がすべて鋭角である三角形
直角三角形　1 つの内角が直角である三角形
鈍角三角形　1 つの内角が鈍角である三角形

鋭角三角形

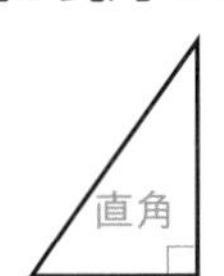

直角三角形

鈍角三角形

◀三角形の内角は，鋭角，直角，鈍角のいずれかである。

鋭角三角形は 3 つの内角がすべて鋭角であるのに対し，直角三角形・鈍角三角形は，それぞれ 1 つの内角が直角，鈍角であることに注意しよう。

3 多角形の内角と外角の和

❶ n 角形の内角の和は
$$180^\circ \times (n-2)$$

❷ n 角形の外角の和は
$$360^\circ$$

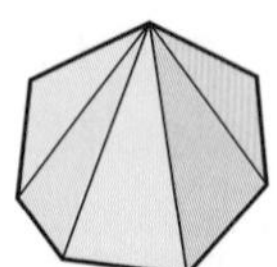

❶　n 角形は $(n-2)$ 個の三角形に分けられる。

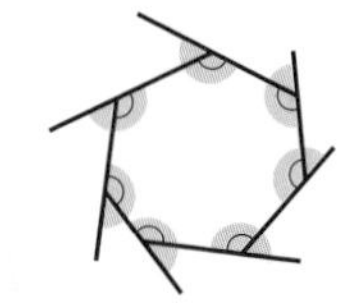

❷　$180^\circ \times n - 180^\circ \times (n-2) = 360^\circ$
（内角と外角の和）（内角の和）

例題 55 三角形の角の性質の説明

≫p. 96 1

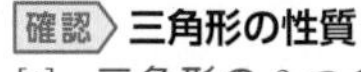

右の図のように，△ABC の辺 BC の延長線上に点Dをとる。また，頂点Cを通り，辺 AB に平行な直線 CE をひく。

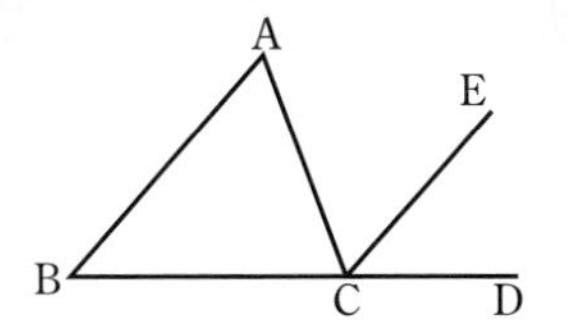

この図を利用して，△ABC において，次のことが成り立つことを説明しなさい。

(1)　$\angle A+\angle B+\angle C=180^\circ$

(2)　$\angle ACD=\angle A+\angle B$

CHART　平行線には同位角・錯角
　　　　離れたものは　近づける

同位角・錯角を利用して，点Cのまわりに角を集める。

解答

AB∥CE より

　錯角が等しいから

　　　$\angle A=\angle ACE$ …… ①

　同位角が等しいから

　　　$\angle B=\angle ECD$ …… ②

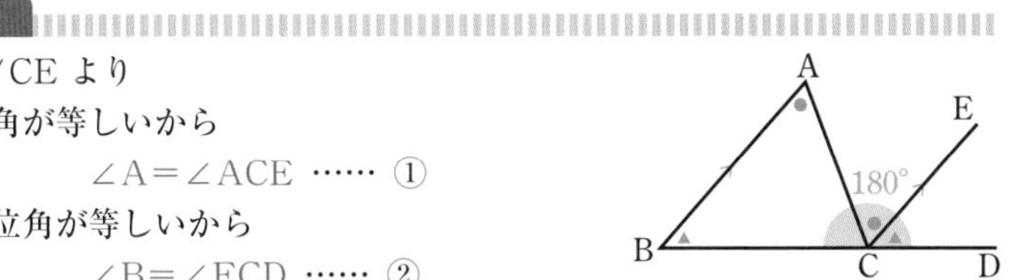

(1)　①，② から

　$\angle A+\angle B+\angle C=\angle ACE+\angle ECD+\angle ACB$

　　　　　　　　　$=\angle BCD=180^\circ$

　よって　$\angle A+\angle B+\angle C=180^\circ$

(2)　①，② から

　$\angle ACD=\angle ACE+\angle ECD=\angle A+\angle B$

　よって　$\angle ACD=\angle A+\angle B$

確認 三角形の性質

[1]　三角形の 3 つの内角の和は 180°

[2]　三角形の 1 つの外角は，それととなり合わない 2 つの内角の和に等しい。

(1) は [1]，(2) は [2] に対応している。

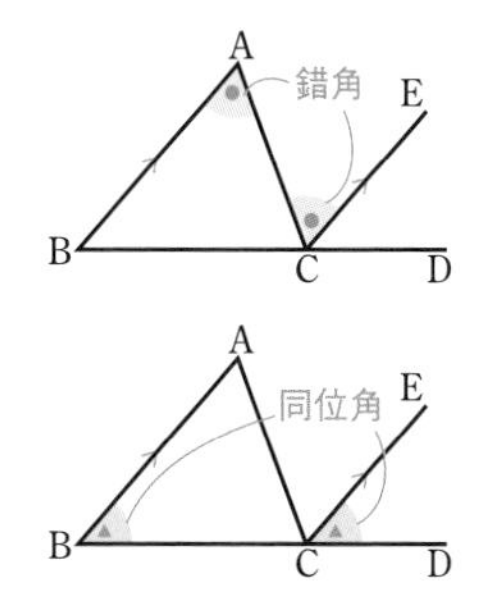

第4章 図形の性質と合同

練習 55　右の図のように，△ABC の頂点Aを通り，辺 BC に平行な直線 PQ をひく。この図を利用して，△ABC で

$$\angle A+\angle B+\angle C=180^\circ$$

であることを説明しなさい。

解答➡別冊 p. 36

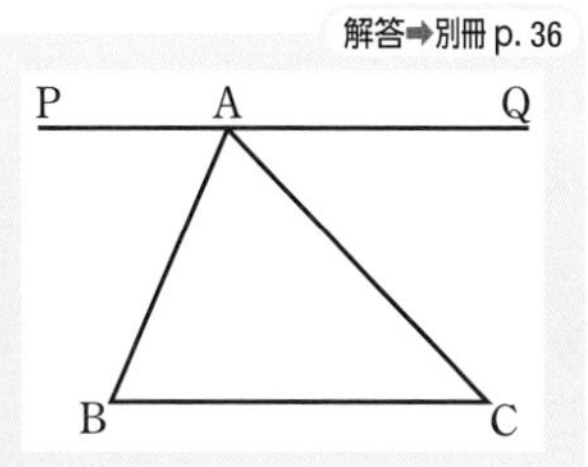

例題 56 三角形の内角・外角

>>p. 96 1

次の図において，$\angle x$ の大きさを求めなさい。ただし，(2)，(3)のDは辺BCの延長線上の点とする。

(1)

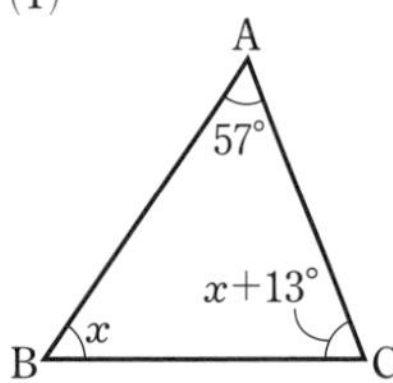

(2)

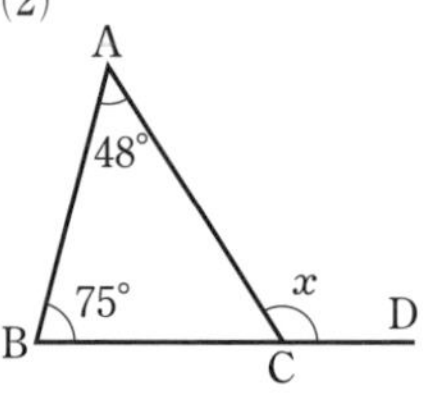

(3)

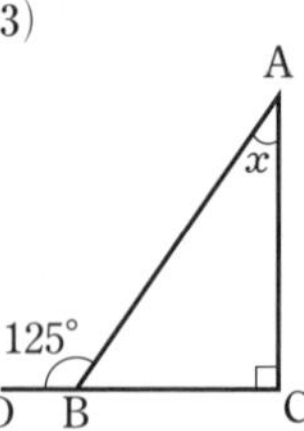

考え方

[1]　**(三角形の内角の和)＝180°**

[2]　**(三角形の1つの外角)＝(となり合わない2つの内角の和)**

(1)　$\angle A+\angle B+\angle C=180°$　　(2)　$\angle ACD=\angle A+\angle B$

(3)　$\angle ABD=\angle A+\angle C$

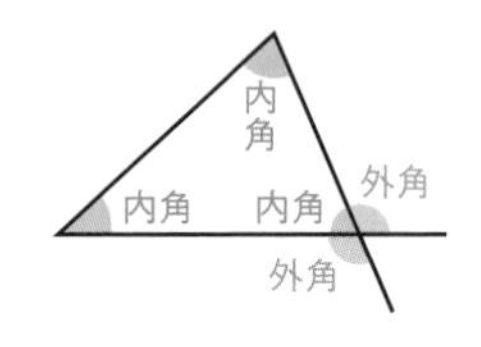

解答

(1)　△ABCの3つの内角の和は180°であるから

$$57°+\angle x+(\angle x+13°)=180°$$

$$2\times\angle x=180°-(57°+13°)=110°$$

よって　$\angle x=110°\div2=55°$　　答　**55°**

(2)　頂点Cにおける外角 ∠ACD について

$$\angle ACD=\angle A+\angle B$$

よって　$\angle x=48°+75°=123°$　　答　**123°**

(3)　頂点Bにおける外角 ∠ABD について

$$\angle ABD=\angle A+\angle C$$

$$125°=\angle x+90°$$

よって　$\angle x=125°-90°=35°$　　答　**35°**

上の図において

[1]　$\angle a+\angle b+\angle c=180°$

[2]　$\angle d=\angle a+\angle b$

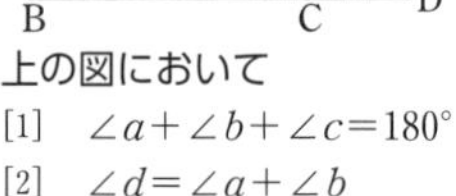

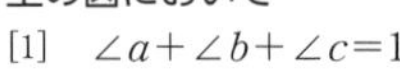

解答➡別冊 p. 37

練習 56　次の図において，$\angle x$ の大きさを求めなさい。

(1)

(2)

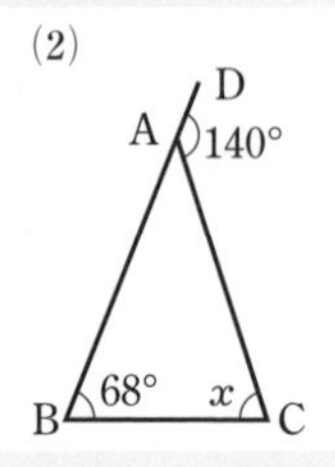

(3)

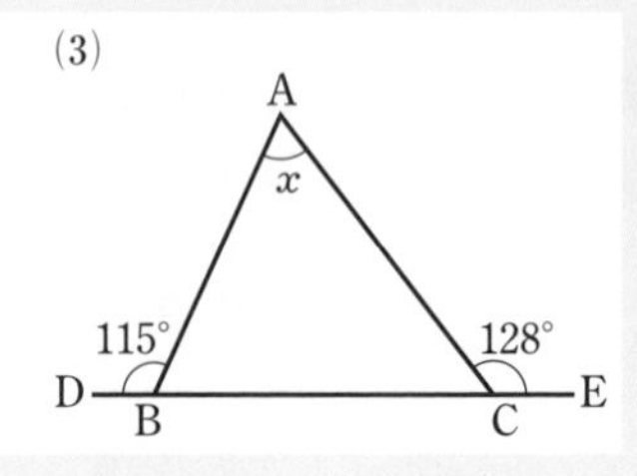

例題 57 三角形の外角の利用 >>p. 96 1 レベル 

右の図において，$\angle x$ の大きさを求めなさい。

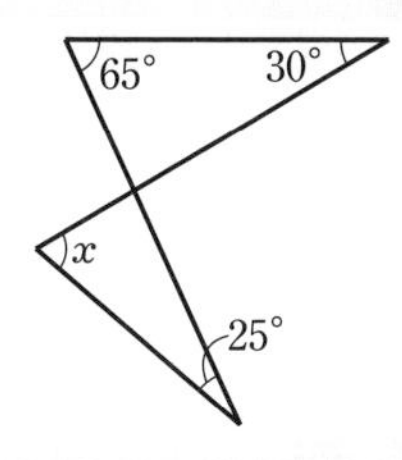

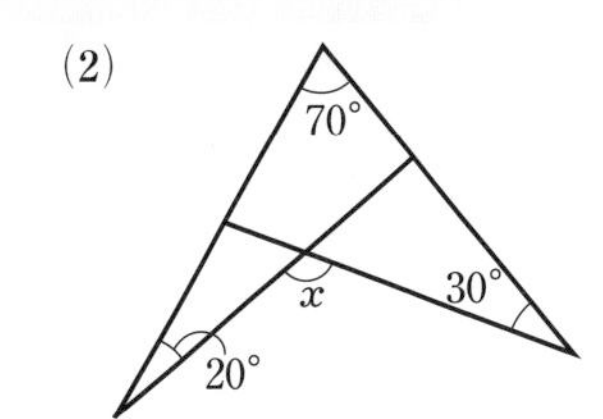

考え方 外角の利用　2 つの内角がわかっている三角形に注目する

ここでは，前の例題の

[2]　**(三角形の 1 つの外角)＝(となり合わない 2 つの内角の和)**

を利用する。

下の関係をおさえておこう。

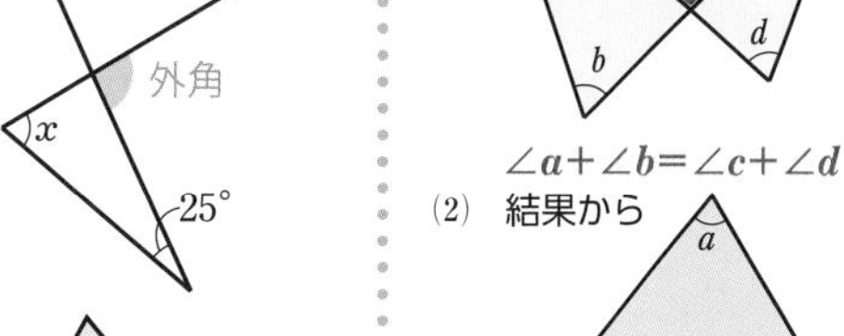

$\angle a+\angle b=\angle c+\angle d$

(2)　結果から

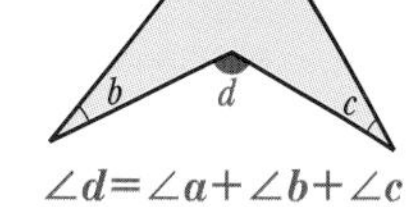

$\angle d=\angle a+\angle b+\angle c$

解答

(1)　外角について

$65°+30°=\angle x+25°$

よって　　$\angle x=65°+30°-25°=70°$　　答　**70°**

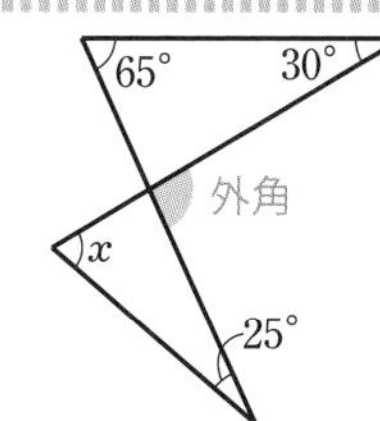

(2)　右の図のように $\angle a$ を定める。

$\angle a=70°+20°=90°$

よって　　$\angle x=\angle a+30°$

$=90°+30°=120°$　　答　**120°**

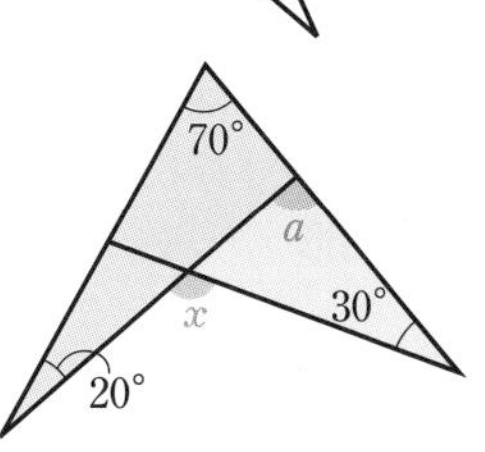

参考　(2) の図は，右の図のような形で与えられることもある。

(1) の図を **リボン型**，(2) の図を **ブーメラン型** とよぶことにする。

どちらも有名な型なので，結果をおさえておこう。

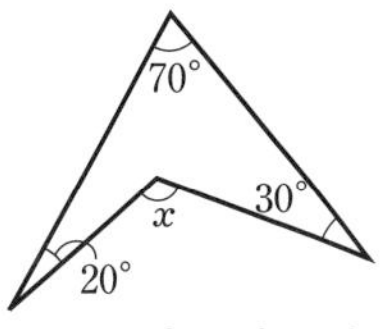

$\angle x=70°+20°+30°$

解答➡別冊 p. 37

練習 57 次の図において，$\angle x$ の大きさを求めなさい。

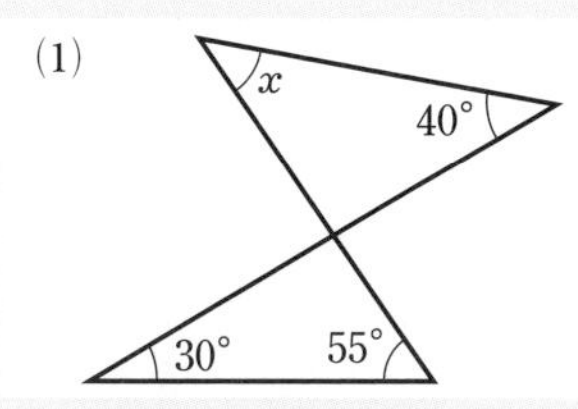

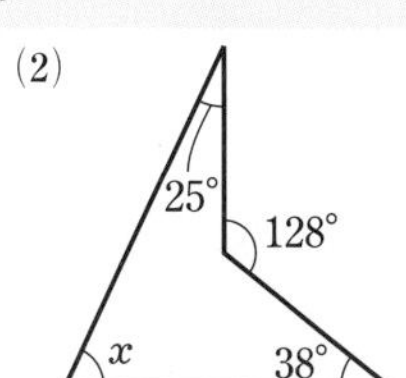

例題 58 鋭角・直角・鈍角三角形

>>p. 96 2 レベル  

2 つの内角の大きさが次のような三角形は，鋭角三角形，直角三角形，鈍角三角形のどれであるか答えなさい。

(1)　90°，30°　　(2)　15°，100°

(3)　40°，80°　　(4)　25°，60°

考え方

直角があれば　直角三角形
鈍角があれば　鈍角三角形
すべて鋭角ならば　鋭角三角形

例題では，2 つの内角が与えられているから，(内角の和)＝180° より残りの内角を求め **3 つとも鋭角か，1 つだけ直角か鈍角** であるかを調べる。

確認 鋭角・鈍角
鋭角…0° より大きく 90° より小さい角
鈍角…90° より大きく 180° より小さい角

確認 三角形の種類
鋭角三角形
3 つの内角がすべて鋭角
直角三角形
1 つの内角が直角
鈍角三角形
1 つの内角が鈍角

⚠ 三角形の内角の和は 180° であるから，三角形の内角で，直角や鈍角が 2 つ以上あることはない。

解答

(1)　内角の 1 つが 90° であるから
直角三角形　…答

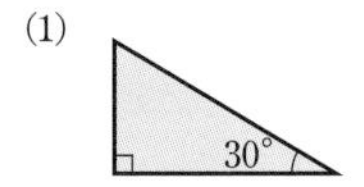

(2)　内角の 1 つが 100° で，鈍角 であるから
鈍角三角形　…答

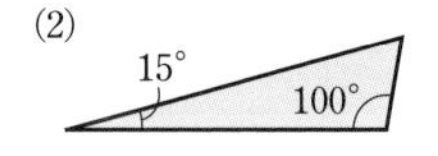

(3)　残りの内角は　180°−(40°＋80°)＝60°
よって，3 つの内角がすべて鋭角 であるから
鋭角三角形　…答

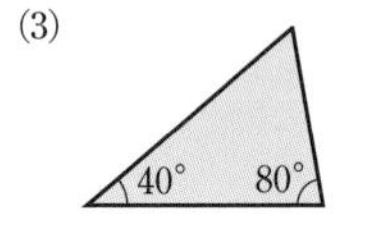

(4)　残りの内角は　180°−(25°＋60°)＝95°
よって，内角の 1 つが鈍角 であるから
鈍角三角形　…答

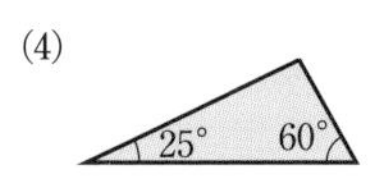

解答➡別冊 p. 37

練習 58　2 つの内角の大きさが次のような三角形は，鋭角三角形，直角三角形，鈍角三角形のどれであるか答えなさい。

(1)　60°，70°　　(2)　45°，45°　　(3)　18°，62°　　(4)　75°，35°

例題 59 平行線と折れ線と角

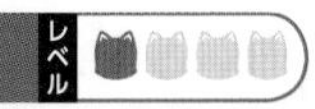

右の図において，$\ell /\!/ m$ のとき $\angle x$ の大きさを求めなさい。

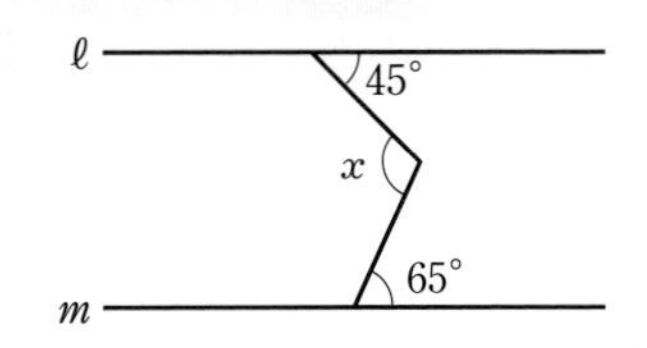

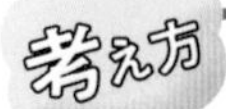

折れ線の頂点を通る平行線をひく

$\angle x$ のままでは，45°，60° の角と結びつかない。そこで，$\angle x$ の頂点を通って，ℓ，m に平行な直線をひく。

⟶ 同位角や錯角の性質が利用できる。

CHART 平行線と角 **平行線には同位角・錯角**
離れたものは　近づける

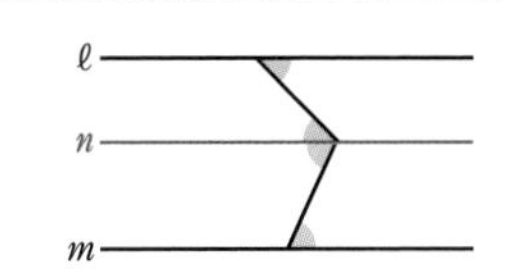

解答

右の図のように，$\angle x$ の頂点を通る，ℓ，m に平行な直線 n をひき，$\angle y$，$\angle z$ を定める。

$\ell /\!/ n$ より，錯角は等しいから　$\angle y=45°$

$n /\!/ m$ より，錯角は等しいから　$\angle z=65°$

よって　$\angle x=\angle y+\angle z$

$=45°+65°=\mathbf{110°}$　…答

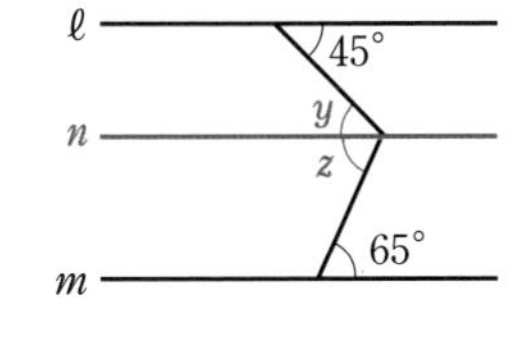

別解　右の図のように補助線をひくと三角形ができる。

この三角形について

$\angle \boldsymbol{x}=45°+65°$

$=\mathbf{110°}$　…答

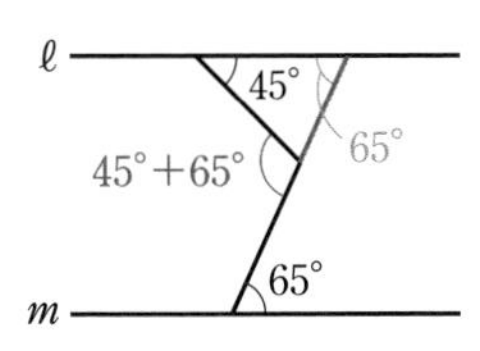

このように問題を解くための手がかりとなる線を **補助線** という。

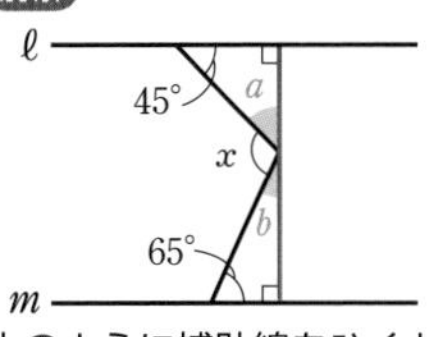

上のように補助線をひくと

$\angle a=180°-(45°+90°)$

$=45°$

$\angle b=180°-(65°+90°)$

$=25°$

よって

$\angle \boldsymbol{x}=180°-(45°+25°)$

$=\mathbf{110°}$

解答➡別冊 p. 37

練習 59　右の図において，$\ell /\!/ m$ のとき，$\angle x$ の大きさを求めなさい。

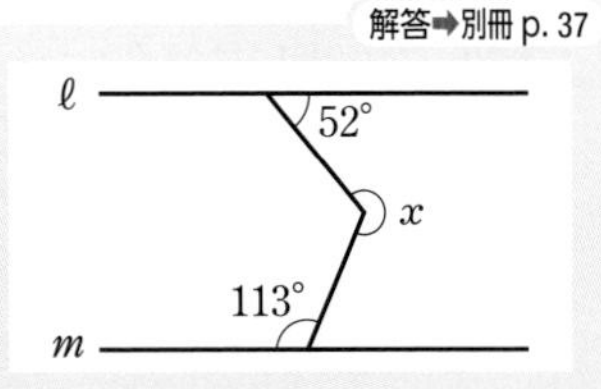

例題 60 多角形の内角・外角

≫p. 96 3

(1) 十角形の内角の和，外角の和を求めなさい。

また，正十角形の 1 つの内角，外角の大きさをそれぞれ求めなさい。

(2) 内角の和が $900°$ となる多角形は何角形か求めなさい。

考え方

n 角形の 内角の和は　$180°\times(n-2)$

外角の和は　$360°$

正多角形では，内角の大きさはすべて等しいから外角の大きさもすべて等しい。

(2) 求める多角形を n 角形として，内角の和についての方程式をつくる。

解答

(1) 十角形の内角の和は

$180°\times(10-2)=\mathbf{1440°}$ … 答

外角の和は　**$360°$** … 答

また，正十角形は，すべての内角・外角の大きさがそれぞれ等しいから，1 つの内角の大きさは

$1440°\div10=\mathbf{144°}$ … 答

1 つの外角の大きさは

$360°\div10=\mathbf{36°}$ … 答　← $180°-144°=36°$ としてもよい

(2) 求める多角形を n 角形とすると，内角の和が $900°$ であるから

$180°\times(n-2)=900°$

よって　$n-2=5$　$n=7$

したがって　**七角形** … 答

確認 ① n 角形は $(n-2)$ 個の三角形に分けられるから，内角の和は $(n-2)$ 個の三角形の内角の総和で

$180°\times(n-2)$

$n=7$ の場合

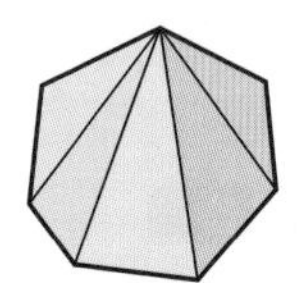

② n 角形の n 個の外角の和は，n 個の内角＋外角 $(=180°)$ から n 角形の内角の和を除いたものであるから

$180°\times n-180°\times(n-2)$
$=360°$

つまり，n に関係なくつねに $360°$ となる。

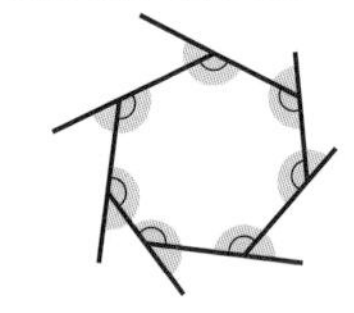

解答➡別冊 p. 37

練習 60 次の問いに答えなさい。

(1) 十二角形の内角の和，外角の和をそれぞれ求めなさい。

また，正十二角形の 1 つの内角，外角の大きさをそれぞれ求めなさい。

(2) 内角の和が $1260°$ となる多角形は何角形か求めなさい。また，1 つの外角が $45°$ である正多角形は正何角形か求めなさい。

例題 61 いろいろな多角形と角

≫p. 96 3 レベル

右の図において，$\angle x$ の大きさを求めなさい。

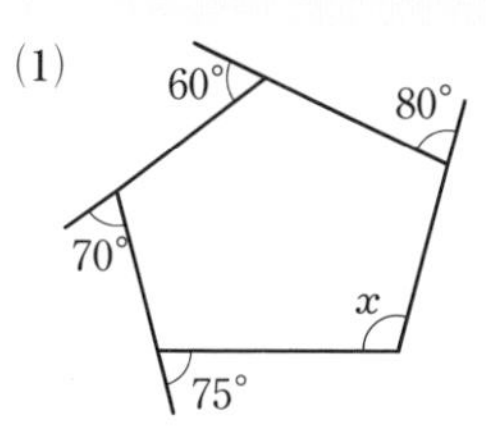

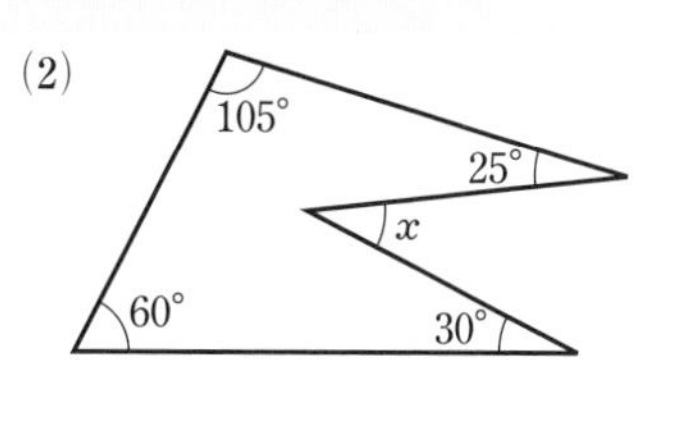

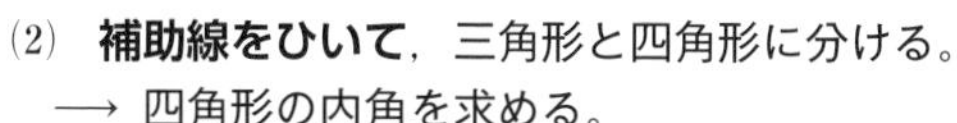

考え方 n 角形の　内角の和は $180°\times(n-2)$，外角の和は $360°$

(1) 五角形の 4 つの外角と，五角形の外角の和は 360° であることから，残り 1 つの外角の大きさを求め，$\angle x$ の大きさを求める。

(2) **補助線をひいて**，三角形と四角形に分ける。
⟶ 四角形の内角を求める。

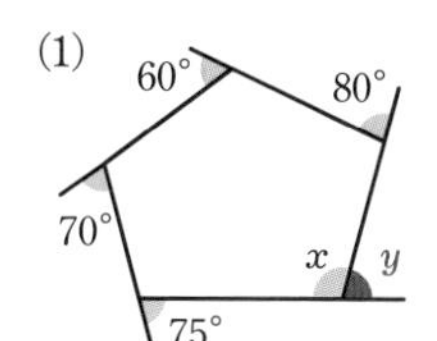

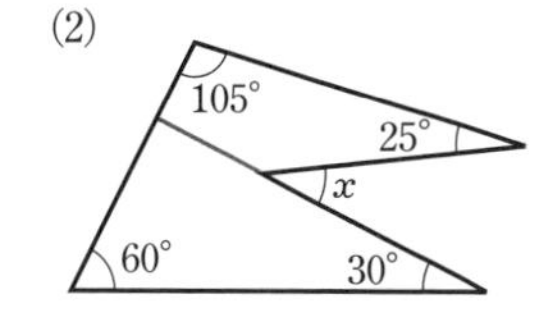

解答

(1) $\angle x$ の外角の大きさは　$180°-\angle x$
多角形の外角の和は 360° であるから

$180°-\angle x=360°-(80°+60°+70°+75°)$
$=75°$

よって　$\angle \boldsymbol{x}=180°-75°=\mathbf{105°}$　…答

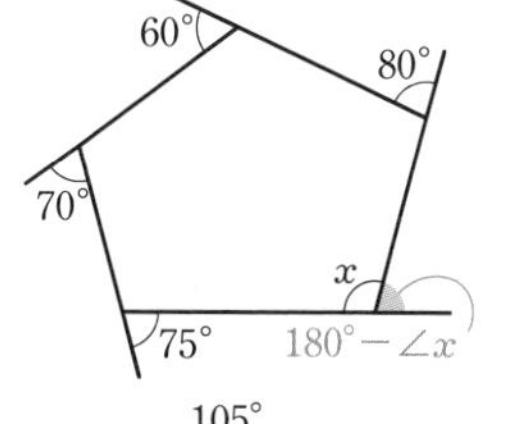

(1) 外角の和が 360° であることを利用する。

(2) 右の図のように補助線をひき，$\angle a$，$\angle b$ を定める。
三角形の外角について

$\angle a=60°+30°=90°$

四角形の内角の和は 360° であるから
（$180°\times(4-2)=360°$）

$\angle b=360°-(105°+25°+90°)=140°$

よって　$\angle \boldsymbol{x}=180°-140°=\mathbf{40°}$　…答

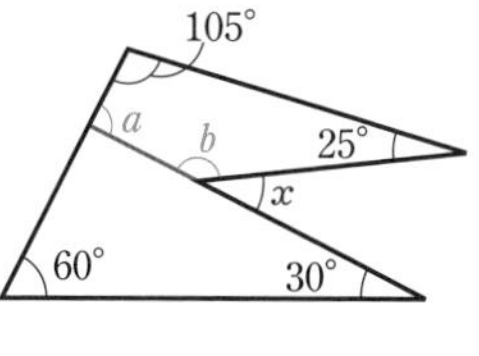

(2) 補助線をひいて，外角の性質を利用する。

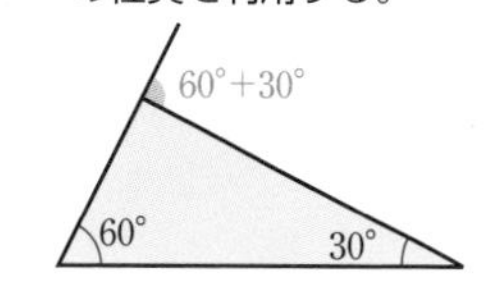

練習 61

解答➡別冊 p. 38

右の図において，$\angle x$ の大きさを求めなさい。

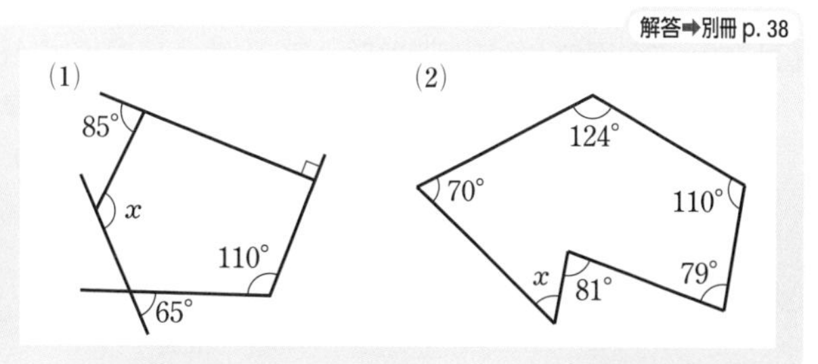

例題 62 平行線と多角形と角

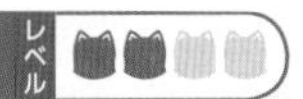

右の図において，△ABC は正三角形とする。$\ell /\!/ m$ のとき，$\angle x$ の大きさを求めなさい。

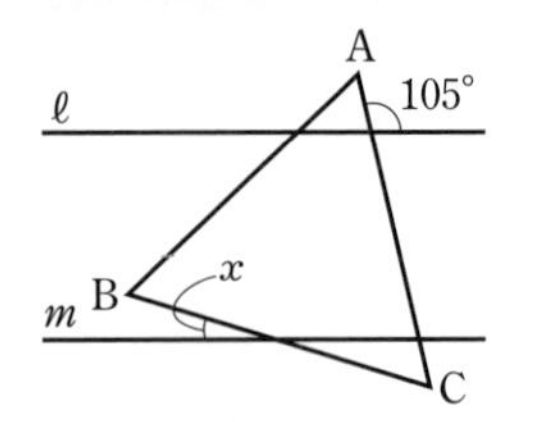

> **確認 正三角形の内角**
> 正三角形の 1 つの内角の大きさは 60°

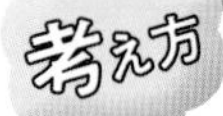

CHART 平行線には同位角・錯角
離れたものは　近づける

例題 59 と同じように，点Bを通る，ℓ，m に平行な直線をひいて考える。

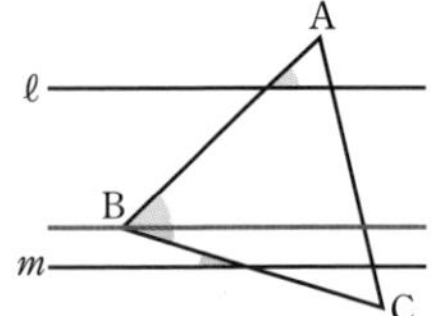

解答

点Bを通る，直線 ℓ，m に平行な直線 n をひき，右の図のように点 D，E，F を定める。

△ABC は正三角形であるから

$\angle A=60°$

△ADE の点Eにおける外角が 105° であるから

$\angle ADE=105°-60°=45°$

$\ell /\!/ n$，$n /\!/ m$ より，同位角，錯角は等しいから

$\angle ABF=45°$

$\angle CBF=\angle x$

よって，∠ABC について

$45°+\angle x=60°$　　　答　$\angle x=15°$

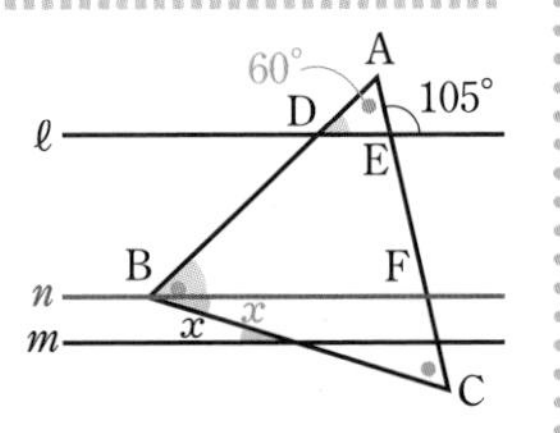

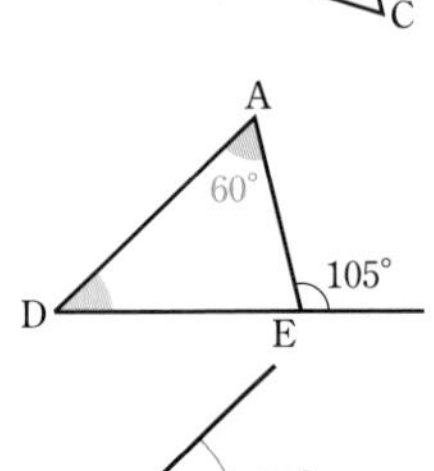

解答➡別冊 p. 38

練習 62 右の図のように，四角形 ABCD は $AD /\!/ BC$ の台形である。対角線 BD と平行で点 A，C を通る直線をそれぞれ ℓ，m とし，直線 ℓ 上に点Eをとる。このとき，∠BAE の大きさを求めなさい。

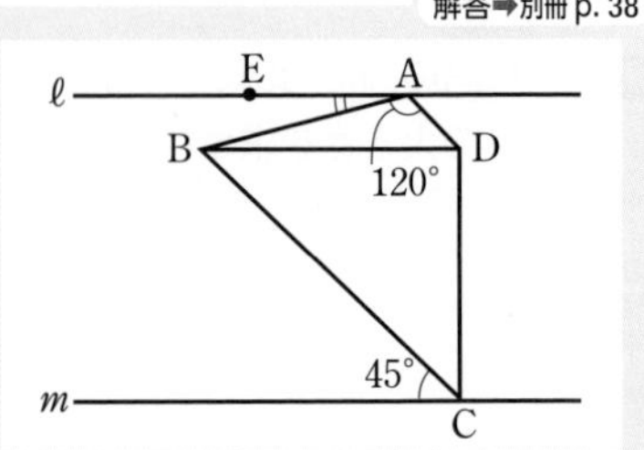

例題 63 図形の折り返しと角

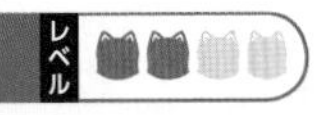

$\angle A=70°$，$\angle B=45°$ である $\triangle ABC$ を，右の図のように線分 DE を折り目として，点Aが辺 BC 上に重なるように折った。Aが移った点を A′，$\angle BDE=130°$ としたとき，図の $\angle x$，$\angle y$ の大きさを求めなさい。

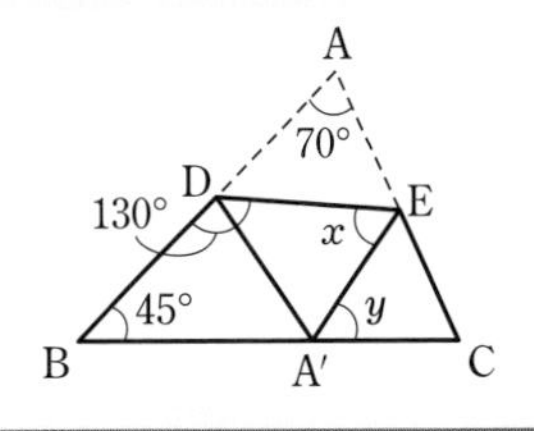

考え方 折って重なる角は 同じ大きさ

$\triangle ADE$ は線分 DE で折ると，$\triangle A'DE$ に移るから，
$\triangle ADE$ と $\triangle A'DE$ は合同。 ←ぴったり重なる
よって　$\angle \mathbf{AED}=\angle \mathbf{A'ED}$ ← p. 108 も参照

確認 折り目
折るということは，折り目を対称の軸として対称移動するということ。

解答

$\triangle ADE$ と $\triangle A'DE$ は合同であるから
　$\angle AED=\angle A'ED=\angle x$
よって，$\triangle ADE$ の頂点Dにおける外角について
　$70°+\angle x=130°$
　　$\angle x=60°$
また　$\angle C=180°-(70°+45°)$
　　　$=65°$
$\angle AEA'=2\times 60°=120°$ であるから ← $\angle AEA'=2\times\angle x$
$\triangle A'CE$ の頂点Eにおける外角について
　$\angle y+65°=120°$　　$\angle y=55°$

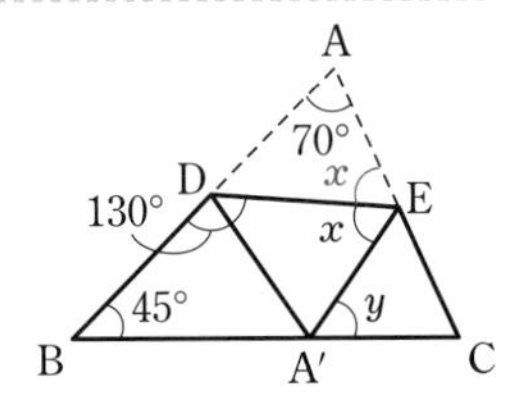

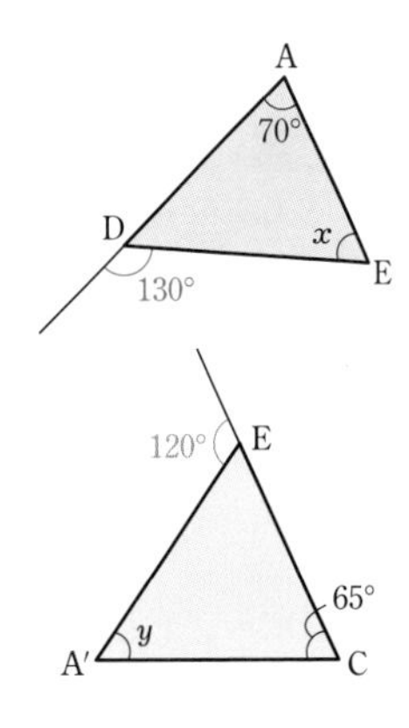

答 $\angle x=60°$，$\angle y=55°$

解答➡別冊 p. 38

練習 63 右の図のように，長方形 ABCD の紙を，点E，F を結ぶ線分を折り目として折り返す。線分 BF と線分 DE の交点をGとすると，$\angle BGD=62°$ であった。このとき，$\angle x$ の大きさを求めなさい。〔三重〕

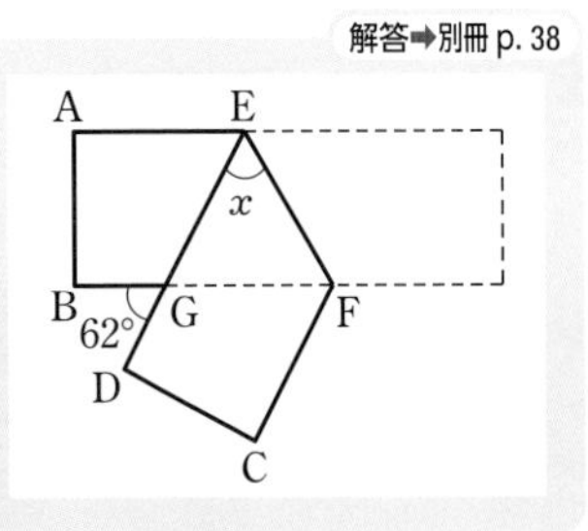

例題 64 三角形と角の二等分線

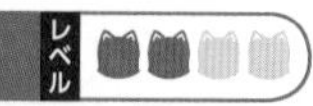

$\angle A=64°$ の $\triangle ABC$ において，$\angle B$ の二等分線と $\angle C$ の二等分線の交点をDとするとき，$\angle BDC$ の大きさを求めなさい。

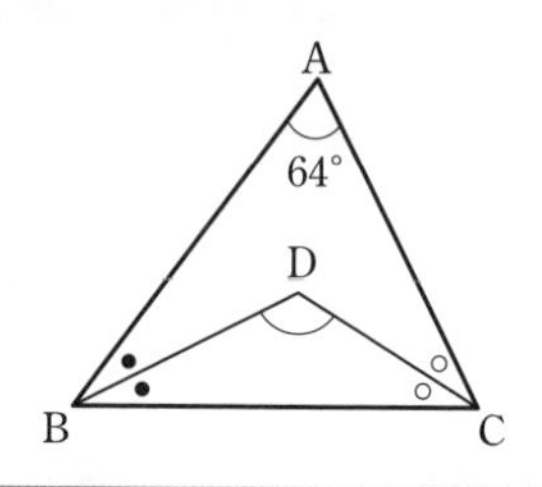

ひとつひとつの角がわからない場合は

角の和を考える

$\angle ABD=\angle a$，$\angle ACD=\angle b$，$\angle BDC=\angle x$ とすると

$$\angle x=180°-(\angle a+\angle b)$$

しかし，$\angle a$，$\angle b$ それぞれの大きさはわからない。
そこで，$\angle a+\angle b$ の大きさを求めることを考える。

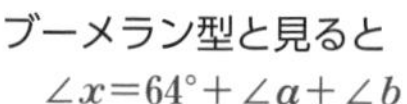

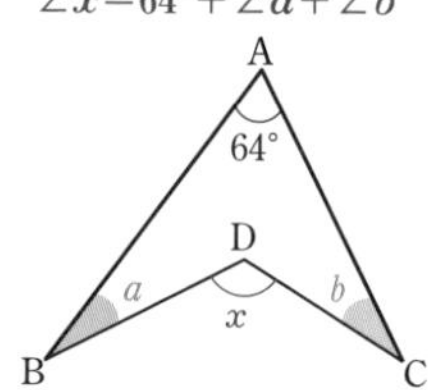

解答

$\angle ABD=\angle a$，$\angle ACD=\angle b$ とすると

$\angle B=2\times\angle a$，$\angle C=2\times\angle b$

$\angle A+\angle B+\angle C=180°$ であるから

$64°+2\times\angle a+2\times\angle b=180°$ ……①

$64°+2(\angle a+\angle b)=180°$

$2(\angle a+\angle b)=116°$

$\angle a+\angle b=58°$ ← $\angle a$ と $\angle b$ の和がわかる

$\angle BDC=\angle x$ とすると，$\triangle BCD$ において

$\angle a+\angle b+\angle x=180°$ ……②

$\angle x=180°-(\angle a+\angle b)$

$=180°-58°=122°$

答 **122°**

参考 64° を $\angle A$ に書きなおすと

①÷2：

$\frac{1}{2}\times\angle A+\angle a+\angle b=90°$

②：$\angle a+\angle b+\angle x=180°$

②−①÷2 から

$$\angle x=90°+\frac{1}{2}\times\angle A$$

参考 上のブーメラン型で考えると

$\angle x=64°+\angle a+\angle b$

$=64°+58°=122°$

練習 64 $\angle A=68°$ である $\triangle ABC$ において，$\angle B$ の外角の二等分線と $\angle C$ の外角の二等分線の交点をDとする。
このとき，$\angle BDC$ の大きさを求めなさい。

解答➡別冊 p. 38

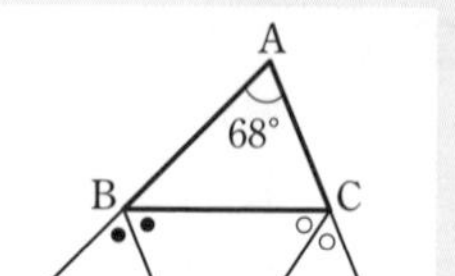
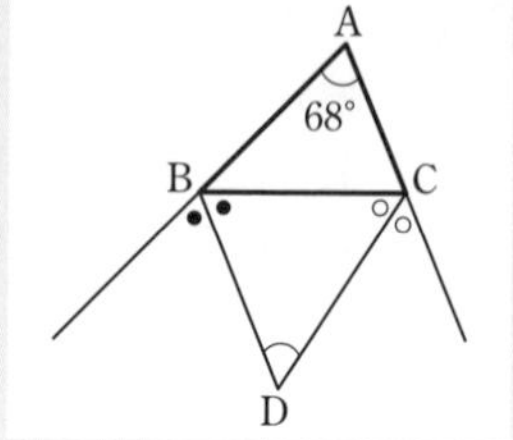

EXERCISES

解答➡別冊 p. 41

53 次の図において，$\angle x$ の大きさを求めなさい。 >>例題 56, 57

(1)

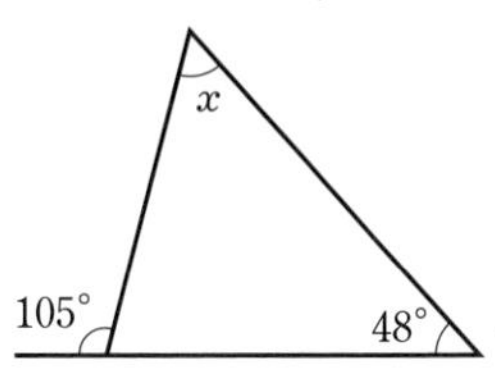

(2)

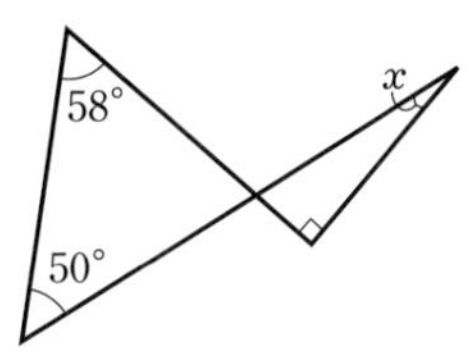

(3)

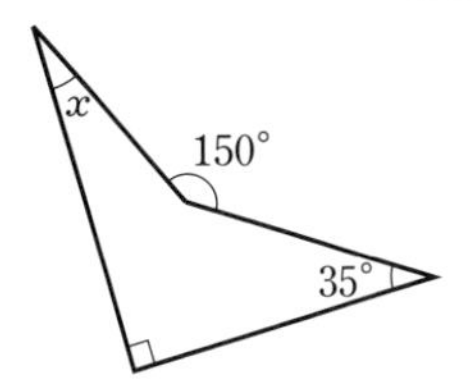

54 (1) △ABC において，∠A，∠B，∠C の大きさの比が 1：2：3 であるとき，∠A の大きさを求めなさい。また，△ABC は鋭角三角形，直角三角形，鈍角三角形のいずれであるか答えなさい。

(2) 内角の和が 2340° となる多角形は何角形か求めなさい。

(3) 1つの内角が 165° である正多角形は正何角形か求めなさい。 >>例題 58, 60

55 次の図において，$\angle x$ の大きさを求めなさい。 >>例題 61

(1)

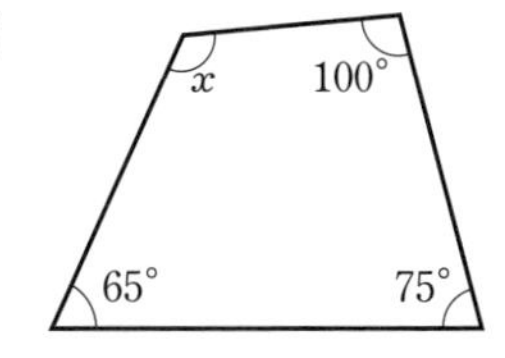

(2)

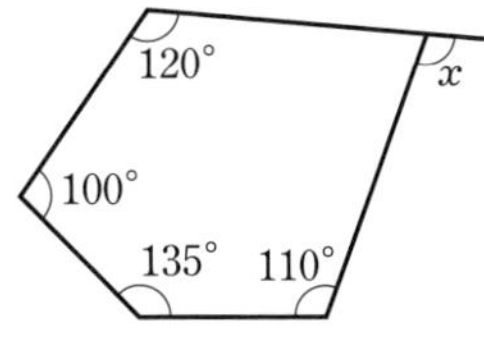

(3)

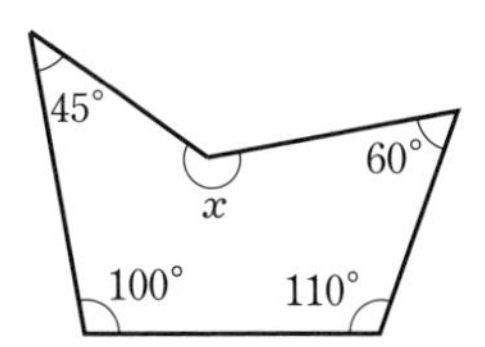

56 次の図において，$\ell \parallel m$ のとき，$\angle x$ の大きさを求めなさい。ただし，(2) の五角形 ABCDE は正五角形である。 >>例題 59, 62

(1)

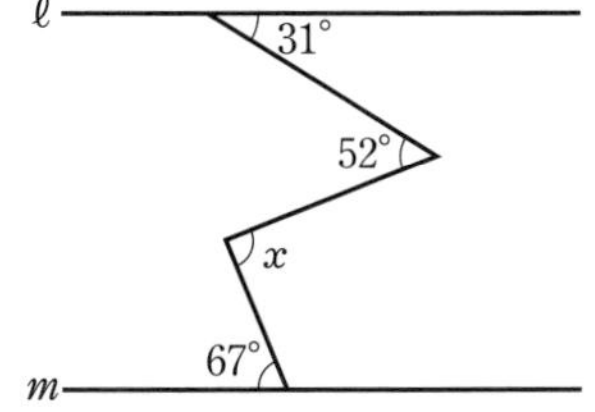

(2)

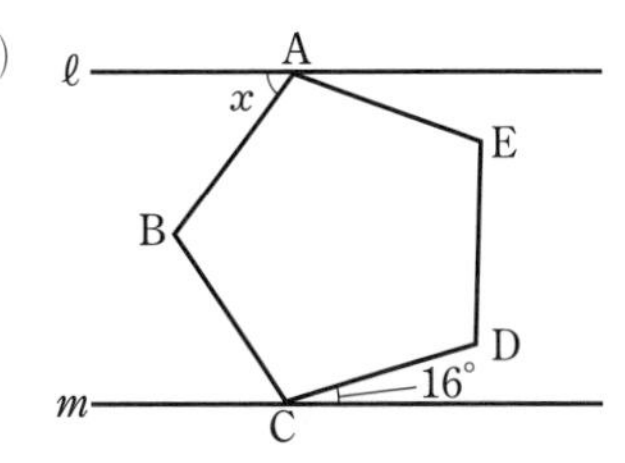

12 三角形の合同

1 合同な図形

❶ 平面上の 2 つの図形で，その一方を移動して，他方にぴったりと重ねることができるとき， 2 つの図形は **合同である** という。

❷ 合同な図形では

[1] 対応する線分の長さはそれぞれ等しい。

[2] 対応する角の大きさはそれぞれ等しい。

❸ 2 つの図形が合同であることを，記号 ≡ を使って表す。
このとき，対応する **頂点を周にそって順に並べて書く。**

2 つの合同な図形において，重なり合う頂点，辺，角をそれぞれ対応する頂点，対応する辺，対応する角という。

例 右の図の四角形 ABCD と四角形 EFGH が合同であるとき
四角形 ABCD≡四角形 EFGH
と書く。

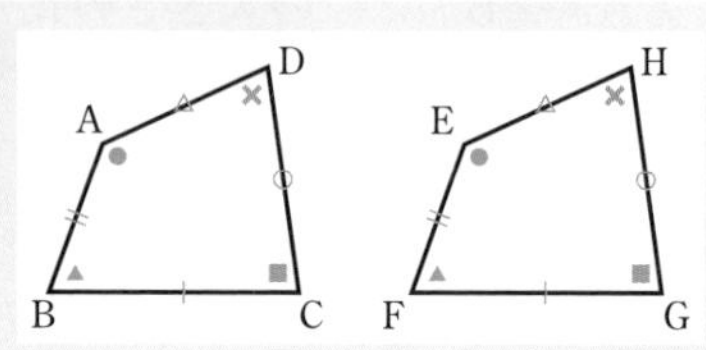

頂点 A，B，C，D に対応する点は，順に頂点 E，F，G，H であるから，この順に書く。

2 三角形の合同条件

2 つの三角形は，次のどれかが成り立つとき，合同である。

〈三角形の合同条件〉

[1] **3 組の辺がそれぞれ等しい**

[2] **2 組の辺とその間の角がそれぞれ等しい**

[3] **1 組の辺とその両端の角がそれぞれ等しい**

[1]

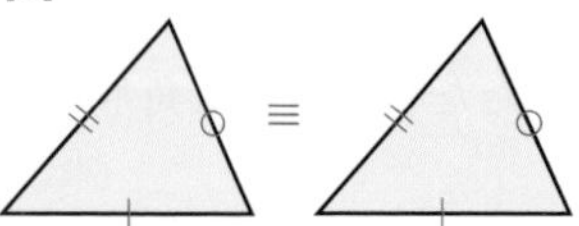

[2]

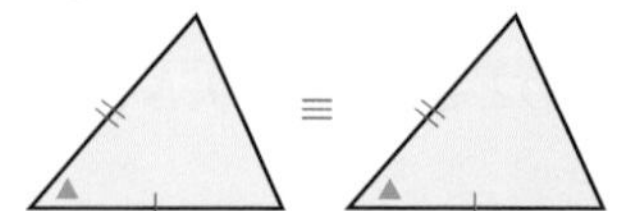

[3]

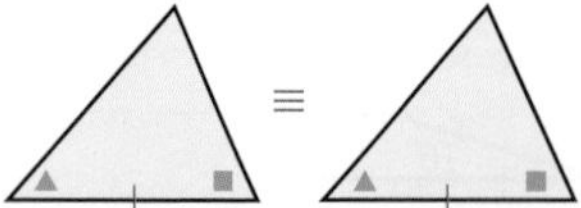

[2] 「2 組の辺と 1 つの角がそれぞれ等しい」だけでは，合同とは限らない。
たとえば，下の △ABC と △DEF は，AB=DE，AC=DF，∠B=∠E であるが合同ではない。

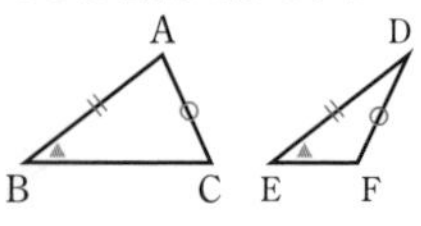

⚠ 左において，「辺」は「辺の長さ」，「角」は「角の大きさ」のことを表している。

例題 65 合同な図形

≫p. 108 1 レベル

右の図において

四角形 ABCD≡四角形 EFGH

であるとき，x の値と $\angle y$，$\angle z$ の大きさを求めなさい。

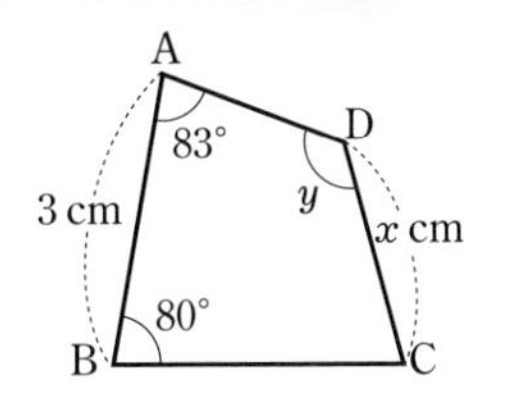

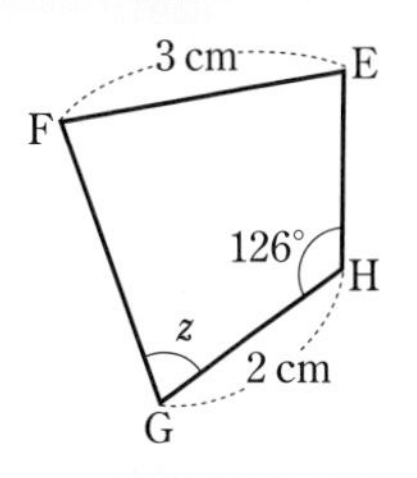

考え方

合同な図形　**対応する辺や角は等しい**

四角形 ABCD≡四角形 EFGH であるから

A ⟷ E，B ⟷ F，C ⟷ G，D ⟷ H

が対応する。

確認〉**記号≡**

2 つの図形が合同であるとき，≡を使って表す。

対応する頂点を周にそって順に並べて書く。

解答

四角形の向きをそろえると，右の図のようになる。

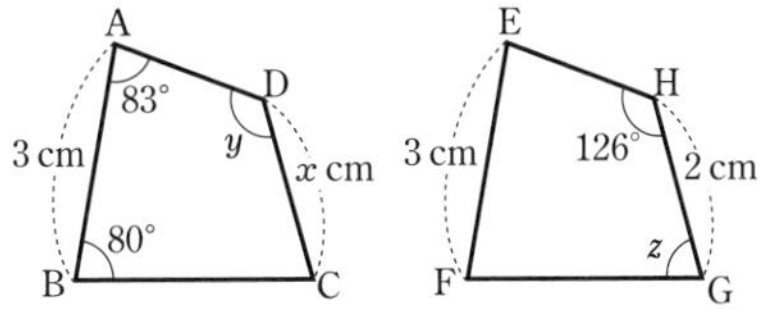

よって，

CD=GH より　$x=2$

$\angle$D=$\angle$H より $\angle y=126°$

$\angle$C=$\angle$G より $\angle$C=$\angle z$

四角形の内角の和は 360° であるから

$\angle z=\angle$C

$=360°-(\angle$A$+\angle$B$+\angle$D$)$

$=360°-(83°+80°+126°)$

$=71°$

答　$x=2$，$\angle y=126°$，$\angle z=71°$

図の向きをそろえると考えやすい。

⚠

等号=を使って

△ABC=△DEF などと表すと，面積が等しいという意味になるので注意。

解答➡別冊 p. 39

練習 65　右の図において，四角形 ABCF≡四角形 DCBE であるとき，x の値と $\angle y$，$\angle z$ の大きさを求めなさい。

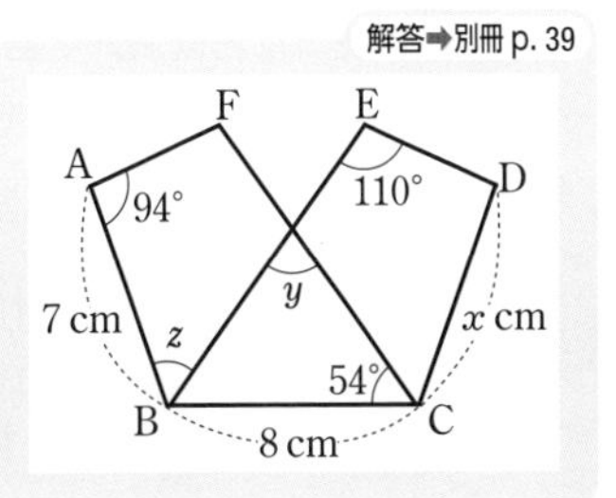

例題 66 三角形の合同条件

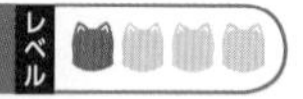

≫p. 108 2

右の図において，合同な三角形を見つけ出し，記号≡を使って表しなさい。また，そのとき使った合同条件を答えなさい。
(長さの単位は省略している)

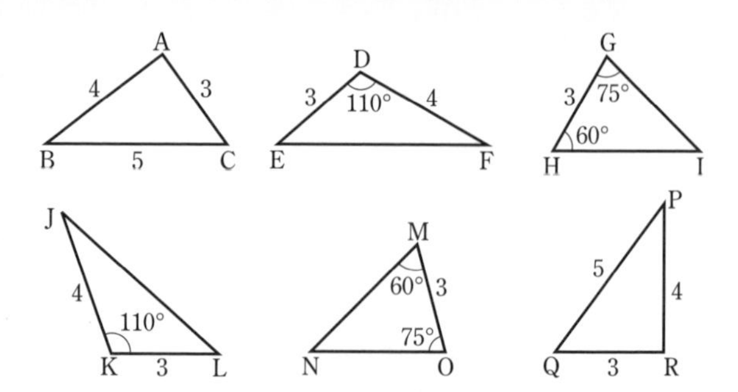

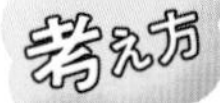

三角形の合同条件

[1]　3 組の辺がそれぞれ等しい

[2]　2 組の辺とその間の角がそれぞれ等しい

[3]　1 組の辺とその両端の角がそれぞれ等しい

合同の記号≡を使うときは，対応する頂点の順に並べて書く。

参考
3 つの角がそれぞれ等しくても合同とは限らない。
たとえば，下の 2 つの正三角形は，角の大きさはすべて 60° であるが，辺の長さが異なるので，合同でない。
(3 年生で習う相似(そうじ)である)

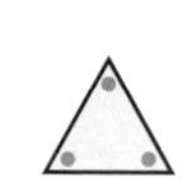

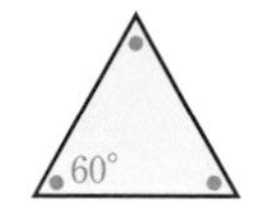

解答

△ABC と △RPQ は　AB=RP，BC=PQ，CA=QR
3 組の辺がそれぞれ等しい から　**△ABC≡△RPQ**　…答

△DEF と △KLJ は　DE=KL，DF=KJ，∠D=∠K
2 組の辺とその間の角がそれぞれ等しい から
△DEF≡△KLJ　…答

△GHI と △OMN は　GH=OM，∠G=∠O，∠H=∠M
1 組の辺とその両端の角がそれぞれ等しい から
△GHI≡△OMN　…答

解答➡別冊 p. 39

練習 66 次の三角形のうち，合同な三角形を見つけ出し，記号≡を使って表しなさい。また，そのとき使った合同条件を答えなさい。

① AB=5 cm，BC=6 cm，CA=8 cm である △ABC
② DE=5 cm，∠DEF=60°，EF=8 cm である △DEF
③ GH=8 cm，HI=5 cm，∠GHI=60° である △GHI
④ JK=5 cm，∠LJK=60°，∠LKJ=80° である △JKL
⑤ MN=6 cm，NO=5 cm，OM=8 cm である △MNO
⑥ ∠PQR=40°，∠RPQ=80°，PR=5 cm である △PQR

EXERCISES

解答➡別冊 p. 42

57 次の図において，合同な三角形を見つけ出し，記号≡を使って表しなさい。また，そのとき使った合同条件を答えなさい。

>>例題 66

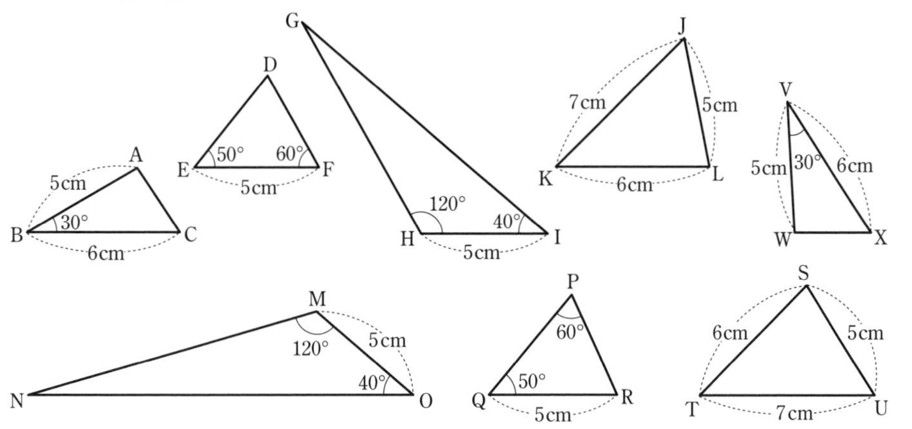

58 △ABC と △DEF において，条件 AB＝DE，∠B＝∠E が与えられているとき，あと 1 つ何が等しいことがわかると △ABC≡△DEF となるか答えなさい。

59 次の図において，合同な三角形を，記号≡を使って表しなさい。また，そのとき使った合同条件を答えなさい。ただし，それぞれの図で，同じ記号がついた辺や角は等しいものとする。

>>例題 66

(1)

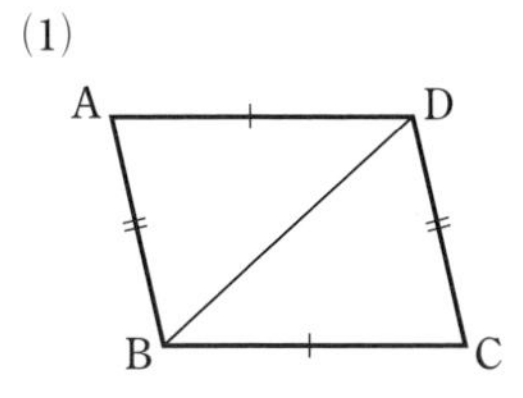

(2)

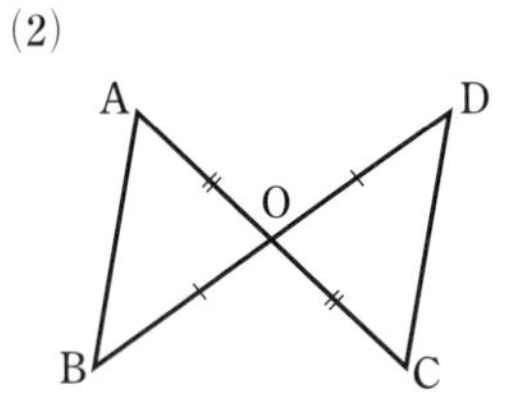

(3)

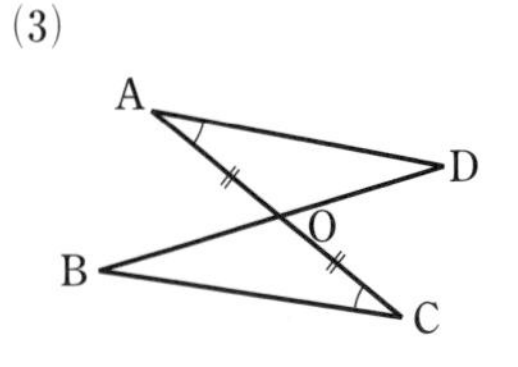

13 証　明

1 仮定と結論

あることがらや性質「○○○ ならば △△△」について
○○○ の部分を **仮定**(かてい)，△△△ の部分を **結論**(けつろん) という。

○○○ ならば △△△
仮定　　　　結論

例
「2 直線が平行ならば同位角，錯角は等しい」（平行線の性質）
の仮定は 「2 直線が平行」，結論は 「同位角，錯角は等しい」

2 証明のしくみ

あることがらが正しいことを示すには，正しいことがすでに認められたことがらを根拠にして，すじ道をたてて説明していく必要がある。これを **証明**(しょうめい) という。
証明では，仮定から結論を導く。

仮　定
↓ ← 根　拠
結　論

右の図において，
　　OA＝OC，∠A＝∠C
ならば　△AOD≡△COB
を証明する [EXERCISES 59 (3)]。

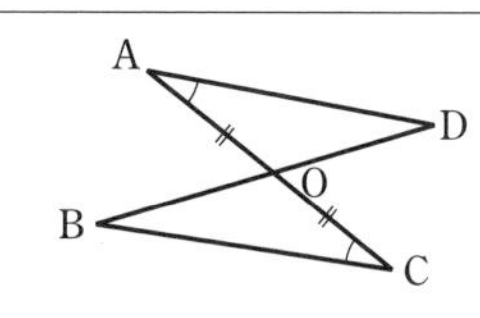

証明するときに，結論を根拠として用いてはいけない。

[証明]
△AOD と △COB において，

仮定から
　　OA＝OC　…… ①
　　∠A＝∠C　…… ②

仮　定
初めからわかっていること

対頂角は等しいから
　　∠AOD＝∠COB　…… ③

①，②，③ より

1 組の辺とその両端の角がそれぞれ等しいから

根(こん)　**拠**(きょ)
対頂角の性質
三角形の合同条件

　　△AOD≡△COB

結　論
証明したいこと

証明を考えるときは，結論から考えて見通しをたてることが大切。
[1]　△AOD≡△COB　を証明したい。
[2]　そのためには，三角形の合同条件のどれか 1 つがいえればよい。
[3]　仮定から OA＝OC，∠A＝∠C がわかる。
[4]　∠AOD＝∠COB　か AD＝CB がいえればよい。
　→ 対頂角の性質から
　　∠AOD＝∠COB

例題 67 仮定と結論

>>p. 112 1

次のことがらについて，仮定と結論をそれぞれ答えなさい。
(3) は記号を用いて表しなさい。

(1) $2x+5=3$ ならば $x=-1$ である。

(2) △ABC において，AB＝AC のとき ∠B＝∠C である。

(3) 四角形 ABCD と四角形 EFGH が合同であれば，四角形 ABCD と四角形 EFGH の面積は等しい。

考え方 （仮定） ならば （結論）

「ならば」の前が **仮定**，「ならば」の後が **結論** である。
「ならば」がない場合は，「ならば」を用いた文に書きかえる。

解答

(1) **[仮定]** $2x+5=3$ **[結論]** $x=-1$ …答

(2) 「ならば」を用いて表すと
△ABC において，AB＝AC ならば ∠B＝∠C である
よって **[仮定]** **AB＝AC** **[結論]** **∠B＝∠C** …答

(3) 「四角形 ABCD と四角形 EFGH が合同」を記号で表すと
四角形 ABCD≡四角形 EFGH
「四角形 ABCD と四角形 EFGH の面積は等しい」を記号で表すと
四角形 ABCD＝四角形 EFGH ← ≡と＝の違いに注意
もとの文を，記号と「ならば」を用いて表すと
四角形 ABCD≡四角形 EFGH
ならば 四角形 ABCD＝四角形 EFGH
よって **[仮定]** **四角形 ABCD≡四角形 EFGH**
[結論] **四角形 ABCD＝四角形 EFGH** …答

確認 仮定と結論
あることがらや性質
「○○○ ならば △△△」
について
○○○ の部分を **仮定**，
△△△ の部分を **結論**
という。

面積が等しいことは＝で表す。

参考 逆
あることがらの仮定と結論を入れかえたものを，もとのことがらの逆という（詳しくは次章）。もとのことがらが正しくても，**逆は正しいとは限らない。**
たとえば，(1)，(2) の逆は正しいが，(3) の逆は正しくない（**面積が等しくても合同とは限らない**）。

第4章 図形の性質と合同

練習 67 次のことがらについて，仮定と結論をそれぞれ答えなさい。(3) は記号を用いて表しなさい。

解答➡別冊 p. 39

(1) △ABC≡△DEF ならば AB＝DE である。

(2) 3 直線 ℓ，m，n について，$\ell /\!/ m$，$m /\!/ n$ のとき $\ell /\!/ n$ である。

(3) 線分 AB と線分 CD がそれぞれの中点 M で交われば，線分 AC と線分 BD は平行である。

例題 68 証明のしくみ

>>p. 112 2 レベル 

右の図において，線分 AB と CD の交点をOとするとき，OA＝OB，OC＝OD ならば AC＝BD を証明しなさい。

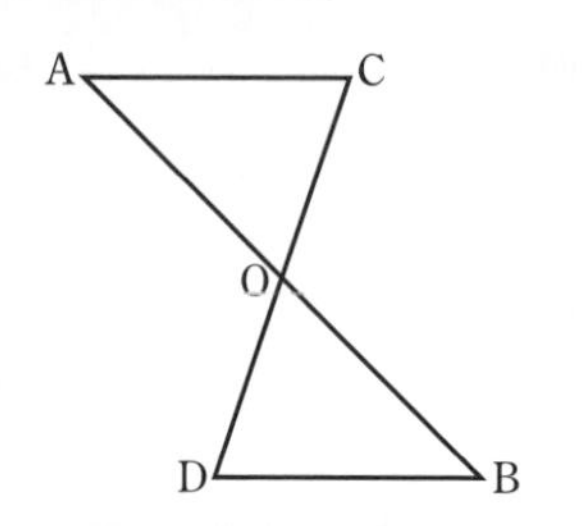

確認 三角形の合同条件
[1] 3 組の辺がそれぞれ等しい
[2] 2 組の辺とその間の角がそれぞれ等しい
[3] 1 組の辺とその両端の角がそれぞれ等しい

考え方 証明は 仮定と結論をはっきりさせる

仮定からすじ道をたてて結論を導くのが証明であるから，まず，**何が仮定で何が結論かをはっきりさせる** ことが大切。次に，その結論をいうためには，何がいえればよいか（**根拠**）を考える。

AC＝BD がいいたい ⟶ △OAC≡△OBD がいえればよい。

このように，辺や角が等しいことを証明するときは，それらをふくむ図形の合同を考える。

◀合同な図形では，対応する線分の長さは等しい。

解答

[仮定] OA＝OB，OC＝OD ←まず，仮定と結論をはっきりさせる
[結論] AC＝BD

△OAC と △OBD において

仮定から　OA＝OB ……①
　　　　　OC＝OD ……②

対頂角は等しいから

∠AOC＝∠BOD ……③ ←根拠

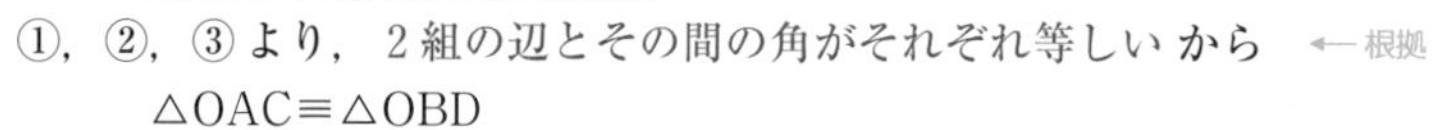
①，②，③ より，2 組の辺とその間の角がそれぞれ等しい から ←根拠

△OAC≡△OBD

合同な図形では，対応する線分の長さが等しいから ←根拠

AC＝BD ←結論

〈証明の見通し〉
AC＝BD がいいたいから，△OAC≡△OBD を証明。
↓
三角形の合同条件のどれか 1 つがいえればよい。
↓
仮定から，2 組の辺が等しいことがわかっている。
↓
もう 1 組の辺か，2 組の辺の間の角が等しいといえればよい。
↓
対頂角から，2 組の辺の間の角が等しい。

解答➡別冊 p. 39

練習 68 上の例題 68 の図において，次の (1)，(2) が成り立つことを証明しなさい。

(1) OA＝OB，∠C＝∠D ならば OC＝OD

(2) 線分 AC と BD が平行であるとき，OA＝OB ならば OC＝OD

例題 69 線分の長さが等しいことの証明

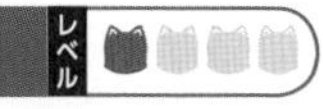

右の図のように，AD∥BC である四角形 ABCD の辺 CD の中点を E とし，線分 AE の延長と BC の延長との交点を F とする。このとき，AE＝FE であることを証明しなさい。

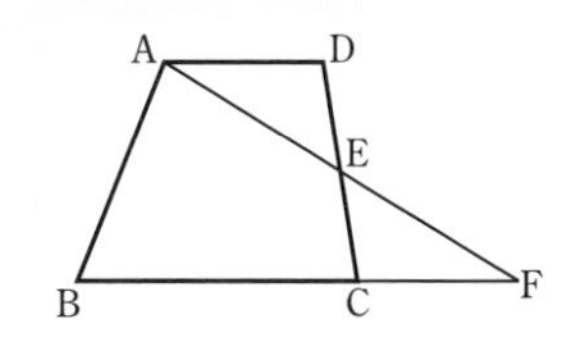

考え方 示したいものをふくむ図形の合同を考える

AE＝FE を示したいから，それをふくむ △AED と △FEC の合同を証明する。

問題を整理しよう！

［仮定］ AD∥BC, DE＝CE

［結論］ AE＝FE

解答

△AED と △FEC において

仮定から　DE＝CE　…… ①

AD∥BC より，

錯角は等しいから

　∠ADE＝∠FCE …… ②

また，対頂角は等しいから

　∠AED＝∠FEC …… ③

①，②，③ より，1 組の辺とその両端の角がそれぞれ等しい から

　△AED≡△FEC

合同な図形では，対応する線分の長さは等しいから

　AE＝FE

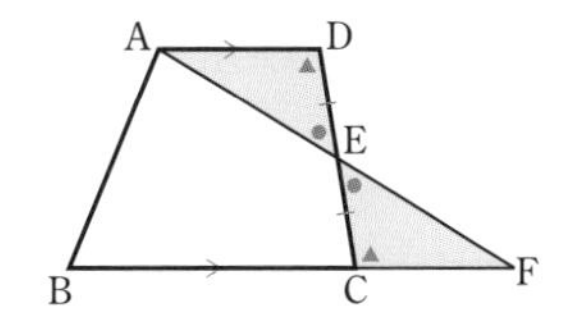

図の等しい辺や角にしるしをつけるとよい。

CHART 平行線には同位角・錯角

「AE＝FE」は結論であるから，根拠に使ってはいけない。

●証明の見通しをたてるとき，結論から逆にたどって考えることも多い。数学において，結論から考えることは，証明に限らず重要な考え方なのでおさえておこう。

CHART 結論から考える

解答➡別冊 p. 40

練習 69 △ABC において，辺 BC の中点 D を通り，辺 CA，辺 BA に平行な直線をひき，辺 AB，辺 AC との交点を，それぞれ E，F とする。このとき，BE＝DF を証明しなさい。

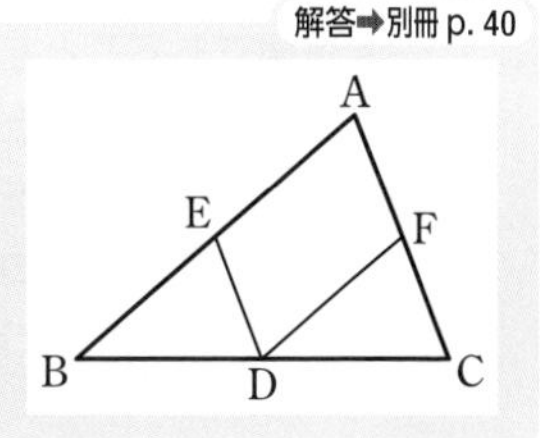

例題 70 角の大きさが等しいことの証明（作図）

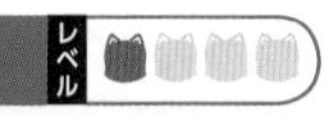

∠AOB がある。次の手順でかいた半直線 OR は，∠AOB の二等分線であることを証明しなさい。

① 点Oを中心とする円をかき，辺 OA，OB との交点をそれぞれ P，Q とする。

② 2点 P，Q をそれぞれ中心とし，同じ半径の円をかき，交点の1つをRとする。

③ 半直線 OR をひく。

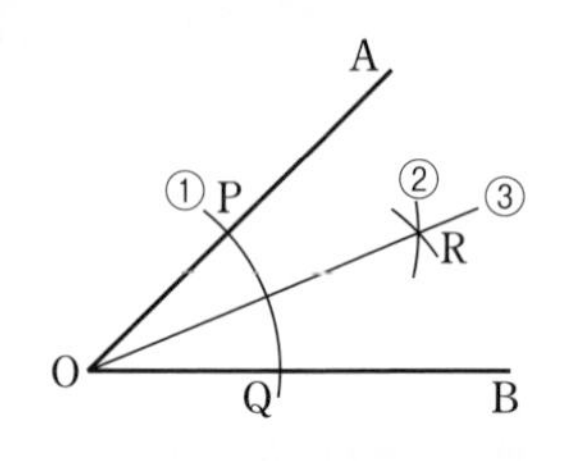

考え方 示したいものをふくむ図形の合同を考える

半直線 OR が ∠AOB の二等分線であることをいうためには ∠POR＝∠QOR がいえればよい。
よって，この角をふくむ △POR と △QOR が合同であることを証明する。

問題を整理しよう！

何が仮定で何が結論であるかを考える。
作図方法が仮定となるから
[仮定] OP＝OQ，
PR＝QR
[結論] ∠POR＝∠QOR
となる。

解答

点PとR，点QとRを結ぶ。
△POR と △QOR において
①，② から　OP＝OQ，PR＝QR
共通な辺であるから　OR＝OR
3組の辺がそれぞれ等しい から
△POR≡△QOR
合同な図形では，対応する角の大きさは等しいから
∠POR＝∠QOR
よって，半直線 OR は ∠AOB の二等分線である。

◀対応する辺が共通の場合は，このように書く。
OR＝OR（共通）などと書いてもよい。

解答➡別冊 p. 40

練習 70 直線 ℓ 上に点Aがある。次の手順でかいた直線 AR は，ℓ の垂線であることを証明しなさい。

① 点Aを中心とする円をかき，ℓ との交点を P，Q とする。

② 2点 P，Q をそれぞれ中心として同じ半径の円をかき，その交点の1つをRとする。

③ 直線 AR をひく。

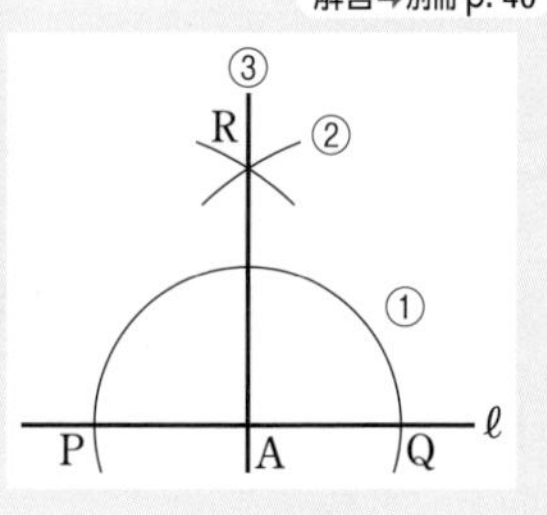

EXERCISES

解答➡別冊 p. 43

60 右の図において

AB＝AD，BE＝DC　ならば　BC＝DE

であることを証明しなさい。 >>例題 68, 69

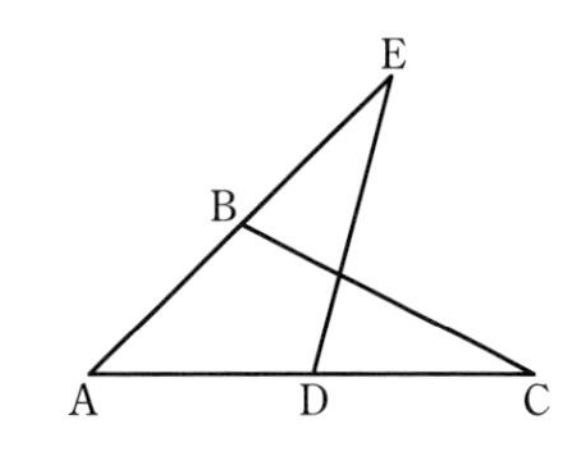

61 右の図において

AB＝DC，AC＝DB　ならば

∠BAC＝∠CDB

であることを証明しなさい。 >>例題 70

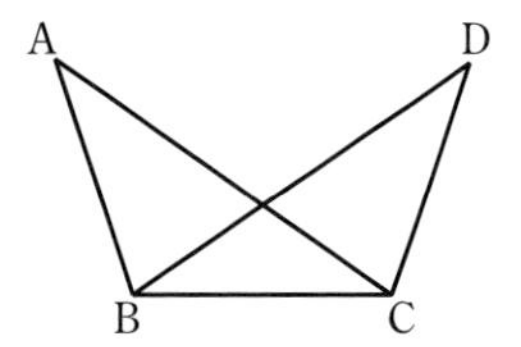

62 右の図において

AB∥DC，AD∥BC　ならば

AB＝CD，AD＝CB

であることを証明しなさい。 >>例題 69

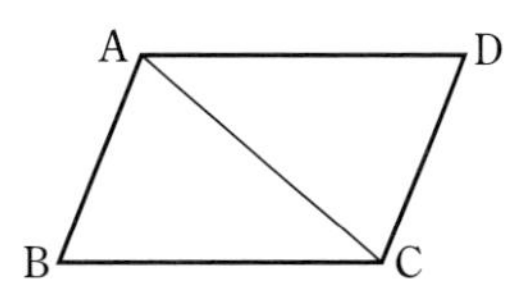

63 直線 ℓ と ℓ 上にない点Aがある。次の手順でかいた直線 AB は，ℓ に平行であることを証明しなさい。

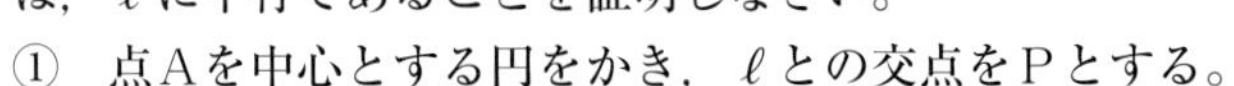

① 点Aを中心とする円をかき，ℓ との交点をPとする。

② 点Pを中心とする円をかき，ℓ との交点をQとする。

③ 点Qを中心とする半径 AP の円と，点Aを中心とする半径 PQ の円をかき，その交点をBとする。

④ 直線 AB をひく。

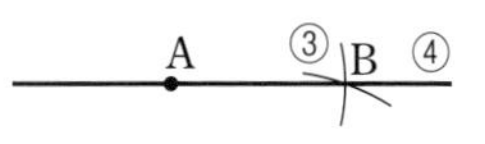

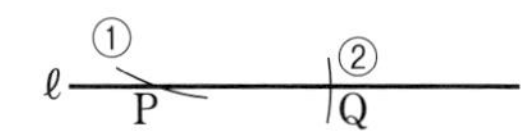

>>例題 70

ヒント **63** 同位角・錯角が等しいならば AB∥ℓ

定期試験対策問題

30 右の図の六角形 ABCDEF において，平行といえる辺の組をすべて答えなさい。

>>例題 53

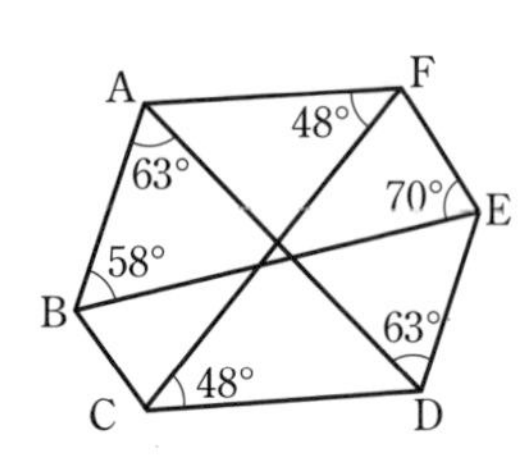

31 次の図において，$\ell /\!/ m$ のとき，$\angle x$ の大きさを求めなさい。

>>例題 52, 59

(1)

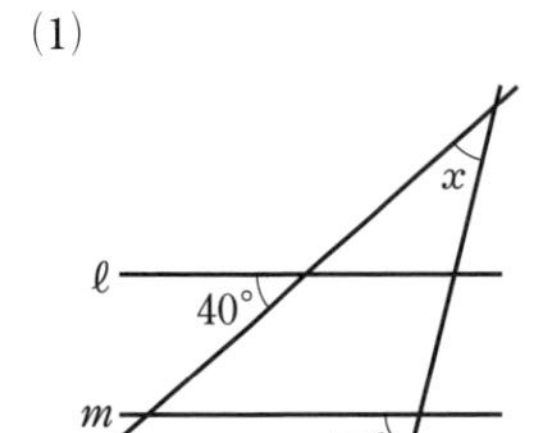

(2)

ℓ　x　75°　25°　150°　m

(3)

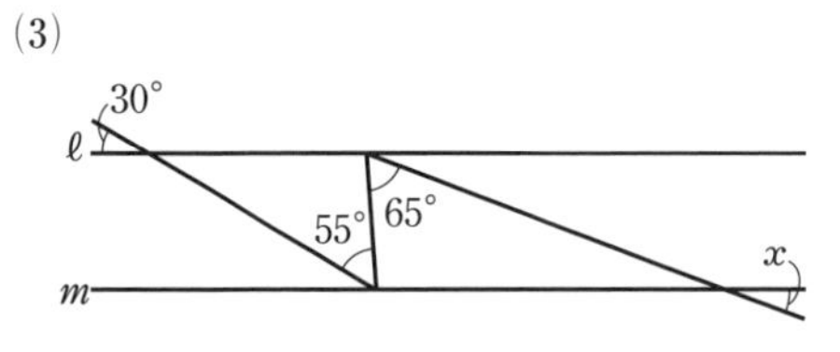

(4)

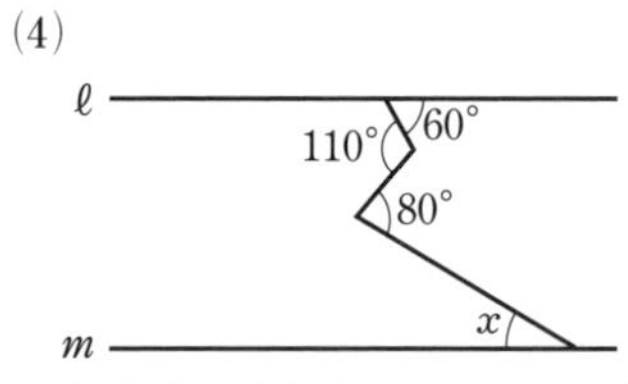

32 次の図において，$\angle x$ の大きさを求めなさい。ただし，(3) は AB // DE，(4) の五角形 ABCDE は正五角形とする。

>>例題 57, 61

(1)

A　B　30°　40°　E　C　50°　x　D

(2)

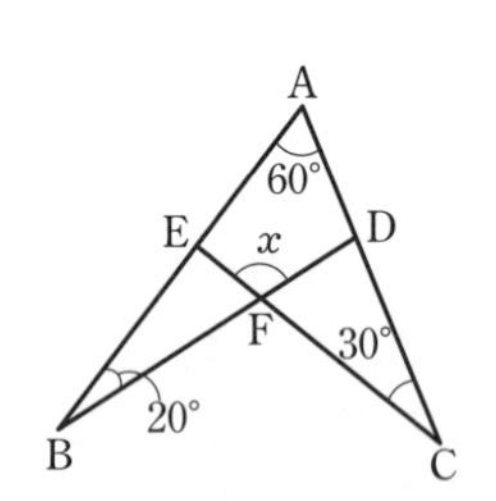

(3)

D　A　43°　62°　x　B　E　C

(4)

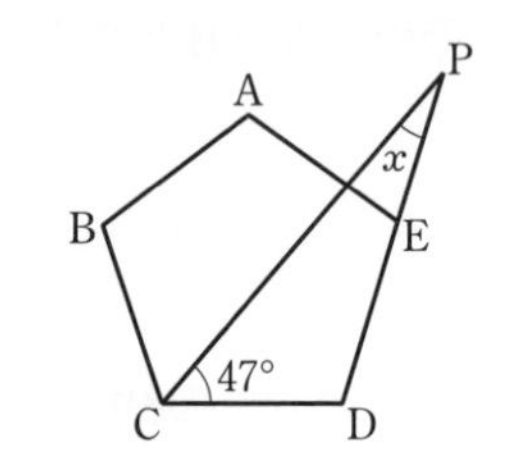

33 次の場合に，△ABC は鋭角三角形，直角三角形，鈍角三角形のどれであるか答えなさい。

>>例題 58

(1) $\angle A=\angle B+\angle C$ のとき
(2) $\angle A:\angle B:\angle C=1:2:6$ のとき
(3) $\angle A$ が $\angle B$ より 10° 大きく，$\angle B$ が $\angle C$ より 10° 大きいとき

34 内角の和が 3240° である多角形は何角形か答えなさい。また，この多角形が正多角形のとき，1つの内角の大きさと1つの外角の大きさをそれぞれ求めなさい。 >>例題 60

35 右の図において，$\angle x$ の大きさを求めなさい。 >>例題 57

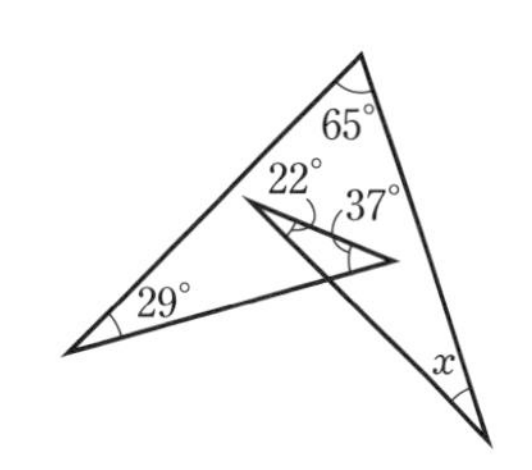

36 次のことがらの仮定と結論をそれぞれ答えなさい。 >>例題 67

(1) 四角形 ABCD が長方形であるならば，$\angle A$ は直角である。
(2) $x+y=5$，$x-y=1$ ならば $x=3$，$y=2$ である。
(3) △ABC において，$\angle A$ が鈍角のとき，$\angle A$ は $\angle B$ より大きい。

37 右の図において，点 D，E はそれぞれ線分 AB，CB 上の点で，AB=CB，$\angle A=\angle C$ である。このとき，AE=CD であることを証明しなさい。 >>例題 68, 69

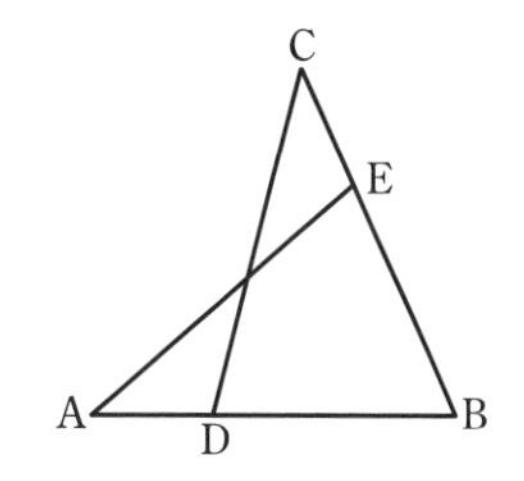

38 右の図において，線分 CE，DE はそれぞれ $\angle ACD$，$\angle BDC$ の二等分線である。このとき，$\angle E=90^\circ$ ならば $\ell /\!/ m$ であることを証明しなさい。

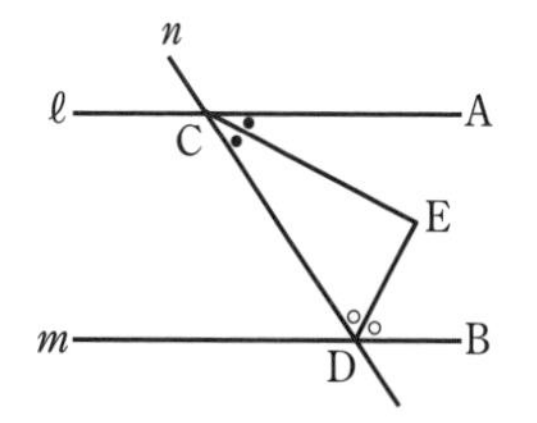

コラム

平面に敷き詰めることができる正多角形

正多角形で平面をすき間なく敷き詰めることを考えてみましょう。
1種類の正多角形で平面を敷き詰めようとすると，次の3つの場合しかできません。

[1]
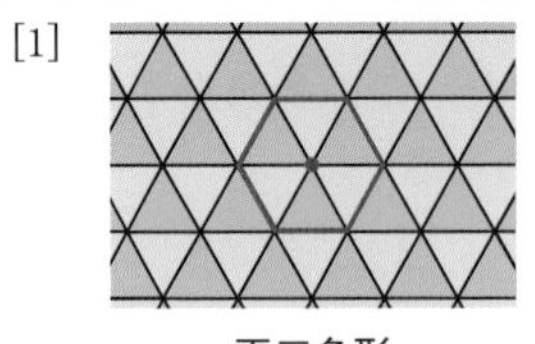
正三角形

[2]
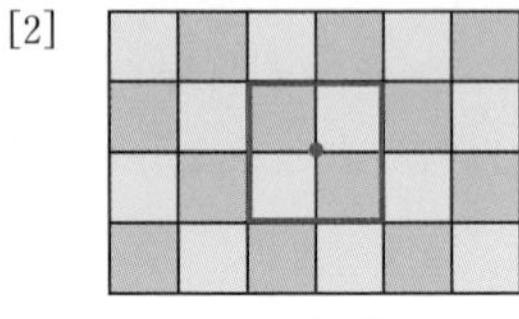
正方形

[3]
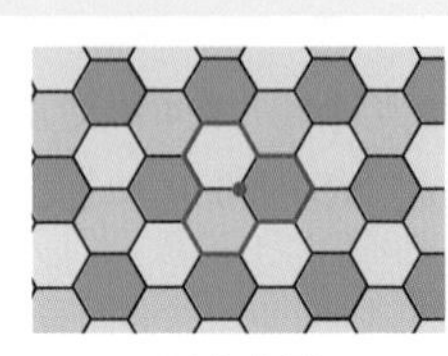
正六角形

まず，1周は360°であり，正多角形の1つの内角は180°より小さいことから，1つの頂点に集まる正多角形の数は**必ず3個以上**になります。

↑ 2個だと正多角形の1つの内角は180°になってしまう

次に，360°÷3＝120°から，すき間なく敷き詰めることができる正多角形の1つの内角は120°以下となります。正六角形の1つの内角は120°ですから，正多角形の候補は正三角形，正方形，正五角形，正六角形に限られることがわかります。

↑ 正七角形以降は，1つの内角が120°を超える

そして，正五角形の1つの内角は108°で，360°÷108°は整数になりませんから，**正三角形，正方形，正六角形の3つしかない**，ということになります。

なお，正六角形ですき間なく敷き詰めた構造[3]を「ハニカム構造」といいます。
ハチの巣がこの構造をしていますね。　←「ハニカム」は，英語で「ハチの巣」を意味する
ハニカム構造は，少ない材料で広い面積をとることができ，さらに丈夫という特徴があるため，サッカーのゴールネットなど，多くのものに利用されています。

ところで，1種類でなく数種類の合同な正多角形を使ってよいとすると，たとえば，正三角形と正六角形を使って，右の図のように平面を敷き詰めることができます。
他にもあるので，いくつか探してみましょう。

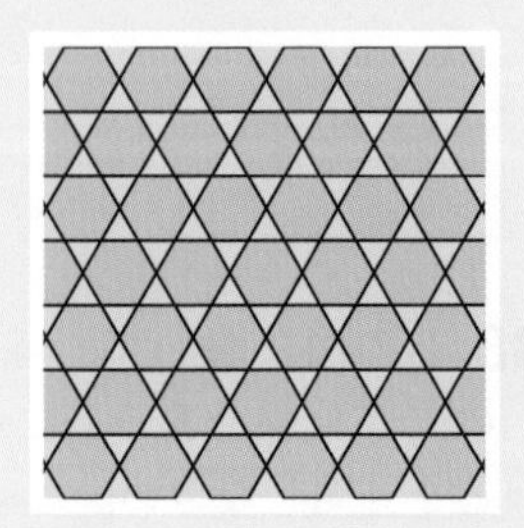

第5章

三角形と四角形

14 三角形

1 定義と定理

用語や記号の意味をはっきり述べたものを **定義**(ていぎ) という。
また，証明されたことがらのうち，よく使われるものを **定理**(ていり) という。

⚠ 2つのちがいに注意。
定義は証明できないもの(そう決めたこと)，定理は証明できるもの。

2 二等辺三角形

定義

2辺が等しい三角形を **二等辺三角形** という。

二等辺三角形において，等しい辺の間の角を **頂角**，頂角に対する辺を **底辺**，底辺の両端の角を **底角** という。

定理

(二等辺三角形の底角) …… [1]
　二等辺三角形の2つの底角は等しい。
(二等辺三角形の頂角の二等分線) …… [2]
　二等辺三角形の頂角の二等分線は，底辺を垂直に2等分する。
(二等辺三角形になるための条件) …… [3]
　2つの角が等しい三角形は，二等辺三角形である。

[1]
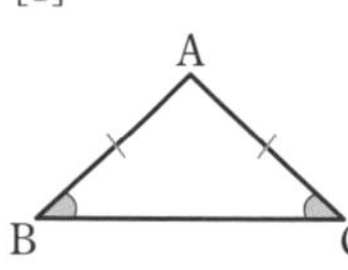

[2]
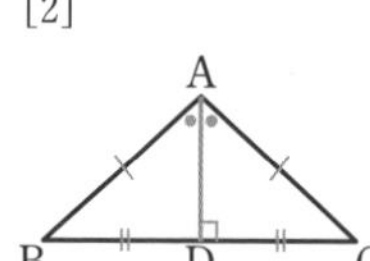

[3]
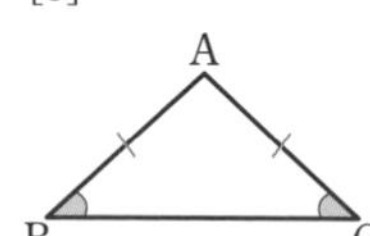

定理を記号で表すと，△ABC と辺 BC 上の点 D において
[1]　AB＝AC ならば
　　∠B＝∠C
[2]　AB＝AC，
　∠BAD＝∠CAD ならば
　　AD⊥BC，BD＝CD
[3]　∠B＝∠C ならば
　　AB＝AC

二等辺三角形には，さらに次のような性質がある。

定理

二等辺三角形において，次の4つはすべて一致する。
① **頂角の二等分線**
② **頂点から底辺にひいた中線**(ちゅうせん)
③ **頂点から底辺にひいた垂線**
④ **底辺の垂直二等分線**

①
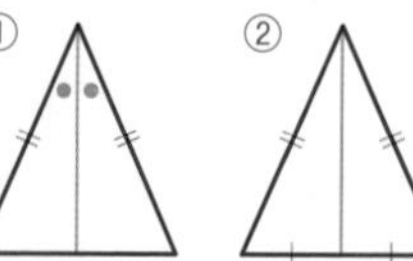
②
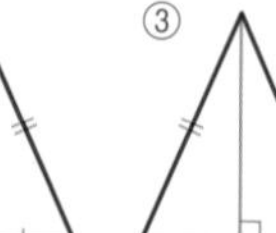
③
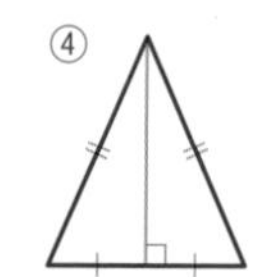
④

(参考) 頂点と，その向かい合う辺の中点を結んだ線分を **中線** という。

3 正三角形

定義

3 辺が等しい三角形を **正三角形** という。

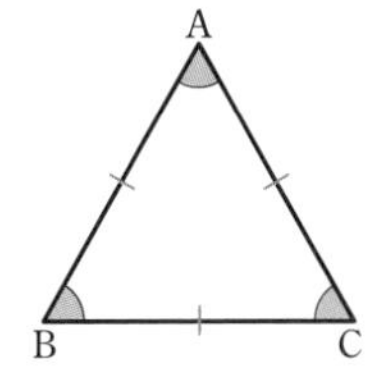

定理

(正三角形の性質)
正三角形の 3 つの角は等しい。
(正三角形になるための条件)
3 つの角が等しい三角形は，正三角形である。

正三角形は，二等辺三角形の特別な場合であるから，二等辺三角形の性質をもつ。

◀三角形の内角の和は 180° であるから，正三角形の内角はすべて 60° である。

4 直角三角形の合同条件

直角三角形において，直角に対する辺を **斜辺**（しゃへん） という。2 つの直角三角形は，次のどちらかが成り立つとき，合同である。

[1] **直角三角形の斜辺と 1 つの鋭角がそれぞれ等しい。**

[2] **直角三角形の斜辺と他の 1 辺がそれぞれ等しい。**

[1]

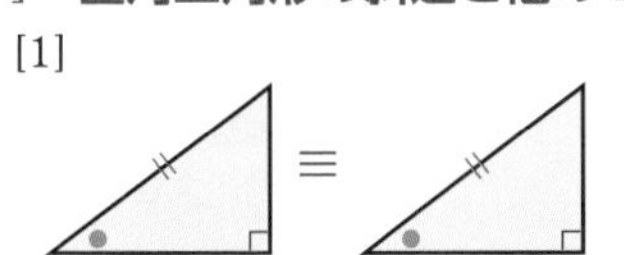

[2]

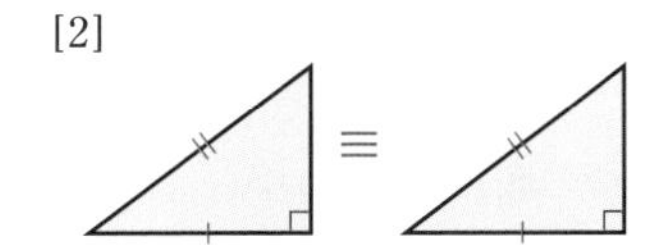

直角三角形において，1 つの鋭角が等しいとき，残りの鋭角も等しいから，[1] は三角形の合同条件「**1 組の辺とその両端の角がそれぞれ等しい**」と同じ。

直角三角形の合同条件を使うときは，必ず 1 つの内角が直角であることを示す。

5 ことがらの逆と反例

❶ あることがらの仮定と結論を入れかえたものを，もとのことがらの **逆**（ぎゃく） という。あることがらが正しい場合でも，**その逆が正しいとは限らない。**

❷ あることがらについて，

仮定は成り立つが，結論は成り立たない

という例を **反例**（はんれい） という。

○○○ ならば △△△
の逆は
△△△ ならば ○○○

例

(1) 「△ABC において，AB=AC ならば ∠B=∠C」 の逆は
「△ABC において，∠B=∠C ならば AB=AC」
これは，正しい。

(2) m，n は整数とする。
「m，n が偶数ならば $m+n$ は偶数である」 の逆は
「$m+n$ が偶数ならば m，n は偶数である」
これは，正しくない。反例は　$m=1$，$n=3$

(1) 前ページの二等辺三角形の定理により，逆も正しいことがわかる。

(2) $m=1$，$n=3$ は，仮定「$m+n$ が偶数」は成り立つが，結論「m，n は偶数」は成り立たない。

例題 71 二等辺三角形の定理の証明 (1) >>p. 122 2 レベル 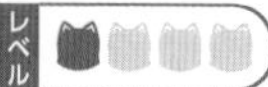

次の定理を証明しなさい。

　二等辺三角形の 2 つの底角は等しい。**(二等辺三角形の性質)**

問題を整理しよう！

左の定理を記号で表すと,
△ABC において,
　AB＝AC　[仮定]
　ならば ∠B＝∠C [結論]
左のように, 頂点の文字が与えられていない場合は, 自分で設定する。

考え方　角が等しいことの証明であるから, **それらをふくむ 図形の合同を考える。**

解答

△ABC において, AB＝AC とし, ∠A の二等分線と辺 BC の交点をDとする。
△ABD と △ACD において
仮定から　　AB＝AC　　…… ①
AD は ∠A の二等分線であるから
　　　∠BAD＝∠CAD …… ②
共通な辺であるから
　　　AD＝AD　　…… ③
①, ②, ③ より, 2 組の辺とその間の角 がそれぞれ等しいから
　　　△ABD≡△ACD
よって　　∠B＝∠C
したがって, 二等辺三角形の 2 つの底角は等しい。

別解 辺 BC の中点をDとすると　AB＝AC,
BD＝CD, AD＝AD
これより, 3 組の辺がそれぞれ等しいから
　　△ABD≡△ACD
としてもよい。

◀合同な図形では, 対応する角の大きさは等しい。

●上の例題は
　△ABC において, **AB＝AC ならば ∠B＝∠C**
下の練習は
　△ABC において, **∠B＝∠C ならば AB＝AC**
である。これを, 次のようにおさえておこう。

CHART　等辺 ⟷ 等角

◀ 2 辺が等しい (等辺) ⟶ 2 角が等しい (等角)
◀ 2 角が等しい (等角) ⟶ 2 辺が等しい (等辺)

解答➡別冊 p. 46

練習 71 次の定理を証明しなさい。

2 つの角が等しい三角形は, 二等辺三角形である。
(二等辺三角形になるための条件)

例題 72 二等辺三角形の定理の証明(2)

≫p. 122 2

次の定理を証明しなさい。

二等辺三角形の頂角の二等分線は，底辺を垂直に 2 等分する。**(二等辺三角形の頂角の二等分線)**

考え方 「**垂直である**」ことと「**二等分線である**」ことを示す。

右の図において，

[仮定] AB＝AC，∠BAD＝∠CAD

[結論] AD⊥BC，BD＝CD

△ABD≡△ACD から，この結論を導く。

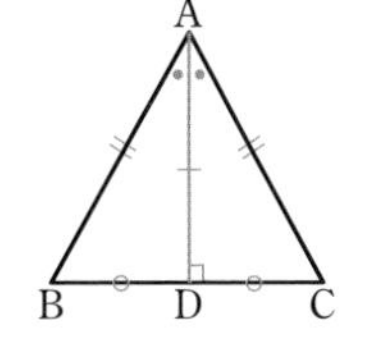

◀AD⊥BC は，∠BDA＝∠CDA＝90° を示す。

解答

△ABC において，AB＝AC とし，∠A の二等分線と辺 BC の交点を D とする。

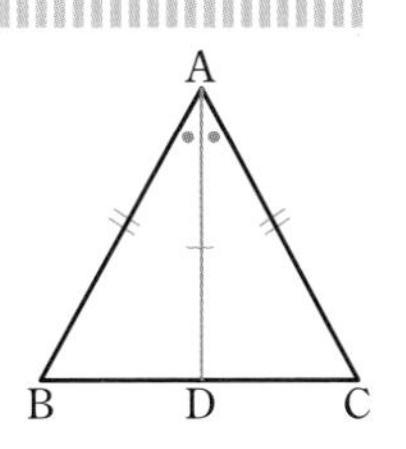

△ABD と △ACD において

AB＝AC，

∠BAD＝∠CAD，

AD＝AD

より，2 組の辺とその間の角がそれぞれ等しいから

△ABD≡△ACD

◀△ABD≡△ACD の証明は，前の例題と同じであるため，簡略化している。

よって　BD＝CD …… ①，

∠BDA＝∠CDA …… ②

◀対応する辺や角は等しい。

また　∠BDA＋∠CDA＝180° …… ③

②，③ から　2×∠BDA＝180°

したがって　∠BDA＝∠CDA＝90°

よって　AD⊥BC …… ④

①，④ より，二等辺三角形の頂角の二等分線は，底辺を垂直に 2 等分する。

●二等辺三角形において，

頂角の二等分線，頂点から底辺にひいた中線・垂線，底辺の垂直二等分線は，すべて一致する。

解答➡別冊 p. 47

練習 72 次の定理を証明しなさい。

二等辺三角形の頂点から底辺にひいた垂線は，頂角を 2 等分し，底辺の中点を通る。

例題 73 二等辺三角形の性質と角の大きさ

>>p. 122 2

次の △ABC は，AB=AC の二等辺三角形であり，(3) については，AB=AC=BD である。
$\angle x$ の大きさを求めなさい。

(1)
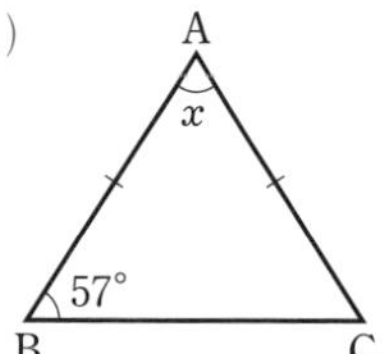

(2)
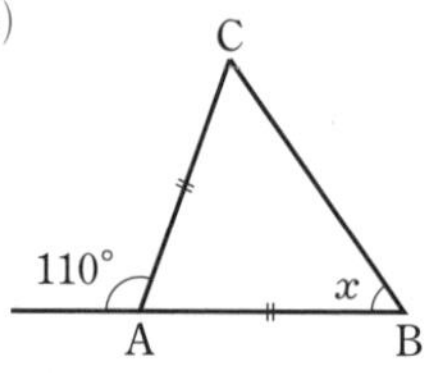

(3)
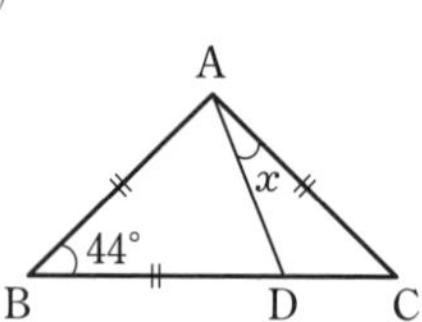

考え方 二等辺三角形の 2 つの底角は等しい

AB=ACならば ∠B=∠C

解答

(1) AB=AC であるから　　$\angle C=\angle B=57^\circ$

よって，△ABC の内角の和は 180° であることから

$\angle x=180^\circ-57^\circ\times 2=66^\circ$　　答　**66°**

(2) AB=AC であるから　　$\angle C=\angle B=\angle x$

よって，△ABC の頂点Aにおいて，内角と外角の性質から

$2\times\angle x=110^\circ$

$\angle x=55^\circ$　　答　**55°**

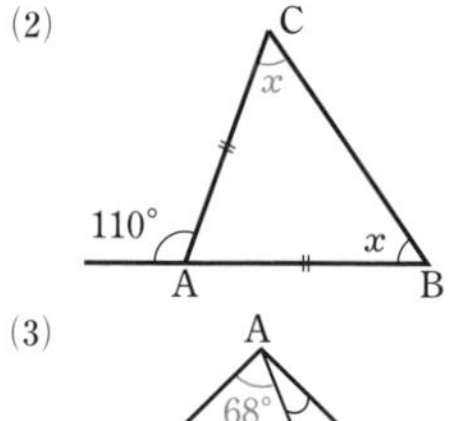

(3) AB=AC であるから　　$\angle C=\angle B=44^\circ$

また，BA=BD であるから　$\angle BAD=\angle BDA$

よって　$\angle BDA=(180^\circ-44^\circ)\div 2=68^\circ$

△ADC の頂点Dにおいて，

内角と外角の性質から

$\angle x+44^\circ=68^\circ$

$\angle x=24^\circ$　　答　**24°**

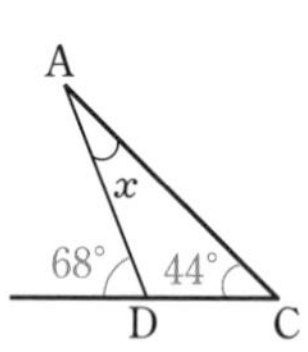

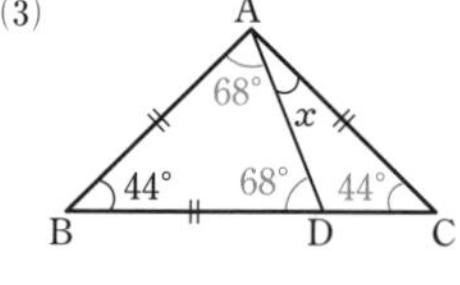

練習 73 右の図の △ABC において，BD=AD=AC のとき，
$\angle x$，$\angle y$ の大きさを求めなさい。

解答➡別冊 p. 47

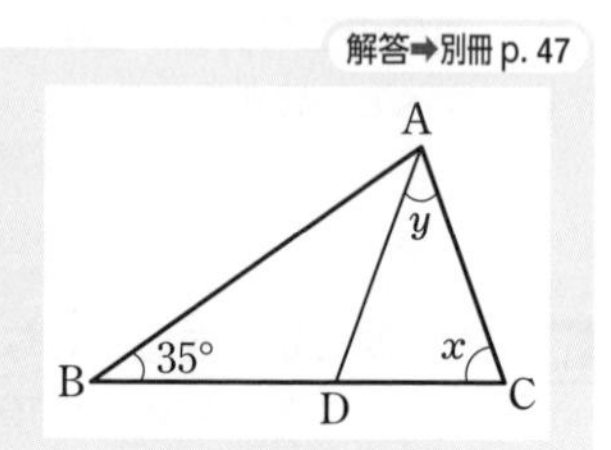

例題 74 二等辺三角形であることの証明

>>p. 122 2

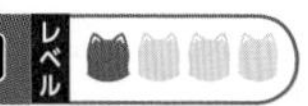

右の図のように，AB＝AC の二等辺三角形 ABC の辺 BC 上に，2 点 D，E を BD＝CE となるようにとる。このとき，△ADE は二等辺三角形となることを証明しなさい。

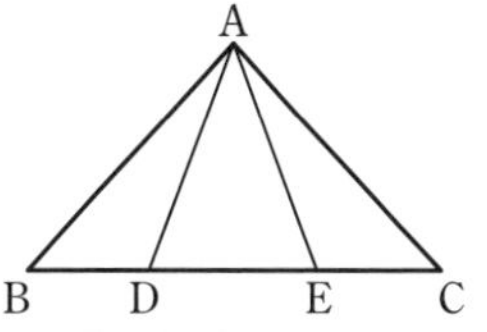

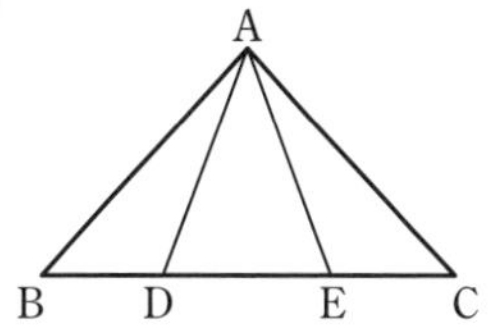

考え方

二等辺三角形であることの証明

2 辺が等しい　か　2 角が等しい

ことを証明する。

AB＝AC，∠B＝∠C，BD＝CE であるから，△ABD≡△ACE に注目する。

合同な図形の対応する辺は等しいから，AD＝AE（2 辺が等しい）がいえる。

CHART

二等辺三角形

等辺 ⇄ 等角

解答

△ABD と △ACE において

△ABC は AB＝AC の二等辺三角形であるから

AB＝AC　…… ①

∠ABD＝∠ACE …… ②

仮定から　BD＝CE　…… ③

①，②，③ より，2 組の辺とその間の角 がそれぞれ等しいから

△ABD≡△ACE

よって　AD＝AE

したがって，2 つの辺が等しいから，△ADE は AD＝AE の二等辺三角形である。

△ABD≡△ACE より
∠ADB＝∠AEC
よって　∠ADE＝∠AED
（2 角が等しい）
このようにして，△ADE が二等辺三角形であることを証明することもできる。

◀結論では AD＝AE のように，**どの 2 辺が等しい辺になるかを書くこと。**

解答➡別冊 p. 47

練習 74 右の図において，AB＝DC，AC＝DB であるとき，△EBC は二等辺三角形であることを証明しなさい。

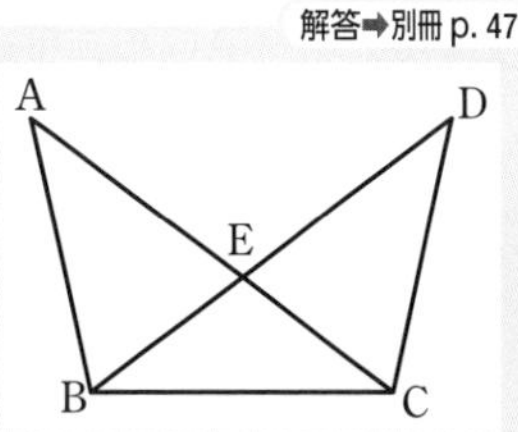

例題 75 二等辺三角形の性質を用いた証明

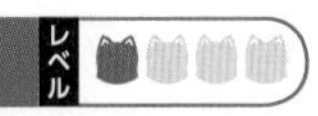

AB=AC である二等辺三角形 ABC の辺 AB，AC 上に，それぞれ点 D，E を AD=AE となるようにとり，BE と CD の交点を P とする。次のことを証明しなさい。

(1) BE=CD　　　(2) PB=PC

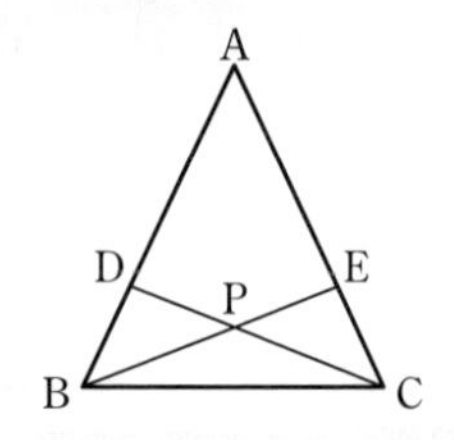

考え方

(1) 示したいものをふくむ図形の合同を考えると，線分 BE，CD を辺にもつ三角形は

△ABE と △ACD　または　△DBC と △ECB

(2) (1)と同じように，線分 PB，PC を辺にもつ三角形を考えることもできるが，△PBC が二等辺三角形であることを示すことで PB=PC が証明できる。

等辺，等角の証明　**合同 か 二等辺三角形**

(2)は PB=PC を示したいから，△PBC が二等辺三角形であることをいうために ∠PBC=∠PCB を示す。
(結論 PB=PC は使ってはいけない)

解答

(1) △ABE と △ACD において

仮定から　AB=AC，AE=AD，

∠BAE=∠CAD (共通)

2 組の辺とその間の角がそれぞれ等しいから

△ABE≡△ACD　…… ①

よって　BE=CD

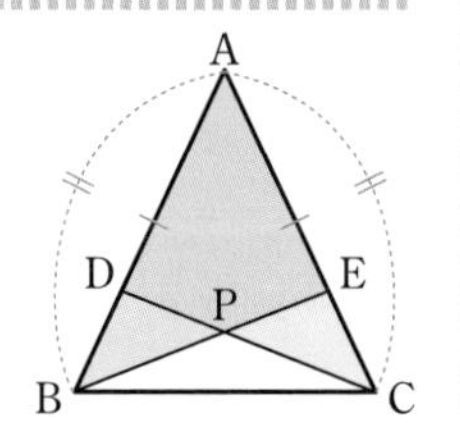

(2) ① から　∠ABE=∠ACD …… ②

△ABC において，AB=AC から　∠B=∠C　…… ③

△PBC において　∠PBC=∠B−∠ABE

∠PCB=∠C−∠ACD

②，③ から　∠PBC=∠PCB　← 2 つの角が等しい

よって，△PBC は二等辺三角形である から

PB=PC

別解 (1) △EBC と △DCB において

BC=CB (共通)

∠ECB=∠DBC

AC=AB，AE=AD から

EC=DB

2 組の辺とその間の角がそれぞれ等しいから

△EBC≡△DCB

よって　BE=CD

(2) (1)の △EBC≡△DCB から　∠EBC=∠DCB

△PBC は二等辺三角形となるから　PB=PC

解答➡別冊 p. 47

練習 75 AB=AC の二等辺三角形 ABC において，∠C，∠B の二等分線と辺 AB，AC との交点をそれぞれ D，E とし，BE と CD の交点を P とする。次のことを証明しなさい。

(1) BD=CE　　　(2) PD=PE

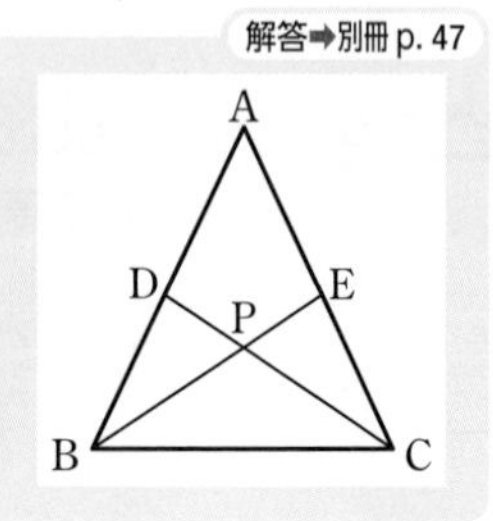

例題 76 正三角形の性質

≫p. 123 3

(1) 次の定理を証明しなさい。

正三角形の3つの角は等しい。**(正三角形の性質)**

(2) 右の図において，△ABC と △DEF が正三角形であるとき，$\angle x$ の大きさを求めなさい。

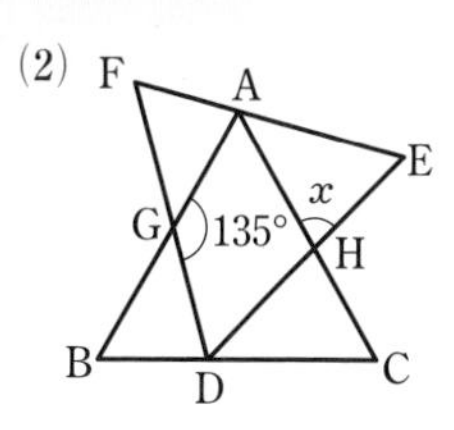

考え方

正三角形の性質

[1] 3辺が等しい　[2] 3角が等しい (60°)

(1) 正三角形は，二等辺三角形の特別な場合であるから，二等辺三角形の性質を利用する。

確認 二等辺三角形の性質
二等辺三角形の2つの底角は等しい。

解答

(1) △ABC において，AB=BC=CA とする。
△ABC は AB=AC の二等辺三角形であるから ∠B=∠C …… ①
また，△ABC は BA=BC の二等辺三角形でもあるから
∠A=∠C …… ②
①，② より ∠A=∠B=∠C
よって，正三角形の3つの角は等しい。

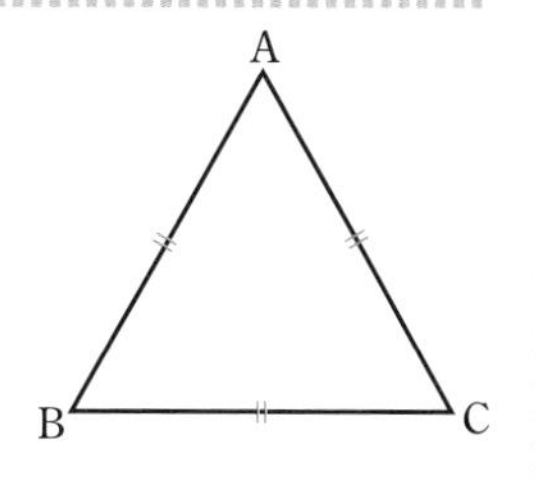

◀二等辺三角形の性質を2回利用することで，3つの角が等しいことを示す。

(2) 四角形 AGDH において
∠GAH=∠GDH=60°
四角形の内角の和は 360° であるから
∠DHA=360°−(135°+60°×2)=105°
よって $\angle x$=180°−105°=75°

答 75°

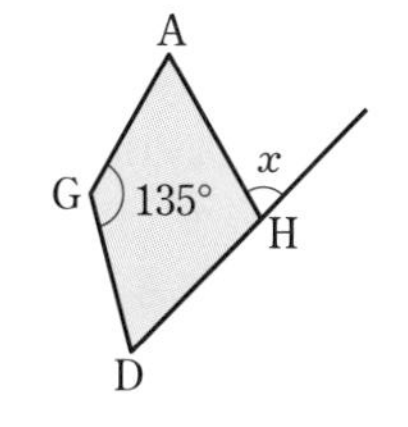

◀正三角形の1つの角は60°

解答➡別冊 p. 48

練習 76 次の問いに答えなさい。

(1) 次の定理を証明しなさい。

3つの角が等しい三角形は，正三角形である。

(正三角形になるための条件)

(2) 右の図において，△ABC と △ADE は正三角形であり，点Dは線分 CB の延長上にある。
このとき，$\angle x$ の大きさを求めなさい。

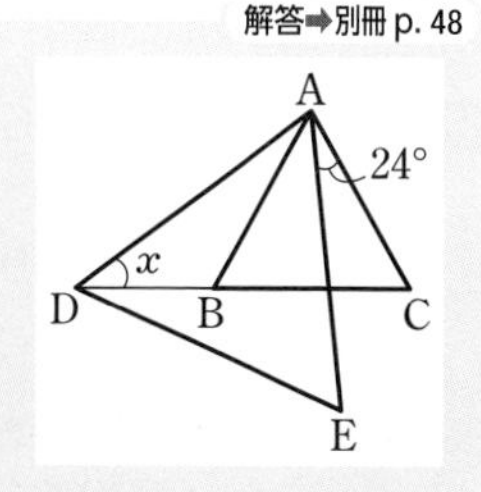

例題 77 正三角形であることの証明

>>p. 123 3 レベル

正三角形 ABC の辺 BC, CA, AB 上に，それぞれ点 D, E, F をとって，BD=CE=AF とする。
このとき，△DEF は正三角形であることを証明しなさい。

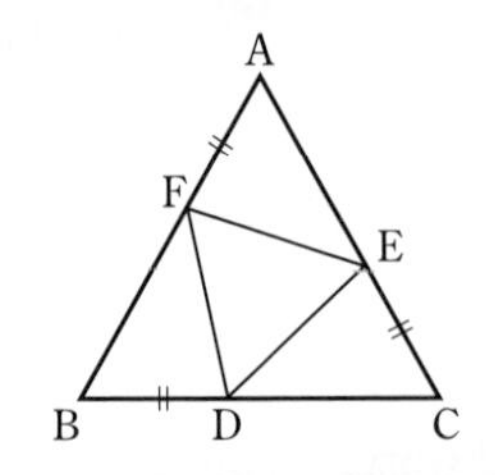

考え方

正三角形であることの証明

3 辺が等しい か 3 角が等しい

ことを証明する。
ここでは，△DEF のまわりの 3 つの三角形の合同を利用して，3 つの辺が等しいことを証明する。

◀二等辺三角形であることの証明の方針と同じ。

解答

△BDF と △CED において
仮定から

　BD=CE ……①
　AF=BD ……②

また，△ABC は正三角形であるから

　∠B=∠C ……③
　AB=BC ……④

②，④から　FB=DC ……⑤　←AB−AF=BC−BD

①，③，⑤より，2 組の辺とその間の角がそれぞれ等しいから

　△BDF≡△CED　　よって　FD=DE ……⑥

△BDF と △AFE においても同様に考えて

　△BDF≡△AFE　　よって　FD=EF ……⑦

⑥，⑦から　FD=DE=EF
したがって，△DEF は正三角形である。

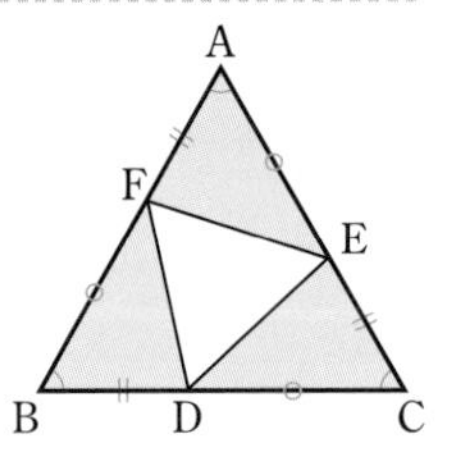

△BDF≡△AFE の証明は，△BDF≡△CED と同じように証明できるので，「同様に考えて」として，その証明を省略している。

解答➡別冊 p. 48

練習 77 正三角形 ABC の辺 BC，CA，AB を図のように延長して，その上に点 D，E，F を CD=AE=BF となるようにとる。
このとき，△DEF は正三角形であることを証明しなさい。

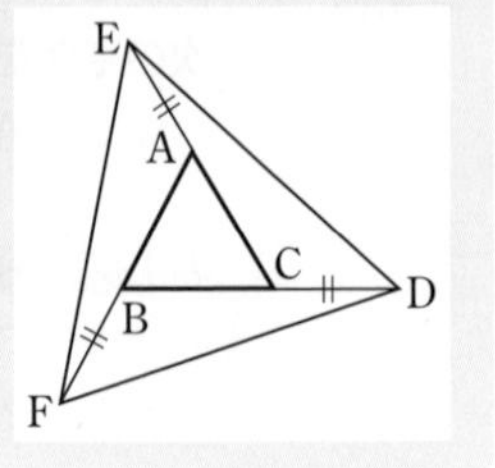

例題 78 直角三角形の合同条件の証明

>>p. 123 4 レベル 

$\triangle ABC$ と $\triangle DEF$ において,

$\angle C=\angle F=90^\circ$, $AB=DE$, $AC=DF$

が成り立つとき, $\triangle ABC\equiv\triangle DEF$ であることを,
右の図を利用して証明しなさい。

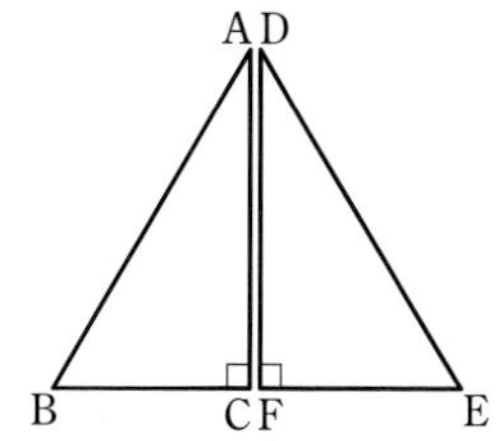

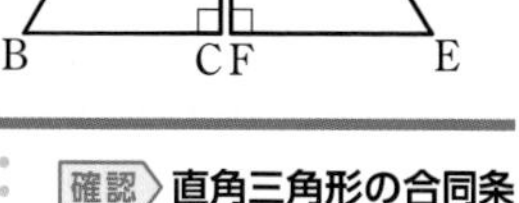

考え方 この問題は, 直角三角形の合同条件

直角三角形の斜辺と他の1辺がそれぞれ等しい

ならば　2つの直角三角形は合同

の証明である。ここでは, 三角形の合同条件

[1]　**3組の辺**　　[2]　**2組の辺とその間の角**

[3]　**1組の辺とその両端の角**（がそれぞれ等しい）

のどれかを使って証明する。

確認 直角三角形の合同条件

[1]　斜辺と1つの鋭角がそれぞれ等しい

[2]　斜辺と他の1辺がそれぞれ等しい

解答

図のように, 辺 AC と辺 DF が重なるように移動させると, $\angle C=\angle F=90^\circ$ より, 点 B, C, F, E は一直線上に並び, $AB=AE$ の二等辺三角形 ABE ができる。

仮定から　$AB=DE$ …… ①

$AC=DF$ …… ②

また, 二等辺三角形の性質から

$\angle B=\angle E$　← 2つの底角が等しい

$\angle C=\angle F=90^\circ$ より, 残りの1つの内角も等しいから

$\angle A=\angle D$ …… ③

①, ②, ③ より, 2組の辺とその間の角がそれぞれ等しい から

$\triangle ABC\equiv\triangle DEF$

$\triangle ABE$ は二等辺三角形で $\angle C=\angle F=90^\circ$ であるから線分 AC (DF) は頂角 $\angle A$ の二等分線である。
よって　$\angle A=\angle D$
これを用いて
$\triangle ABC\equiv\triangle DEF$
を証明してもよい。

解答➡別冊 p. 48

練習 78 $\triangle ABC$ と $\triangle DEF$ において,

$\angle C=\angle F=90^\circ$, $AB=DE$, $\angle A=\angle D$

(直角三角形の斜辺と1つの鋭角がそれぞれ等しい)

が成り立つとき, $\triangle ABC\equiv\triangle DEF$ であることを証明しなさい。

例題 79 直角三角形の合同

≫p. 123 4 レベル 

右の図において，合同な三角形を見つけ出し，記号≡を使って表しなさい。
また，そのとき使った合同条件を答えなさい。

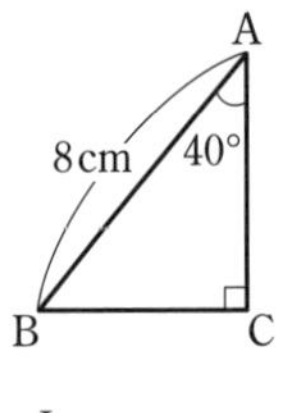

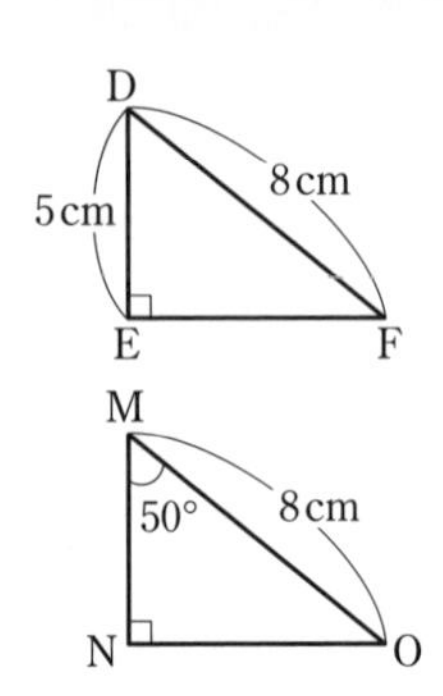

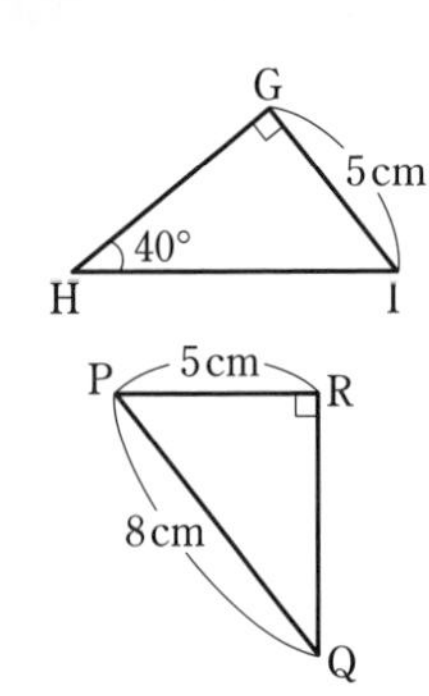

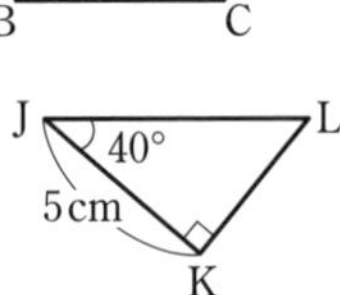

考え方

直角三角形の合同条件

[1]　斜辺と 1 つの鋭角がそれぞれ等しい

[2]　斜辺と他の 1 辺がそれぞれ等しい

例題 66 と同様，記号≡を使うときは，対応する頂点の順に並べて書く。

参考
直角三角形であっても，三角形の合同条件を利用してもよい。

解答

△ABC と △OMN において

∠C＝∠N＝90°，AB＝OM

∠O＝180°－(90°＋50°)＝40° であるから　∠A＝∠O＝40°

直角三角形の斜辺と 1 つの鋭角がそれぞれ等しいから　△ABC≡△OMN

また，△DEF と △PRQ において

∠E＝∠R＝90°，DF＝PQ，DE＝PR

直角三角形の斜辺と他の 1 辺がそれぞれ等しいから　△DEF≡△PRQ

答　**△ABC≡△OMN，直角三角形の斜辺と 1 つの鋭角がそれぞれ等しい**
△DEF≡△PRQ，直角三角形の斜辺と他の 1 辺がそれぞれ等しい

△GHI と △KJL は合同ではない。
辺 GI の両端の角が 90°，50° に対し，辺 JK の両端の角は 90°，40° である。

解答➡別冊 p. 48

練習 79 次のような三角形において，合同な三角形を見つけ出し，記号≡を使って表しなさい。また，そのとき使った合同条件を答えなさい。

① ∠C＝90°，AC＝3 cm，BC＝4 cm である △ABC
② ∠E＝90°，DE＝3 cm，DF＝6 cm である △DEF
③ ∠I＝90°，∠H＝35°，HG＝5 cm である △GHI
④ JL＝3 cm，KL＝6 cm，∠J＝90° である △JKL
⑤ MN＝5 cm，∠M＝35°，∠O＝90° である △OMN
⑥ PQ＝3 cm，QR＝4 cm，∠Q＝90° である △PQR

例題 80 直角三角形の合同の利用

≫p. 123 4

右の図のように，△ABC の頂点 B，C から，それぞれ辺 AC，AB に垂線 BD，CE をひく。このとき，BE＝CD ならば AB＝AC であることを証明しなさい。

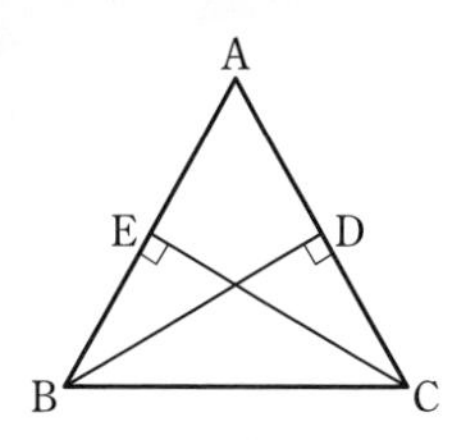

考え方

CHART 結論から考える

AB＝AC を証明するために，△ABC が二等辺三角形であることを証明する。
そのためには，∠B＝∠C を示せばよいから，これらをふくむ △BCD と △CBE の合同を考える。

等辺，等角の証明
合同 か 二等辺三角形

解答

△BCD と △CBE において
仮定から
　　CD＝BE
　　∠BDC＝∠CEB＝90°
また　BC＝CB (共通)
直角三角形の 斜辺と他の 1 辺 がそれぞれ等しいから
　　△BCD≡△CBE
よって　∠BCD＝∠CBE
2 つの角 (∠C と ∠B) が等しいから，△ABC は AB＝AC の二等辺三角形である。
したがって　AB＝AC

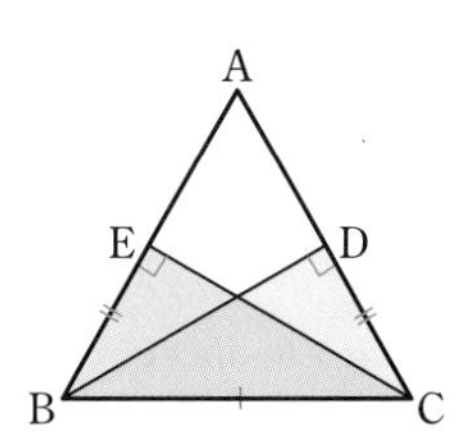

[結論]　AB＝AC
　　↓
「△ABC は二等辺三角形」がいえればよい。
　　↓
「∠B＝∠C」がいえればよい。

CHART
二等辺三角形
等辺 ⟷ 等角

練習 80 右の図のように，∠XOY の二等分線上の 1 点 P から，2 辺 OX，OY に垂線 PA，PB をひくとき，OA＝OB，PA＝PB であることを証明しなさい。

解答➡別冊 p. 49

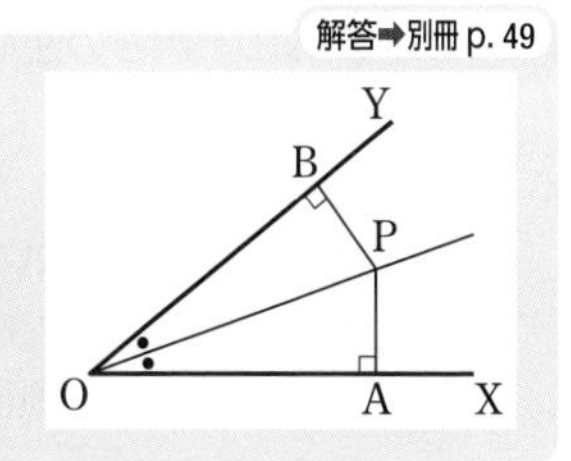

例題 81 ことがらの逆

>>p. 123 5

レベル 

次のことがらの逆を答えなさい。また，それが正しいかどうかを答え，正しくない場合は反例を示しなさい。

(1) △ABC と △DEF において

△ABC≡△DEF ならば AB=DE，AC=DF，∠A=∠D

(2) $a>0$，$b>0$ ならば $a+b>0$

確認 **逆，反例**

あることがらの仮定と結論を入れかえたものを，もとのことがらの **逆** という。

また，あることがらについて，仮定は成り立つが，結論は成り立たない例を **反例** という。

考え方

PならばQ の逆は QならばP

ことがらの逆は，仮定と結論を入れかえればよい。なお，あることがらが正しくても，そのことがらの **逆は正しいとは限らない**。

また，正しくないことを示すには，反例を1つあげればよい。

(1)，(2) のもとのことがらは，ともに正しい。

解答

(1) ［逆］ **△ABC と △DEF において**

AB=DE，AC=DF，∠A=∠D

ならば △ABC≡△DEF …答

2組の辺とその間の角 がそれぞれ等しいから △ABC≡△DEF である。

よって，逆は **正しい** …答

(1)

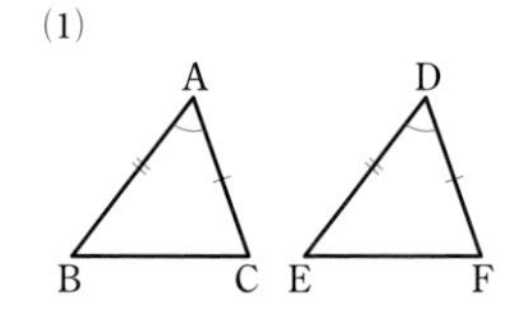

(2) ［逆］ $\boldsymbol{a+b>0}$ **ならば** $\boldsymbol{a>0}$，$\boldsymbol{b>0}$ …答

$a=2$，$b=-1$ とすると，$a+b>0$ であるが，$b>0$ ではない。

よって，逆は **正しくない**。

(反例) $\boldsymbol{a=2}$，$\boldsymbol{b=-1}$ …答

(2) $a=2$，$b=-1$ のとき $a+b=1>0$ であるが，$b<0$ である。

解答➡別冊 p. 49

練習 81 次のことがらの逆を答えなさい。また，それが正しいかどうかを答え，正しくない場合は反例を示しなさい。

(1) $a<0$，$b<0$ ならば $a+b<0$

(2) △ABC において，△ABC が正三角形ならば ∠A=∠B=60° である。

(3) △ABC と △DEF において

△ABC≡△DEF ならば ∠A=∠D

例題 82 三角形の内角の二等分線の交点

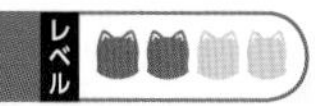

右の図のように，△ABC の ∠B と ∠C の二等分線の交点を I とする。また，点 I から辺 AB，BC，CA に垂線をひき，各辺との交点をそれぞれ D，E，F とする。このとき，線分 AI は ∠A を 2 等分することを証明しなさい。

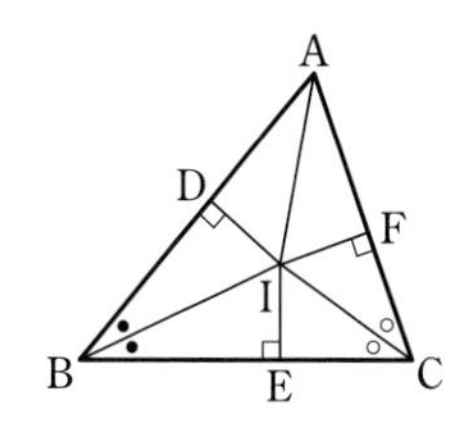

考え方

CHART 結論から考える

線分 AI が ∠A を 2 等分することを証明するには ∠IAD＝∠IAF がいえればよい。

⟶ **これらをふくむ △IAD≡△IAF を証明する。**

そのために，まず ID＝IF（＝IE）を証明する。

◀ 1 つの角が 90° で，AI は共通であるから，直角三角形の合同条件が使えないか考える。……斜辺と他の 1 辺

解答

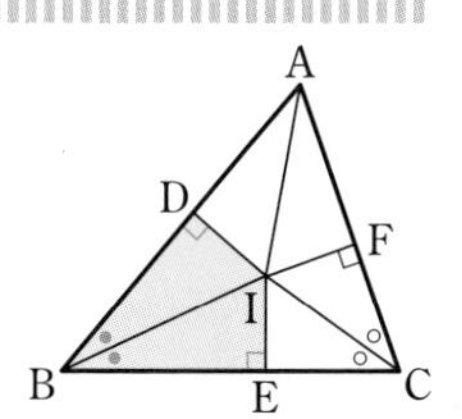

△IBD と △IBE において

∠IDB＝∠IEB＝90°

∠IBD＝∠IBE

IB＝IB（共通）

より，直角三角形の斜辺と 1 つの鋭角がそれぞれ等しいから

△IBD≡△IBE　　よって　　ID＝IE

同様にして，△ICE≡△ICF であるから　IE＝IF

よって　ID＝IE＝IF　…… ①

次に，△IAD と △IAF において

∠IDA＝∠IFA＝90°，IA＝IA（共通）

① から　　ID＝IF

よって，直角三角形の斜辺と他の 1 辺がそれぞれ等しいから

△IAD≡△IAF

したがって　∠IAD＝∠IAF

よって，線分 AI は ∠A を 2 等分する。

（参考）

この例題から，

三角形の 3 つの内角の二等分線は 1 点 I で交わり，I から各辺にひいた垂線の長さは等しい

ことがわかる。この点 I を三角形の **内心** という。

◀ △ICE≡△ICF は，△IBD≡△IBE と同じように証明できるから，「同様にして」として省略してよい。

解答➡別冊 p. 49

練習 82 右の図のように，△ABC の辺 AB と辺 BC の垂直二等分線の交点を O とする。点 O から辺 CA に垂線 ON をひくと，N は線分 CA の中点である。このことを証明しなさい。

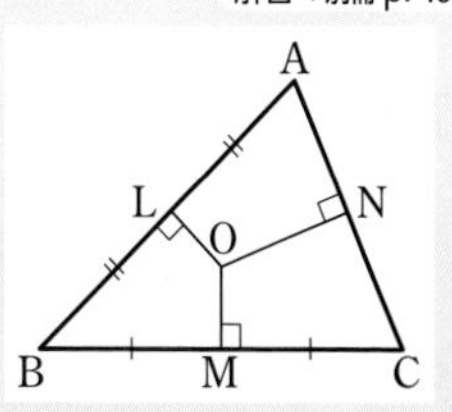

例題 83 線分の長さの和と証明

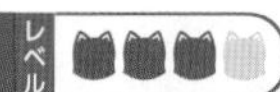

右の図において，△ABC と △ADE はともに正三角形である。このとき，

AB=DC+CE

であることを証明しなさい。

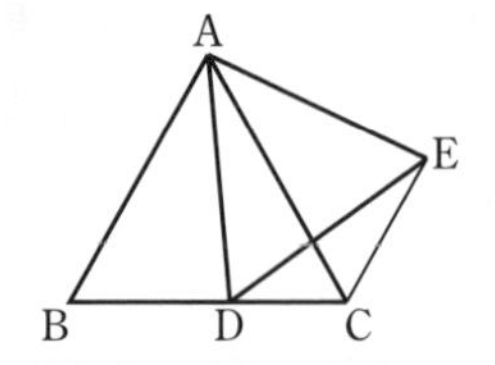

問題を整理しよう！

△ABC，△ADE は正三角形であるから

AB=BC=CA

AD=DE=EA

また，それぞれの内角は

60°

CHART **離れているものは　近づける**

AB=BC であるから

BC=DC+CE

⟶ BD=CE がいえればよい。

よって，これらをふくむ **△ABD≡△ACE を証明する。**

解答

△ABD と △ACE において

△ABC，△ADE はともに正三角形であるから

AB=AC ……①

AD=AE ……②

また，正三角形の 1 つの内角は 60° であるから

∠DAB=60°−∠CAD,

∠EAC=60°−∠CAD

よって　∠DAB=∠EAC ……③

①，②，③ より，2 組の辺とその間の角がそれぞれ等しいから

△ABD≡△ACE

よって　BD=CE

したがって　BD+DC=CE+DC

BC=DC+CE

AB=BC であるから　AB=DC+CE

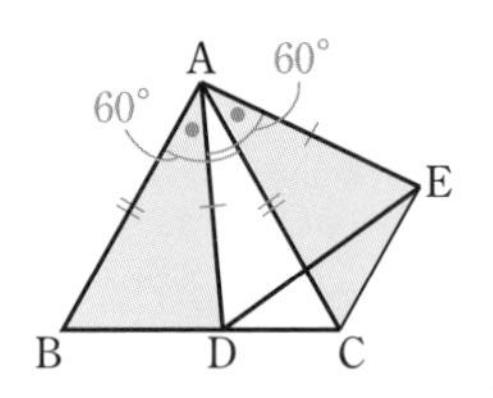

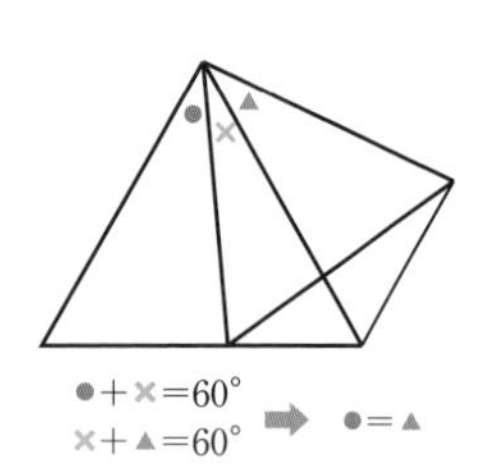

◀結論にあわせて，CE と DC の順を入れかえた。

練習 83 右の図において，△ABC は ∠A=90° の直角二等辺三角形である。頂点Aを通る直線 ℓ に，頂点 B，C から，それぞれ垂線 BP，CQ をひくとき　BP+CQ=PQ　であることを証明しなさい。

解答➡別冊 p. 49

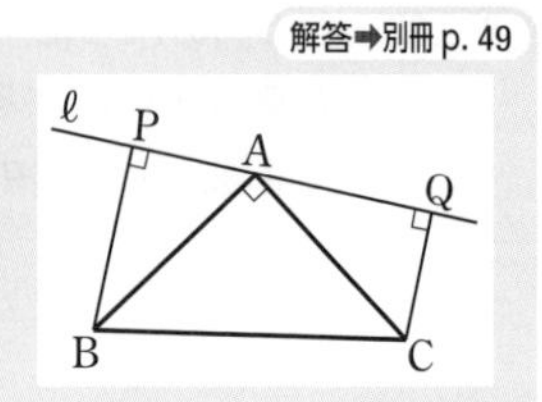

EXERCISES

解答➡別冊 p. 53

64 2つの内角の大きさが次のような三角形の中から，二等辺三角形をすべて選びなさい。

① 45°，100°　　② 55°，70°　　③ 70°，50°　　④ 30°，75°　>>例題 71

65 次の図において，$\angle x$ の大きさを求めなさい。>>例題 73, 76

(1) AB＝AC，AD＝CD

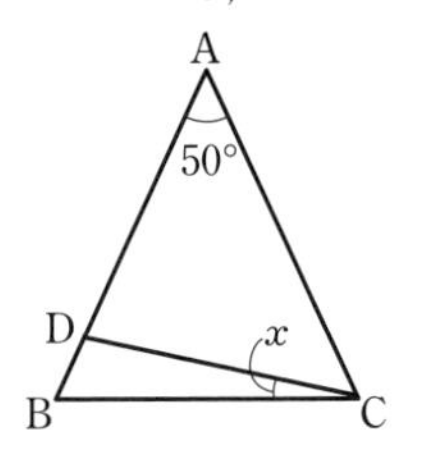

(2) △DEF は正三角形

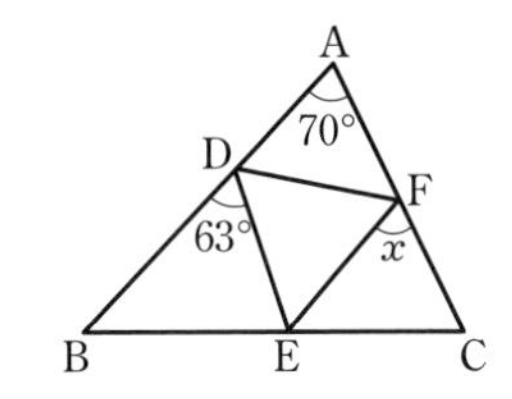

66 二等辺三角形について，次の定理を証明しなさい。>>例題 72

頂点と底辺の中点を結んだ線分（中線）は頂角の二等分線であり，底辺の垂線でもある。

67 右の図において，

$\angle$A＝15°，

AB＝BC＝CD＝DE

であるとき，$\angle$CDE の大きさを求めなさい。>>例題 73

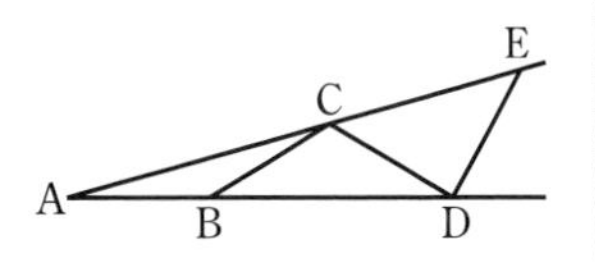

68 右の図において，△ABC の $\angle$A の外角 DAC の二等分線 AE は辺 BC と平行である。

このとき，△ABC は二等辺三角形であることを証明しなさい。

>>例題 74

69　右の図のように，正三角形 ABC の辺 BC のCを越える延長上に点Dをとる。また，Cを通り，AB に平行な直線をひき，その直線上に BD＝CE である点Eをとる。このとき，△ADE は正三角形となることを証明しなさい。

≫例題 77

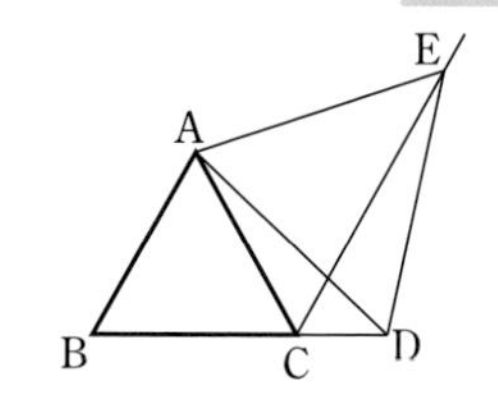

70　右の図のように，AC＝BC の直角二等辺三角形 ABC がある。辺 AB 上に，AD＝AC となる点Dをとり，点Dと点Cを結ぶ。点Aを通り，線分 DC に垂直な直線をひき，線分 DC，辺 BC との交点をそれぞれ E，F とする。

(1)　△ACE≡△ADE であることを証明しなさい。

(2)　△ACF≡△ADF であることを証明しなさい。

(3)　△DBF は直角二等辺三角形であることを証明しなさい。

≫例題 80

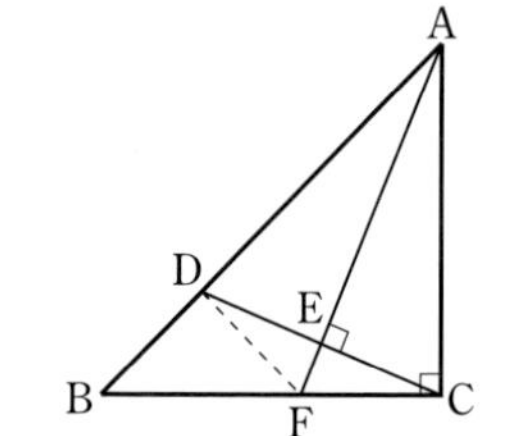

71　次のことがらの逆を答えなさい。また，それが正しいかどうかを答え，正しくない場合は反例を示しなさい。

≫例題 81

(1)　△ABC において，∠A＝90° ならば ∠B＋∠C＝90° である。

(2)　2つの三角形が合同ならば，その面積は等しい。

(3)　△ABC が頂角 60° の二等辺三角形ならば △ABC は正三角形である。

72　∠C＝90° である直角二等辺三角形 ABC の ∠B の二等分線と辺 AC の交点をDとする。また，点Dから辺 AB に垂線をひき，その交点をEとする。このとき，

BC＋CD＝AB

であることを証明しなさい。

≫例題 83

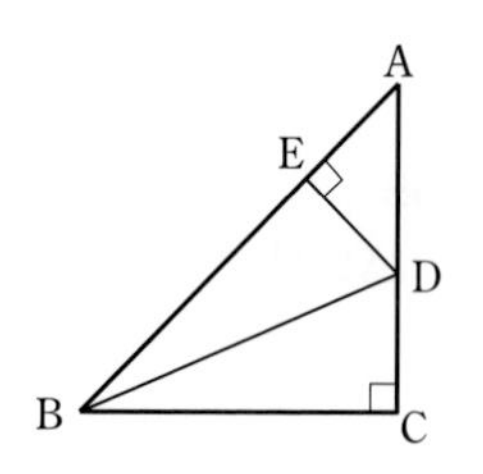

要点のまとめ

15 四角形

四角形の向かい合う辺を **対辺**(たいへん)，向かい合う角を **対角**(たいかく) という。

1 平行四辺形

定義

2 組の対辺がそれぞれ平行な四角形を **平行四辺形** という。

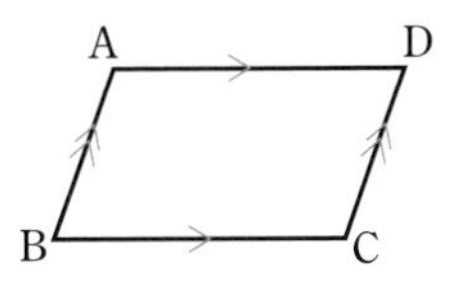

平行四辺形 ABCD を ▱ABCD と表すことがある。

定理　(平行四辺形の性質)

[1]　平行四辺形の 2 組の対辺はそれぞれ等しい。
[2]　平行四辺形の 2 組の対角はそれぞれ等しい。
[3]　平行四辺形の対角線はそれぞれの中点で交わる。

左の性質に加えて，定義から 平行四辺形の 2 組の対辺はそれぞれ平行。

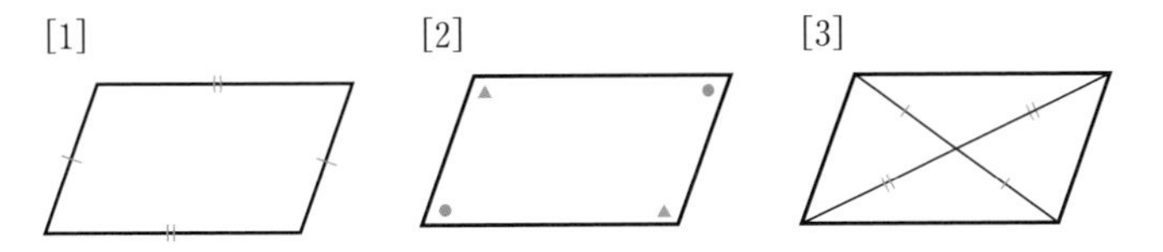

たとえば，[1] は
四角形 ABCD が平行四辺形　ならば
　AB=CD，AD=BC
と表すことができる。

定理　(平行四辺形になるための条件)

四角形は，次のどれかが成り立つとき平行四辺形である。

[1]　2 組の対辺がそれぞれ等しい。
[2]　2 組の対角がそれぞれ等しい。
[3]　対角線がそれぞれの中点で交わる。
[4]　1 組の対辺が平行でその長さが等しい。

2 組の対辺がそれぞれ平行であるとき，四角形は平行四辺形である。(定義)
[1]～[3] は「平行四辺形の性質」の逆である。

[4]

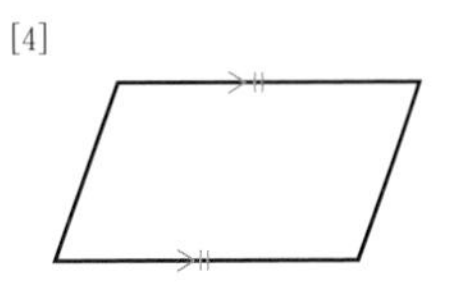

2 特別な平行四辺形

❶ 長方形

定義

4 つの角が等しい四角形を **長方形** という。

定理

長方形の対角線の長さは等しい。

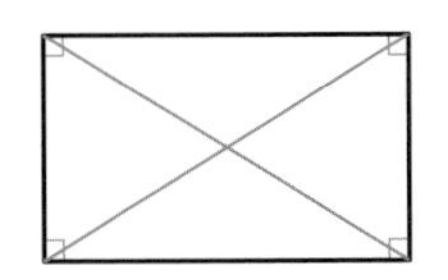

長方形，ひし形，正方形は，平行四辺形の特別な場合であるから，平行四辺形の性質をもつ。

❷ ひし形

定義

4 つの辺が等しい四角形を **ひし形** という。

定理

ひし形の対角線は垂直に交わる。

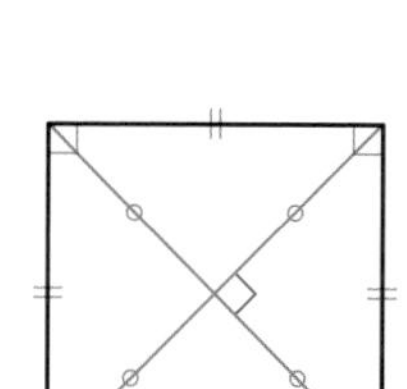

平行四辺形の対角線はそれぞれの中点で交わるから，ひし形の対角線については
対角線の一方が，他方の垂直二等分線になる
ともいえる。

❸ 正方形

定義

4 つの角が等しく，4 つの辺が等しい四角形を **正方形** という。

定理

正方形の対角線は長さが等しく垂直に交わる。

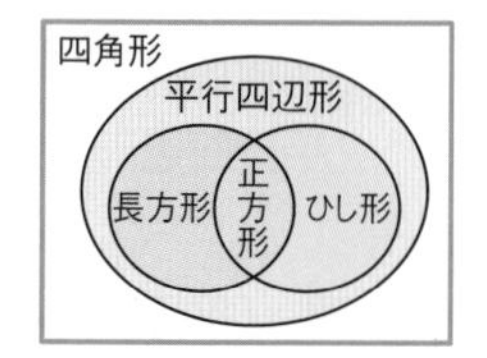

正方形は，**長方形とひし形の両方の性質をもつ。**

まとめると，次のようになる。

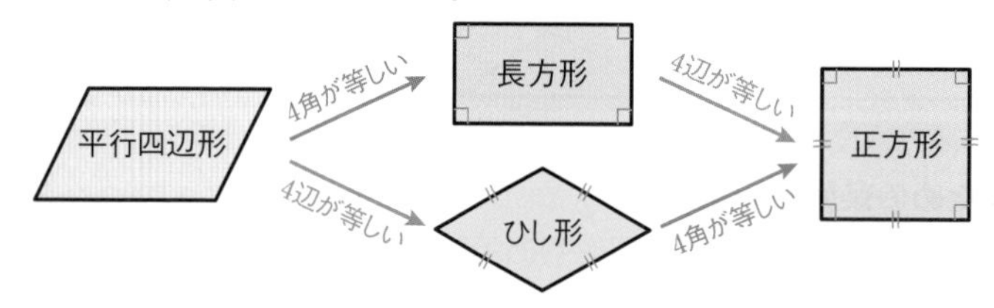

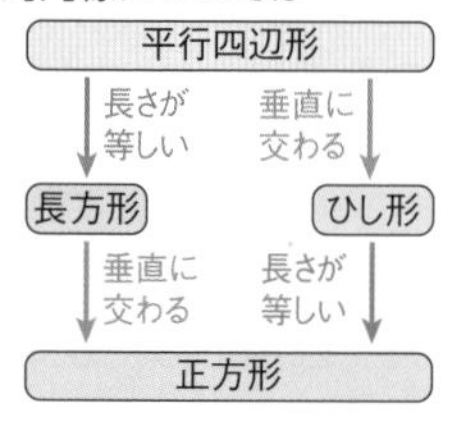

3 面積が等しい三角形

❶ 辺 BC を共有する △ABC と △DBC において
AD∥BC ならば △ABC＝△DBC
面積が等しい

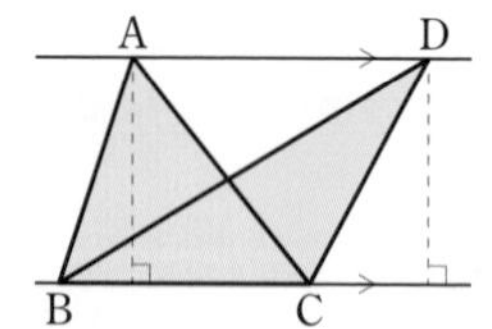

平行な 2 直線の間の距離はつねに等しいから，底辺 BC に対する高さが等しい。

❷ 面積を変えずに図形を変形することを **等積変形**（とうせきへんけい） という。

例 右の図の四角形 ABCD と面積が等しい三角形は，次の手順でかくことができる。
① 頂点 D を通り，対角線 AC に平行な直線 ℓ をひく。
② 直線 BC と直線 ℓ の交点を E として △ABE をかく。

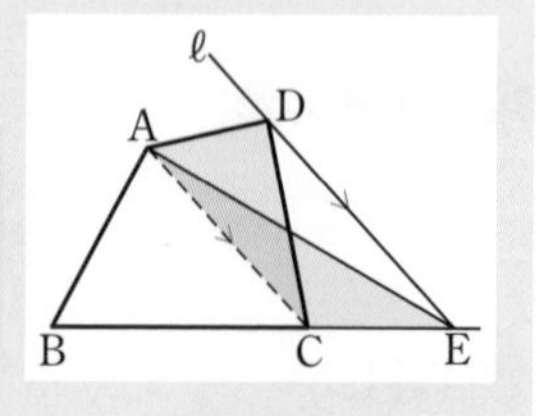

AC∥DE より，△ACD＝△ACE であるから，△ABE は四角形 ABCD と面積が等しい。

例題 84 平行四辺形の性質

>>p. 139 1 レベル

平行四辺形について，次の定理を証明しなさい。

(1) 平行四辺形の 2 組の対辺はそれぞれ等しい。

(2) 平行四辺形の 2 組の対角はそれぞれ等しい。

●二等辺三角形のときと同様，自分で文字を設定して証明する。

考え方 等辺，等角の証明は **合同 か 二等辺三角形**

四角形 ABCD について，

[仮定] AB∥DC，AD∥BC

[結論] (1) AB＝DC，AD＝BC

(2) ∠A＝∠C，∠B＝∠D

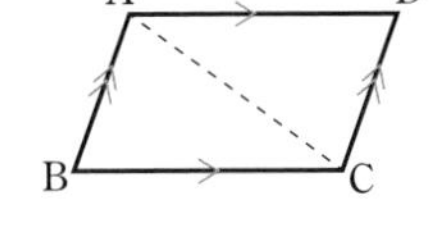

対角線 AC をひくと，三角形が 2 つ現れるから，三角形の合同を利用する。

確認 平行四辺形の定義
2 組の対辺がそれぞれ平行な四角形を **平行四辺形** という。

解答

四角形 ABCD において，対角線 AC をひく。

四角形 ABCD が平行四辺形のとき

AB∥DC，　AD∥BC

△ABC と △CDA において，

平行線の錯角は等しいから

AB∥DC より

∠BAC＝∠DCA　…… ①

AD∥BC より

∠BCA＝∠DAC　…… ②

また　AC＝CA (共通) …… ③

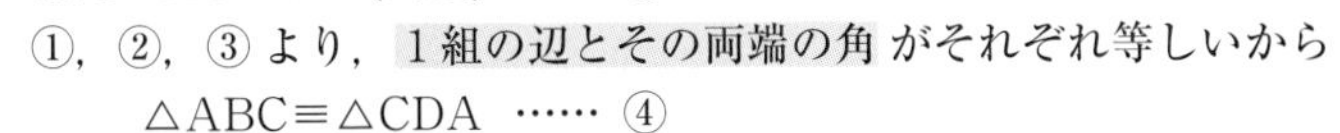

①，②，③ より，1 組の辺とその両端の角がそれぞれ等しいから

△ABC≡△CDA …… ④

(1) ④ から　AB＝CD，BC＝DA

よって，平行四辺形の 2 組の対辺はそれぞれ等しい。

(2) ④ から　∠B＝∠D

また，∠A＝∠BAC＋∠DAC，∠C＝∠DCA＋∠BCA であるから，

①，② より　∠A＝∠C

よって，平行四辺形の 2 組の対角はそれぞれ等しい。

まず，△ABC≡△CDA を証明する。
対角線 BD をひいて，△ABD≡△CDB を証明してもよい。

CHART
平行線には　同位角・錯角

◀合同な図形では，対応する辺の長さや，角の大きさが等しいから，④ を利用して，(1)，(2) を証明する。

解答➡別冊 p. 50

練習 84 平行四辺形について，次の定理を証明しなさい。
平行四辺形の対角線は，それぞれの中点で交わる。

例題 85 平行四辺形と角の大きさ

≫p. 139 1

右の図の ▱ABCD において，
$\angle x$ と $\angle y$ の大きさを求めなさい。
ただし，(2) は BC＝BE とする。

(1)

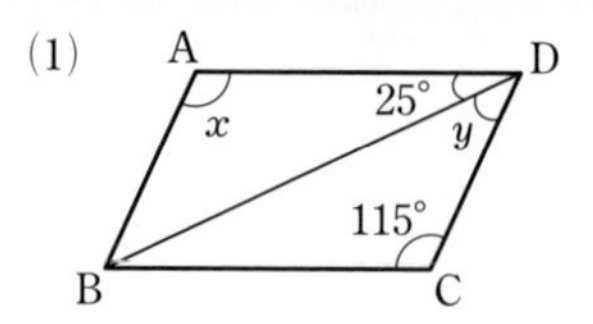

(2)

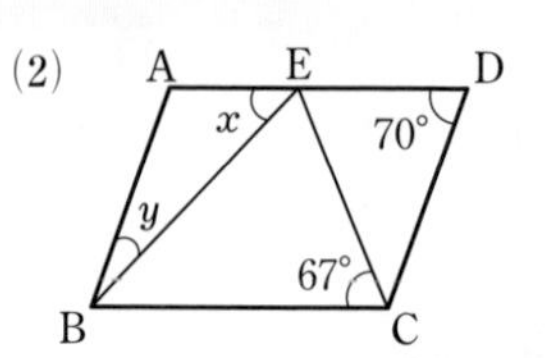

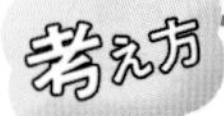

平行四辺形の性質

2 組の対角がそれぞれ等しい

さらに，次の CHART も利用する。

CHART 平行線には　同位角・錯角

(1) は，**同側内角の和が** 180° であることを利用してもよい（p. 94）。

ℓ // m のとき
$\angle p+\angle r=180°$,
$\angle q+\angle s=180°$

解答

(1)　平行四辺形の対角は等しい から

$\angle x=115°$

AD // BC より，**錯角が等しい** から

$\angle \mathrm{DBC}=25°$

△BCD において

$\angle y=180°-(25°+115°)$　← 内角の和が 180°

$=40°$

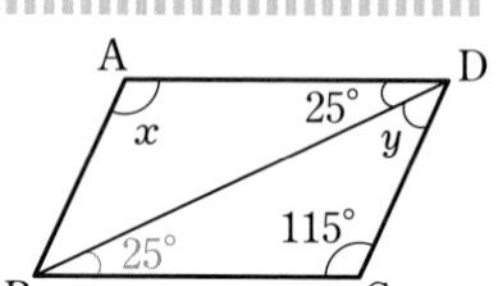
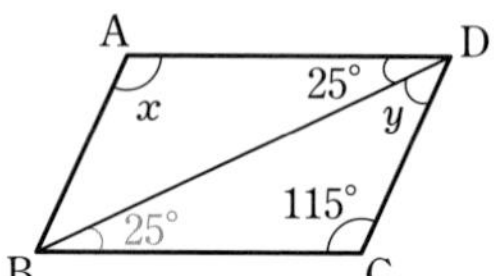
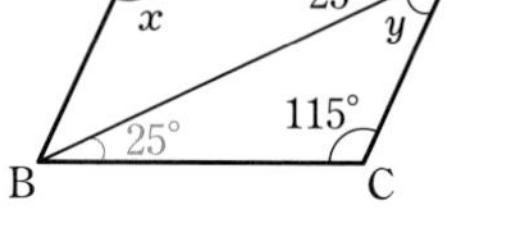

答　$\angle x=115°$, $\angle y=40°$

別解 (1)　AD // BC より

$115°+(25°+\angle y)=180°$

$\angle y=40°$

(2)　△BCE は BC＝BE の二等辺三角形であるから

$\angle \mathrm{BEC}=\angle \mathrm{BCE}=67°$

◀ 二等辺三角形の 2 つの底角の大きさは等しい。

よって　$\angle \mathrm{EBC}=180°-67°\times 2$

$=46°$

AD // BC より，**錯角が等しい** から　$\angle x=46°$

平行四辺形の対角は等しいから　$\angle \mathrm{ABC}=\angle \mathrm{D}=70°$

よって　$\angle y=70°-46°=24°$

答　$\angle x=46°$, $\angle y=24°$

解答➡別冊 p. 50

練習 85　右の図の ▱ABCD において，(1) は AB＝BE，(2) は $\angle \mathrm{ADF}=\angle \mathrm{CDF}$ とする。
$\angle x$ の大きさを求めなさい。

(1)

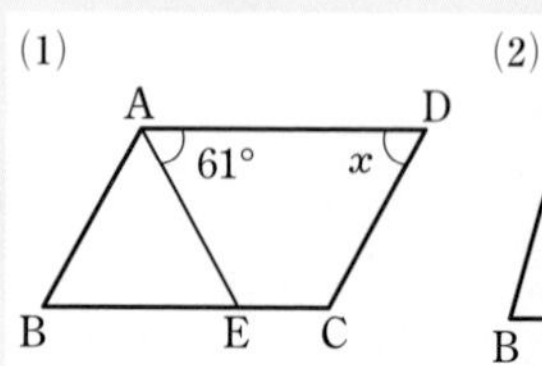

(2)

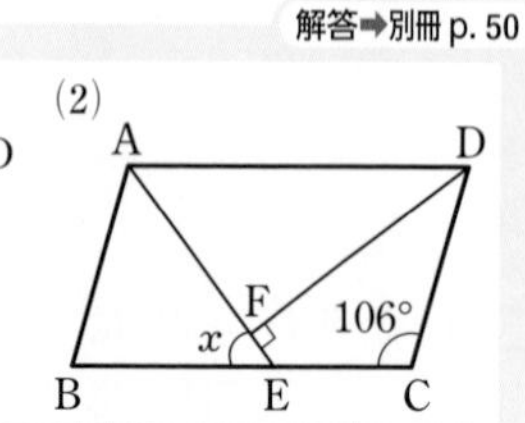

例題 86 平行四辺形の性質の利用

>>p. 139 1 レベル 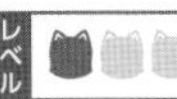

右の図のように，▱ABCD の対角線 BD 上に，BE＝DF となるように点 E，F をとる。このとき，AE＝CF であることを証明しなさい。

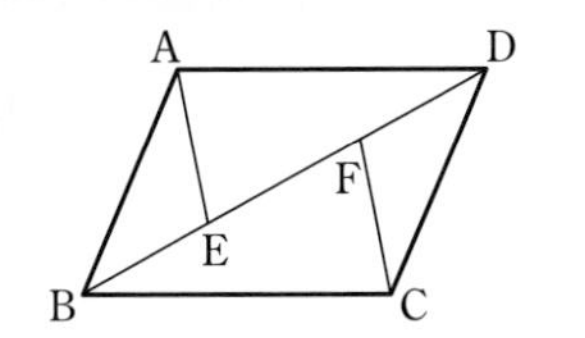

確認 平行四辺形の性質
① 対辺が平行（定義）
② 対辺が等しい
③ 対角が等しい
④ 対角線が中点で交わる
証明したいものによって必要なものを使う。

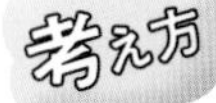

等辺の証明は **合同 か 二等辺三角形**

今回は，線分 AE と線分 CF の位置関係から，三角形の合同の利用を考える。
⟶ 線分 AE，CF を辺にもつ △ABE≡△CDF を示す。

解答

△ABE と △CDF において
仮定から　BE＝DF　…… ①
平行四辺形 ABCD の 対辺は等しい から
AB＝CD　…… ②
AB∥DC より，錯角が等しいから
∠ABE＝∠CDF …… ③
①，②，③ より，2 組の辺とその間の角がそれぞれ等しいから
△ABE≡△CDF
したがって　AE＝CF

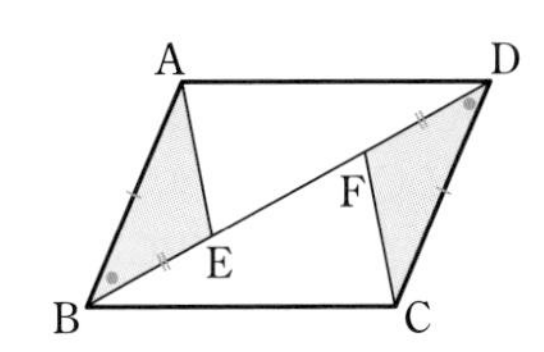

参考
下の図のように，対角線 BD 上で，2 点 E，F の順が入れかわっても AE＝CF が成り立つ。

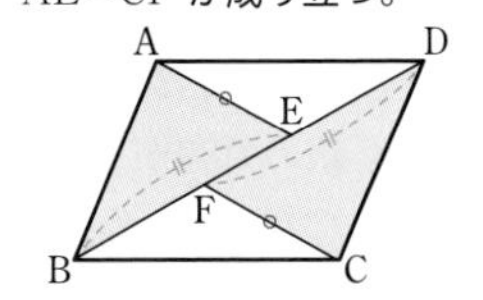

これまでに学んだ性質を利用して考えよう。

解答➡別冊 p. 50

練習 86 右の図のように，平行四辺形 ABCD の対角線の交点 O を通る直線と辺 AD，BC との交点をそれぞれ P，Q とする。このとき，AP＝CQ であることを証明しなさい。

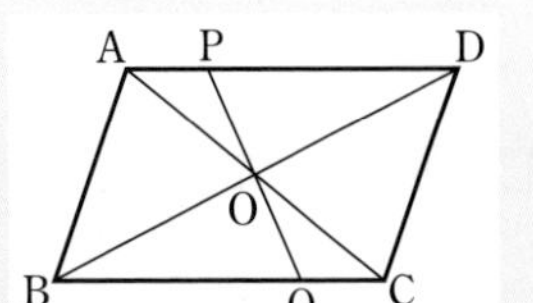

例題 87 平行四辺形になる条件

>>p. 139 1

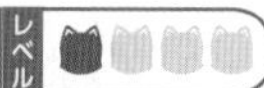

次の定理を証明しなさい。

(1) 2 組の対辺がそれぞれ等しい四角形は，平行四辺形である。

(2) 2 組の対角がそれぞれ等しい四角形は，平行四辺形である。

問題を整理しよう！

四角形 ABCD において

[仮定]

(1) AB＝DC，AD＝BC

(2) ∠A＝∠C，∠B＝∠D

[結論]

AB∥DC，AD∥BC

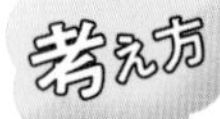

2 組の対辺が平行 を示す。

平行であることを示すために，次の性質を利用する。

同位角・錯角が等しいならば　平行

解答

(1) 四角形 ABCD において，対角線 AC をひく。

△ABC と △CDA において

仮定から　AB＝CD，BC＝DA

また　CA＝AC (共通)

3 組の辺がそれぞれ等しいから

△ABC≡△CDA

よって　∠BAC＝∠DCA，∠ACB＝∠CAD

錯角が等しい から　AB∥DC，AD∥BC

2 組の対辺が平行 であるから，四角形 ABCD は平行四辺形である。

したがって，2 組の対辺がそれぞれ等しい四角形は，平行四辺形である。

(2) 四角形 ABCD において，仮定から

∠A＝∠C，∠B＝∠D

四角形の内角の和は 360° であるから

∠A＋∠B＋∠C＋∠D＝360°

よって　∠A＋∠B＝180°

辺 AB の B を越える延長上に点 E をとると，

∠EBC＋∠B＝180° であるから

∠A＝∠EBC

同位角が等しい から　AD∥BC

また，∠C＝∠A＝∠EBC より，錯角が等しい から　AB∥DC

2 組の対辺が平行 であるから，四角形 ABCD は平行四辺形である。

したがって，2 組の対角がそれぞれ等しい四角形は，平行四辺形である。

確認 平行線になる条件

同位角または錯角が等しいならば，2 直線は平行。

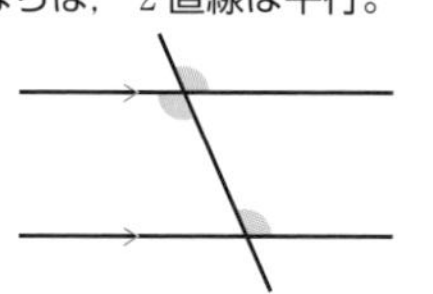

参考

∠A＋∠B＝180° より，同側内角の和が 180° であるから

AD∥BC

解答➡別冊 p. 50

練習 87 次の定理を証明しなさい。

(1) 対角線がそれぞれの中点で交わる四角形は，平行四辺形である。

(2) 1 組の対辺が平行でその長さが等しい四角形は，平行四辺形である。

例題 88 平行四辺形であることの証明 (1)

>>p. 139 1 レベル

右の図の ▱ABCD で，辺 BC，AD の中点をそれぞれ E，F とする。また，線分 AE と FB，DE と FC の交点を，それぞれ G，H とする。このとき，次の四角形は平行四辺形であることを証明しなさい。

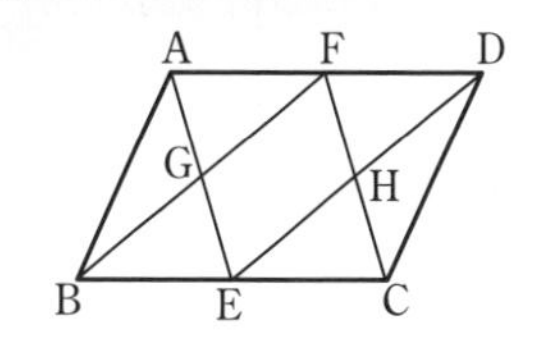

(1) 四角形 AECF　　(2) 四角形 GEHF

考え方

平行四辺形であることの証明

① 2組の対辺が平行（定義）　② 2組の対辺が等しい
③ 2組の対角が等しい　④ 対角線が中点で交わる
⑤ 1組の対辺が平行でその長さが等しい

のどれかを示す。

(1) ▱ABCD から，AF∥EC がいえる。…… 上の ① か ⑤
(2) (1) から，GE∥FH がいえる。　…… 上の ① か ⑤

(1) A F E C
(2) F G H E

解答

(1) 四角形 AECF において

$$AF=\frac{1}{2}AD,\ EC=\frac{1}{2}BC$$

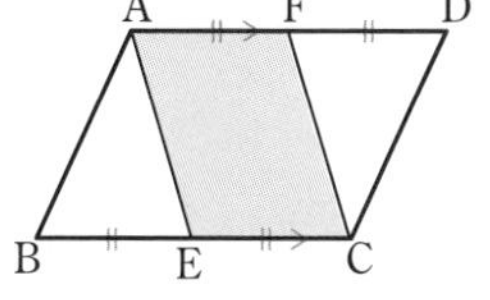

AD＝BC であるから　AF＝EC … ①
また，AD∥BC から　AF∥EC … ②
①，② より，**1 組の対辺が平行でその長さが等しい** から，四角形 AECF は平行四辺形である。

◀平行四辺形の対辺は等しいから　AD＝BC

(2) (1) より，四角形 AECF が平行四辺形であるから

GE∥FH

(1) と同じようにして，四角形 FBED が平行四辺形であることが証明できるから

GF∥EH

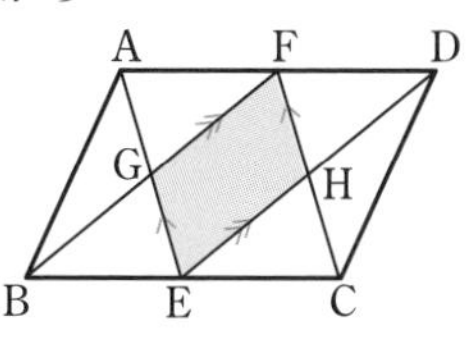

よって，**2 組の対辺がそれぞれ平行** であるから，四角形 GEHF は平行四辺形である。

◀(1) と同じ証明方法で，四角形 FBED は平行四辺形であることが示される。

解答➡別冊 p. 51

練習 88 右の図において，四角形 ABCD，EBCF はともに平行四辺形である。このとき，四角形 AEFD は平行四辺形であることを証明しなさい。

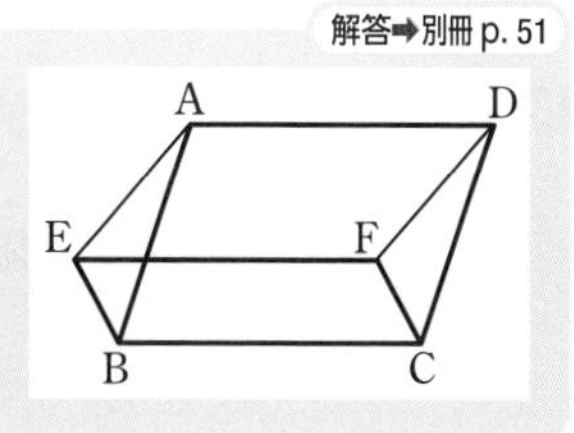

例題 89 平行四辺形であることの証明 (2)

>>p. 139 1

右の図のように，▱ABCD の辺 AD，BC，AB，DC 上にそれぞれ点 E，F，G，H があり，線分 EF，GH はともに対角線の交点 O を通っている。次のことを証明しなさい。

(1) OE＝OF

(2) 四角形 EGFH は平行四辺形である。

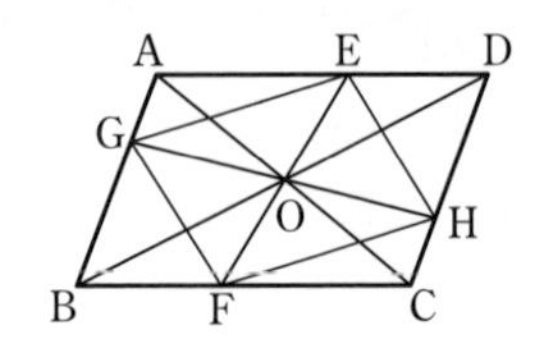

考え方

(1) OE，OF をそれぞれ辺にもつ，△OAE≡△OCF を示す。
このとき，平行四辺形の対角線が中点で交わることを利用する。

(2) 平行四辺形であるための条件は 5 つ。
(1) より OE＝OF であるから，対角線の条件を考え，OG＝OH を示す。

確認 平行四辺形であるための条件
① 2 組の対辺が平行（定義）
② 2 組の対辺が等しい
③ 2 組の対角が等しい
④ 対角線が中点で交わる
⑤ 1 組の対辺が平行でその長さが等しい

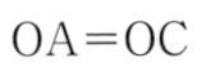

解答

(1) △OAE と △OCF において
平行四辺形の対角線はそれぞれの中点で交わるから
OA＝OC
AD∥BC より，錯角が等しいから
∠EAO＝∠FCO
対頂角は等しいから　∠AOE＝∠COF
1 組の辺とその両端の角がそれぞれ等しいから
△OAE≡△OCF
したがって　OE＝OF

◀ △ODE≡△OBF を示してもよい。

(2) (1) と同じようにして △OBG≡△ODH が証明できるから　OG＝OH
よって，四角形 EGFH において
OE＝OF，OG＝OH
対角線がそれぞれの中点で交わるから，
四角形 EGFH は平行四辺形である。

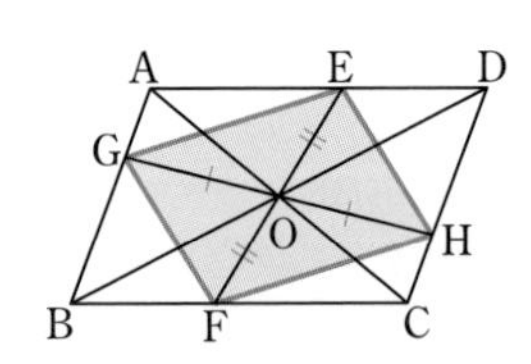

参考 点 O を通る直線をどのようにひいても OE＝OF や OG＝OH が成り立つ。このことから，平行四辺形は，**対角線の交点に関して点対称**であることがわかる。

解答➡別冊 p. 51

練習 89 ▱ABCD の頂点 A，C から対角線 BD にひいた垂線を，それぞれ AE，CF とするとき，四角形 AECF は平行四辺形であることを証明しなさい。

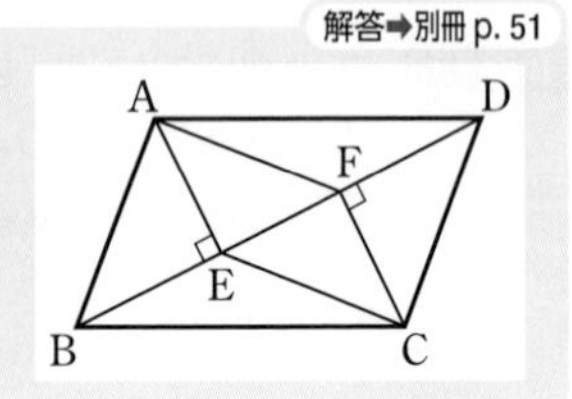

例題 90 長方形であることの証明 (1) »p. 139 2 レベル 

次の定理を証明しなさい。

　対角線の長さが等しい平行四辺形は，長方形である。

考え方　長方形　**4 つの角が等しいことを示す**

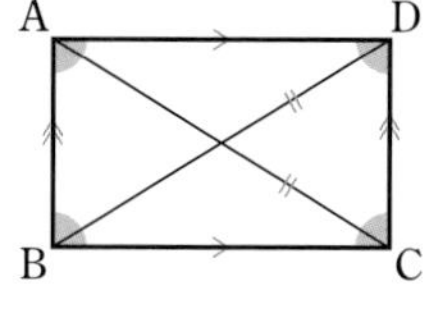

四角形 ABCD において

　[**仮定**]　四角形 ABCD は平行四辺形，AC＝BD

　[**結論**]　∠A＝∠B＝∠C＝∠D

角が等しいことを証明するから，AC，BD を辺にもつ △ABC≡△DCB を示す。

また，**平行四辺形の性質「2 組の対角がそれぞれ等しい」**も利用して，4 つの角が等しいことを証明する。

確認 **長方形の定義**
4 つの角が等しい四角形を**長方形**という。

この例題は，長方形の性質「長方形の対角線の長さは等しい」の逆の証明である。

解答

▱ABCD において，AC＝BD とする。

△ABC と △DCB において

　　　　AC＝DB

平行四辺形の対辺の長さは等しいから

　　　　AB＝DC

また　　BC＝CB (共通)

3 組の辺の長さがそれぞれ等しいから　△ABC≡△DCB

よって　∠ABC＝∠DCB

すなわち，平行四辺形 ABCD において　∠B＝∠C

∠D＝∠B，∠A＝∠C であるから

　　　　　∠A＝∠B＝∠C＝∠D

4 つの角が等しいから，平行四辺形 ABCD は長方形である。

したがって，対角線の長さが等しい平行四辺形は長方形である。

◀ 平行四辺形の 2 組の対辺はそれぞれ等しい。

◀ 平行四辺形の 2 組の対角はそれぞれ等しい。

● 長方形の性質

① **平行四辺形**　② **4 つの角が等しい** (90°)　③ **対角線の長さが等しい**

解答➡別冊 p. 51

練習 90 次の定理を証明しなさい。

　1 つの内角が直角である平行四辺形は長方形である。

例題 91 長方形であることの証明 (2)

>>p. 139 2 レベル

右の図のように，▱ABCD の内角の二等分線によって四角形 PQRS がつくられている。このとき，四角形 PQRS は長方形であることを証明しなさい。

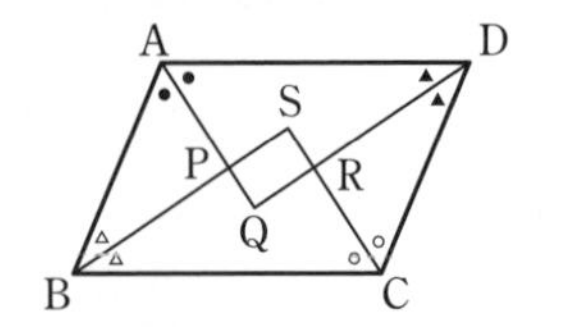

問題を整理しよう！

▱ABCD において
∠A＝∠C，∠B＝∠D
であるから，問題文の図において ●＝○，▲＝△

考え方

長方形であることを証明するから，四角形 PQRS の 4 つの角が 90° で等しいことを示す。
∠A＋∠B＝180°（同側内角の和）より，●＋△＝90° であることに注目する。

解答

平行四辺形の 2 組の対角はそれぞれ等しいから，∠PAB＝∠a，∠PBA＝∠b とすると，4 つの頂点で 2 等分された角の大きさは，それぞれ右の図のようになる。

∠A＋∠B＝180° であるから

　　$2\times\angle a+2\times\angle b=180°$

　　$\angle a+\angle b=90°$

△AQD において，∠AQD＝180°－(∠a＋∠b) であるから

　　∠AQD＝180°－90°＝90°

同様に　∠BSC＝90°

また，△ABP において　∠APB＝180°－(∠a＋∠b)＝90°

対頂角は等しいから

　　∠QPS＝∠APB＝90°

同様に　∠QRS＝90°

以上から　∠PQR＝∠PSR＝∠QPS＝∠QRS＝90°

したがって，4 つの角が等しいから，四角形 PQRS は長方形である。

◀ ▱ABCD の内角の和が 360° であることを利用して，
$4\times\angle a+4\times\angle b=360°$
より ∠a＋∠b＝90° を導いてもよい。

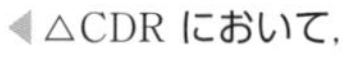

◀ △CDR において，△ABP と同じように考えると，∠QRS＝90° が求められる。

解答➡別冊 p. 52

練習 91 右の図のように，▱ABCD の 4 つの外角の二等分線の交点を P，Q，R，S とする。このとき，四角形 PQRS は長方形であることを証明しなさい。

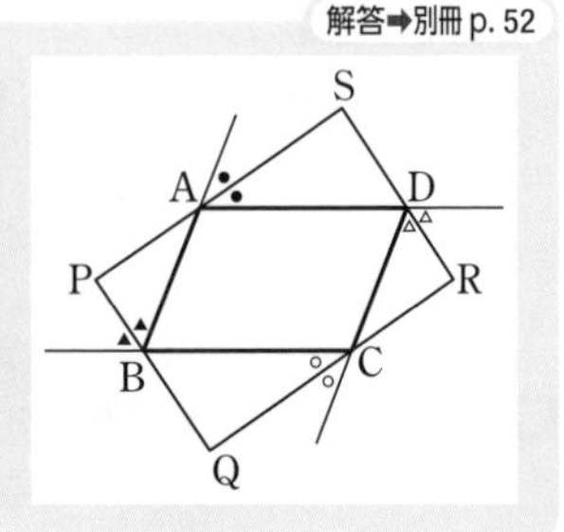

例題 92 ひし形であることの証明 (1) »p. 140 2 レベル 

次の定理を証明しなさい。

　対角線が垂直に交わる平行四辺形は，ひし形である。

確認 ひし形の定義

4 つの辺が等しい四角形を**ひし形**という。

この例題は，ひし形の性質「ひし形の対角線は垂直に交わる」の逆の証明である。

考え方 ひし形　**4 つの辺が等しいことを示す**

四角形 ABCD において

　［仮定］　四角形 ABCD は平行四辺形

　　　　　　$AC \perp BD$

　［結論］　$AB=BC=CD=DA$

平行四辺形の性質より，$AB=DC$，$BC=AD$ は

いえるから，**$AB=AD$ または $AB=BC$** を示せばよい。

⟶ 線分 AB，AD をそれぞれ辺にもつ三角形の合同を示す。

解答

▱ABCD において，対角線の交点を O とする。

△ABO と △ADO において

仮定から　$\angle AOB=\angle AOD\ (=90^\circ)$

平行四辺形の対角線は，それぞれの中点で交わるから

　　　　　$OB=OD$

また　　　$OA=OA$ (共通)

よって，2 組の辺とその間の角がそれぞれ

等しいから　△ABO≡△ADO

したがって　$AB=AD$

平行四辺形の 2 組の対辺はそれぞれ等しいから

　　　　　$AB=DC$，$AD=BC$

よって　　$AB=BC=CD=DA$

4 辺が等しいから，平行四辺形 ABCD はひし形である。

したがって，対角線が垂直に交わる平行四辺形はひし形である。

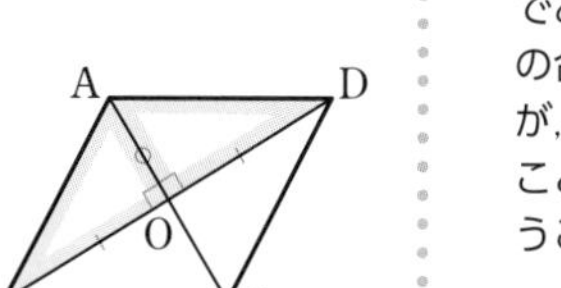

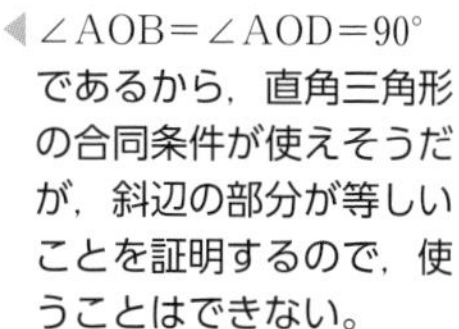

◀ $\angle AOB=\angle AOD=90^\circ$ であるから，直角三角形の合同条件が使えそうだが，斜辺の部分が等しいことを証明するので，使うことはできない。

●ひし形の性質

① **平行四辺形**　② **4 つの辺が等しい**　③ **対角線が垂直に交わる**

解答➡別冊 p. 52

練習 92 次の定理を証明しなさい。

　1 組のとなり合う 2 辺が等しい平行四辺形はひし形である。

例題 93 ひし形であることの証明 (2) ≫p. 140 2 レベル

右の図の正六角形 ABCDEF において，辺 BC，EF の中点をそれぞれ M，N とするとき，四角形 AMDN はひし形であることを証明しなさい。

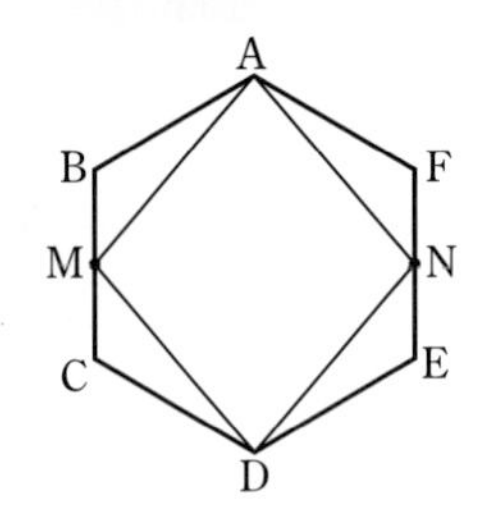

問題を整理しよう！

正六角形であるから
AB＝BC＝CD
＝DE＝EF＝FA
∠A＝∠B＝∠C
＝∠D＝∠E＝∠F
M，N は辺 BC，EF の中点であるから
BM＝CM＝EN＝FN
結論は
AM＝MD＝DN＝NA

考え方

ひし形であることを証明するから，
四角形 AMDN の 4 つの辺が等しいこと を示す。
線分 AM，MD，DN，NA を辺にもつ △ABM，△DCM，△DEN，△AFN のうち，2 つの三角形を選び，それらが合同であることを証明する。

◀どの 2 つの三角形の合同も同じように証明できる。

解答

△ABM と △DCM において
六角形 ABCDEF は正六角形であるから
AB＝DC,
∠ABM＝∠DCM
また，点 M は辺 BC の中点であるから
BM＝CM
2 組の辺とその間の角がそれぞれ等しいから
△ABM≡△DCM
よって　AM＝DM
同様に，△AFN≡△DEN，△ABM≡△AFN であるから
AM＝DM＝AN＝DN
4 つの辺が等しいから，四角形 AMDN はひし形である。

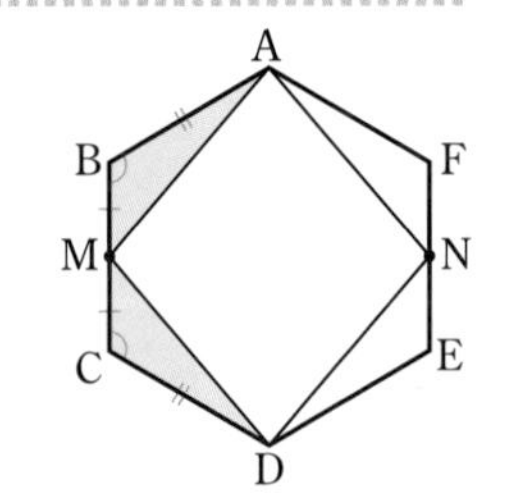

参考
ひし形であることを示すには，「4 つの辺が等しい」以外に，平行四辺形で
対角線が垂直に交わる（例題 92）
1 組のとなり合う 2 辺が等しい（練習 92）
も利用できる。

◀ 4 つの三角形 △ABM，△DCM，△DEN，△AFN はすべて合同。

練習 93 ▱ABCD において，対角線の交点 O を通り，BD に垂直にひいた直線が辺 BC，DA と交わる点をそれぞれ E，F とする。次のことを証明しなさい。

(1) △ODF≡△OBE

(2) 四角形 BEDF はひし形

解答➡別冊 p. 52

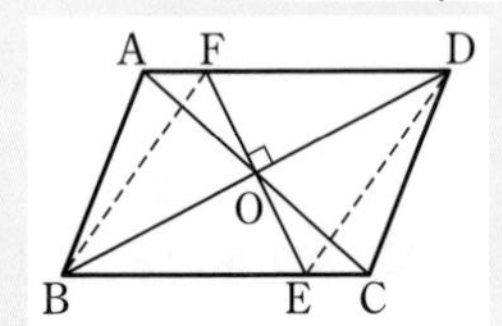

例題 94 正方形の性質を用いた証明

>>p. 140 2 レベル 

右の図のように，$\triangle$ABC の外側に，辺 AB，AC を 1 辺とする正方形 ABDE，ACFG をつくる。このとき，BG=EC であることを証明しなさい。

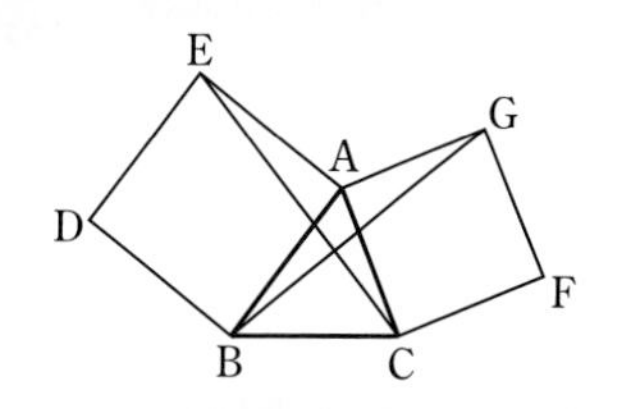

考え方

正方形の性質

[1] **4 つの辺が等しい**　　[2] **4 つの角が等しい** (90°)

[3] **対角線の長さが等しく，垂直に交わる**

BG=EC を示すには，線分 BG，EC を辺にもつ三角形の合同を考える。

⟶ $\triangle$ABG≡$\triangle$AEC を示す。

確認 正方形の定義

4 つの角が等しく，4 つの辺が等しい四角形を **正方形** という。

解答

$\triangle$ABG と $\triangle$AEC において

正方形の 2 辺であるから

AB=AE

AG=AC

また，正方形の内角であるから

∠GAC=∠EAB=90°

∠BAG=∠BAC+90°，∠EAC=90°+∠BAC

であるから　∠BAG=∠EAC

よって，2 組の辺とその間の角がそれぞれ等しいから

$\triangle$ABG≡$\triangle$AEC

したがって　BG=EC

$\triangle$ABG を，点 A を中心に 90° 回転すると $\triangle$AEC に重なる。

参考

正方形において，対角線を 1 つひくと，直角二等辺三角形が 2 つできる。

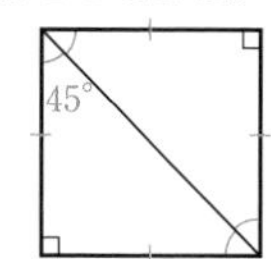

解答⇒別冊 p. 53

練習 94 右の図のように，正方形 ABCD を点 A を中心に 30° 回転させて正方形 AB′C′D′ をつくる。

(1) $\triangle$ABD′ が正三角形であることを証明しなさい。

(2) BB′=BC′ となることを証明しなさい。〔類 関西学院高〕

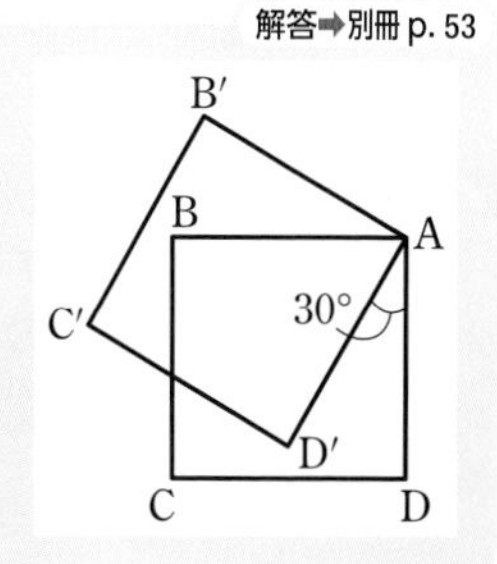

例題 95 面積が等しい三角形

>>p. 140 3

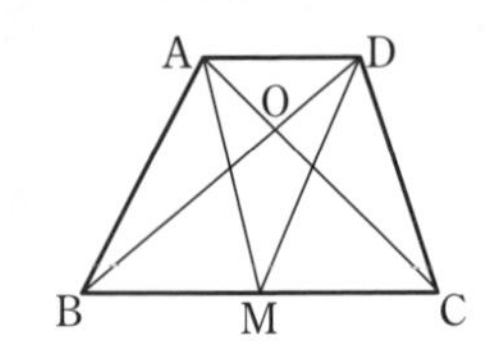

右の図は，AD∥BC の台形 ABCD で，点Oは対角線 AC，BD の交点，点Mは辺 BC の中点とする。
このとき，図の中で，次の三角形と面積が等しい三角形をすべて答えなさい。

(1)　△ABD　　(2)　△OAB　　(3)　△ABM

考え方

各三角形において，底辺と高さがそれぞれ等しいものをさがす。このとき，次の性質を利用する。

平行線と底辺が等しい三角形の面積

AD∥BC　ならば　△ABC＝△DBC

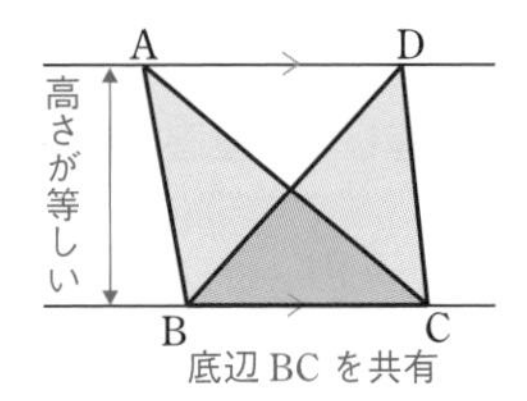

底辺 BC を共有

◀平行線を利用して，三角形の形を変え，面積の等しい三角形をさがす。

解答

(1)　△ABD と △AMD と △ACD は
　底辺 AD を共有し，AD∥BC であるから高さが等しい。
　よって　　△ABD＝△AMD＝△ACD　　答　**△AMD，△ACD**

(2)　(1) より　△ABD＝△ACD
　2つの三角形から △OAD の面積をひくと
　　　　△OAB＝△OCD　　答　**△OCD**

(3)　△ABM と △DBM は，底辺 BM を共有するから
　　　　△ABM＝△DBM
　また，BM＝CM であるから
　　　　△ABM＝△ACM
　△ACM と △DCM は，底辺 CM を共有するから
　　　　△ACM＝△DCM
　　　　答　**△DBM，△ACM，△DCM**

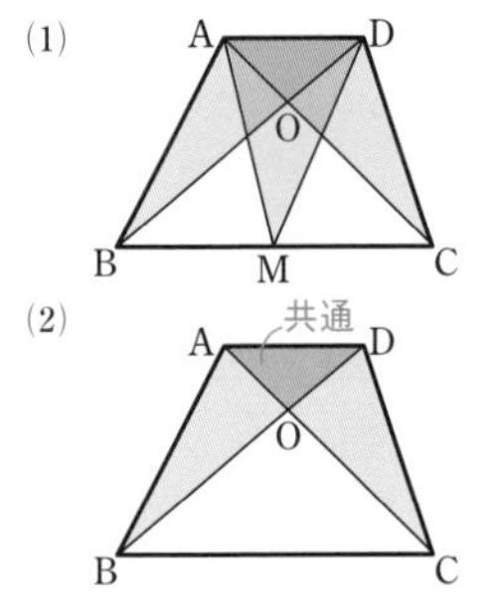

◀底辺は共有していないが底辺，高さが等しい。

練習 95

解答➡別冊 p. 53

右の図の四角形 ABCD は AB∥DC の台形で，点Eは辺 AB の中点とする。
このとき，図の中で，△AEC と面積が等しい三角形をすべて答えなさい。

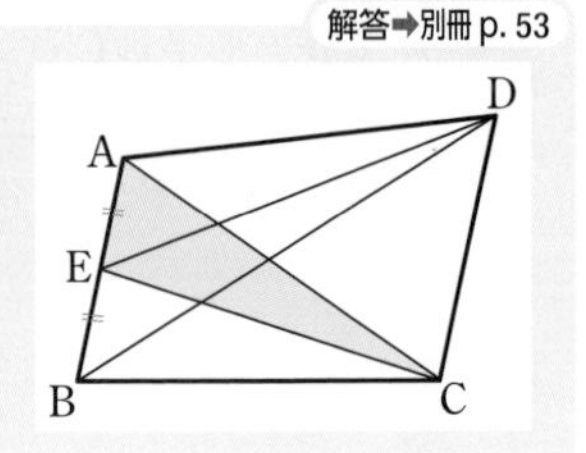

例題 96 等積変形

>>p. 140 3 レベル 

右の図の四角形 ABCD と面積が等しい △EBC をかきなさい。

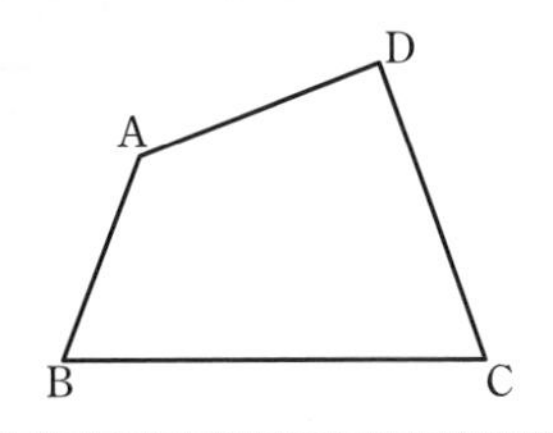

問題を整理しよう！

三角形の 1 辺が BC であることに注意して，答えとなる三角形をイメージする。

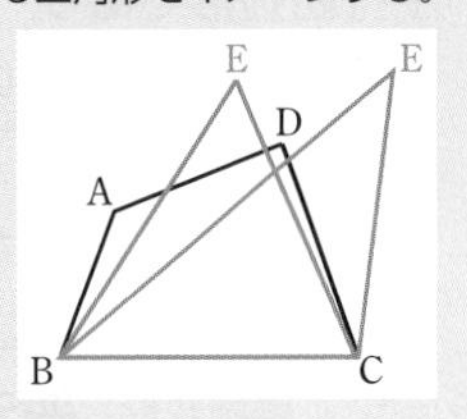

考え方 等積変形 **平行線を利用する**

辺 BC を 1 辺とするから，辺 CD（または BA）の延長上に点 E をとり，△EBC＝四角形 ABCD であると考える。
四角形 ABCD と △EBC は △BCD の部分が共通であるから，△ABD＝△EBD となるように点 E をとればよい。⟶ **平行線を利用**

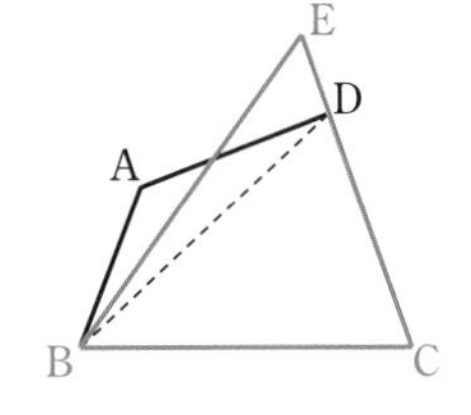

確認 等積変形
面積を変えずに図形を変形することを **等積変形** という。

解答

① 点Aを通り，対角線 BD に平行な直線をひく。
② ①の直線と直線 CD の交点をEとし，△EBC をかく。
このとき，△ABD と △EBD において
　辺 BD は共通　　AE // BD
であるから　△ABD＝△EBD
したがって　四角形 ABCD＝△EBC
よって，△EBC は求める三角形である。

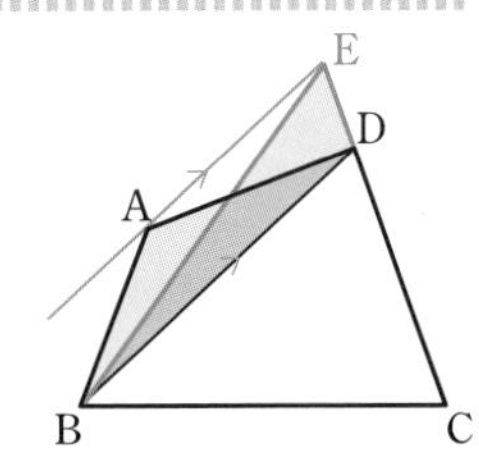

別解 ① 点Dを通り，対角線 AC に平行な直線をひく。
② ①の直線と直線 AB の交点をEとし，△EBC をかく。
このとき，△EBC は求める三角形である。

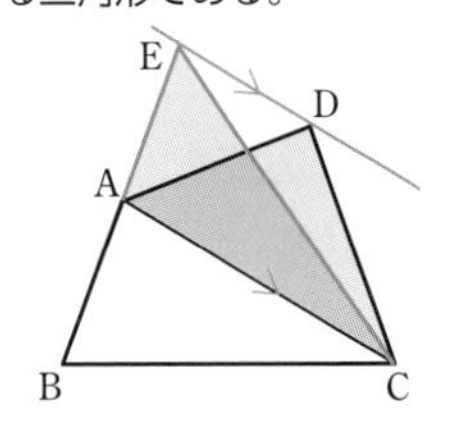

解答➡別冊 p. 53

練習 96 右の図の五角形 ABCDE と面積が等しい △APQ をかきなさい。
ただし，P，Q は直線 CD 上にとるものとする。

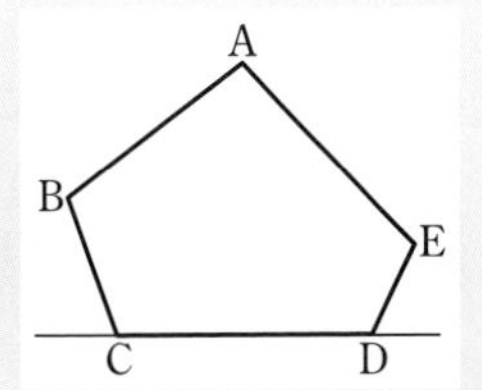

例題 97 等積であることの証明

>>p. 140 3 レベル 

右の図において，四角形 ABCD は平行四辺形であり，点 E，F はそれぞれ辺 BC，CD 上の点で BD∥EF である。このとき，△ABE＝△AFD であることを証明しなさい。

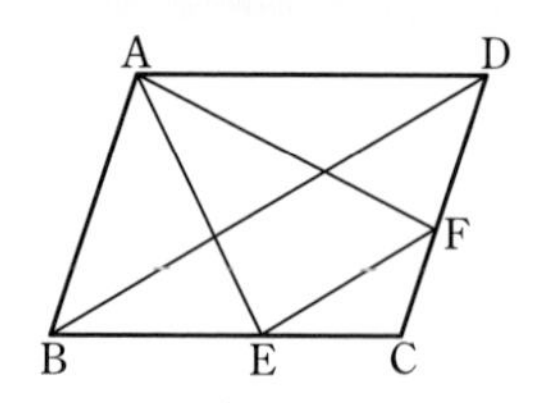

問題を整理しよう！

平行線について
AB∥DC，AD∥BC，
BD∥EF

考え方

等積変形　平行線を利用する

△ABE と △AFD は，離れた位置にあるから，**平行線を利用** して，三角形を **等積のまま動かす** ことを考える。
補助線 DE，BF をひくと考えやすい。

◀等積…面積が等しいこと。

解答

AD∥BC で，辺 BE が共通であるから
　　△ABE＝△DBE
BD∥EF で，辺 DB が共通であるから
　　△DBE＝△DBF
AB∥DC で，辺 DF が共通であるから
　　△DBF＝△AFD
よって　△ABE＝△AFD

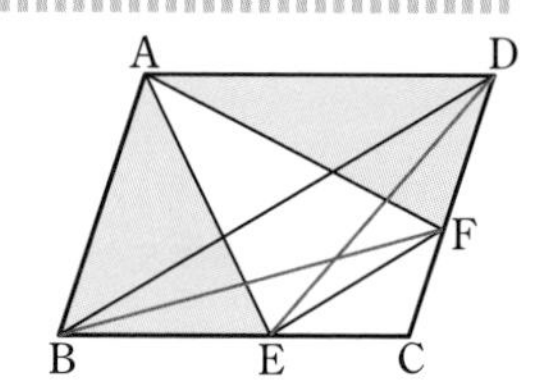

<等積変形>

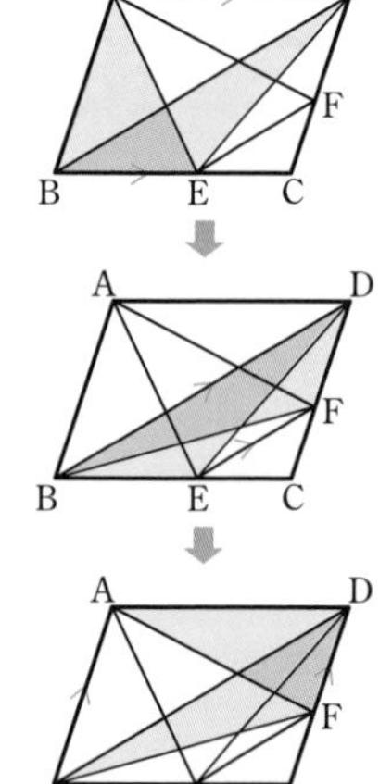

CHART

平行線と面積　**平行線で形を変える**
　底辺・高さが等しいなら　面積は等しい

練習 97 右の図のように，▱ABCD の辺 CD 上に点 E をとり，直線 BE と辺 AD の延長との交点を F とする。このとき，△AED＝△CFE であることを証明しなさい。

解答➡別冊 p. 53

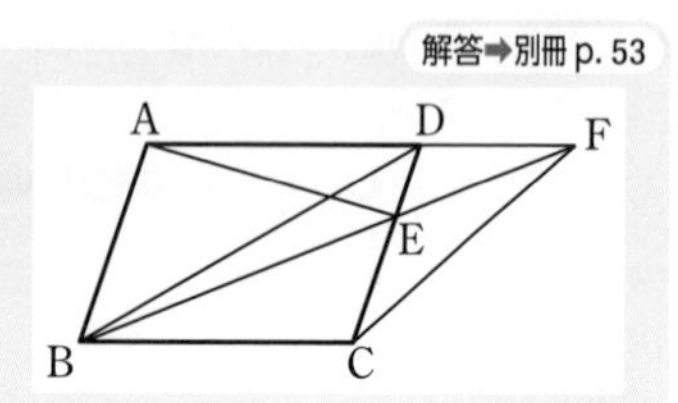

EXERCISES

解答➡別冊 p. 56

73 次の図において，$\angle x$，$\angle y$ の大きさを求めなさい。 >>例題 85

(1) ▱ABCD，AB＝AE

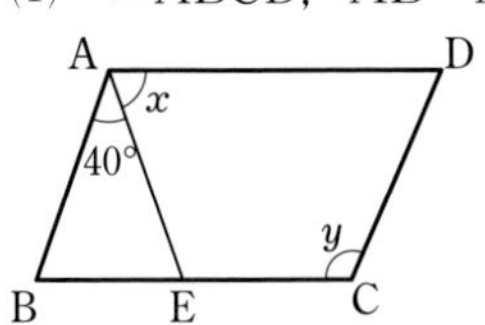

(2) ▱ABCD

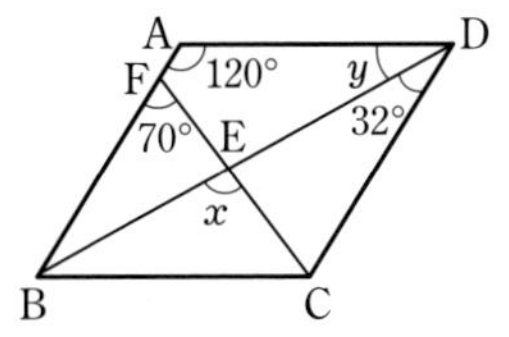

(3) ▱DEFG

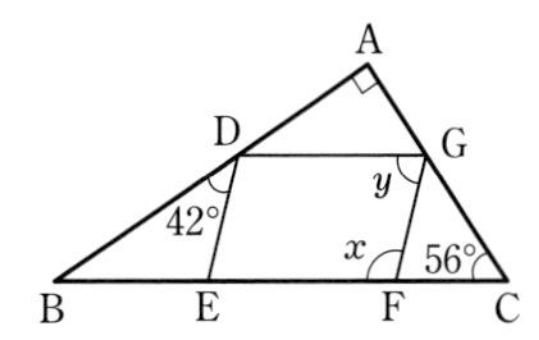

74 右の図のように，▱ABCD の ∠B と ∠D のそれぞれの二等分線と辺 AD，BC との交点をそれぞれ E，F とする。このとき，BE＝DF であることを証明しなさい。 >>例題 86

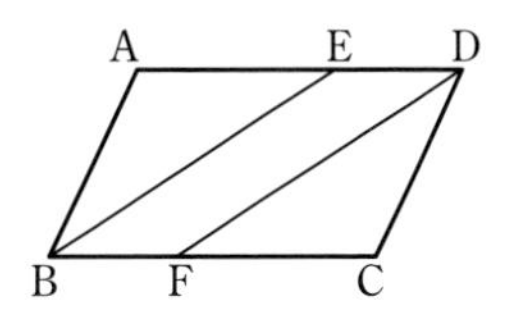

75 四角形 ABCD が次のような条件を満たすとき，平行四辺形になるものをすべて選びなさい。ただし，対角線 AC，BD の交点をOとする。

① AD＝BC，AB∥DC　② AD＝BC，AB＝DC

③ AD∥BC，AB∥DC　④ ∠A＝110°，∠B＝70°

⑤ $OA=\frac{1}{2}AC$，$OB=\frac{1}{2}BD$　⑥ AD＝BC，∠B＋∠D＝180°

76 右の図のように，△ABC の辺 AB，BC，CA をそれぞれ1辺とする正三角形 PBA，QBC，RAC をつくる。このとき，次の (1)，(2) を証明しなさい。

(1) △ABC≡△PBQ

(2) 四角形 PARQ は平行四辺形 >>例題 88，89

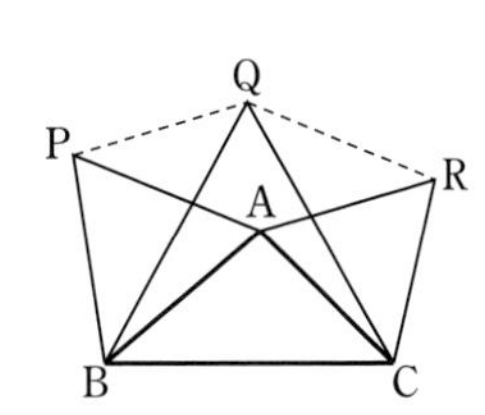

77 次の図において，$\angle x$ の大きさを求めなさい。

(1) 長方形 ABCD

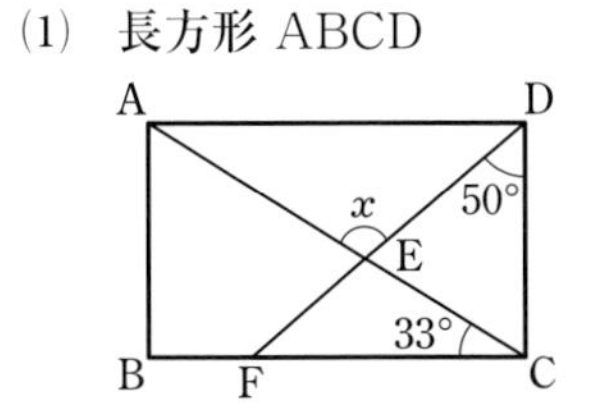

(2) ひし形 ABCD，正三角形 EBC

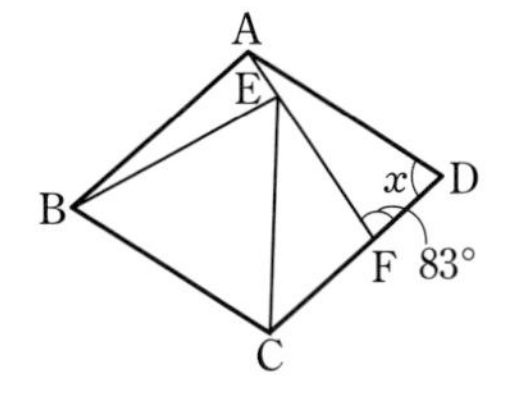

78 $\angle A=90^\circ$ である直角三角形 ABC において，頂点Aから斜辺 BC に垂線 AD をひき，$\angle B$ の二等分線と辺 AC，垂線 AD との交点を，それぞれ E，F とする。また，E から BC に垂線 EG をひく。このとき，次のことを証明しなさい。

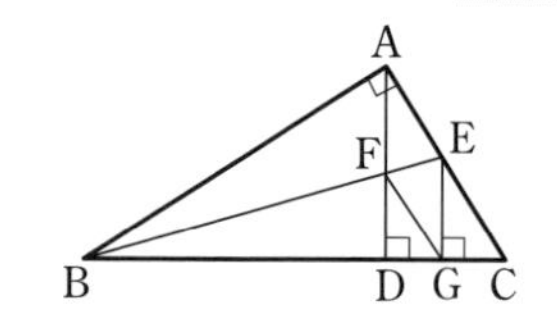

(1) $\triangle ABE \equiv \triangle GBE$

(2) $\triangle ABF \equiv \triangle GBF$

(3) 四角形 AFGE はひし形

>>例題 93

79 次の中からつねに正しい記述をすべて選びなさい。

① 4つの辺が等しい四角形は正方形である。

② 平行四辺形の2本の対角線の長さは等しい。

③ 2組の対辺がそれぞれ平行である四角形は平行四辺形である。

④ 2組の対辺がそれぞれ等しい四角形は長方形である。

⑤ 平行四辺形の対角線は垂直に交わる。

⑥ ひし形の2本の対角線の長さは等しく，それぞれの中点で交わる。

⑦ 1組の対辺が平行でその長さが等しい四角形は平行四辺形である。

80 右の図の四角形 ABCD は，AD // BC の台形である。この台形の高さが 4 cm であるとき，斜線をつけた部分の面積の和を求めなさい。

>>例題 96, 97

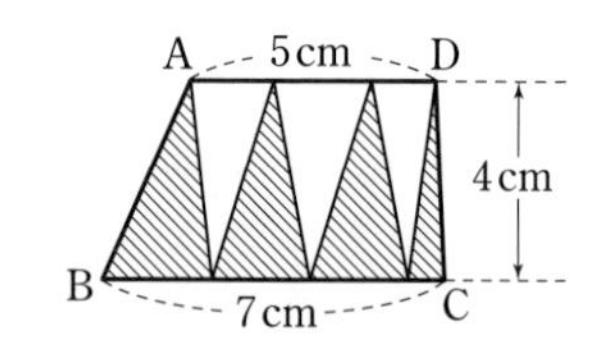

81 右の図のような $\triangle ABC$ と，$\triangle ABC$ の外部の点Pがある。辺 AB 上に点Dをとって，四角形 BCPD の面積と $\triangle ABC$ の面積が等しくなるようにしたい。点Dをどのような位置にとればよいか説明しなさい。

>>例題 96

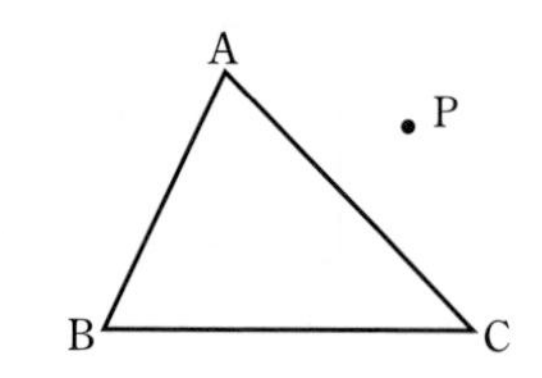

定期試験対策問題 （解答➡別冊 p. 58）

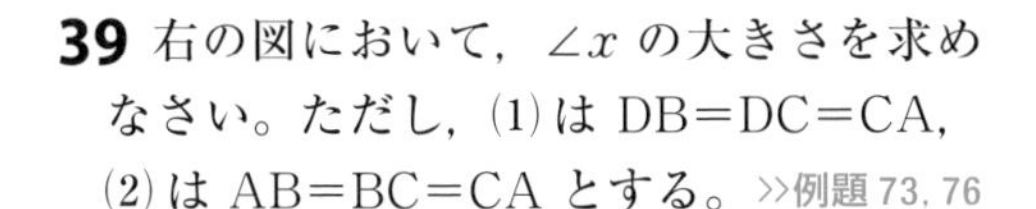

39 右の図において，$\angle x$ の大きさを求めなさい。ただし，(1) は DB＝DC＝CA，(2) は AB＝BC＝CA とする。>>例題 73, 76

(1)

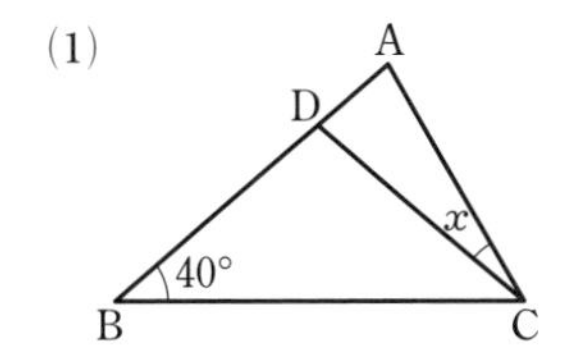

(2)

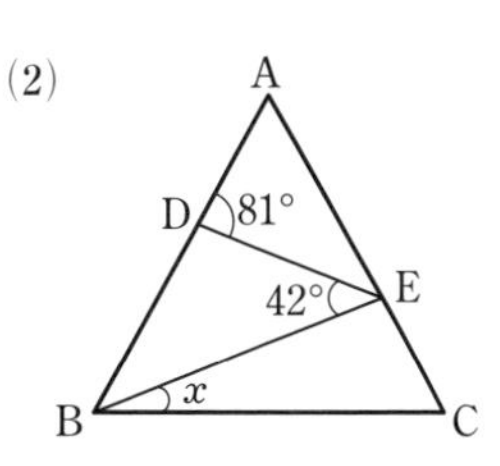

40 右の図において，$\angle$ABE＝$\angle$EBD，$\angle$BAE＝$\angle$C である。このとき，△AEF は二等辺三角形であることを証明しなさい。

>>例題 74

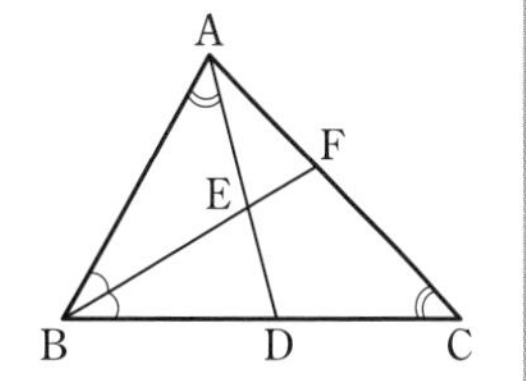

41 $\angle$A＝90° の直角二等辺三角形 ABC において，$\angle$B の二等分線が辺 CA と交わる点を D とする。D から辺 BC にひいた垂線を DE とするとき，AD＝DE＝EC であることを証明しなさい。

>>例題 80

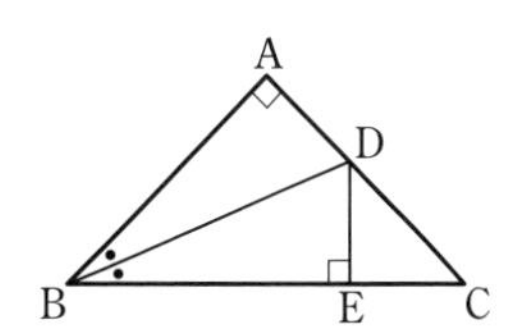

42 次の図において，$\angle x$，$\angle y$ の大きさを求めなさい。 >>例題 85, 92

(1)

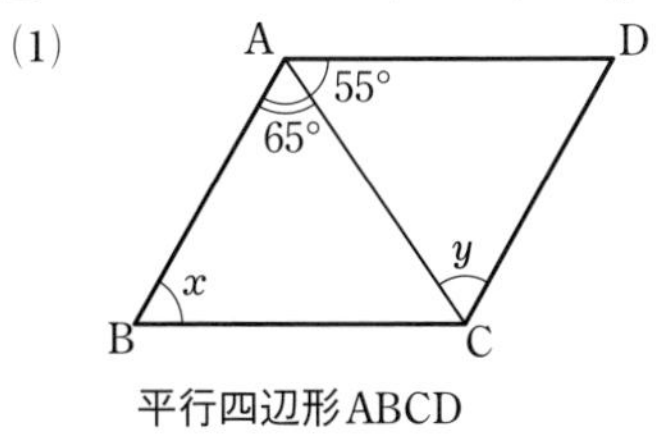

平行四辺形ABCD

(2)

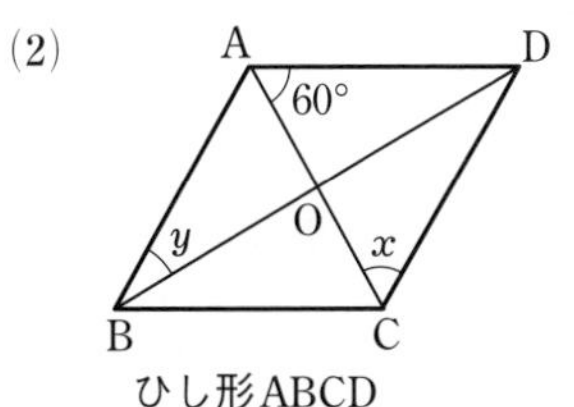

ひし形ABCD

43 ▱ABCD の辺 AB，BC，CD，DA 上に，それぞれ E，F，G，H をとり AE＝CG，BF＝DH とする。
このとき，四角形 EFGH は平行四辺形であることを証明しなさい。

>>例題 88，89

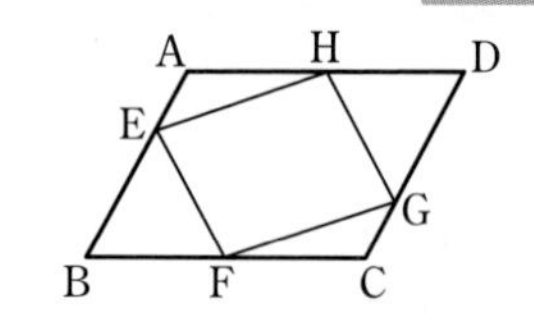

44 右の図のように，▱ABCD の辺 BC の中点をMとし，線分 AM の延長と線分 DC の延長の交点をEとする。このとき，四角形 ABEC は平行四辺形であることを証明しなさい。

>>例題 88，89

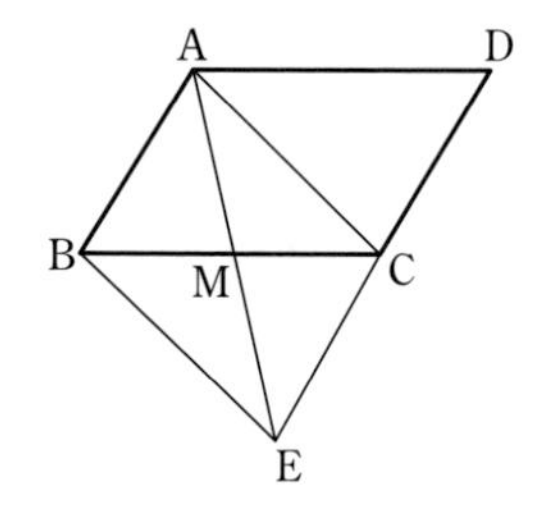

45 △ABC の ∠A の二等分線が，辺 BC と交わる点をDとする。Dから AC と AB に平行な直線をひき，AB，AC との交点をそれぞれ E，F とする。このとき，四角形 AEDF はひし形であることを証明しなさい。

>>例題 92，93

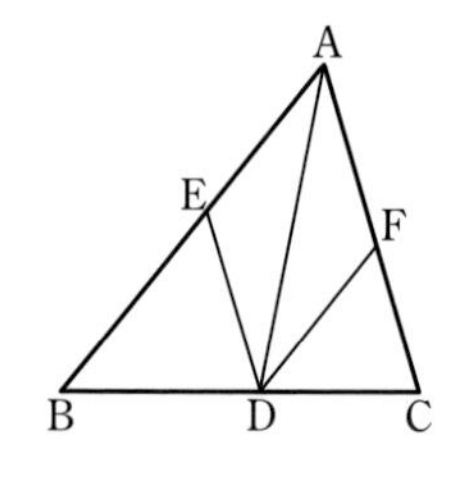

46 右の図のように，四角形の土地 PQRS が折れ線 ABC によって2つに分けられている。折れ線によって分けられた左右の部分の面積を変えないで，点Aを通る1本の直線で分けなおしたい。その直線を図にかきなさい。

>>例題 96，97

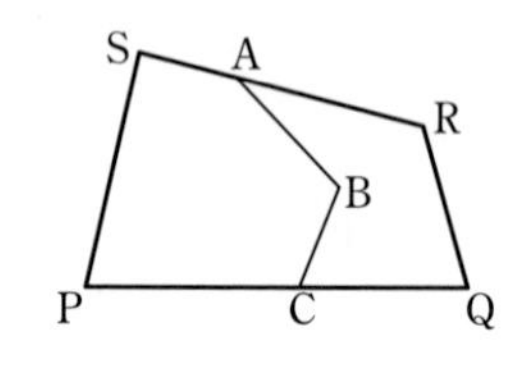

第6章

データの活用

16 データの活用

1 四分位数と四分位範囲

❶ データを値の大きさの順に並べたとき，4 等分する位置にくる値を **四分位数**（しぶんいすう）といい，小さい方から順に
第 1 四分位数，第 2 四分位数，第 3 四分位数
という。
（第 2 四分位数 ← 中央値のこと）

例
(1) データが 6，1，12，9，17，3，20 のとき
大きさの順に並べて 1 3 6 9 12 17 20
第 1 四分位数は 3，第 2 四分位数は 9，
第 3 四分位数は 17

(2) データが 5，1，2，2，8，3，10，14 のとき
大きさの順に並べて 1 2 2 3 5 8 10 14
第 1 四分位数は $\frac{2+2}{2}=2$，第 2 四分位数は $\frac{3+5}{2}=4$，
第 3 四分位数は $\frac{8+10}{2}=9$

❷ 第 3 四分位数から第 1 四分位数をひいた差を
四分位範囲 という。
(四分位範囲)＝(第 3 四分位数)－(第 1 四分位数)
四分位範囲が大きいほど，データの中央値のまわりの散らばりの程度が大きいといえる。

第 1 四分位数　第 2 四分位数　第 3 四分位数
○○●○○●○○●○○
中央値

〈四分位数を求める手順〉
[1] データを値の大きさの順に並べ，個数が同じになるように半分に分ける。データが奇数個の場合，中央値を除いて分ける。
[2] 半分にしたデータのうち，小さい方のデータの中央値が第 1 四分位数，大きい方のデータの中央値が第 3 四分位数である。

1年生の復習
(範囲)
＝(最大の値)－(最小の値)
四分位範囲は，範囲よりも中央値に近いところの散らばりの程度を調べるのに利用する。

2 箱ひげ図

データの散らばりのようすを，次のような図で表すことがある。これを **箱ひげ図** という。

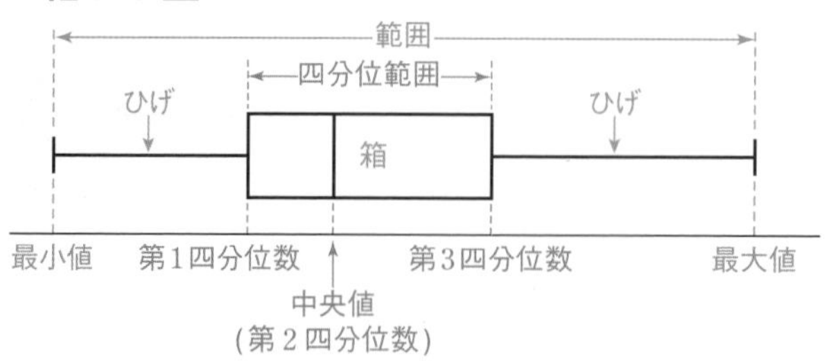

箱は，**データ全体のほぼ半分を表している** と考えられる。なお，箱ひげ図は縦に表すこともある。

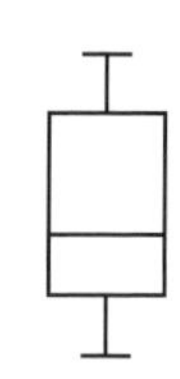

例題 98 四分位数

>>p. 160 1

次のデータの四分位数（第1四分位数，第2四分位数，第3四分位数）を求めなさい。

(1) 2，4，8，9，11，14，15

(2) 7，11，5，10，11，11，1，14，8，6

(3) 9，12，7，16，9，4，5，10，15

確認 四分位数
データを値の大きさの順に並べたとき，4等分する位置にくる値を **四分位数** といい，小さい方から順に **第1四分位数**，**第2四分位数**，**第3四分位数** という。

考え方

大きさの順に並べ，半分に分ける
半分にしたデータのうち，
小さい方のデータ の中央値が　第1四分位数
大きい方のデータ の中央値が　第3四分位数
（第2四分位数は　データの中央値）

確認 中央値
データを大きさの順に並べたときの中央の値。2つある場合は，その平均を中央値とする。

解答

(1) 2 4 8 9 11 14 15

答 **第1四分位数は** 4，**第2四分位数は** 9，
第3四分位数は 14

◀データの個数が7（奇数）であるから，中央の値を除いて2つに分ける。

(2) データを，値の大きさの順に並べると

1 5 6 7 8 10 11 11 11 14

答 **第1四分位数は** 6，

第2四分位数は $\frac{8+10}{2}=9$，

第3四分位数は 11

◀データの個数が10（偶数）であるから，中央値は，小さい方から5番目と6番目の値の平均。

(3) データを，値の大きさの順に並べると

4 5 7 9 9 10 12 15 16

答 **第1四分位数は** $\frac{5+7}{2}=6$，

第2四分位数は 9，

第3四分位数は $\frac{12+15}{2}=13.5$

◀第1四分位数は2番目と3番目の値の平均，第3四分位数は7番目と8番目の値の平均。

解答➡別冊 p. 60

練習 98 次のデータの四分位数（第1四分位数，第2四分位数，第3四分位数）を求めなさい。

(1) 32，18，32，18，27，20，15，21，21，30，25

(2) 28，21，18，25，19，24，32，28

例題 99 四分位範囲

>>p. 160 1

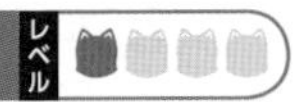

次のデータは，10 人ずつのグループ A，B の，数学のテストの得点である。

A：　63，75，52，87，58，48，68，95，70，80　(点)

B：　95，73，60，50，82，66，48，85，72，54　(点)

(1) グループ A，B の四分位範囲をそれぞれ求めなさい。

(2) 四分位範囲をもとに，中央値のまわりの散らばりの程度が大きいのはどちらのグループか答えなさい。

考え方

(四分位範囲)＝(第 3 四分位数)－(第 1 四分位数)

四分位範囲が大きいほど，データの中央値のまわりの散らばりの程度が大きい。

参考
四分位範囲は，データの中に極端に大きな値や小さな値があっても，その影響を受けにくい。

解答

(1) グループ A，B のそれぞれの得点を，大きさの順に並べると，次のようになる。

A：48，52，58，63，68，70，75，80，87，95

B：48，50，54，60，66，72，73，82，85，95

◀データの個数が 10 であるから，第 1 四分位数は小さい方から 3 番目の得点，第 3 四分位数は小さい方から 8 番目の得点である。

よって

A の第 1 四分位数は　58 (点)，　第 3 四分位数は　80 (点)

B の第 1 四分位数は　54 (点)，　第 3 四分位数は　82 (点)

したがって

A の四分位範囲は　$80-58=22$ (点)

B の四分位範囲は　$82-54=28$ (点)

答　**A：22 点，B：28 点**

(2) (1) より，四分位範囲が大きいのは，グループ B の方であるから，データの中央値のまわりの散らばりの程度が大きいのはグループ B である。

答　**B**

参考
範囲はどちらも
$95-48=47$ (点)
である。

解答➡別冊 p. 60

練習 99 上の例題において，グループ C 10 人の数学のテストの得点は，次の通りであった。

C：　56，57，87，73，90，55，80，86，63，65　(点)

(1) 四分位範囲を求めなさい。

(2) 四分位範囲をもとに，中央値のまわりの散らばりの程度が一番小さいのは A，B，C のどのグループか答えなさい。

例題 100 箱ひげ図

>>p. 160 2 レベル

下の図は，例題 99 において，グループＡの得点を箱ひげ図で表したものである。
同じようにして，グループＢの箱ひげ図を，下の図にかき入れなさい。

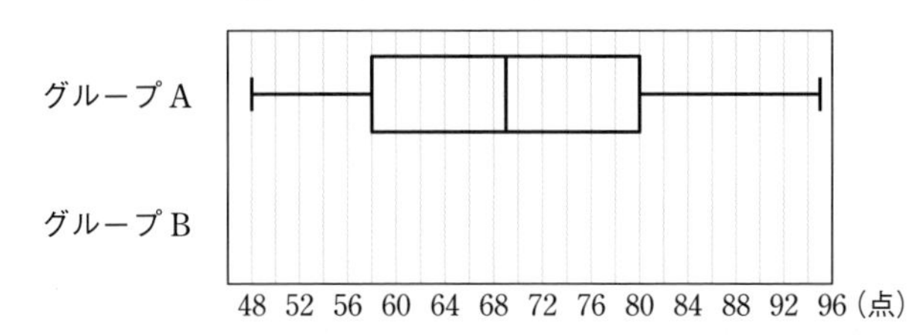

考え方 最小値，四分位数，最大値を求めて，図に表す

特にきまりはないが，ここでは下の手順にしたがってかいてみよう。

手順 1 目もりをとる。(この例題では不要)

手順 2 第 1 四分位数を左端，第 3 四分位数を右端とする長方形 (箱) をかく。

手順 3 箱の中に中央値 (第 2 四分位数) を示す縦線をひく。

手順 4 最小値，最大値を表す縦線をひき，
箱の左端から最小値までと，箱の右端から最大値まで，線分 (ひげ) をひく。

〈箱ひげ図〉

範囲 / 四分位範囲 / ひげ / 箱 / ひげ
最小値　第 1 四分位数　第 3 四分位数　最大値
中央値 (第 2 四分位数)

解答

グループＢの最小値，四分位数，最大値は，次のようになる。

最小値	第 1 四分位数	中央値	第 3 四分位数	最大値
48	54	69	82	95

(単位：点)

よって，グループＢの箱ひげ図は，下の図のようになる。 答

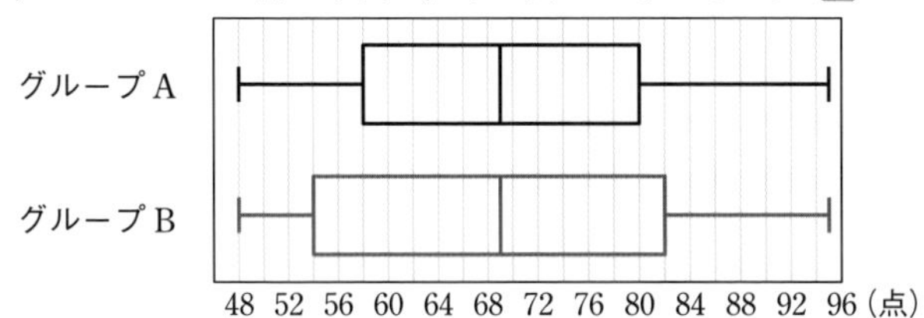

Ｂの方が箱が大きいから，中央値のまわりの散らばりの程度が大きいことがわかる

◀例題 99 を参照。中央値は $\frac{66+72}{2}=69$ (点)

〈手順〉

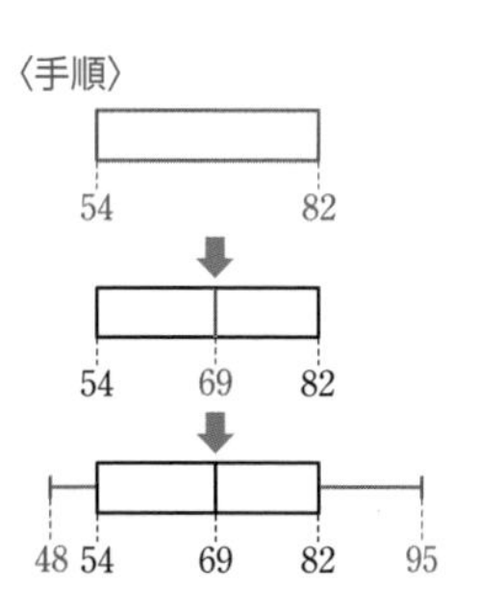

解答➡別冊 p. 60

練習 100 練習 99 において，グループＣの箱ひげ図をかきなさい。

例題 101 ヒストグラムと箱ひげ図

>>p. 160 2

次のヒストグラムは，ある中学校のA組とB組それぞれ生徒 30 人について，通学時間をまとめたものである。たとえばA組において，通学時間が 5 分以上 10 分未満の生徒は 3 人であることを表している。

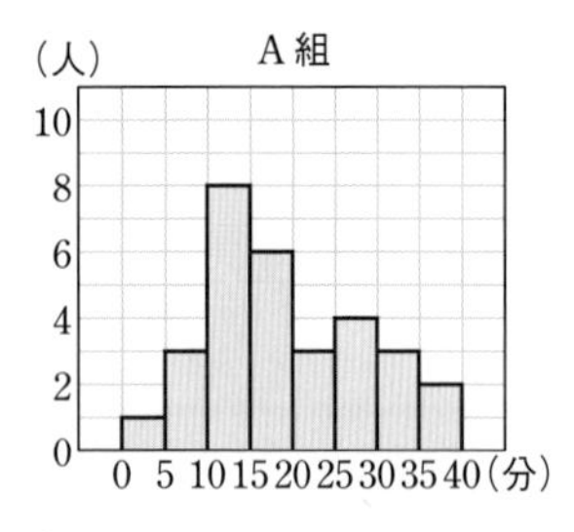

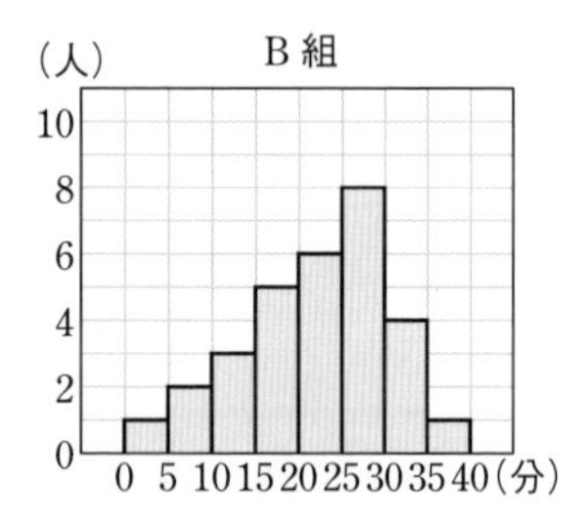

下の ①～⑥ が，A組，B組をふくむ 6 クラスに対応する箱ひげ図であるとき，A組，B組のものはどれであるか選びなさい。

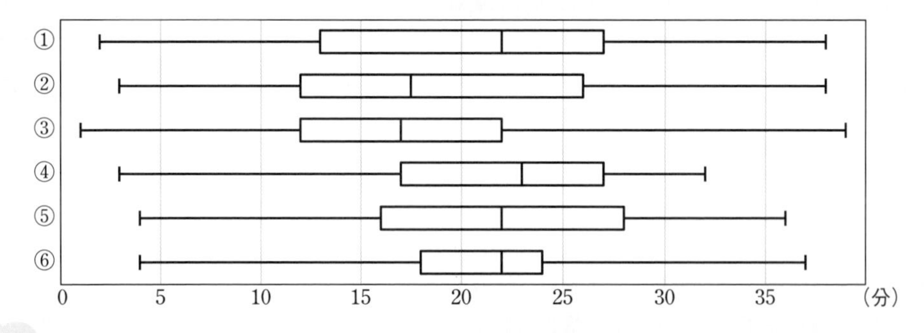

考え方

ヒストグラムから

最小値，四分位数，最大値がどの階級にふくまれるかを読みとる

まず，読みとりやすい最小値・最大値から調べるとよい。
次に，第 1 四分位数，中央値，第 3 四分位数について調べる。
データの個数は 30 であるから，データを値の大きさの順に並べたとき

第 1 四分位数は　8 番目の値
中央値は　15 番目と 16 番目の値の平均
第 3 四分位数は　23 番目の値（大きい方から 8 番目の値）

となる。

1 年生で学んだ累積度数分布表を利用すると，考えやすい。

データを半分に分けると

①②③④⑤⑥⑦　⑧
⑨⑩⑪⑫⑬⑭⑮

⑯⑰⑱⑲⑳㉑㉒　㉓
㉔㉕㉖㉗㉘㉙㉚

解答

ヒストグラムから，A組，B組どちらも

最小値がふくまれる階級は　0分以上5分未満

最大値がふくまれる階級は　35分以上40分未満

であることがわかる。 ←④は，最大値がふくまれる階級が30分以上35分未満であるから適さない。

次に，A組，B組の累積度数は，それぞれ次のようになる。

階級（分）	累積度数（人）A組	累積度数（人）B組
5未満	1	1
10未満	4	3
15未満	12	6
20未満	18	11
25未満	21	17
30未満	25	25
35未満	28	29
40未満	30	30

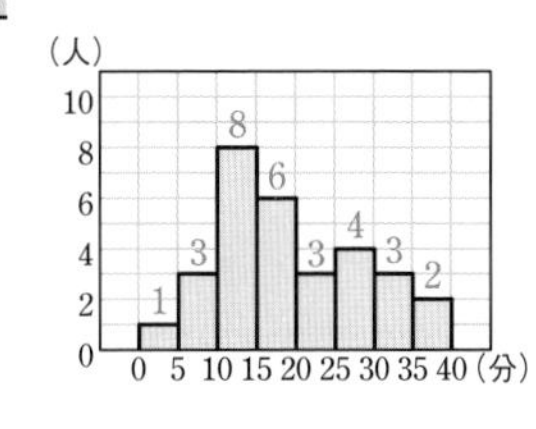

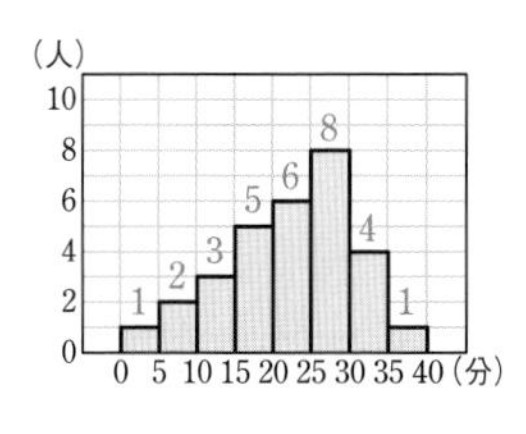

よって，データを値の大きさの順に並べたとき，**第1四分位数**は8番目の値であるから

A組　10分以上15分未満　　B組　15分以上20分未満

中央値は15番目と16番目の値の平均であるから

A組　15分以上20分未満　　B組　20分以上25分未満

第3四分位数は23番目の値であるから

A組　25分以上30分未満　　B組　25分以上30分未満

の階級に，それぞれふくまれる。

これらを満たす箱ひげ図は

A組：②　　B組：⑤　…答

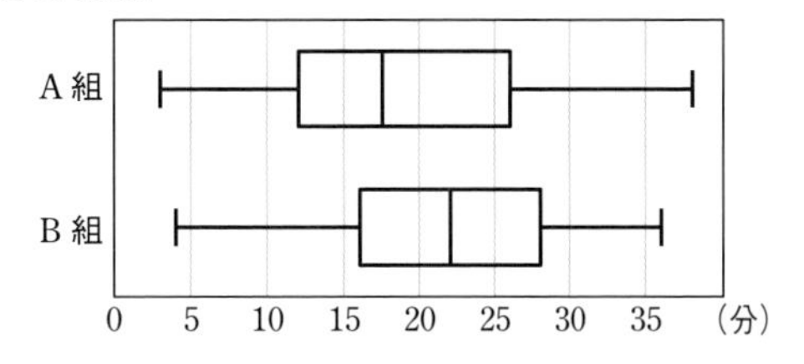

解答➡別冊 p. 60

練習 101 右のヒストグラムは，例題101と同じ中学校のC組の生徒30人の通学時間をまとめたものである。
C組に対応する箱ひげ図を，例題101の①～⑥の中から選びなさい。

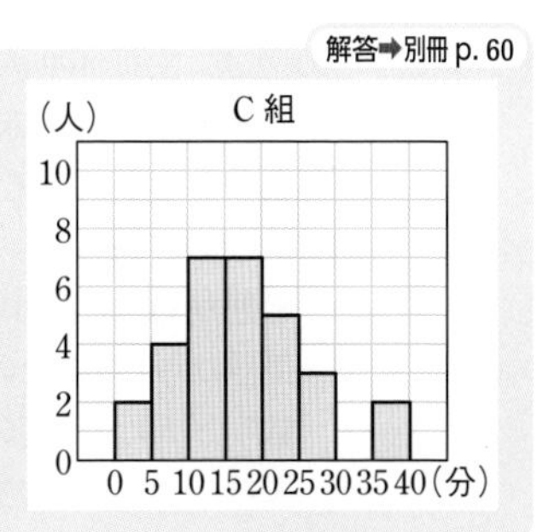

例題 102 箱ひげ図の読みとり

>>p. 160 2

右の図は，5か所の横断歩道A，B，C，D，Eについて，午後0時台に利用した歩行者の数を15日間調べ，箱ひげ図にまとめたものである。次の(1)～(3)にあてはまる横断歩道をそれぞれ答えなさい。

(1) 四分位範囲がもっとも小さい横断歩道

(2) 歩行者の数が60人以上の日が8日以上あった横断歩道

(3) 歩行者の数が40人未満の日が4日以上あった横断歩道

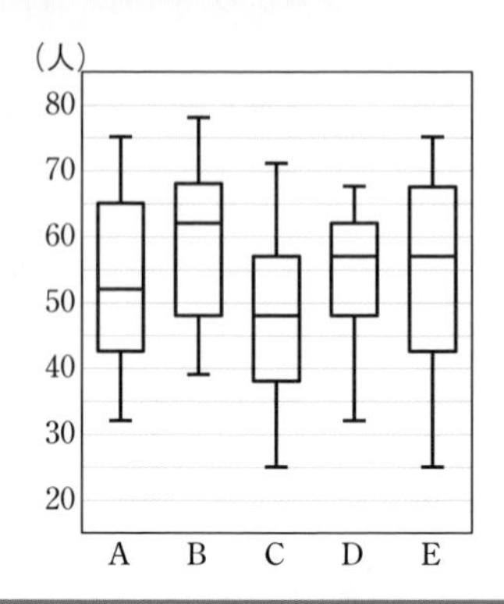

考え方

箱ひげ図 **最小値，四分位数，最大値に注目**

最小値～第1四分位数，第1四分位数～中央値，中央値～第3四分位数，第3四分位数～最大値の間にはそれぞれ，全体の約 $\frac{1}{4}$ のデータがあると考える。…… 第1四分位数～第3四分位数の間は全体の約半分。

(2) データの半分以上（8日以上）が60人以上の箱ひげ図を見つける。

(3) データの $\frac{1}{4}$ 以上（4日以上）が40人未満の箱ひげ図を見つける。

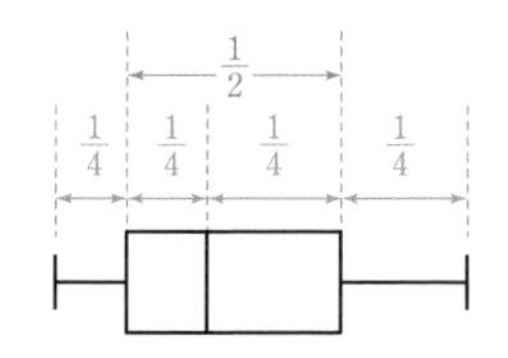

解答

(1) 箱の長さがもっとも短いものであるから　　**D** …答

(2) データの個数は15(日)であるから，中央値から最大値までのデータの個数は8(日)である。よって，中央値が60人以上の横断歩道であるから　　**B** …答

(3) データの個数は15(日)であるから，最小値から第1四分位数までのデータの個数は4(日)である。よって，第1四分位数が40人未満の横断歩道であるから　　**C** …答

(1) 箱の長さは，四分位範囲を表す。

(2)，(3)

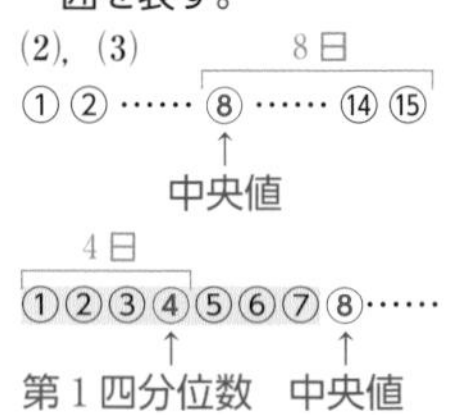

解答➡別冊 p. 61

練習 102 右の図は，生徒400人が受けた国語，数学，英語のテストの得点を，箱ひげ図にまとめたものである。この箱ひげ図から読みとれることとして正しいものを，次の①～④の中からすべて選びなさい。

① 範囲がもっとも小さいのは数学である。

② 英語が60点以上の生徒は200人未満である。

③ 数学が50点未満の生徒は100人以上いる。

④ 国語が30点台の生徒はいない。

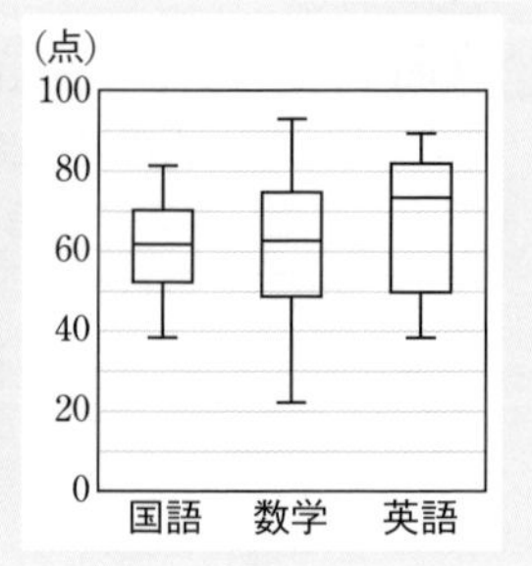

EXERCISES

解答➡別冊 p. 61

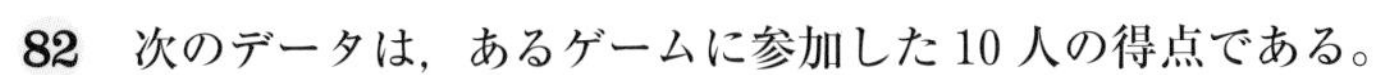

82 次のデータは，あるゲームに参加した 10 人の得点である。

13，10，11，9，12，8，15，9，a，b　　単位（点）

このデータの平均値が 11 点，第 3 四分位数が 12 点であるとき，中央値と第 1 四分位数を求めなさい。ただし，a，b は自然数で $a<b$ とする。

>>例題 98

83 A組からD組の各組 30 人の生徒に対して，英語のテストを行った。次の図は，各組ごとに英語のテストの得点を箱ひげ図にしたものである。

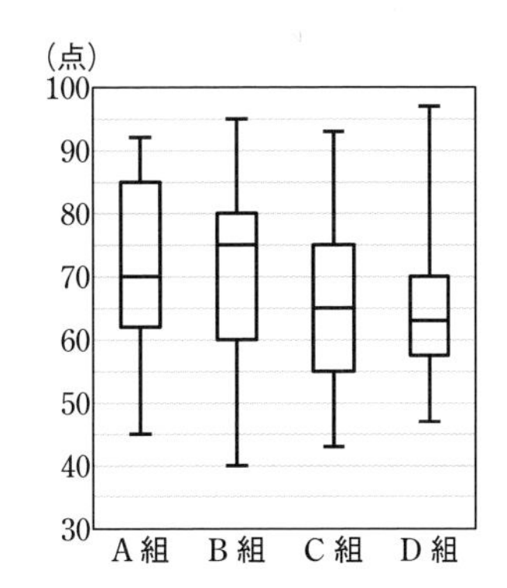

(1) この箱ひげ図から読みとれることとして正しいものを，次の ①～④ の中から 1 つ選びなさい。

① 4組全体の最高点の生徒がいるのはA組である。

② 四分位範囲がもっとも大きいのはC組である。

③ 中央値と第 1 四分位数の差がもっとも小さいのはD組である。

④ B組では，60 点未満の人数は 80 点以上の人数よりも多い。

(2) A組の箱ひげ図のもとになった得点をヒストグラムにしたとき，対応するものを下の ①～④ の中から選びなさい。

(注) たとえば，30～40 の区間は 30 点以上 40 点未満の階級を表す。

>>例題 101

①
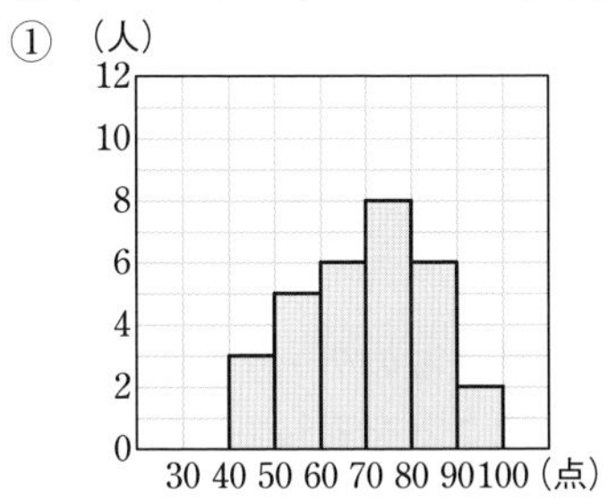

②
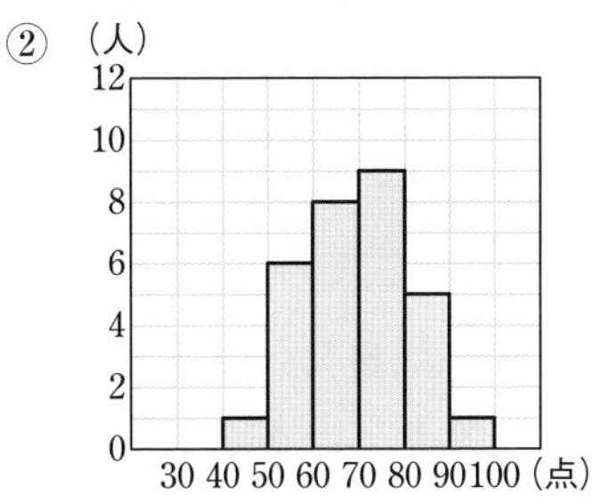

③
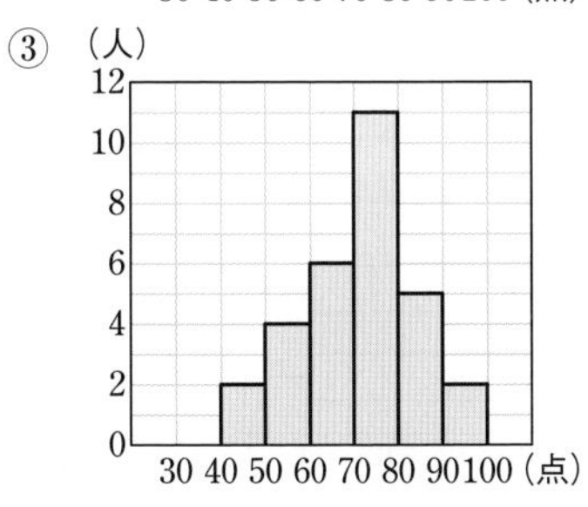

④
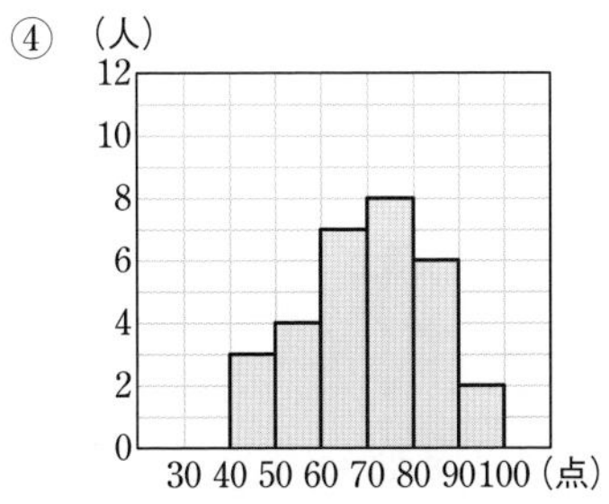

定期試験対策問題 （解答➡別冊 p. 62）

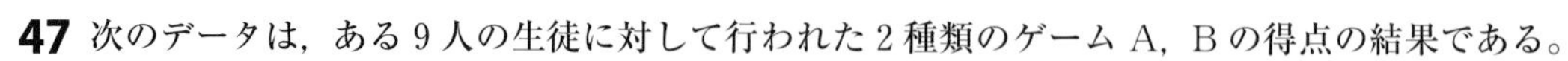

47 次のデータは，ある 9 人の生徒に対して行われた 2 種類のゲーム A，B の得点の結果である。

A：1，7，9，3，8，5，1，2，9　（点）

B：2，9，7，5，6，7，4，4，10　（点）

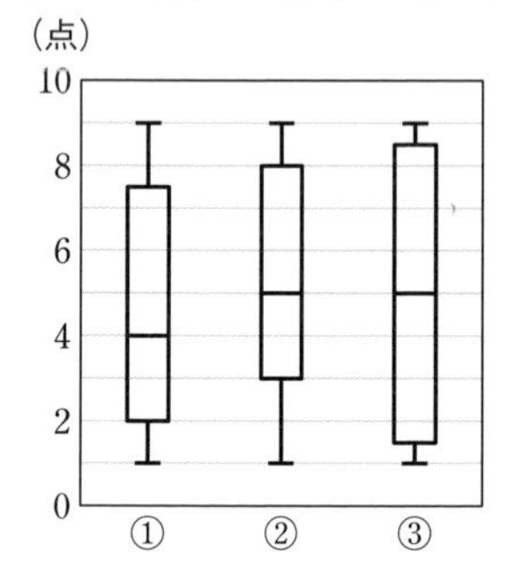

(1) ゲームAの得点の箱ひげ図を右の ①〜③ から選びなさい。

(2) 四分位範囲をもとに，中央値のまわりの散らばりの程度が大きいのは A，B のどちらのゲームか答えなさい。

>>例題 98〜100

48 右の図は，リーグAとリーグBからそれぞれ 30 人のサッカー選手を選び，その選手のあるシーズンの得点のデータを箱ひげ図にまとめたものである。
この箱ひげ図から読みとれることとして正しいものを，次の ①〜③ の中からすべて選びなさい。

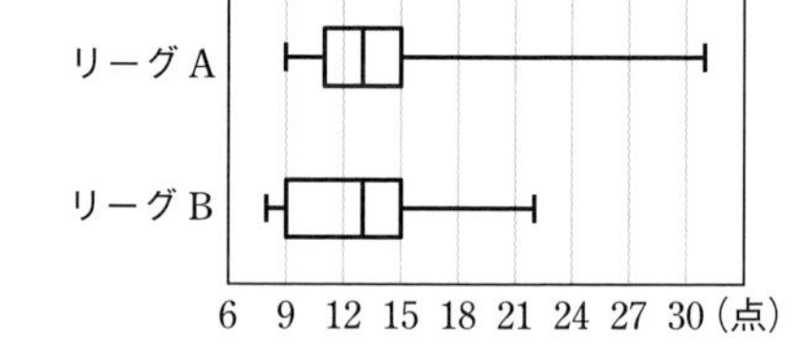

① 四分位範囲をもとにすると，データの中央値のまわりの散らばりの程度が小さいのは，リーグAである。

② リーグAで 12 点以上得点した選手が少なくとも 15 人いる。

③ リーグBで 18 点得点した選手がいる。

>>例題 102

49 左下のヒストグラムは，A市のある月の 30 日の日ごとの最低気温のデータをまとめたもので，たとえば 2℃ 以上 4℃ 未満の階級に入る日は 0 日であったことを表している。対応する箱ひげ図としてもっとも適するものを，右下の ①〜④ から 1 つ選びなさい。

>>例題 101

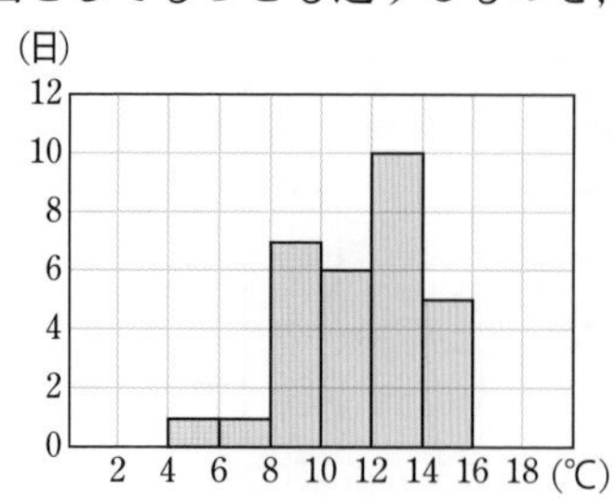

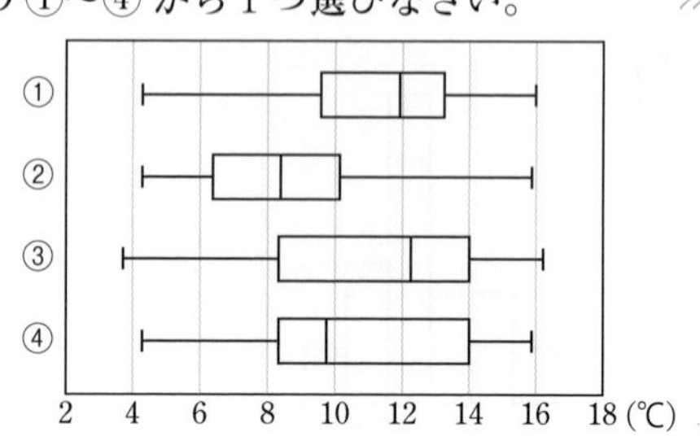

第7章

確　率

17 確　率

1 確　率

❶ どの場合が起こることも同じ程度に期待できるとき，各場合の起こることは **同様に確からしい** という。

さいころの1から6の目の出方や硬貨の表裏の出方は同様に確からしい。

❷ 各場合の起こることが同様に確からしい実験や観察において，起こりうるすべての場合が n 通りあり，そのうち，ことがらAの起こる場合が a 通りであるとき

Aの起こる確率 p は　　$\boldsymbol{p=\dfrac{a}{n}}$

$$(\text{確率})=\frac{(\text{Aの起こる場合})}{(\text{すべての場合})}$$

例　さいころの出る目は，1から6の6通り。
そのうち偶数の目が出る場合は，2，4，6の3通り。
よって，さいころを1個投げて偶数の目が出る確率は　$\dfrac{3}{6}=\dfrac{1}{2}$

⚠ 確率を求めるときは，約分を忘れずに。

❸ **絶対に起こることがらの確率は** 1 であり，**絶対に起こらないことがらの確率は** 0 である。

確率 p の値の範囲は　　$\boldsymbol{0 \leqq p \leqq 1}$

確率は，1より大きい数や，負の数にはならない。

❹ ことがらAについて

(Aの起こる確率)＋(Aの起こらない確率)＝1

が成り立つ。よって

(Aの起こらない確率)＝1－(Aの起こる確率)

◀このことを利用すると，計算がらくになることがある。

例　さいころを1個投げるとき
(1の目が出ない確率)＝1－(1の目が出る確率)
$=1-\dfrac{1}{6}=\dfrac{5}{6}$

2 いろいろな確率

右の図のように，枝分かれしていく図を **樹形図** という。樹形図は，起こりうるすべての場合を順序よく整理して表すのに便利である。

A＜B, C, D　　B＜C, D　　C―D

↑
A，B，C，Dの4つから2つを選ぶ方法

確率を求めるときは，樹形図や表を使うと，起こりうる場合を整理しやすい。

例題 103 確率の基本

>>p. 170 1 レベル

次の確率を求めなさい。

(1) 1つのさいころを投げるとき，3以上の目が出る確率

(2) 赤玉4個，白玉3個，青玉5個が入った袋から玉を1個取り出すとき，それが白玉である確率

確率 $\dfrac{\text{そのことがらが起こる場合}}{\text{すべての場合}}$

起こりうるすべての場合と，そのことがらが起こる場合をそれぞれ書き出す。

確認 同様に確からしい
どの場合が起こることも同じ程度に期待できるとき，各場合の起こることは，同様に確からしいという。

解答

(1) 目の出方は全部で 6通り あり，それらは 同様に確からしい。
このうち，3以上の目が出る場合は3，4，5，6の 4通り ある。
よって，求める確率は $\dfrac{4}{6}=\mathbf{\dfrac{2}{3}}$ …答

(1)
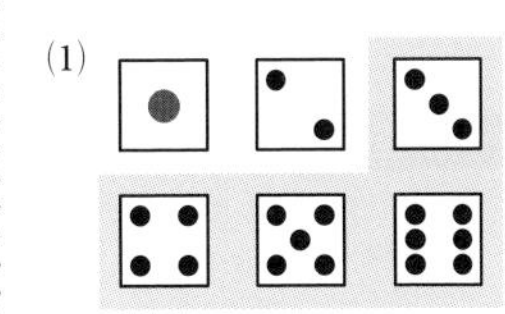

(2) 玉の取り出し方は全部で 12通り あり，それらは 同様に確からしい。
このうち，白玉を取り出す場合は，3通り ある。
よって，求める確率は $\dfrac{3}{12}=\mathbf{\dfrac{1}{4}}$ …答

(2)
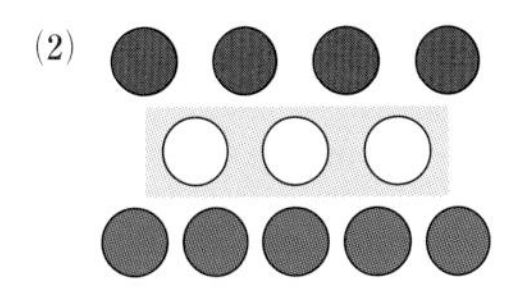

⚠ (2) 玉の種類が赤・白・青の3種類であるから，白玉である確率は $\dfrac{1}{3}$ とするのは **誤り** である。たとえば，赤玉100個，白玉3個，青玉10個としたとき，白玉を取り出す確率は $\dfrac{1}{3}$ でないことはわかるだろう。

※これ以降，「同様に確からしい」ことは省略することがある。

◀この考え方の場合，赤玉や青玉を取り出す確率も $\dfrac{1}{3}$ となってしまう。
p. 173 も参照。

解答➡別冊 p. 63

練習 103 次の確率を求めなさい。

(1) 1つのさいころを投げるとき，3の倍数の目が出る確率

(2) 黒玉5個，白玉3個，赤玉2個が入った袋から玉を1個取り出すとき，それが赤玉である確率

例題 104 起こらない確率

>>p. 170 1

次の確率を求めなさい。

(1) ジョーカーを除く52枚のトランプから，1枚引くとき

(ア) そのカードがK（キング）である確率　(イ) そのカードがKでない確率

(2) 1から40までの整数を1つずつ書いたカードから1枚を取り出すとき，7の倍数でないカードを取り出す確率

考え方

(Aの起こらない確率)=1−(Aの起こる確率)

「～でない確率」を直接求めることはできるが，その場合の数が多いとき，計算が複雑になる場合がある。そこで，

(Aの起こる確率)+(Aの起こらない確率)=1

の関係を利用する。

ことがらAが起こるか起こらないかは，必ず**どちらか一方が成り立つ**。よって，Aの起こる確率とAの起こらない確率の和は1になる。

解答

(1) (ア) 52枚のトランプのうち，Kは♠，♣，♥，◆の4枚ある。

よって，求める確率は　$\frac{4}{52}=\mathbf{\frac{1}{13}}$　…答

◀約分を忘れずに。

(イ) (Kを引かない確率)=1−(Kを引く確率) であるから，

求める確率は　$1-\frac{1}{13}=\mathbf{\frac{12}{13}}$　…答

(2) 1から40までの整数のうち，7の倍数は

7，14，21，28，35　の5個　←7の倍数の方が数えやすい

よって，7の倍数のカードを取り出す確率は　$\frac{5}{40}=\frac{1}{8}$

したがって，求める確率は　$1-\frac{1}{8}=\mathbf{\frac{7}{8}}$　…答

参考

(2) 40個の整数のうち，7の倍数でない個数は，7の倍数の5個の数をひいた

$40-5=35$ (個)

よって，求める確率は

$\frac{35}{40}=\frac{7}{8}$

●**(Aの起こらない確率)=1−(Aの起こる確率)** の利用は，(Aの起こらない確率) を求めるのが簡単でないときに，特に有効である。CHARTとして，おさえておこう。

CHART　(Aでない確率)=1−(Aである確率)

解答➡別冊 p. 63

練習 104 1から100までの整数が書かれた100個の玉を袋に入れて，よくかき混ぜてから1個取り出すとき，取り出した玉に書かれた数が5の倍数でない確率を求めなさい。

例題 105 硬貨の確率

≫p. 170 2 レベル 

3 枚の硬貨を同時に投げるとき，次の確率を求めなさい。

(1)　3 枚とも表になる確率　　(2)　1 枚が表で 2 枚が裏になる確率

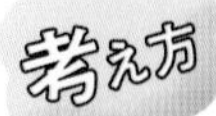

確率では，**同じものも区別して考える**

3 枚の硬貨を a，b，c と区別し，起こりうるすべての場合を，表を○，裏を×として，**樹形図** で表すとよい。

解答

3 枚の硬貨を a，b，c と区別し，表を○，裏を×とすると，表裏の出方は次の図のようになる。

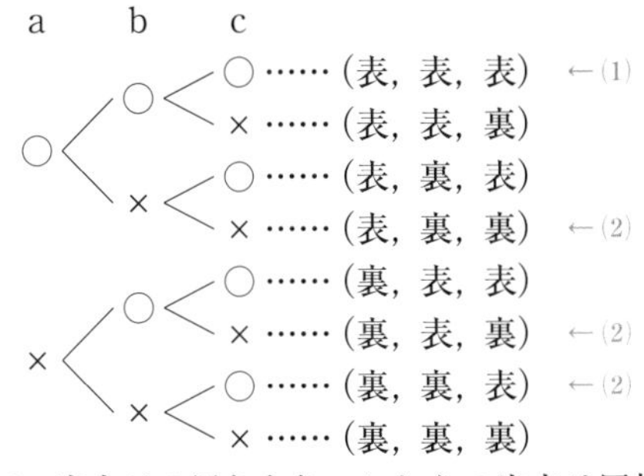

すべての出方は 8 通りあり，これらの出方は同様に確からしい。

(1)　3 枚とも表の場合は ○○○ の 1 通り。

よって，求める確率は $\frac{1}{8}$ …答

(2)　1 枚が表，2 枚が裏の場合は，○××，×○×，××○ の 3 通り。

よって　求める確率は $\frac{3}{8}$ …答

確認 樹形図
枝分かれしていく図のこと。すべての場合を順序よく整理するのに便利である。表は「オ」，裏は「ウ」などとしてもよい。

参考
硬貨 a の出方は表裏の 2 通り，そのおのおのについて硬貨 b，c の出方は 2 通りずつあるから，すべての場合は

$2\times2\times2=8$（通り）

⚠ (1)において，表裏の出方は表 3，表 2 裏 1，表 1 裏 2，裏 3 の 4 通りであるから，「表が 3 枚出る確率は $\frac{1}{4}$」とするのは **誤り！**　確率の計算では，起こるすべての場合について **同様に確からしい** ことが前提(ぜんてい)になる。そのため，硬貨 1 枚 1 枚を **区別しなければならない。** ← p. 171 も参照

解答➡別冊 p. 63

練習 105　4 枚の硬貨を同時に投げるとき，次の確率を求めなさい。

(1)　表と裏が同じ枚数である確率　　(2)　表も裏も出ている確率

第 7 章 確率

例題 106　2 個のさいころの確率

>>p. 170 2 レベル 

2 個のさいころを同時に投げるとき，次の確率を求めなさい。

(1)　出る目の和が 9 になる確率

(2)　出る目の積が 12 の倍数になる確率

考え方　2 個のさいころに関する確率

表を利用する

2 個のさいころを a，b と区別して，右のような表をつくり，あてはまるものに印を入れていく（右の表は途中のもの）と考えやすい。

(1)

a＼b	1	2	3	4	5	6
1						
2						
3						○
4					○	
5						
6						

解答

2 個のさいころを同時に投げるとき，目の出方は全部で

$6\times6=36$（通り）

2 個のさいころの出る目を $(a,\ b)$ のように表す。

(1)　目の和が 9 になる場合は

(3，6)，(4，5)，(5，4)，(6，3)　の 4 通り。

よって，求める確率は　$\dfrac{4}{36}=\mathbf{\dfrac{1}{9}}$　…答

(2)　目の積が 12 の倍数になるのは，その積が 12，24，36 の場合がある。

12 の場合　　(2，6)，(3，4)，(4，3)，(6，2)

24 の場合　　(4，6)，(6，4)

36 の場合　　(6，6)

全部で　$4+2+1=7$（通り）

よって，求める確率は　$\mathbf{\dfrac{7}{36}}$　…答

(1)

a＼b	1	2	3	4	5	6
1	2	3	4	5	6	7
2	3	4	5	6	7	8
3	4	5	6	7	8	9
4	5	6	7	8	9	10
5	6	7	8	9	10	11
6	7	8	9	10	11	12

(2)

a＼b	1	2	3	4	5	6
1	1	2	3	4	5	6
2	2	4	6	8	10	12
3	3	6	9	12	15	18
4	4	8	12	16	20	24
5	5	10	15	20	25	30
6	6	12	18	24	30	36

解答➡別冊 p. 64

練習 106　2 個のさいころを同時に投げるとき，次の確率を求めなさい。

(1)　目の和が 4 以下になる確率

(2)　目の積が 15 以上になる確率

(3)　同じ目が出る確率

例題 107 2けたの整数の確率

>>p. 170 2

4つの数字1, 2, 3, 4の中から, 2つの数字を使って2けたの整数をつくる。次のときに, その整数が3の倍数となる確率を求めなさい。

(1) 同じ数字を2度使ってもよいとき

(2) 異なる2つの数字を使うとき

問題を整理しよう!

(1)と(2)のちがいに注意。たとえば, (1)は「11」,「22」などの整数も考えるが, (2)はこれらを考えない。

考え方 樹形図を利用する

樹形図 から, 次のことがわかる。

すべての場合について

(1) 十の位が4通り, そのおのおのについて一の位が4通りあるから
4×4 通り

(2) 十の位が4通り, そのおのおのについて一の位が3通りあるから
4×3 通り

⚠ 十の位と一の位の和が3の倍数ならば, その2けたの数は3の倍数である。

(1) 十の位　一の位

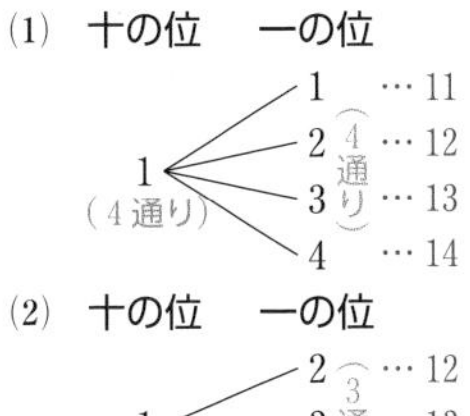

(2) 十の位　一の位

1 (4通り) — 2 … 12, 3 … 13, 4 … 14 (3通り)

解答

(1) 2けたの整数は, 全部で
$4\times4=16$ (通り)
このうち, 3の倍数は
12, 21, 24, 33, 42
の5通り。
よって, 求める確率は $\boldsymbol{\frac{5}{16}}$ …答

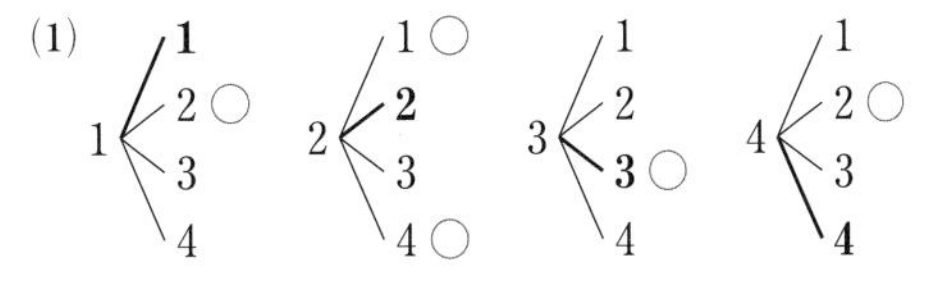

(2) 2けたの整数は, 全部で
$4\times3=12$ (通り)
このうち, 3の倍数は
12, 21, 24, 42
の4通り。
よって, 求める確率は $\frac{4}{12}=\boldsymbol{\frac{1}{3}}$ …答

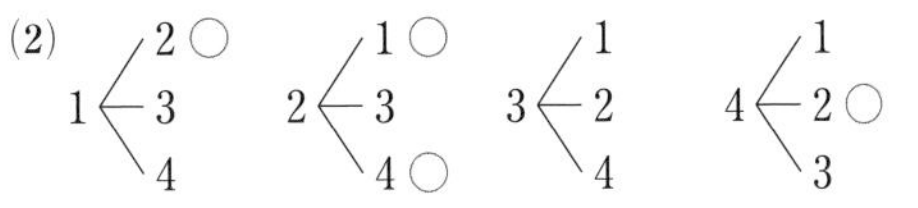

解答➡別冊 p. 64

練習 107 1から5までの数字を書いたカードが1枚ずつある。

(1) この5枚のカードから1枚ずつ続けて2回引くとき, 引いた2枚のカードがともに奇数である確率を求めなさい。

(2) 2回目は1回目のカードをもどしてから引くとすると, 引いた2枚のカードがともに奇数である確率を求めなさい。

例題 108 玉を取り出す確率

>>p. 170 2

レベル 

赤玉2個，青玉3個が入った袋から，同時に2個の玉を取り出すとき，少なくとも1個は赤玉である確率を求めなさい。

問題を整理しよう！

「少なくとも1個は赤玉」ということは，「赤玉1個，青玉1個」と「赤玉2個」の2つの場合がある。

考え方 同じ色の玉でも区別して考える

赤玉を 赤1，赤2，青玉を 青1，青2，青3 として樹形図を利用して考える。同時に2個の玉を取り出すから，「赤1，赤2」を取り出すことと，「赤2，赤1」を取り出すことは同じであることに注意。

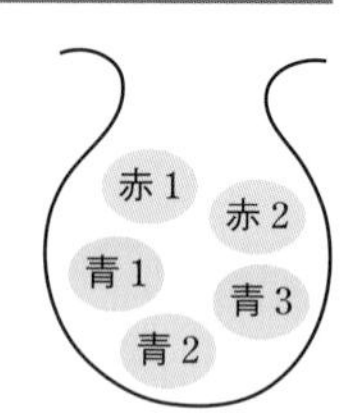

解答

赤玉を 赤1，赤2，青玉を 青1，青2，青3 とし，2個の玉の取り出し方を（赤1，青1）のように表す。

2個の取り出し方は，全部で

（赤1，赤2），（赤1，青1），（赤1，青2），（赤1，青3），
（赤2，青1），（赤2，青2），（赤2，青3），
（青1，青2），（青1，青3），
（青2，青3）の10通り。

このうち，少なくとも1個は赤玉である場合は，赤1 または 赤2 をふくむもので7通りあるから，求める確率は $\mathbf{\frac{7}{10}}$ …答

〈樹形図〉

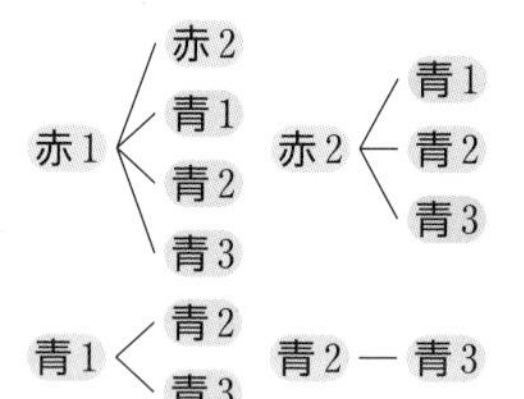

別解 「少なくとも1個は赤玉」とは「2個とも青玉」ではないということである。2個とも青玉である場合は

（青1，青2），（青1，青3），（青2，青3）

の3通りあるから，2個とも青玉である確率は $\frac{3}{10}$

よって，求める確率は $1-\frac{3}{10}=\mathbf{\frac{7}{10}}$ …答

例題104のCHART
（少なくとも1個は赤玉である確率）
=1−（2個とも青玉である確率）

●「〜でない」，「少なくとも〜」とあったら，**CHART** **（Aでない確率）=1−（Aである確率）** を利用すると，数えもれをふせぎやすい。

解答➡別冊 p. 65

練習 108 赤玉3個，青玉2個，黄玉1個が入った袋から，同時に2個の玉を取り出すとき，次の確率を求めなさい。

(1) 1個が青玉で，1個が黄玉である確率　(2) 少なくとも1個は青玉である確率

例題 109 くじ引きの確率

>>p. 170 2

6本の中に2本の当たりが入ったくじを，AさんとBさんがこの順に1本ずつ引く。ただし，引いたくじはもとにもどさないとする。
このとき，Aさんが当たる確率，Bさんが当たる確率をそれぞれ求めなさい。

考え方 同じものは　区別して考える

当たりくじを「○1」，「○2」，はずれくじを「×1」，「×2」，「×3」，「×4」として考える。ここでも樹形図を利用しよう。

どっちが当たりやすいんだろう？

解答

くじの引き方は，次の図の通りである。

A　　　B　　　Bさんが当たる場合

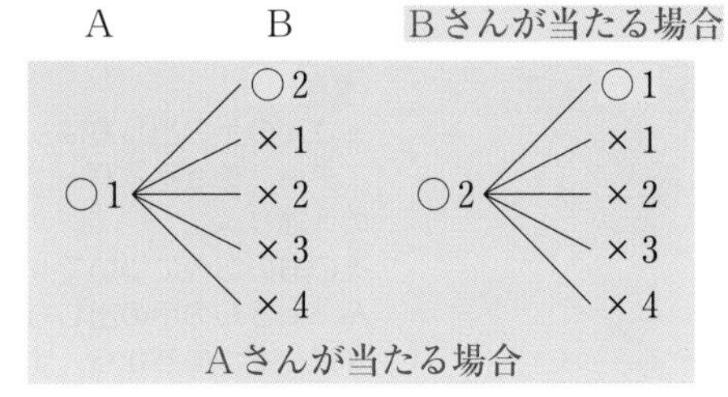

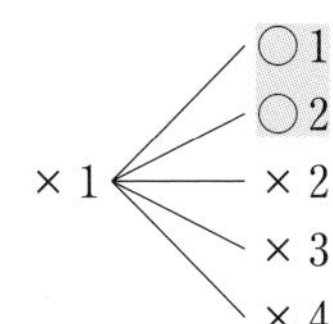

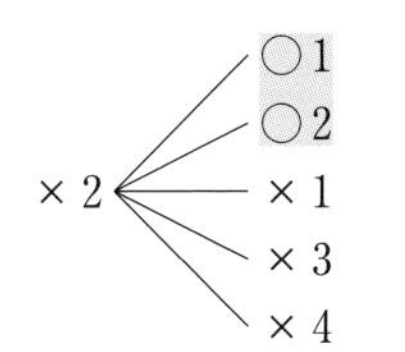

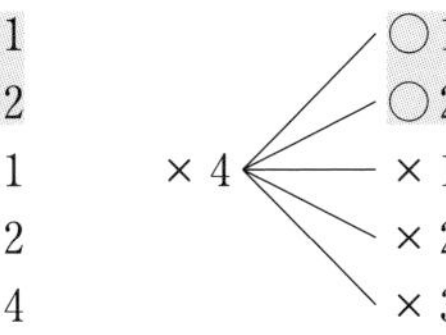

×4 ─ ○1, ○2, ×1, ×2, ×3

よって，すべての場合は　$6\times5=30$（通り）
このうち，Aさんが当たる場合は　10通り
　　　　　Bさんが当たる場合は　10通り
したがって，どちらの確率も　$\frac{10}{30}=\mathbf{\frac{1}{3}}$　…答

引いたくじはもとにもどさないから，「○1 ─○1」のようなことは起きない。
また，くじを引く人が異なるから，「○1 ─○2」と「○2 ─○1」は異なるものである。

参考　Aさんのくじの引き方は6通りあり，このうち当たりの引き方は2通りあるから　$\frac{2}{6}=\frac{1}{3}$　として求めることもできる。

●この結果から，先に引いても後に引いても，くじが当たる確率は同じであることがわかる。

解答➡別冊 p. 65

練習 109　5本の中に3本の当たりが入ったくじを，AさんとBさんがこの順に1本ずつ引く。ただし，引いたくじはもとにもどさないとする。
このとき，Aさん，Bさんの2人とも当たる確率を求めなさい。

例題 110 じゃんけんの確率

>>p. 170 2

レベル 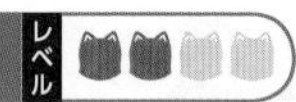

3人がじゃんけんを1回するとき，次の確率を求めなさい。

(1)　1人だけが勝つ確率　　(2)　あいこになる確率

考え方

じゃんけんをする3人を区別し，樹形図を利用して考える。

(2)　3人とも同じ手を出す場合と，3人とも異なる手を出す場合の2つの場合があることに注意。

解答

じゃんけんをする3人をaさん，bさん，cさんとし，グーを「グ」，チョキを「チ」，パーを「パ」とする。

じゃんけんの手の出し方は，下の樹形図の通りである。

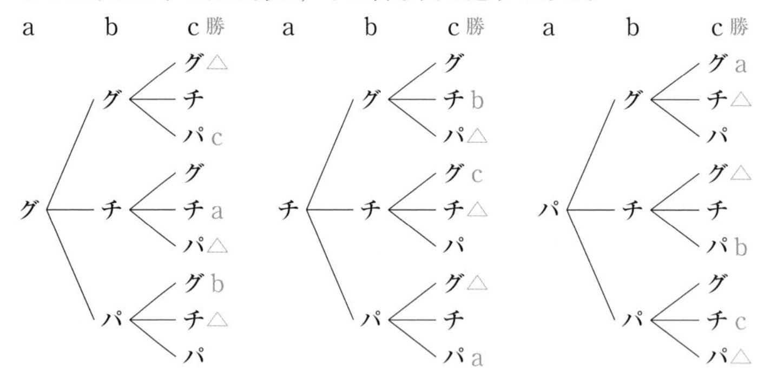

よって，すべての手の出し方は　27通り

(1)　上の樹形図から，1人だけが勝つ場合は　9通り

　よって，求める確率は　$\dfrac{9}{27}=\mathbf{\dfrac{1}{3}}$　…答

(2)　上の樹形図から，

　　3人とも同じ手の場合は　　3通り

　　3人とも異なる手の場合は　6通り

　したがって，あいこになる場合は　9通り

　よって，求める確率は　$\dfrac{9}{27}=\mathbf{\dfrac{1}{3}}$　…答

参考

aさんの手の出し方は
　グー，チョキ，パー
の3通り。
そのおのおのについてbさん，cさんの手の出し方は3通りずつあるから，すべての場合は
　$3\times3\times3=27$（通り）

参考

(1)　aさんの勝ち方は
　グー，チョキ，パー
　の3通り。bさん，cさんも同様に3通りずつあるから，1人だけ勝つ場合は　$3\times3=9$（通り）

● 3人のじゃんけんでは，1人だけ勝つ確率とあいこになる確率は同じであることがわかる。

解答⇒別冊 p. 65

練習 110　4人がじゃんけんを1回するとき，1人だけが勝つ確率を求めなさい。

例題 111 色ぬりの確率

>>p. 170 2

赤，青，緑，黄の4色のうち3色を使って，右の図のような旗に色をぬる。

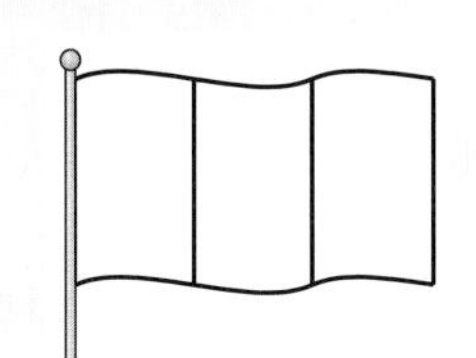

(1) 色のぬり方は全部で何通りあるか答えなさい。

(2) 中央が赤でぬられる確率を求めなさい。

考え方 次の手順で考えてみる。

[1] まず，4色のうち3色の選び方を考える。

[2] そのうち1つの場合について，樹形図を用いてぬり方を考える。

◀すべての場合を樹形図に表してもよいが，左のように進めると，他の場合も同様に考えられる。

解答

(1) 赤，青，緑，黄の4色のうち3色の選び方は

(赤，青，緑)，(赤，青，黄)，(赤，緑，黄)，(青，緑，黄)

の4通り。

◀選び方をかっこで表している。順番は関係ないから，(赤，青，緑) と (赤，緑，青) は同じこと。

色をぬる部分を左から順に A，B，C とする。

赤，青，緑の3色を使うとすると，そのぬり方は，下の樹形図から

6通り

A	B	C
赤	青	緑
	緑	青
青	赤	緑
	緑	赤
緑	赤	青
	青	赤

他の3色を使う場合も同様であるから，色のぬり方は全部で

$6\times4=24$ **(通り)** …答

(2) 上の樹形図から，赤，青，緑の3色を使うとき，中央Bが赤でぬられる場合は　2通り　←青—赤—緑 と 緑—赤—青

(赤，青，黄)，(赤，緑，黄) を使う場合も同様に2通り と考えられるから，中央が赤でぬられる場合は　$2\times3=6$ (通り)

◀(青，緑，黄) の3色を使う場合は，中央が赤にならないから，考えなくてよい。

よって，求める確率は　$\frac{6}{24}=\mathbf{\frac{1}{4}}$ …答

解答➡別冊 p. 65

練習 111 上の例題において，同じ色を使ってよいが，となりあう色が同じにならないようにぬる。

(1) 色のぬり方は全部で何通りあるか答えなさい。

(2) 中央が赤でぬられる確率を求めなさい。

EXERCISES

解答➡別冊 p. 66

84 ジョーカーを除く52枚のトランプから1枚を引くとき，次の確率を求めなさい。>>例題 103

(1) ♣を引く確率

(2) 2またはJを引く確率

(3) ♥または絵札（J，Q，K）を引く確率

85 男子3人，女子2人の計5人の中から，くじ引きで2人の委員を選ぶとき

(1) 選び方は全部で何通りあるか答えなさい。

(2) 男子2人が選ばれる確率を求めなさい。〔仙台育英高〕 >>例題 105

86 2つのさいころを同時に投げるとき，次の確率を求めなさい。

(1) 2つの目の差が4になる確率

(2) 2つの目の積が4の倍数になる確率

(3) 4の目が出ない確率 >>例題 104，106

87 1，2，3，4，5の数字を1つずつ書いた5枚のカードから，もとにもどさずに続けて2枚を取り出す。1枚目のカードを十の位の数，2枚目のカードを一の位の数として2けたの数をつくる。このとき，つくった2けたの数が偶数である確率を求めなさい。 >>例題 107

88 1等賞が1本，2等賞が2本，はずれが7本入っているくじがある。このくじをAさんが先に1本引き，続いてBさんが1本引くとき，次の確率を求めなさい。ただし，引いたくじはもとにもどさないものとする。

(1) Aさんが1等賞，Bさんが2等賞を当てる確率

(2) Aさんが2等賞，Bさんが1等賞を当てる確率

(3) 2人ともはずれる確率 >>例題 109

定期試験対策問題 解答➡別冊 p. 67

50 ジョーカーを除く 52 枚のトランプから 1 枚を引くとき，次の確率を求めなさい。

(1) ◆を引く確率

(2) 絵札（J，Q，K）を引く確率

>>例題 103

51 2 つのさいころを同時に投げるとき，次の確率を求めなさい。

(1) 目の和が 5 の倍数になる確率

(2) 目の積が偶数になる確率

>>例題 104，106

52 a，b，c，A，B の文字を 1 つずつ書いた 5 枚のカードがある。この 5 枚のカードの中から同時に 2 枚を取り出す。取り出した 2 枚のカードの文字が小文字だけ，または大文字だけになる確率を求めなさい。

>>例題 108

53 白玉 4 個，赤玉 2 個が入った袋から，同時に 2 個の玉を取り出すとき，次の確率を求めなさい。

>>例題 108

(1) 2 個とも白玉になる確率

(2) 白玉が 1 個，赤玉が 1 個になる確率

54 当たりくじ 2 本，はずれくじ 2 本のくじ 4 本がある。このくじを A，B，C の順に引くものとする。引いたくじをそのつどもどすと，A，B，C が当たる確率はいずれも $\frac{2}{4}=\frac{1}{2}$ である。引いたくじをもとにもどさないものとするとき，A，B，C の当たる確率を，それぞれ求めなさい。

>>例題 109

直感と確率

次の問題を考えてみましょう。

3つあるドアの1つだけに賞品がかくされていて，残り2つのドアははずれです。
司会者はどのドアに賞品が入っているかを知っています。
あなたは，3つのドアのうち1つを開けて，賞品があればもらうことができます。
あなたがドアを1つ選択した後，司会者が残った2つのドアのうち，はずれのドアを1つ開けて見せてくれました。
ここで，司会者が「ドアを変えますか？」とあなたにたずねました。
あなたはどうしますか？

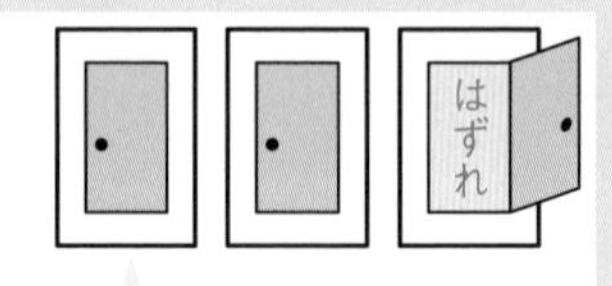

最初，あなたが選んだドアに賞品がある確率は $\frac{1}{3}$ です。そして，司会者がはずれのドアを1つ開けて見せてくれたとき，賞品があるのは，あなたの選んだドアか，残りのもう1つのドアのどちらかですから，「ドアを変えても変えなくても賞品がある確率は変わらないのでは」と思いませんか？
…… 本当にそうでしょうか。

ドアの数を100個にして考えてみましょう。
あなたがドアを1つ選びます。このドアに賞品がある確率は $\frac{1}{100}$ です。
そして，残りのドアに賞品がある確率は $\frac{99}{100}$ で，

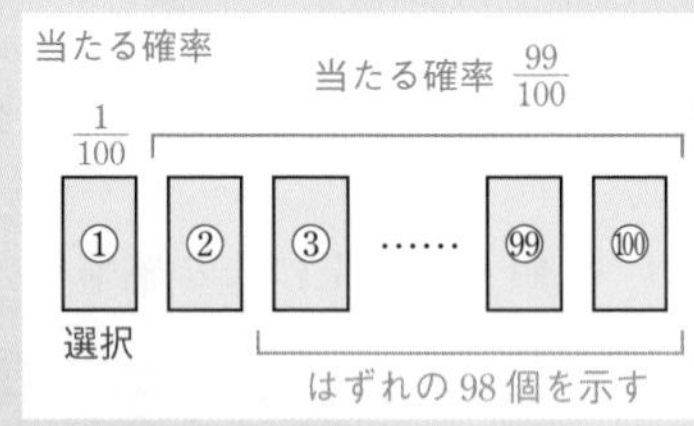

このうち，はずれの98個のドアを司会者が示してくれると考えてみましょう。
すると，選んでいたドアでなく残りのドアに賞品がある確率の方が明らかに高いですよね。
つまり，**ドアを変更した方が当たる確率が高い** ということになります。

この問題は，直感的に正しいと感じる確率と実際の確率が異なる有名な問題です。

入試対策編

難しければ，
3年生の受験期に
取り組んでもいいよ！

これまで学習した内容を活かして，
入試問題に挑戦してみましょう！
ここでは，実際に出題された入試問題や
発展的な内容を扱っています。
最初は手が出ない問題もあるかもしれませんが，
頻出の問題ばかりなので，根気強く頑張ってみましょう。

発展例題 1 規則性

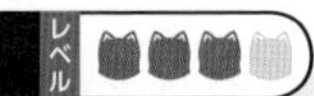

右の図の1番目，2番目，3番目，…… のように，1辺の長さが 1 cm である同じ大きさの正方形を規則的に並べて図形をつくる。
図の太線は図形の周を表しており，たとえば，2番目の図形の周の長さは 10 cm である。

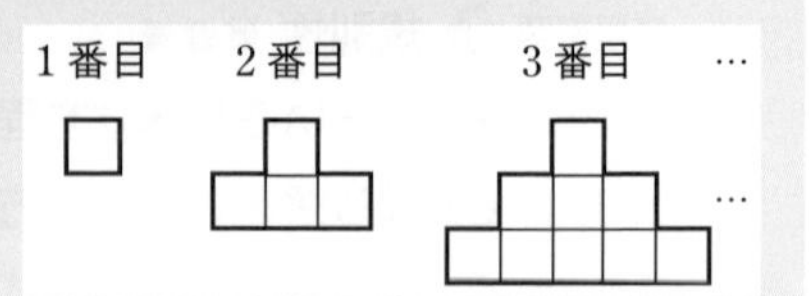

(1) 4番目の図形の周の長さを求めなさい。
(2) n番目の図形の周の長さをnを使って表しなさい。 〔大分〕

考え方 数の少ないものから順に考え，規則性を見抜く

周の長さについて，1番目から順に 4，10，16，…… (単位は cm)
よって，6 cm ずつ増えることが予想できる。
実際，周の長さで増えるのは，下の図の赤太線部分である。

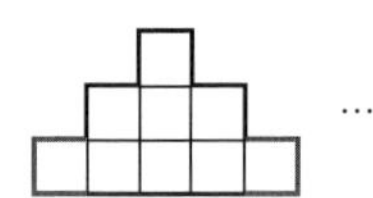
1番目　2番目　3番目 …

下の図の青線は，その前の図の周の長さと同じ。

解答

(1) 周の長さは 6 cm ずつ増えていくから，
4番目の図形の周の長さは
$10+6+6=\mathbf{22\ (cm)}$ …答
（10 ← $4+6$）

4番目

(2) 周の長さは，次のようになる。

1番目	2番目	3番目	4番目	…	(単位 cm)
4	4+6	4+6+6	4+6+6+6	…	

◀ 2番目は6が1個，3番目は6が2個，4番目は6が3個

よって，n番目の周の長さは
$4+6\times(n-1)=\mathbf{6n-2\ (cm)}$ …答

解答➡別冊 p. 70

問題 1 右の図のように，自然数を規則的に書いていく。
各行の左端の数は，2から始まり上から下へ順に2ずつ大きくなるようにする。さらに，2行目以降は左から右へ順に1ずつ大きくなるように，2行目には2個の自然数，3行目には3個の自然数，… と行の数と同じ個数の自然数を書いていく。

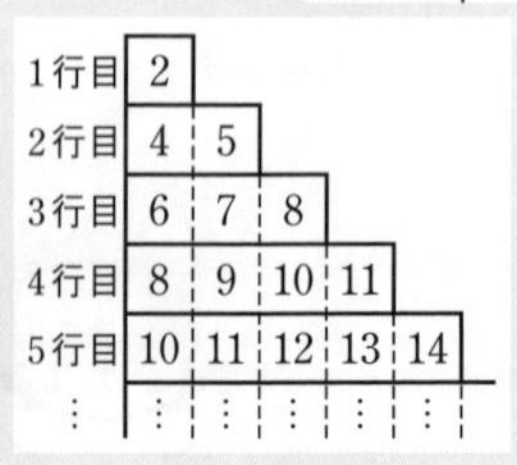

(1) 7行目の左から4番目の数を求めなさい。
(2) n行目の右端の数をnで表しなさい。
(3) 31は何個あるか求めなさい。 〔富山〕

発展例題 2 いろいろな連立方程式

>>例題 17～20

レベル ★★★

次の連立方程式を解きなさい。

(1) $\begin{cases} \dfrac{1}{x}+\dfrac{1}{y}=5 \\ \dfrac{3}{x}-\dfrac{1}{y}=3 \end{cases}$　　(2) $\begin{cases} (x-1):(y+2)=3:1 \\ x-4y=6 \end{cases}$

問題を整理しよう！

(1) たとえば，第1式の両辺に xy をかけても，$y+x=5xy$ となり，このままでは解けない。

(2) 第1式は比例式。

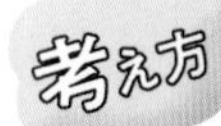

(1) $\dfrac{1}{x}=X$，$\dfrac{1}{y}=Y$ **とおいて**，X，Y についての連立方程式を考える。

(2) $a:b=c:d$ のとき　$\boldsymbol{ad=bc}$

1年生の復習

外側の項の積

$a:b=c:d$

内側の項の積

解答

(1) $\dfrac{1}{x}=X$，$\dfrac{1}{y}=Y$ とおくと $\begin{cases} X+Y=5 & \cdots\cdots ① \\ 3X-Y=3 & \cdots\cdots ② \end{cases}$

◀ $\dfrac{3}{x}=3\times\dfrac{1}{x}=3X$

①＋② から　　$4X=8$　　$X=2$

$X=2$ を ① に代入すると　　$2+Y=5$　　$Y=3$

よって　　$X=2$，$Y=3$

すなわち　$\dfrac{1}{x}=2$，$\dfrac{1}{y}=3$

したがって　　$\boldsymbol{x=\dfrac{1}{2}}$，$\boldsymbol{y=\dfrac{1}{3}}$　…答

X，Y の値を求めても終わりではない！求めるのは x，y の値。

(2) 第1式について，$(x-1):(y+2)=3:1$ から

$x-1=3(y+2)$

$x-1=3y+6$

$x=3y+7$　……①　　← つまり $\begin{cases} x=3y+7 \\ x-4y=6 \end{cases}$ を解くことと同じ

$(x-1):(y+2)=3:1$

→ $(x-1)\times 1=(y+2)\times 3$

① を $x-4y=6$ に代入すると

$(3y+7)-4y=6$　　$y=1$

◀かっこをはずすと

$3y+7-4y=6$

$-y=6-7$

$y=1$

$y=1$ を ① に代入すると　　$x=3\times 1+7=10$

よって　　$\boldsymbol{x=10}$，$\boldsymbol{y=1}$　…答

解答➡別冊 p. 70

問題 2 次の連立方程式を解きなさい。

(1) $\begin{cases} \dfrac{1}{x+1}-\dfrac{1}{y}=4 \\ \dfrac{2}{x+1}+\dfrac{3}{y}=3 \end{cases}$　　(2) $\begin{cases} (x+y):(x+1)=1:2 \\ 2x+3y=5 \end{cases}$

発展例題 3 同じ解をもつ連立方程式 >>例題 23 レベル

x, y についての 2 つの連立方程式

$\begin{cases} x+2y=1 \\ ax-by=2 \end{cases}$ と $\begin{cases} x+3y=6 \\ ax+by=4 \end{cases}$

が同じ解をもつとき，定数 a, b の値を求めなさい。

☞ 問題を整理しよう！

同じ解をもつということは，解を $x=p$, $y=q$ とすると $\begin{cases} p+2q=1 \\ ap-bq=2 \end{cases}$ $\begin{cases} p+3q=6 \\ ap+bq=4 \end{cases}$ が成り立つということ。

考え方

CHART 方程式の解 **代入すると成り立つ**

解を $x=p$, $y=q$ とすると，次の等式が成り立つ。

$\begin{cases} p+2q=1 & \cdots\cdots ① \\ ap-bq=2 & \cdots\cdots ② \end{cases}$ $\begin{cases} p+3q=6 & \cdots\cdots ③ \\ ap+bq=4 & \cdots\cdots ④ \end{cases}$

よって，①，③ の連立方程式を解くと，p, q の値を求めることができる。その p, q の値を ②，④ に代入すると，a, b についての連立方程式となるから，それらを解く。

①〜④ の 4 つの等式をどのように 2 つずつ組み合わせてその連立方程式を解いても，同じ p, q が得られる。

解答

$\begin{cases} x+2y=1 & \cdots\cdots ① \\ ax-by=2 & \cdots\cdots ② \end{cases}$ と $\begin{cases} x+3y=6 & \cdots\cdots ③ \\ ax+by=4 & \cdots\cdots ④ \end{cases}$ が同じ解をもつとき，その解は ① と ③ の連立方程式の解 である。

③−①
$$\begin{array}{rr} & x+3y=6 \\ -) & x+2y=1 \\ \hline & y=5 \end{array}$$

$y=5$ を ① に代入すると　$x+2\times5=1$　$x=-9$

$x=-9$, $y=5$ を ②，④ に代入すると

$\begin{cases} -9a-5b=2 & \cdots\cdots ⑤ \\ -9a+5b=4 & \cdots\cdots ⑥ \end{cases}$

⑤＋⑥ から　$-18a=6$　よって　$a=-\frac{1}{3}$

$a=-\frac{1}{3}$ を ⑤ に代入すると　$3-5b=2$　$5b=1$

よって　$b=\frac{1}{5}$

答 $\boldsymbol{a=-\frac{1}{3},\ b=\frac{1}{5}}$

a, b をふくまない ① と ③ の連立方程式 $\begin{cases} x+2y=1 \\ x+3y=6 \end{cases}$ から，解が得られる。

◀「同じ解」とは，$x=-9$, $y=5$ であることがわかる。

解答➡別冊 p. 70

問題 3 x, y についての 2 つの連立方程式 $\begin{cases} 5x+3y=35 \\ ax+by=6 \end{cases}$ と $\begin{cases} 4x-3y=1 \\ bx-ay=13 \end{cases}$ が同じ解をもつとき，定数 a, b の値を求めなさい。

発展例題 4 連立3元1次方程式 >>例題 17～19 レベル 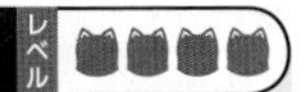

連立方程式 $\begin{cases} 3x+2y-z=4 & \cdots\cdots ① \\ x-3y-2z=7 & \cdots\cdots ② \\ x+y+z=2 & \cdots\cdots ③ \end{cases}$ を解きなさい。

参考 それぞれ3つの文字をふくむ1次方程式であるから，3元1次方程式である。

考え方

CHART 連立方程式 **文字を減らす方針**

連立方程式は，加減法でも代入法でも

文字を減らして，1種類の文字だけの方程式をつくりだす

ことがポイントであった。これは文字が増えても同じである。

◀ $p.$ 38 参照。

手順1 ①と③から z を消去する。この方程式を④とする。

手順2 ②と③から z を消去する。この方程式を⑤とする。

手順3 ④と⑤から x と y の値を求める。

手順4 x と y の値を，①～③のどれかに代入して z の値を求める。

x，y，z のどの文字を消去してもよいが，係数を見て，計算が楽になる方法をとるとよい。

解答

①＋③
$$\begin{array}{r} 3x+2y-z=4 \\ +)\quad x+\ y+z=2 \\ \hline 4x+3y\quad\ =6 \end{array} \quad \cdots\cdots ④$$
手順1

②＋③×2
$$\begin{array}{r} x-3y-2z=7 \\ +)\ 2x+2y+2z=4 \\ \hline 3x-\ y\quad\ =11 \end{array} \quad \cdots\cdots ⑤$$
手順2

④＋⑤×3
$$\begin{array}{r} 4x+3y=\ 6 \\ +)\quad 9x-3y=33 \\ \hline 13x\quad\ =39 \\ x\quad\ =3 \end{array}$$

$x=3$ を⑤に代入すると　$3\times3-y=11$

$y=-2$

手順3

$x=3$，$y=-2$ を③に代入すると

$3-2+z=2$　　$z=1$

手順4

よって　**$x=3$，$y=-2$，$z=1$** …答

参考 代入法で z を消去
③より　$z=-x-y+2$
これを①，②に代入しても $\begin{cases} 4x+3y=6 & \cdots\cdots ④ \\ 3x-y=11 & \cdots\cdots ⑤ \end{cases}$ が得られる。

参考 代入法で y を消去
⑤より　$y=3x-11$
これを④に代入して
$4x+3(3x-11)=6$
$13x=39$　$x=3$

◀①～③の式に代入して成り立つかどうかを確認しよう。

解答➡別冊 p. 70

問題 4 次の連立方程式を解きなさい。

(1) $\begin{cases} 2x-y+z=6 \\ 3x+y-2z=5 \\ x+2y+3z=-7 \end{cases}$　　(2) $\begin{cases} x+y=7 \\ y+z=-1 \\ z+x=-2 \end{cases}$

発展例題 5 水そうの問題

レベル 

ある水そうを満水にするのに蛇口(じゃぐち)Aだけで水を入れると 90 分かかる。また，同じ水そうを満水にするのに蛇口Bだけでは 120 分かかる。あるとき，両方の蛇口を同時に開いて水を入れ始め，しばらくたった後に蛇口Bから毎分出る水の量を半分にし，さらにその 5 分後に蛇口Aから毎分出る水の量も半分にしたところ，60 分で満水になった。このとき，蛇口Bから毎分出る水の量を半分にしたのは水を入れ始めてから何分後ですか。 〔関西学院高等部〕

問題を整理しよう！

水そうを満水にするのに
Aだけ：90 分かかる。
→Aの水の量：毎分 $\frac{1}{90}$
Bだけ：120 分かかる。
→Bの水の量：毎分 $\frac{1}{120}$
また，時間について
[1] A，B 同時に開く
↓ [○分後]
[2] Bのみ半分
↓ [5 分後]
[3] A，B 半分
↓ [△分後]
〈満水〉 60 分
…… 求めるものは ○

考え方

水そうの大きさ（満水の水の量）を 1 とすると

a 分で満水なら，毎分の水の量は $\frac{1}{a}$

蛇口 A，B はそれぞれ 90 分，120 分で水そうを満水にするから，1 分間の水の量は，それぞれ水そうの　A：$\frac{1}{90}$，B：$\frac{1}{120}$

また，水を入れ始めてから x 分後にBの水の量を半分にし，Aの水の量を半分にしてから y 分後に満水になったとすると　$x+5+y=60$

解答

水を入れ始めてから x 分後にBの水の量を半分にし，Aの水の量も半分にしてから y 分後に満水になったとする。

$$\begin{cases} x+5+y=60 \quad \cdots\cdots ① \\ \left(\frac{1}{90}+\frac{1}{120}\right)x+\left(\frac{1}{90}+\frac{1}{240}\right)\times 5+\left(\frac{1}{180}+\frac{1}{240}\right)y=1 \quad \cdots\cdots ② \end{cases}$$

① より　　$x+y=55$　…… ③

② の両辺に 720 をかけると

$$(8+6)x+(8+3)\times 5+(4+3)y=720$$

整理すると　　$2x+y=95$　…… ④

④－③ から　　$x=40$　　これを ③ に代入して　　$y=15$

これらは問題に適する。

答　**40 分後**

A, B半分　y 分
Bのみ半分　5 分
A, B同時　x 分
60 分

◀ $14x+55+7y=720$
$14x+7y=665$
両辺を 7 でわると
$2x+y=95$

解答➡別冊 p. 71

問題 5 上の例題において，空の水そうに蛇口AとBを同時に開いて水を入れ始め，しばらくたった後に蛇口Aから毎分出る水の量を 2 倍にし，さらにその 6 分後に蛇口Bから毎分出る水の量も 2 倍にしたところ，35 分で満水になった。このとき，蛇口Aから毎分出る水の量を 2 倍にしたのは水を入れ始めてから何分後か求めなさい。

発展例題 6 格子点

>>例題 34

レベル

右の図において，Oは原点，A，Bはそれぞれ1次関数 $y=-\frac{1}{3}x+b$（b は定数）のグラフと x 軸，y 軸との交点である。
△BOA の内部で，x 座標，y 座標がともに自然数となる点が2個であるとき，b がとることのできる値の範囲を，不等号を使って表しなさい。ただし，三角形の周上の点は内部にふくまないものとする。〔愛知〕

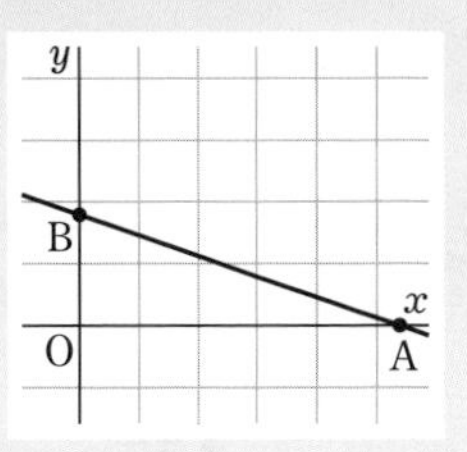

考え方

1次関数 $y=-\frac{1}{3}x+b$ のグラフは，傾き $-\frac{1}{3}$，切片 b の直線であるから，このグラフは上下を平行に動く。このことに注意して，**図をかいて考える。**

……△BOA の内部で，x 座標，y 座標がともに自然数となる点が2個のとき，その2点は**点 (1, 1) と点 (2, 1)** である。

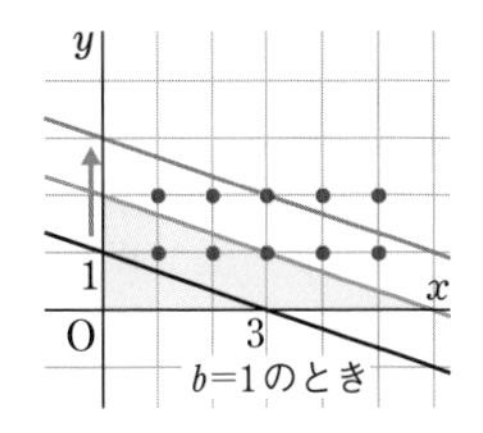

解答

$y=-\frac{1}{3}x+b$ ……① とする。

右の図において，直線①が点 (2, 1) を通るとき，b の値は

$$1=-\frac{1}{3}\times2+b$$

$$b=\frac{5}{3}$$

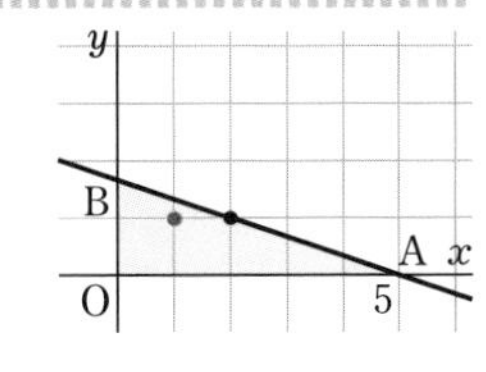

また，直線①が点 (3, 1) を通るとき，b の値は

$$1=-\frac{1}{3}\times3+b$$

$$b=2$$

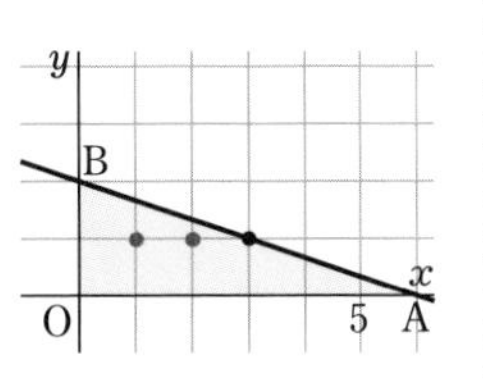

よって，b の値の範囲は $\frac{5}{3}<b\leqq2$ …答

$b=\frac{5}{3}$ はふくまれない。
$b=2$ はふくまれる

参考
座標平面において，x 座標，y 座標がともに整数である点を格子点という。

◀点 (2, 1) を通るとき，△BOA の内部の格子点は (1, 1) の1個。
点 (3, 1) を通るとき，△BOA の内部の格子点は (1, 1)，(2, 1) の2個。

◀ b の値が2より大きくなると，点 (3, 1) が △BOA の内部にふくまれる。

解答➡別冊 p. 71

問題 6 k を自然数とする。直線 $y=-x+k$ と x 軸，y 軸で囲まれる三角形の内部または周上にある点で，x 座標，y 座標がともに自然数となる点の個数を調べた。たとえば，$k=3$ のとき，条件を満たす点は，(1, 1)，(1, 2)，(2, 1) の3個である。

(1) $k=5$ のとき，条件を満たす点の個数を求めなさい。

(2) 条件を満たす点が28個あるとき，自然数 k の値を求めなさい。〔星稜〕

発展例題 7　一直線上にある3点

>>例題41　レベル 

3点 $(1,\ -1)$，$(3,\ 9)$，$(6,\ k)$ が一直線上にあるとき，k の値を求めなさい。

問題を整理しよう！

問題文を図に表すと，下のようになる。

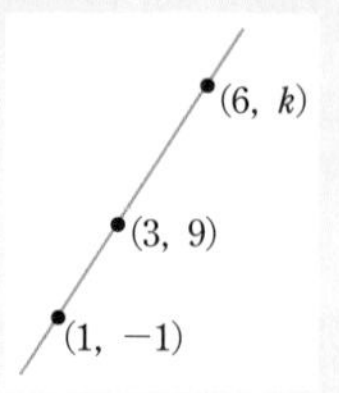

考え方

2通りの解法が考えられる。

（解法1）　2点 $(1,\ -1)$，$(3,\ 9)$ を通る直線が，**点 $(6,\ k)$ を通ると考える。**

（解法2）　どの2点を選んでも **傾きが等しい** ことを利用する。

解答

（解法1）　直線の式を $y=ax+b$ とする。

$x=1$，$y=-1$ を代入すると　$-1=a+b$

$a+b=-1$　……①

$x=3$，$y=9$ を代入すると　$9=3a+b$

$3a+b=9$　……②

②－① より　$2a=10$

$a=5$

$a=5$ を ① に代入して　$5+b=-1$

$b=-6$

よって，3点を通る直線の式は　$y=5x-6$

この直線が点 $(6,\ k)$ を通るから，$y=5x-6$ に $x=6$，$y=k$ を代入して

$\boldsymbol{k}=5\times6-6=\mathbf{24}$　… 答

（解法2）　2点 $(1,\ -1)$，$(3,\ 9)$ を通る直線の傾きは

$$\frac{9-(-1)}{3-1}=\frac{10}{2}=5$$

2点 $(1,\ -1)$，$(6,\ k)$ を通る直線の傾きは

$$\frac{k-(-1)}{6-1}=\frac{k+1}{5}$$

これらが等しいから　$\dfrac{k+1}{5}=5$

分母をはらって　$k+1=25$

$\boldsymbol{k=24}$　… 答

$$\begin{array}{lrl} ② & 3a+b= & 9 \\ ① & -)\ \ a+b= & -1 \\ \hline & 2a\quad = & 10 \end{array}$$

直線 $y=ax+b$ が点 $(p,\ q)$ を通るとき

$q=ap+b$

◀ 2点 $(3,\ 9)$，$(6,\ k)$ を通る直線の傾きでもよい。

$\dfrac{k-9}{6-3}=\dfrac{k-9}{3}$

これが5に等しい。

問題 7　3点 $(-1,\ 2)$，$(1,\ 6)$，$(-4,\ k)$ が一直線上にあるとき，k の値を求めなさい。

解答➡別冊 p. 71

発展例題 8　1次関数のグラフと図形

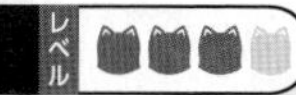

図のように，2直線 $y=3x$ …①，$y=-x+8$ …② があり，直線①，②の交点をA，直線②と x 軸の交点をBとする。
線分OA上に点P，線分OB上に2点Q，R，線分AB上に点Sをとり，長方形PQRSをつくる。

(1)　Q(1, 0) のとき，長方形PQRSの面積を求めなさい。

(2)　長方形PQRSが正方形になるとき，線分PQの長さを求めなさい。

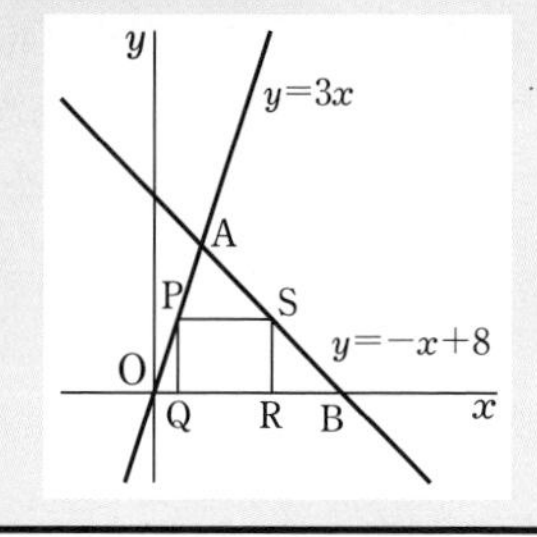

考え方　動く点の座標を文字で表す

(2)　点Pの x 座標を t とすると，$P(t,\ 3t)$ と表すことができる。
また，このとき，点Qの x 座標は t，点Sの y 座標は $3t$ と表される。

◀点Qは点Pと x 座標が同じで，点Sは点Pと y 座標が同じ。

解答

(1)　Q(1, 0) のとき　P(1, 3)　←$x=1$ を $y=3x$ に代入

また，$y=3$ を②に代入すると　$3=-x+8$　$x=5$

したがって　S(5, 3)

PQ=3，QR=PS=5−1=4 であるから，長方形PQRSの面積は

$3\times4=\mathbf{12}$ …答

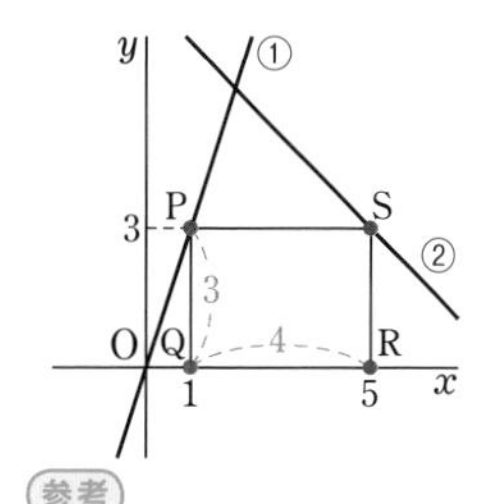

(2)　Pの x 座標を t とすると　$P(t,\ 3t)$，$Q(t,\ 0)$

$y=3t$ を②に代入すると，$3t=-x+8$ から　$x=8-3t$

よって　$S(8-3t,\ 3t)$

したがって　$PQ=3t$，$PS=(8-3t)-t=8-4t$

正方形になるのは PQ=PS のとき であるから

$3t=8-4t$　$7t=8$　$t=\frac{8}{7}$

よって　$PQ=3\times\frac{8}{7}=\mathbf{\frac{24}{7}}$ …答　←$PQ=3t$ に $t=\frac{8}{7}$ を代入

参考

$\begin{cases} y=3x \\ y=-x+8 \end{cases}$ を解くと

$x=2,\ y=6$

よって　A(2, 6)

Pは線分OA上にあるから，$0<t<2$ であり，

$t=\frac{8}{7}$ はこれを満たす。

解答⇒別冊 p.72

問題 8　右の図のように，2直線 $y=2x$，$y=-\frac{1}{3}x+12$ があり，2直線の交点をA，直線 $y=-\frac{1}{3}x+12$ と x 軸の交点をBとする。線分OA上に点P，線分OB上に2点Q，R，線分AB上に点Sをとる。四角形PQRSが正方形になるとき，点Pの座標を求めなさい。

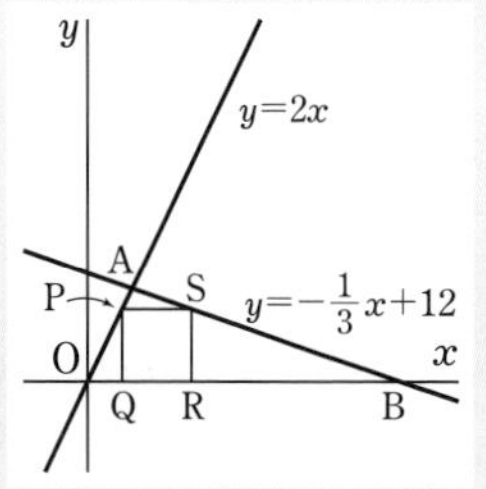

入試対策編　発展例題

発展例題 9　1次関数のグラフと三角形の面積

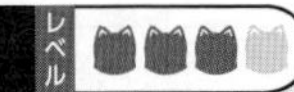

図のように，3直線が O(0, 0)，A(2, 4)，B(6, −2) で交わっている。

(1)　直線 AB の式を求めなさい。

(2)　△OAB の面積を求めなさい。

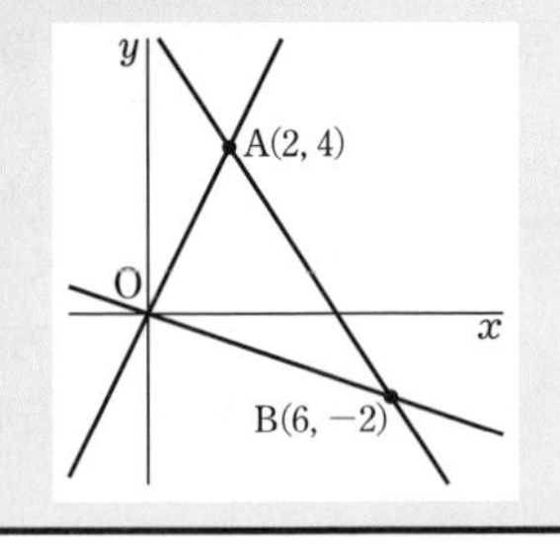

考え方

(2)　三角形の面積について，底辺と高さがすぐにわからない場合は，次の方法を考える。

（解法1）　**いくつかの図形に分けて考える**

（解法2）　**大きくつくって余分なものをけずる**

（解法3）　**等積変形**

解答ではそれぞれの解法を示しているので，どの場合でも解けるようにしておこう。

解答

(1)　直線 AB の傾きは　$\dfrac{-2-4}{6-2}=\dfrac{-6}{4}=-\dfrac{3}{2}$

よって，直線 AB の式は $y=-\dfrac{3}{2}x+b$ と表すことができる。

点 (2, 4) を通るから，$x=2$，$y=4$ を代入すると

$$4=-\frac{3}{2}\times2+b$$

$$4=-3+b$$

$$b=7$$

よって，直線 AB の式は　　$\boldsymbol{y=-\dfrac{3}{2}x+7}$　…答

(2)　**（解法1）**

直線 AB と x 軸の交点を C とすると

△OAB＝△OAC＋△OBC

$y=-\dfrac{3}{2}x+7$ に $y=0$ を代入すると

$$\frac{3}{2}x=7$$

$$x=\frac{14}{3}$$

よって　　$\mathrm{C}\left(\dfrac{14}{3},\ 0\right)$

△OAC は，底辺を OC とすると，高さは点Aの y 座標である。また，△OBC は，底辺を OC とすると，高さは点Bの y 座標の絶対値である。　←長さであるから，絶対値

別解　(1)　直線 AB の式を $y=ax+b$ とする。
点 (2, 4) を通るから
$4=2a+b$　……①
点 (6, −2) を通るから
$-2=6a+b$　……②
連立方程式①，②を解くと　$a=-\dfrac{3}{2}$，$b=7$

よって　$y=-\dfrac{3}{2}x+7$

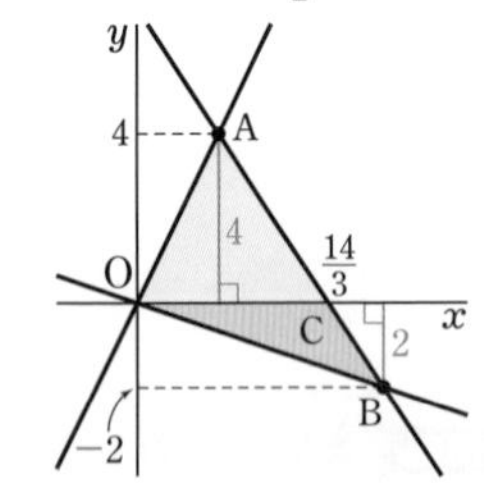

したがって

$$\triangle OAB=\frac{1}{2}\times\frac{14}{3}\times4+\frac{1}{2}\times\frac{14}{3}\times2 \quad \cdots\cdots (*)$$

$$=\frac{28}{3}+\frac{14}{3}=\frac{42}{3}=\mathbf{14}$$ …答

別解 1 （解法 2）

2 点 A，B から y 軸にひいた垂線と y 軸との交点をそれぞれ D，E とする。

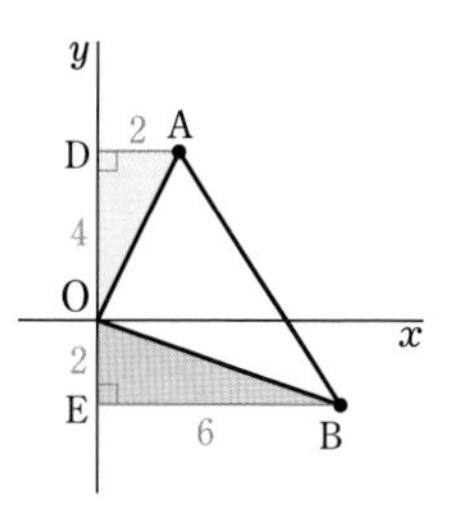

△OAB＝(台形 ABED)－△OAD－△OBE

$$=\frac{1}{2}\times6\times(2+6)-\frac{1}{2}\times2\times4-\frac{1}{2}\times2\times6$$

$$=24-4-6=\mathbf{14}$$ …答

別解 2 （解法 3） ←（解法 3）は（解法 1）と本質的には同じ

［点 C，D，E は（解法 1），（解法 2）と同様］

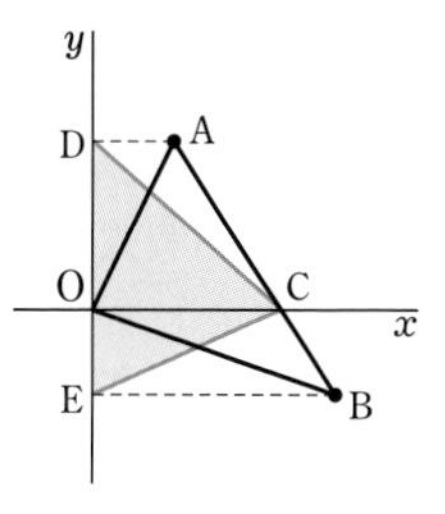

△OAC＝△ODC，△OBC＝△OEC であるから

△OAB＝△CDE ← 等積変形

△CDE は底辺を DE とすると，高さは OC で

$$DE=6,\ OC=\frac{14}{3}$$

よって　$\triangle OAB=\triangle CDE=\frac{1}{2}\times6\times\frac{14}{3}=\mathbf{14}$ …答

参考　（解法 1）の（＊）において　$\triangle OAB=\frac{1}{2}\times\frac{14}{3}\times4+\frac{1}{2}\times\frac{14}{3}\times2$

$$=\frac{1}{2}\times\frac{14}{3}\times(4+2)=\frac{1}{2}\times\frac{14}{3}\times6$$ ←（解法 3）と同じ式

解答➡別冊 p. 72

問題 9　図のように 3 直線が 3 点 O(0, 0)，A(−3, 2)，B(6, 8) で交わっているとき，次の問いに答えなさい。

(1)　直線 AB の式を求めなさい。

(2)　△OAB の面積を求めなさい。

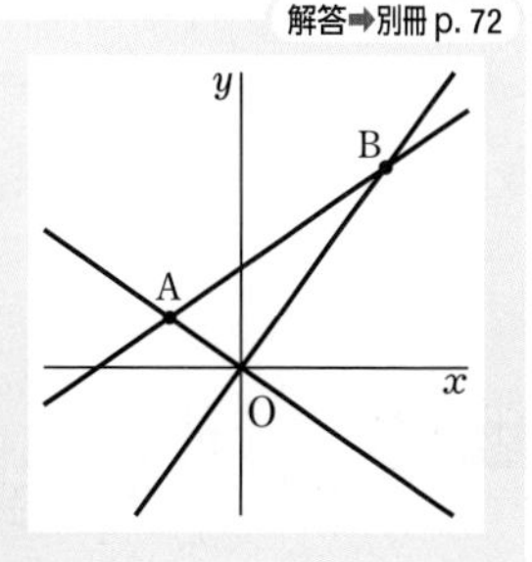

入試対策編　発展例題

発展例題 10 三角形の面積の二等分線

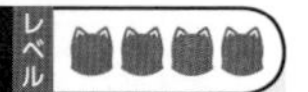

2 直線 $y=2x+5$ …… ①，$y=\frac{1}{2}x-1$ …… ② の交点をA，y 軸と直線 ① の交点をB，y 軸と直線 ② の交点をCとする。

(1) △ABC の面積を求めなさい。

(2) 点Cを通る直線 ℓ が △ABC の面積を 2 等分するとき，直線 ℓ の式を求めなさい。

問題を整理しよう！

図をかくと，下のようになる。B(0, 5)，C(0, −1) である。

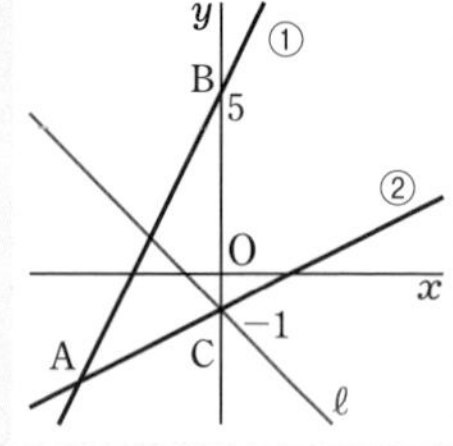

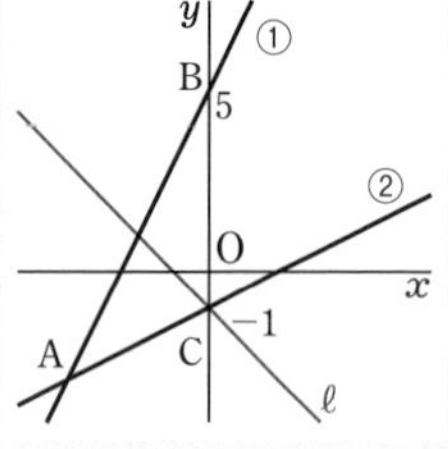

考え方

図をかいて考える

(2) 直線 ℓ は点Cを通るから，$y=ax-1$ と表すことができる。また，ℓ と線分 AB の交点をDとすると，△BCD の面積が (1) で求めた面積の半分になればよい。… 点Dから y 軸までの距離を d として考える。

解答

(1) 連立方程式 ①，② を解くと

$x=-4$，$y=-3$

よって　A$(-4,\ -3)$

BC=6，点Aの x 座標は −4 であるから

$\triangle ABC=\frac{1}{2}\times6\times4=\mathbf{12}$ … 答

◀ $2x+5=\frac{1}{2}x-1$

$\frac{3}{2}x=-6$　$x=-4$

① に代入すると

$y=2\times(-4)+5=-3$

(2) 直線 ℓ を $y=ax-1$ …… ③ とする。

また，直線 ℓ と線分 AB の交点をDとすると，△BDC=6 となればよい。

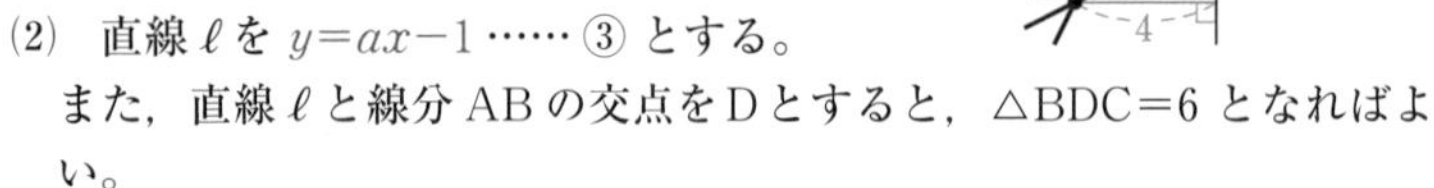

Dから y 軸までの距離を d とすると

$\triangle BDC=\frac{1}{2}\times BC\times d=3d$　（BC ← 6）

$3d=6$ から　$d=2$

図から，Dの x 座標は　−2

① に $x=-2$ を代入すると　$y=1$

よって　D$(-2,\ 1)$

$x=-2$，$y=1$ を ③ に代入すると　$a=-1$

答　$\boldsymbol{y=-x-1}$

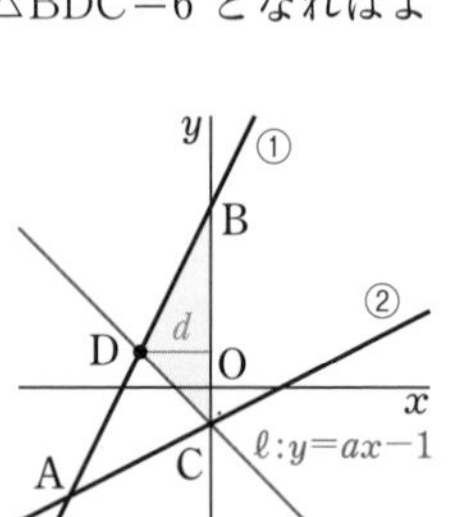

← $1=-2a-1$

$2a=-2$　$a=-1$

◀ △BDC の底辺を BC とすると，高さは d。

重要　△ACD と △BCD は，底辺を AD，DB としたときの高さが同じ。

よって，△ACD と △BCD の面積が等しいとき AD=DB，つまり Dは線分 AB の中点である。

解答➡別冊 p. 72

問題 10　3 点 O(0, 0)，A(4, 0)，B(0, 6) とする。点 (0, 2) を通る直線 ℓ が △OAB の面積を 2 等分するとき，直線 ℓ の式を求めなさい。

発展 例題 11 線分の長さの和の最小

座標平面上に2点 A(2, 7), B(8, 2) がある。x 軸上の点Pについて, AP+PB の長さがもっとも短くなるときの点Pの座標を求めなさい。

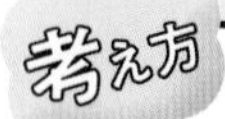

x 軸に関して点Bと対称な点を B′ とすると,
PB=PB′ であるから,

AP+PB=AP+PB′

が成り立つ。よって, AP+PB がもっとも短くなるのは,
点Pが線分 AB′ 上にあるとき である。

…「チャート式中学数学1年」の p. 211 発展例題8も参照

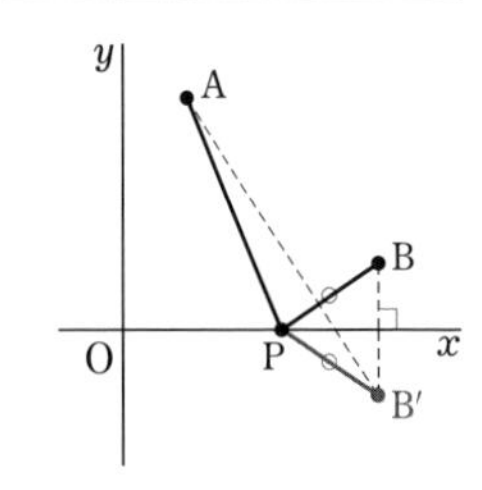

解答

x 軸に関して点Bと対称な点を B′ とすると PB=PB′ であるから, AP+PB がもっとも短くなるのは点Pが線分 AB′ 上にあるときである。

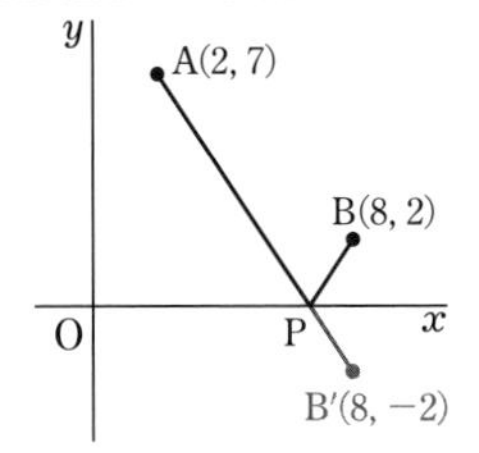

B′(8, −2) であるから, 直線 AB′ の傾きは

$$\frac{-2-7}{8-2}=\frac{-9}{6}=-\frac{3}{2}$$

よって, 直線 AB′ の式は $y=-\frac{3}{2}x+b$ と表すことができる。

$x=2$, $y=7$ を代入すると

$$7=-\frac{3}{2}\times2+b$$

$$b=10$$

したがって, 直線 AB′ の式は　$y=-\frac{3}{2}x+10$

求める点Pの x 座標は, この式に $y=0$ を代入して

$$0=-\frac{3}{2}x+10$$

$$x=\frac{20}{3}$$

答　$\mathbf{P}\left(\frac{20}{3},\ 0\right)$

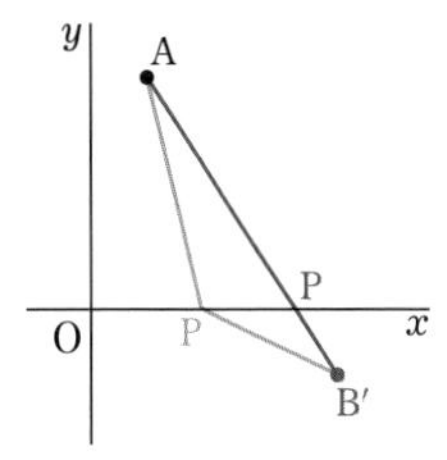

参考
直線 AB′ は2点 (2, 7), (8, −2) を通るから, 直線の式を $y=ax+b$ とすると

$$\begin{cases}7=2a+b\\-2=8a+b\end{cases}$$

これを解くと

$$a=-\frac{3}{2},\ b=10$$

よって　$y=-\frac{3}{2}x+10$

解答➡別冊 p. 72

問題 11 座標平面上に2点 A(1, 4), B(3, 1) がある。y 軸上に点Pをとり, AP+PB の長さを考える。AP+PB の長さがもっとも短くなるとき, 点Pの座標を求めなさい。

発展例題 12 星形の図形の角の和

>>例題 57, 61

レベル 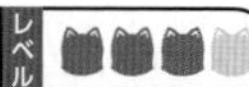

右の図において

$\angle a+\angle b+\angle c+\angle d+\angle e$

を求めなさい。

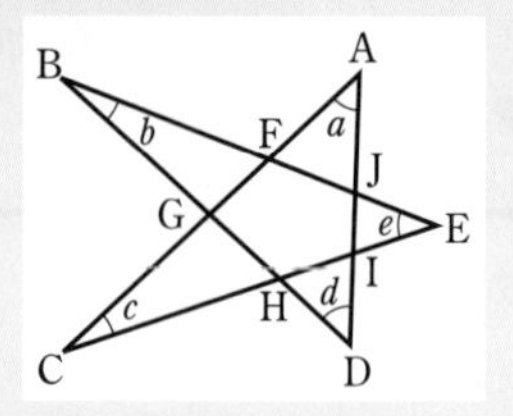

問題を整理しよう！

求めるものは，それぞれの角の **和** であることに注意する。

考え方

CHART 離れたものは　近づける

三角形の内角の和の性質 や **三角形の内角と外角の性質** を利用して，5つの角を近づける。

確認 三角形の性質

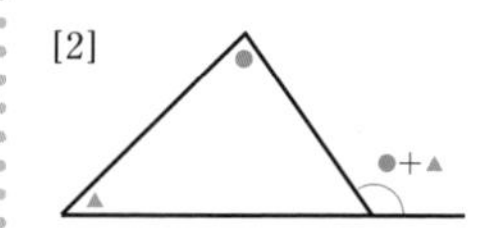

解答

△ACI において，**内角と外角の性質** から

$\angle \mathrm{DIH}=\angle a+\angle c$

△BHE において，**内角と外角の性質** から

$\angle \mathrm{DHI}=\angle b+\angle e$

三角形の内角の和は 180° であるから，

△DHI において

$\angle \mathrm{DIH}+\angle \mathrm{DHI}+\angle \mathrm{D}=180°$

$(\angle a+\angle c)+(\angle b+\angle e)+\angle d=180°$

$\angle a+\angle b+\angle c+\angle d+\angle e=\mathbf{180°}$ …答

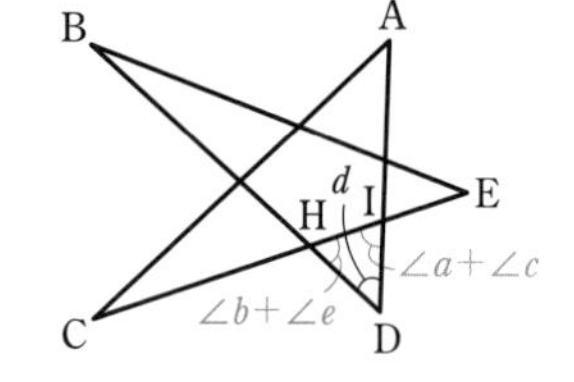

1つの三角形に角を集めることがポイント！

別解 CとDを結び，$\angle \mathrm{HCD}=\angle x$，$\angle \mathrm{HDC}=\angle y$ とする。

△BHE と △HCD において

$\angle b+\angle e=\angle x+\angle y$

△ACD において

$\angle \mathrm{A}+\angle \mathrm{ACD}+\angle \mathrm{ADC}=180°$

$\angle a+(\angle c+\angle x)+(\angle d+\angle y)=180°$

$\angle a+\angle b+\angle c+\angle d+\angle e=\mathbf{180°}$ …答

リボン型 (p. 99)

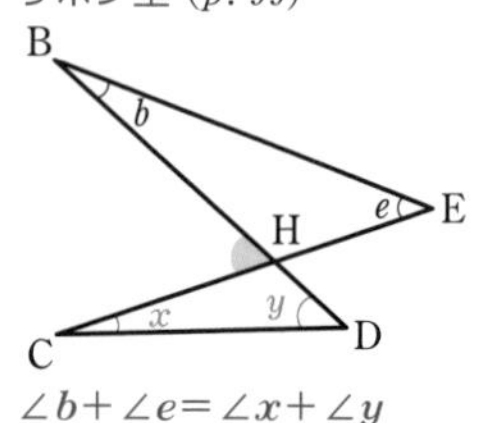

$\angle b+\angle e=\angle x+\angle y$

問題 12 右の図において，

$\angle a+\angle b+\angle c+\angle d+\angle e+\angle f+\angle g$

を求めなさい。

解答➡別冊 p. 73

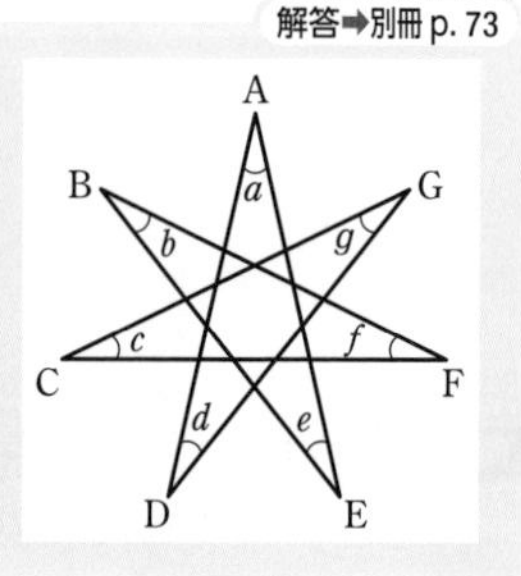

発展例題 13 直角三角形の性質

>>例題 90

$\angle A=90^\circ$ の直角三角形 ABC において，斜辺 BC の中点を M とする。このとき

$$AM=BM=CM$$

が成り立つことを，次の方針で証明しなさい。

[方針] 線分 AM の M を越える延長線上に，AM=DM となるように点 D をとると，四角形 ABDC は長方形になることを証明する。

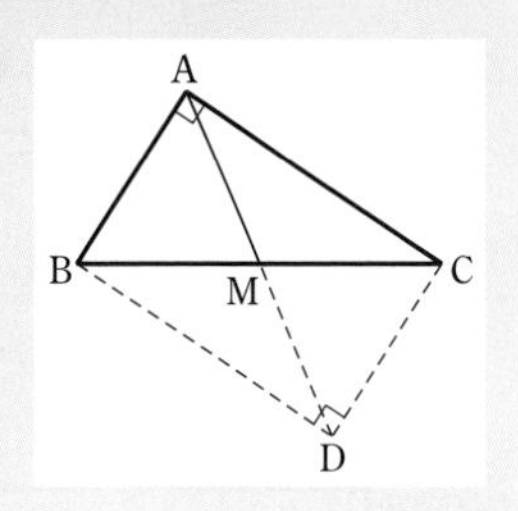

考え方

長方形の対角線

[1] 中点で交わる　[2] 長さが等しい

[1] は平行四辺形の性質。

四角形 ABDC が長方形であることを示せば，AM=BM=CM が証明できる。長方形であることを示すには，4つの角が等しいこと以外に，

平行四辺形で，対角線の長さが等しい　(例題 90)

平行四辺形で，1つの内角が 90°　(練習 90)　が利用できる。

◀「平行四辺形で」が重要。

解答

問題文のように点 D をとると，BM=CM，AM=DM から，四角形 ABDC の対角線 AD，BC はそれぞれの中点で交わる。

よって，四角形 ABDC は平行四辺形である。

また，$\angle BAC=90^\circ$ より，▱ABDC において，1つの内角が 90° であるから，▱ABDC は長方形である。

長方形の対角線の長さは等しいから　AD=BC

したがって　AM=BM=CM　←この結果はおさえておこう

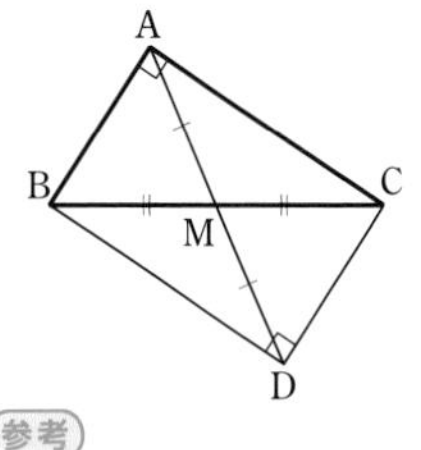

参考

3年生で学習する円周角の定理を利用すると，この結果は簡単に証明できる。

●線分 AM のように，中線をひいた図形では，これを 2 倍にのばすと，平行四辺形の性質が利用でき，うまく証明できることがある。

解答➡別冊 p. 73

問題 13 △ABC の辺 AB，AC の中点を，それぞれ M，N とするとき，

MN∥BC，$MN=\frac{1}{2}BC$ であることを，次の方針で証明しなさい。

[方針] 線分 MN を △AMC の中線と考えて，線分 MN の N を越える延長線上に MN=LN となる点 L をとると，四角形 AMCL，MBCL は平行四辺形である。

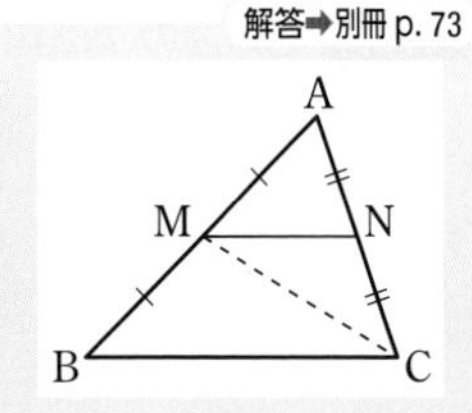

発展例題 14 等積変形の応用

>>例題 96 レベル 

右の図の △ABC において，辺 BC 上に点Pを，頂点Bより頂点Cに近い位置にとる。このとき，次のような直線は，どのようにひけばよいか答えなさい。

(1) 点Aを通り，△ABC の面積を 2 等分する直線。

(2) 点Pを通り，△ABC の面積を 2 等分する直線。

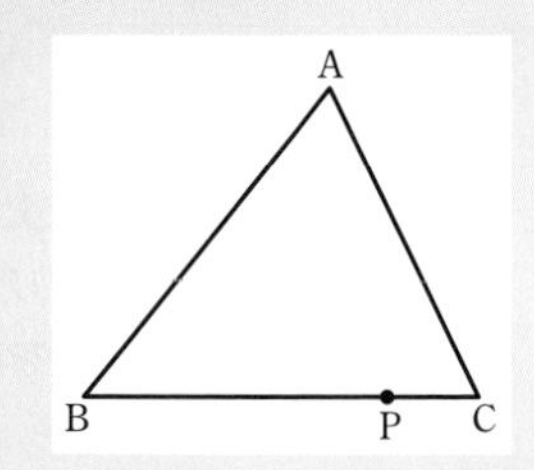

考え方 平行線をひき，等積変形を利用する

実際にそのような直線がひけたとして考える。

(1) **底辺と高さが等しい三角形は，同じ面積** であるから辺 BC の中点を通る直線である。 ← 発展例題 10 も参照

(2) 辺 AB 上に点Qをとり，直線 PQ を求める直線とする。
辺 BC の中点をMとすると，△BPQ＝△ABM となればよいから，そのような点Qの位置を考える。⟶ AP∥QM とすればよい。

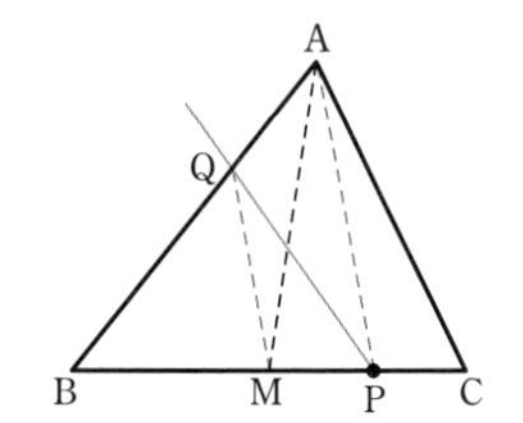

解答

辺 BC の中点をMとする。

(1) △ABM と △ACM は BM＝CM で底辺が等しく，高さも共通で等しいから

点Aと辺 BC の中点Mを通る直線をひけばよい 答

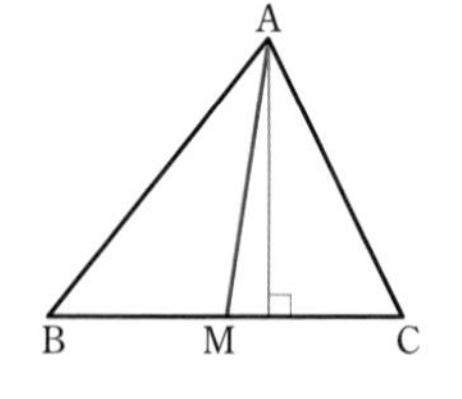

(2) 点Mを通り，直線 AP に平行にひいた直線と辺 AB の交点をQとする。

このとき，AP∥QM から

△AQM＝△PQM

よって　△ABM＝△PQB

したがって

AP∥QM となる点Qを辺 AB 上にとり，直線 PQ をひけばよい 答

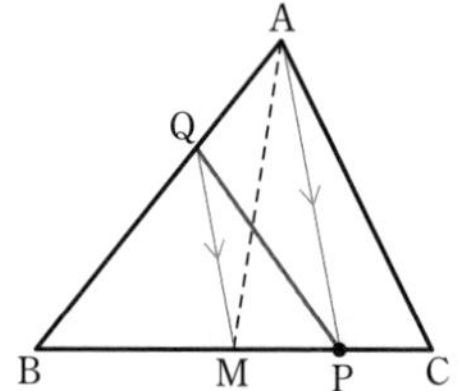

◀ △ABM
＝△AQM＋△QBM
＝△PQM＋△QBM
＝△PQB

問題 14 右の図の △ABC において，辺 AB の中点をMとし，辺 AC 上に点Pを，頂点Aより頂点Cに近い位置にとる。
また，辺 AB 上に点Qをとり，線分 PQ が △ABC の面積を 2 等分するようにしたい。点Qをどのような位置にとればよいか答えなさい。

解答⇒別冊 p. 73

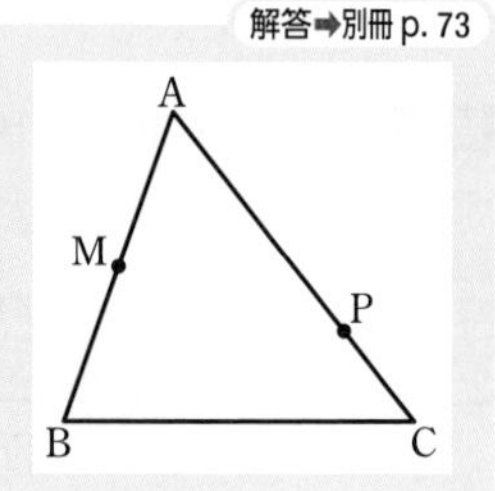

発展例題 15　座標平面上の等積変形

>>例題 40, 96　レベル 

座標平面上に 3 点 A(0, 1)，B(4, −3)，C(1, 3) がある。y 軸上に点 P をとり，△ABP＝△ABC となるようにしたい。このような点Pの y 座標をすべて求めなさい。

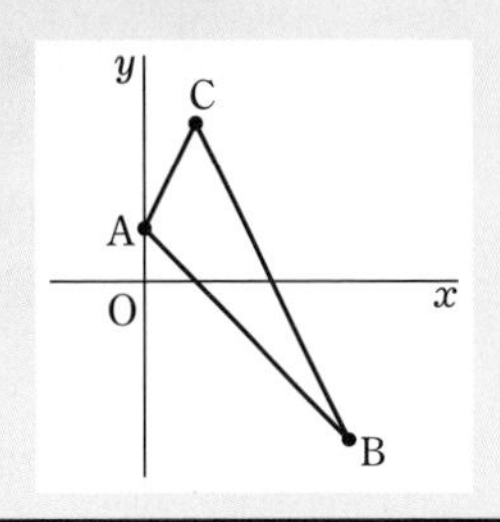

考え方　等積変形を利用する

△ABC と △ABP は，辺 AB を共有する。したがって，求める点Pの 1 つは，**点Cを通る直線 AB に平行な直線上にある。**
さらに，この △ABP に対して，面積が等しい三角形を考える。

下の桃色の三角形は，△ABC と面積が等しい。

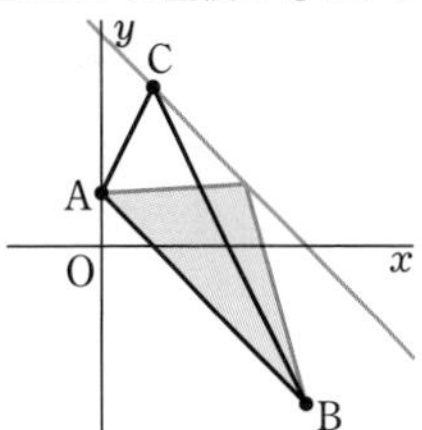

解答

△ABP と △ABC は 辺 AB が共通 であるから，

CP∥AB のとき　△ABP＝△ABC

となる。

直線 AB の傾きは　$\dfrac{-3-1}{4-0}=-1$

よって，直線 CP の式は $y=-x+b$ と表すことができる。

$x=1$，$y=3$ を代入すると

$3=-1+b$

$b=4$

したがって，直線 CP の式は $y=-x+4$ であり，点Pの y 座標の 1 つは

4

◀点Pは y 軸上の点であるから，切片から 4 とわかる。

また，点Aに関して点Pと対称な点を P′ とすると，PA＝P′A より

△ABP＝△ABP′

A(0, 1)，P(0, 4) より，PA＝3 であるから，

点 P′ の y 座標は

$1-3=-2$

よって，求める点Pの y 座標は

4 と −2　…答

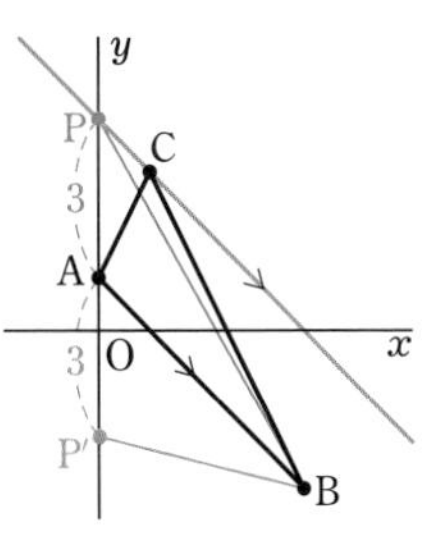

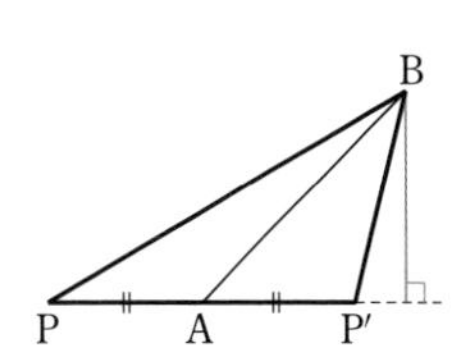

解答➡別冊 p. 73

問題 15　上の例題において，x 軸上に点Qをとり，△QBC＝△ABC となるようにしたい。このようなQの x 座標をすべて求めなさい。

発展例題 16 数直線上を動く点と確率

>>例題 106 レベル

下の図のように，数直線上の原点の位置に点Pがある。大小 2 つのさいころを同時に 1 回投げ，大きいさいころの出た目を a，小さいさいころの出た目を b とする。
点Pは数直線上を右方向に a だけ移動したあと，左方向に b だけ移動する。
このとき，座標の絶対値が 1 以下の範囲に，点Pが止まる確率を求めなさい。〔類 千葉〕

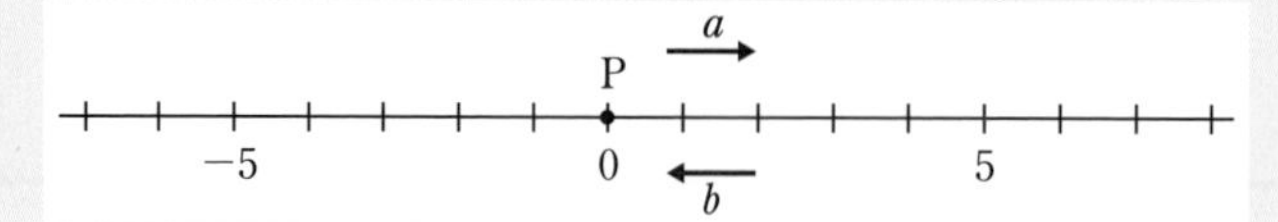

考え方

右に進むことを＋，左に進むことを－と考える

たとえば，$a=5$，$b=2$ のとき，右に 5 だけ進んで左に 2 だけ進むから，**全体で $5-2=3$ だけ右に進む** ことになる。
なお，座標の絶対値が 1 以下ということは，点Pの止まる位置は -1，0，1 のいずれかである。

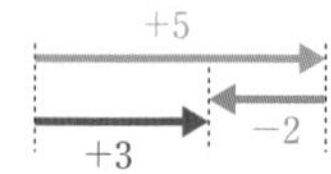

解答

大小 2 つのさいころの目の出方は全部で　$6\times6=36$（通り）
右に進むことを＋，左に進むことを－で表すと，$+a$ だけ移動したあと，$-b$ だけ移動するから，全体で $a-b$ だけ移動する。
よって，$a-b=-1$，0，1 となる場合を考えればよい。
大小 2 つのさいころの出る目を $(a,\ b)$ のように表す。

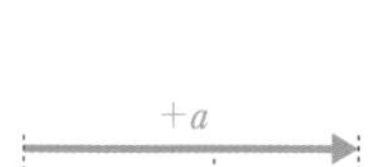

[1]　$a-b=-1$ のとき
　(1, 2)，(2, 3)，(3, 4)，(4, 5)，(5, 6) の 5 通り
[2]　$a-b=0$ のとき
　(1, 1)，(2, 2)，(3, 3)，(4, 4)，(5, 5)，(6, 6) の 6 通り
[3]　$a-b=1$ のとき
　(2, 1)，(3, 2)，(4, 3)，(5, 4)，(6, 5) の 5 通り

よって，求める確率は　$\dfrac{5+6+5}{36}=\dfrac{16}{36}=\dfrac{4}{9}$　…答

◀ [1] と [3] は a と b の差が 1 のものであるから同じ数だけある。
[2] は $a=b$ の場合である。

解答➡別冊 p. 74

問題 16 数直線上を動く点Pが，最初に原点Oにある。
さいころを投げて，奇数の目が出たら正の方向に 3 だけ，偶数の目が出たら負の方向に 1 だけ点Pを移動させる。
さいころを 2 回投げたあと，点Pが -2 の位置にある確率を求めなさい。

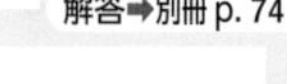

発展例題 17 辺上を動く点と確率

>>例題 106

右の図のような正方形 ABCD がある。点Pが，頂点Aを出発して反時計回りの方向に，1個のさいころを2回投げて出る目の数の和だけ頂点を動く。このとき，点Pが頂点Cにある確率を求めなさい。

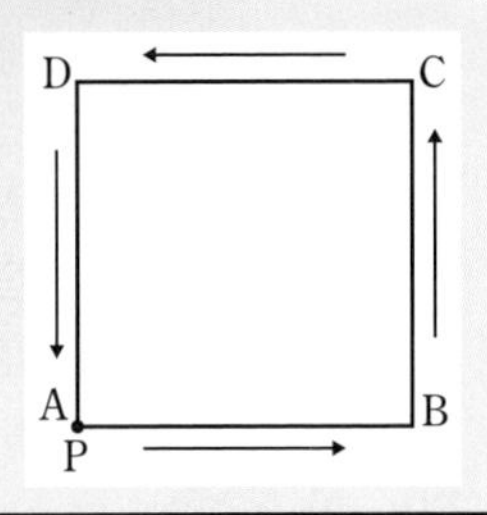

考え方 具体的に考えてみる

点Pが頂点Cに進むには，2，6，10 だけ進めばよいから，さいころの目の数の和が 2，6，10 **になる場合を考えればよい。**

◀正方形であるから4ずつ増えていく。
さいころを2回投げるから，和の最大値は12。

解答

さいころを2回投げるとき，目の出方は全部で $6\times6=36$ (通り)

点Pが頂点Cにあるのは，出る目の数の和が

2　または　6　または　10

になるときである。

[1]　出る目の数の和が2になるとき

目の出方は (1，1) の1通り　←(1回目，2回目)のように表している

[2]　出る目の数の和が6になるとき

目の出方は

(1，5)，(2，4)，(3，3)，(4，2)，(5，1) の5通り

[3]　出る目の数の和が10になるとき

目の出方は (4，6)，(5，5)，(6，4) の3通り

よって，点Pが頂点Cにあるような目の出方は

$1+5+3=9$ (通り)

したがって，求める確率は　$\frac{9}{36}=\mathbf{\frac{1}{4}}$　…答

	1	2	3	4	5	6
1	2	3	4	5	6	7
2	3	4	5	6	7	8
3	4	5	6	7	8	9
4	5	6	7	8	9	10
5	6	7	8	9	10	11
6	7	8	9	10	11	12

解答➡別冊 p. 74

問題 17 右の図のように，正方形 ABCD がある。大小2つのさいころを同時に1回投げ，点Pは頂点Aを出発して大きいさいころの出た目の数だけ，点Qは頂点Cを出発して小さいさいころの出た目の数だけ，正方形 ABCD の各頂点を矢印の方向に1つずつ進む。
このとき，点Pと点Qが同じ頂点に止まる確率を求めなさい。

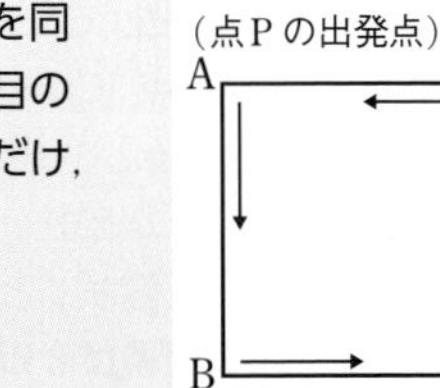

発展例題 18 座標平面と確率

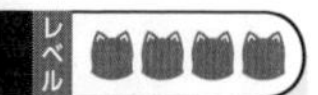

右の図1のように，方眼紙に座標軸をかいた平面があり，その平面上に2点 O(0, 0)，A(4, 0) がある。また，右の図2のように，1，2，3，4の数字が1つずつ書かれた4個の玉が入った袋があって，この袋から玉を1個取り出し，玉に書かれている数を確認してから袋にもどすことを2回行う。1回目に取り出した玉に書かれている数を a，2回目に取り出した玉に書かれている数を b とし，図1の平面上に，点 P(a, b) をとる。

(1) 点Pのとり方は全部で何通りあるか，求めなさい。

(2) △OAP が二等辺三角形になる確率を求めなさい。〔熊本〕

図1

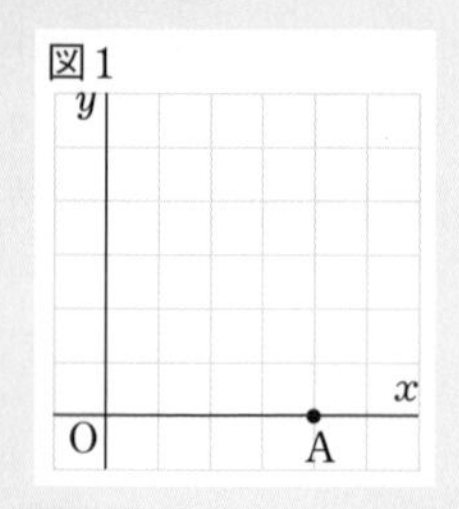

図2

(1) 点Pのとり方の場合の数は，玉の取り出し方の場合の数に等しい。

(2) PO=PA の場合と AO=AP の場合の 2**つの場合があることに注意。**

解答

(1) 玉の取り出し方は全部で　4×4=16 (通り)

よって，点Pのとり方は　**16通り**　…答

◀ 1回目は4通りあり，そのおのおのについて2回目も4通りある。

(2) PO=PA となるとき，点Pは直線 $x=2$ 上にある。

このような玉の取り出し方 (a, b) は

(2, 1)，(2, 2)，(2, 3)，(2, 4)　の4通り。

AO=AP となるとき，玉の取り出し方は (4, 4) の1通り。

よって，△OAP が二等辺三角形になるような玉の取り出し方は，全部で　4+1=5 (通り)

よって，求める確率は　$\dfrac{5}{16}$　…答

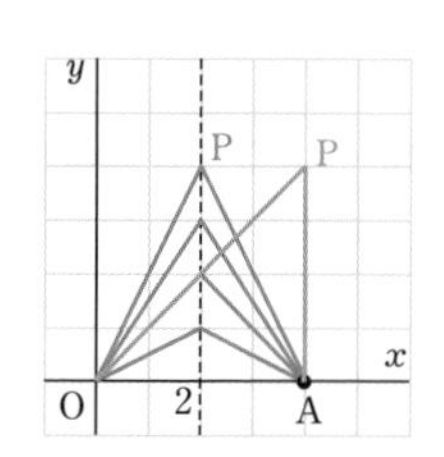

解答➡別冊 p. 74

問題 18 さいころを2回投げて，1回目に出た目の数を a，2回目に出た目の数を b とし，点 P(a, b) を右の図にかき入れる。点 A(2, 0)，点 B(6, 2) とする。

(1) $a=2$，$b=2$ のとき，△PAB の面積を求めなさい。

(2) △PAB の面積が4となる確率を求めなさい。

(3) △PAB の面積が8以上となる確率を求めなさい。

(4) △PAB が直角二等辺三角形となる確率を求めなさい。〔佐賀〕

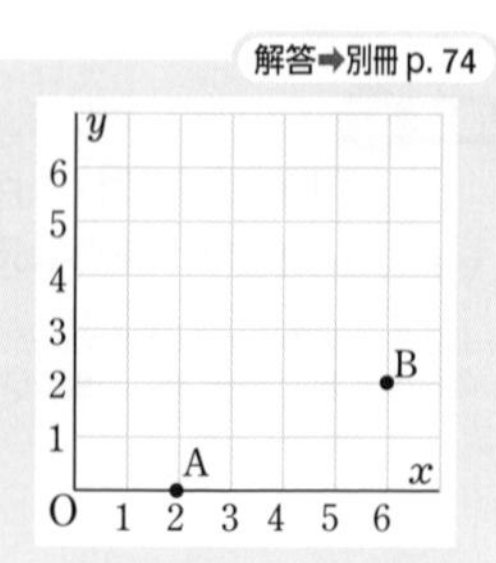

入試対策問題 （解答➡別冊 p. 76）

第1章 式の計算

1 次の計算をしなさい。

(1) $(7x+y)-4\left(\frac{1}{2}x+\frac{3}{4}y\right)$ 〔千葉〕

(2) $3(2a+b)-5\left(\frac{4}{5}a+\frac{1}{10}b\right)$ 〔千葉〕

(3) $\frac{5a-2b}{4}-\frac{3a-7b}{5}$ 〔大阪〕

(4) $\frac{3}{4}(2x-y)-\frac{x-2y}{3}$ 〔智弁学園高〕

(5) $x-\frac{2x-y}{4}-\frac{x-2y}{6}$ 〔桐光学園高〕

(6) $\frac{4x-y}{2}-\left(\frac{-x+3y}{3}+2x\right)$ 〔成田高〕

(7) $\frac{7}{15}x-\frac{3x+5y}{10}+\frac{5x-y}{2}$ 〔智弁和歌山高〕

(8) $2x-4y-\frac{5x-3y}{2}+\frac{3x+10y}{4}$ 〔市川高〕

(9) $\frac{a+b}{4}-\left(\frac{3a}{2}-\frac{4a-2b}{3}\right)$ 〔ラ・サール高〕

(10) $\frac{2x+y-1}{3}-\frac{x-y+4}{6}$ 〔ラ・サール高〕

2 次の計算をしなさい。

(1) $4a^2b\div\left(-\frac{2}{5}ab\right)\times 7b^2$ 〔京都〕

(2) $12x^2y\times(-3y)^2\div(2xy)^2$ 〔愛知〕

(3) $\frac{2}{3}x^2y^3\div\left(-\frac{1}{8}xy\right)\div\frac{4}{9}y$ 〔京都〕

(4) $-12ab\times(-2a^2b)^2\div(-6a^2b)$ 〔三重高〕

(5) $4a^3b^2\div 3a^2b^4\times\left(-\frac{3}{2}ab^3\right)^2$ 〔三重高〕

(6) $\left(\frac{2}{5}xy^2\right)^2\div\left(-\frac{2y}{x}\right)^2\div\left(-\frac{1}{5}xy\right)$ 〔ラ・サール高〕

(7) $4xy^3\div\left(\frac{y}{3x}\right)^2\times\frac{1}{2}x^2$ 〔日大二高〕

(8) $\left(-\frac{1}{3}x^2y\right)^3\div\left(\frac{2}{3}x^2y^3\right)\times\left(-\frac{4y}{x}\right)^2$ 〔名古屋高〕

(9) $\left(-\frac{2}{3}x^2y\right)^3\div\left(-\frac{8}{9}xy\right)^2\times\left(-\frac{5}{12}x^3y^4\right)$ 〔四天王寺高〕

(10) $(-2x^2y)^3\div\left(-\frac{1}{3}x^3y\right)^2\times(-xy^2)^2$ 〔智弁和歌山高〕

3 次の問いに答えなさい。

(1) $x=-\frac{1}{5}$, $y=3$ のとき，$3(2x-3y)-(x-8y)$ の値を求めなさい。〔福島〕

(2) $x=-2$, $y=\frac{1}{3}$ のとき，$6xy\div(-2x)^2\times(-12x^2y)$ の式の値を求めなさい。〔三重〕

(3) $a=-3$, $b=\frac{1}{4}$ のとき，$\frac{1}{6}a^2b\times a^3b^2\div\left(-\frac{1}{2}ab\right)^2$ の値を求めなさい。〔大阪〕

4　あるクラスで募金を行ったところ，募金箱の中には，5円硬貨と1円硬貨が合わせて36枚入っていた。募金箱の中に入っていた5円硬貨と1円硬貨の合計金額をa円とするとき，aは4の倍数になることを，5円硬貨の枚数をb枚として証明しなさい。〔栃木〕

5　aを2けたの奇数とし，bをaの十の位の数と一の位の数とを入れかえてできる自然数とするとき，$\frac{a+b}{8}$の値が20以上であって21以下であるaの値をすべて求めなさい。〔大阪〕

6　与えられた自然数について，次のルールに従って繰り返し操作を行う。

ルール
・その自然数が偶数ならば2でわる。
・その自然数が奇数ならば3をたす。

例えば，与えられた自然数が10のとき

$$10 \xrightarrow[\text{の操作}]{\text{1回目}} 5 \xrightarrow[\text{の操作}]{\text{2回目}} 8 \xrightarrow[\text{の操作}]{\text{3回目}} 4 \xrightarrow[\text{の操作}]{\text{4回目}} 2 \xrightarrow[\text{の操作}]{\text{5回目}} 1 \xrightarrow[\text{の操作}]{\text{6回目}} \cdots$$

となり，5回目の操作のあとではじめて1が現れる。

(1)　与えられた自然数が7のとき，何回目の操作のあとで，はじめて1が現れるか求めなさい。

(2)　1から9までの自然数の中で，何回操作を行っても1が現れない自然数をすべて求めなさい。

(3)　与えられた自然数が4のとき，8回目の操作のあとで現れる自然数を求めなさい。

(4)　与えられた自然数が4のとき，何回目の操作のあとで，25回目の1が現れるか求めなさい。〔佐賀〕

>>発展例題1

7　右の図は，線分ABを2つの線分に分け，それぞれの線分を直径として作った円である。太線は2つの半円の弧をつなげたものである。AB=10 cmのとき，太線の長さを求めなさい。(円周率はπを用いなさい。)〔岐阜〕

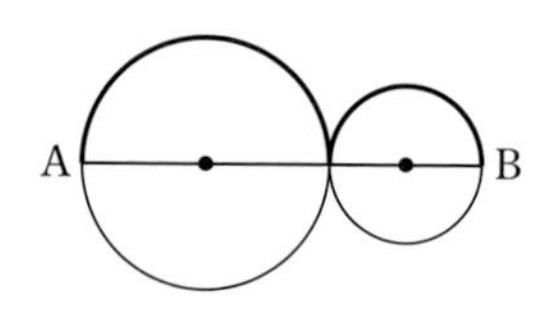

8　ある人がA地点からx km離れたB地点まで行くのに，始めは時速6 kmで走り，途中から時速3 kmで歩き，全体で2時間かかった。A地点から走った道のりをy kmとするとき，yをxを用いた式で表しなさい。〔都立墨田川高〕

第2章 連立方程式

9 次の連立方程式または方程式を解きなさい。

(1) $\begin{cases} \dfrac{1}{6}(x-3)+y=\dfrac{5}{3} \\ -(x+y)=x+7 \end{cases}$ 〔都立国分寺高〕

(2) $\begin{cases} 4-\dfrac{y-1}{2}=\dfrac{1-2x}{3} \\ x+6y=14 \end{cases}$ 〔東京都立高〕

(3) $\begin{cases} 5(2x-y)-3(3x-4y)=2 \\ 0.5x+2.8y=0.3 \end{cases}$ 〔高田高〕

(4) $\begin{cases} x+0.5y=0.25 \\ \dfrac{1}{5}(x-3y)=\dfrac{3}{4} \end{cases}$ 〔都立墨田川高〕

(5) $\begin{cases} 3x-4y+1=2(x-3y) \\ 0.25(-x+2y)-\dfrac{x-2y}{2}=\dfrac{9}{4} \end{cases}$ 〔都立国立高〕

(6) $\dfrac{x}{5}-\dfrac{y}{2}=0.1x-0.75y=1$ 〔名古屋高〕

10 次の連立方程式を解きなさい。 >>発展例題 2, 4

(1) $\begin{cases} \dfrac{1}{x}-\dfrac{1}{y}=3 \\ \dfrac{2}{x}+\dfrac{3}{y}=-1 \end{cases}$ 〔立命館高〕

(2) $\begin{cases} \dfrac{x-y}{3}+\dfrac{2}{5}(y-2)=0.2(1-3y) \\ (3-2x):y=5:2 \end{cases}$ 〔都立国立高〕

(3) $\begin{cases} x+y=1 \\ y+z=-2 \\ z+x=2 \end{cases}$ 〔城西大学附属川越高〕

11 x, y についての2つの連立方程式 $\begin{cases} -x+2y=-2 \\ ax+by=5 \end{cases}$ と $\begin{cases} 2x-3y=6 \\ ax-by=-1 \end{cases}$ が同じ解をもつとき，定数 a, b の値を求めなさい。〔東京学芸大学附属高〕 >>発展例題 3

12 ゆうきさんは，家族の健康のためにカロリーを控えめにしたおかずとして，ほうれん草のごま和えを作ろうと考えている。食事全体の量とカロリーのバランスを考えて，ほうれん草のごま和え 83 g で，カロリーを 63 kcal にする。右の表は，ほうれん草とごまのカロリーを示したものである。
このとき，ほうれん草とごまは，それぞれ何 g にすればよいですか。〔岩手〕

食品名	分量に対するカロリー
ほうれん草	270 g あたり 54 kcal
ごま	10 g あたり 60 kcal

13 2つの商品A，Bをそれぞれ何個かずつ仕入れた。1日目は，A，Bそれぞれの仕入れた数の75％，30％が売れたので，AとBの売れた総数は，AとBの仕入れた総数の半分より9個多かった。2日目は，Aの残りのすべてが売れ，Bの残りの半分が売れたので，2日目に売れたAとBの総数は273個であった。仕入れたA，Bの個数をそれぞれ求めなさい。〔桐朋高〕

14 美紀さんは，お弁当2個とお茶2本を買うために，図1のような割引クーポン券を持って，A商店に行った。その店には，図2のようなセット割引の広告もあった。
割引クーポン券を利用すると，合計の金額が960円になるところを，美紀さんは，セット割引を利用したので，900円で買うことができた。このとき，お弁当1個とお茶1本の値段はそれぞれいくらか，求めなさい。〔和歌山〕

図1

A商店
割引クーポン券 お弁当2個の お買い上げで お茶1本　**半額！** ※他の割引と 同時に使うことは できません

図2

本日限り
セット割引
お弁当1個と お茶1本の セットで50円引 ※お一人様 3セット限り

15 次の問いに答えなさい。

(1) 8％の食塩水と6％の食塩水を混ぜると6.8％の食塩水が300 gできた。8％の食塩水の量を求めなさい。

(2) 8％の食塩水Aと6％の食塩水Bと4％の食塩水Cがある。食塩水Cは，食塩水AとBの和の2倍の量があり，食塩水AとBとCを混ぜると5.3％の食塩水が300 gできた。食塩水Aの量を求めなさい。〔上宮高〕

16 空の水そうにA管，B管，C管の3つを使って水を入れる。C管のみを使って空の水そうに水を入れると1時間30分で満水になった。

(1) はじめにA管のみを使って30分間水を入れた。次にB管のみを使って20分間水を入れたところ水の量は全体の$\frac{1}{3}$となった。その後，A管とB管の両方を使って48分間水を入れると満水になった。A管のみを使って満水にすると何分かかりますか。

(2) 同じ空の水そうに，はじめにA管とB管の両方を使って，同時に水を入れ始めた。途中でC管も使い，A管，B管，C管の3本を使って水を入れた。3本で水を入れてから30分後に満水になった。空の水そうに水を入れ始めてから満水になるまでにかかった時間は何分ですか。〔名古屋高〕

>>発展例題5

第3章 1次関数

17 右の図のように，2つの1次関数 $y=2x+8$，$y=-\frac{3}{4}x+a$ のグラフがあり，x 軸との交点をそれぞれ P，Q とする。

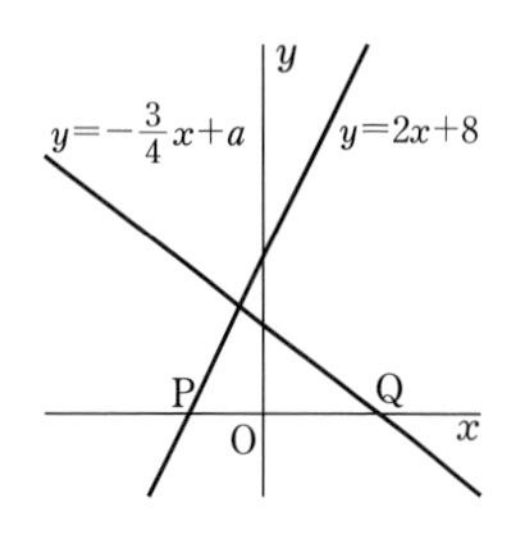

(1) 1次関数 $y=2x+8$ について，x の増加量が3のときの y の増加量を求めなさい。

(2) 線分 PQ の中点の座標が (1, 0) のとき，a の値を求めなさい。

〔山口〕

18 関数 $y=\frac{a}{x}$ $(a>0)$ と関数 $y=-2x+b$ において，x の変域が $2 \leqq x \leqq 5$ のとき，y の変域は一致する。定数 a の値を求めなさい。〔智弁和歌山高〕

19 右の図のように，2つの関数

$$y=\frac{5}{2}x+1 \quad \cdots\cdots ①, \quad y=-x+8 \quad \cdots\cdots ②$$

のグラフがある。

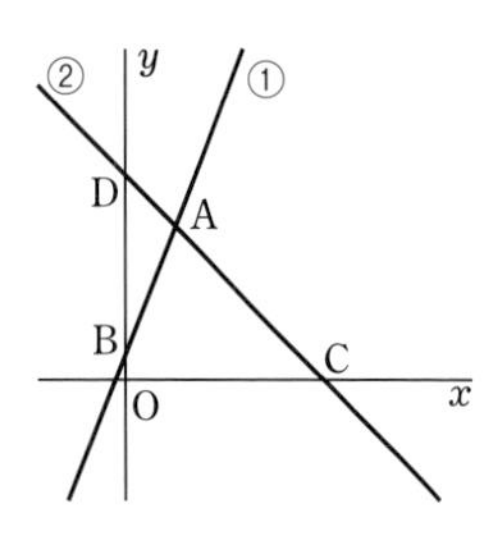

点Aは関数①，②のグラフの交点，点Bは関数①のグラフと y 軸との交点である。また，関数②のグラフと x 軸，y 軸との交点をそれぞれ C，D とする。

(1) 点Aの座標を求めなさい。

(2) 四角形 ABOC の内部にあり，x 座標，y 座標がともに自然数である点の個数を a 個とする。また，△ADB の内部にあり，x 座標，y 座標がともに自然数である点の個数を b 個とする。このとき，$a-b$ の値を求めなさい。ただし，それぞれの図形の辺上の点はふくまないものとする。〔熊本〕

>>発展例題6

20 図のように2点 A$(-1,\ 2)$，B$(2,\ 8)$ がある。

2点 A，B を通る直線と y 軸との交点をCとし，x 軸を対称の軸として，点Cを対称移動した点をDとする。

(1) 2点 A，B を通る直線の式を求めなさい。

(2) 点Dの座標を求めなさい。

(3) △ABD の面積を求めなさい。

(4) x 軸上に点Pがある。△ABP の面積が △ABD の面積と等しくなるような点Pの x 座標をすべて求めなさい。〔佐賀〕

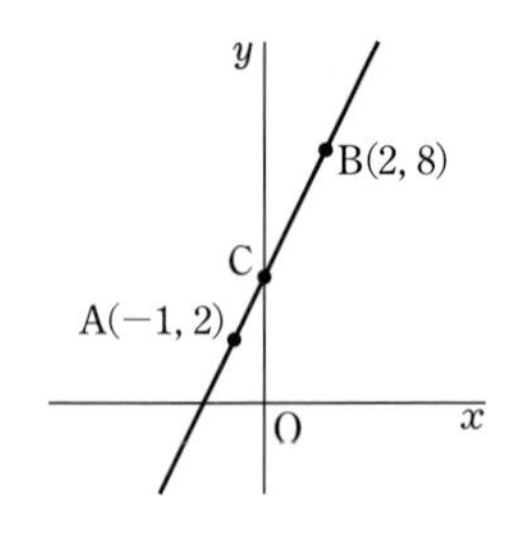

>>発展例題 9, 15

21 図において，Oは原点，A，B はともに直線 $y=2x$ 上の点，Cは直線 $y=-\dfrac{1}{3}x$ 上の点であり，点 A，B，C の x 座標はそれぞれ 1，4，-3 である。

このとき，点Aを通り，△OBC の面積を2等分する直線と直線 BC との交点の座標を求めなさい。〔愛知〕

>>発展例題 10

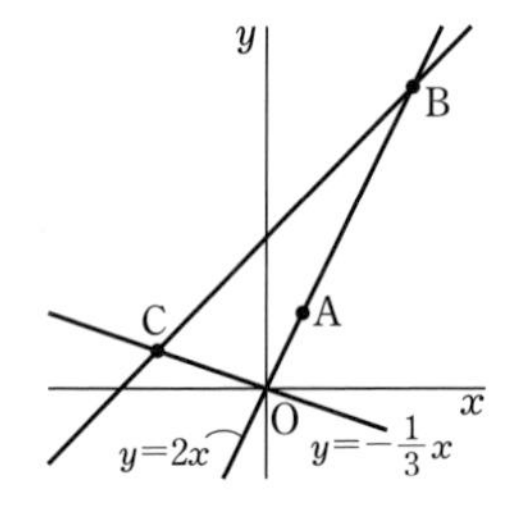

22 2点 A，B の座標は，それぞれ $(-1,\ 7)$，$(4,\ 3)$ である。点Aと x 軸に関して対称な点をCとする。

(1) 点Cの座標を求めなさい。

(2) 2点 B，C を通る直線の式を求めなさい。

(3) x 軸上の点 $(p,\ 0)$ をPとする。線分 AP と線分 PB の長さの和がもっとも小さくなるときの p の値を求めなさい。〔函館ラ・サール高〕

>>発展例題 11

23 兄と弟は，P地点とQ地点の間でトレーニングをしている。
P地点とQ地点は 2400 m 離れており，P地点とQ地点の途中にあるR地点は，P地点から 1600 m 離れている。
兄は，午前 9 時にP地点を出発し，自転車を使って毎分 400 m の速さで，休憩することなく 3 往復した。また，弟は兄と同時にP地点を出発し，毎分 200 m の速さで走り，R地点へ向かった。

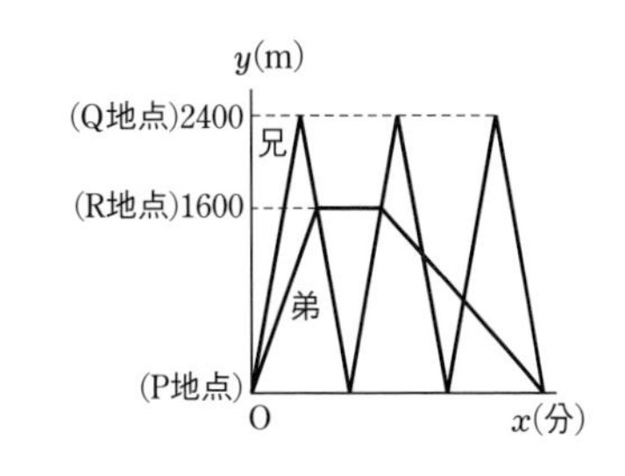

弟がR地点に到着すると同時に，P地点に向かう兄がR地点を通過した。
その後，弟は休憩し，兄が再びR地点を通過すると同時に，P地点に向かって歩いて戻ったところ，3 往復を終える兄と同時にP地点に着いた。
右上のグラフは，兄と弟がP地点を出発してから x 分後にP地点から y m 離れているとして，x と y の関係を表したものである。
兄と弟は，各区間を一定の速さで進むものとし，次の問いに答えなさい。

(1) 弟はR地点で何分間休憩したか求めなさい。

(2) 弟は休憩した後，毎分何 m の速さでP地点へ向かって歩いたか求めなさい。

(3) 弟がR地点からP地点へ歩いているとき，Q地点に向かう兄とすれちがう時刻を求めなさい。〔富山〕

24 右の図の △ABC は，AB＝12 cm，BC＝8 cm，∠B＝90° の直角三角形である。点Pは，△ABC の辺上を，毎秒 1 cm の速さで，AからBを通ってCまで動くとする。
点PがAを出発してから x 秒後の △APC の面積を y cm^2 とするとき，次の各問いに答えなさい。

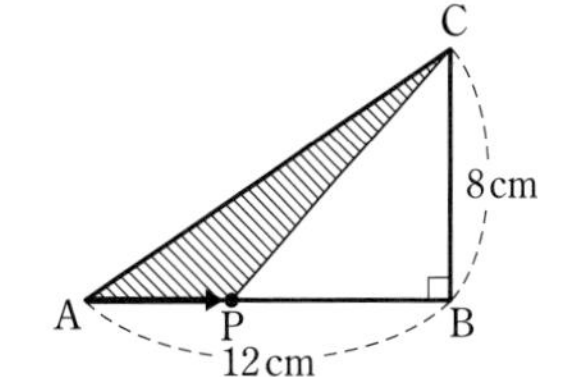

(1) 点PがAを出発してから 4 秒後の y の値を求めなさい。

(2) 点Pが辺 AB 上を動くとき，y を x の式で表しなさい。

(3) x と y の関係を表すグラフとして **最も適する** ものを，次のア～エのうちから **1 つ選び**，記号で答えなさい。

ア
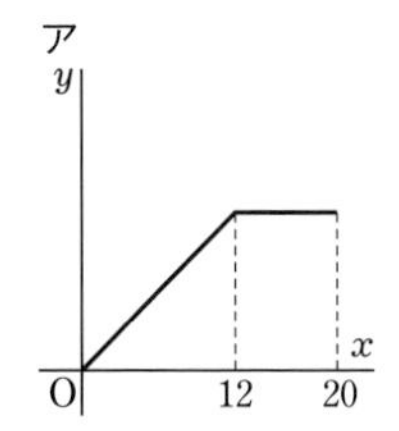

イ
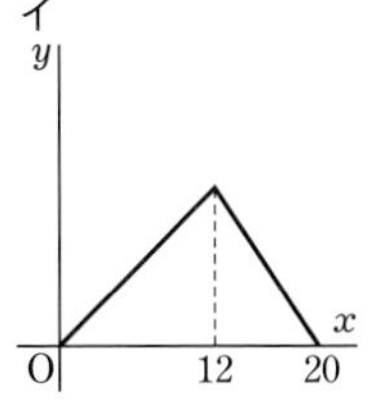

ウ
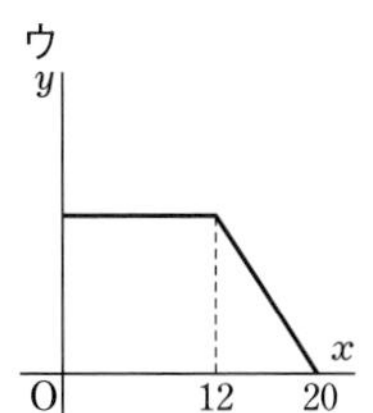

エ
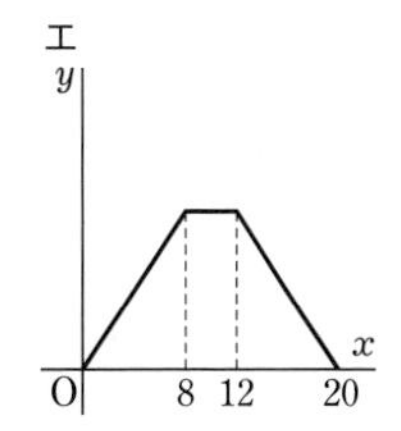

(4) △APC の面積が 36 cm^2 となるのは，点PがAを出発してから何秒後と何秒後であるか求めなさい。〔沖縄〕

25 右の図のように，水平に置かれた直方体状の容器があり，その中には水をさえぎるために，底面と垂直な長方形のしきりがある。しきりで分けられた底面のうち，頂点Qをふくむ底面をA，頂点Rをふくむ底面をBとし，Bの面積はAの面積の2倍である。管aを開くと，A側から水が入り，管bを開くと，B側から水が入る。aとbの1分間あたりの給水量は同じで，一定である。

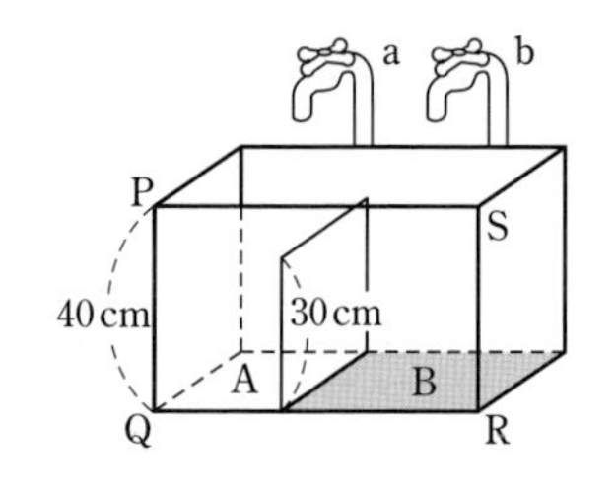

A側の水面の高さは辺QPで測る。いま，aとbを同時に開くと，10分後にA側の水面の高さが30 cmになり，20分後に容器が満水になった。

管を開いてからx分後のA側の水面の高さをy cmとすると，xとyとの関係は下の表のようになった。ただし，しきりの厚さは考えないものとする。

x（分）	0	…	6	…	10	…	15	…	20
y（cm）	0	…	ア	…	30	…	イ	…	40

(1) 表中のア，イに当てはまる数を求めなさい。

(2) xとyとの関係を表すグラフをかきなさい。$(0 \leqq x \leqq 20)$

(3) xの変域を次の(ア)，(イ)とするとき，xとyとの関係を式で表しなさい。

(ア) $0 \leqq x \leqq 10$ のとき　　(イ) $15 \leqq x \leqq 20$ のとき

(4) B側の水面の高さは辺RSで測る。管を開いてから容器が満水になるまでの間で，A側の水面の高さとB側の水面の高さの差が2 cmになるときが2回あった。管を開いてから何分何秒後であったかを，それぞれ求めなさい。〔岐阜〕

第4章 図形の性質と合同

26 次の(1)〜(3)において，$\ell /\!/ m$ とするとき，$\angle x$ の大きさをそれぞれ求めなさい。ただし，(2)は AB＝AC とする。〔(1) 鹿児島，(2) 宮崎，(3) 岩手〕

(1)

(2)

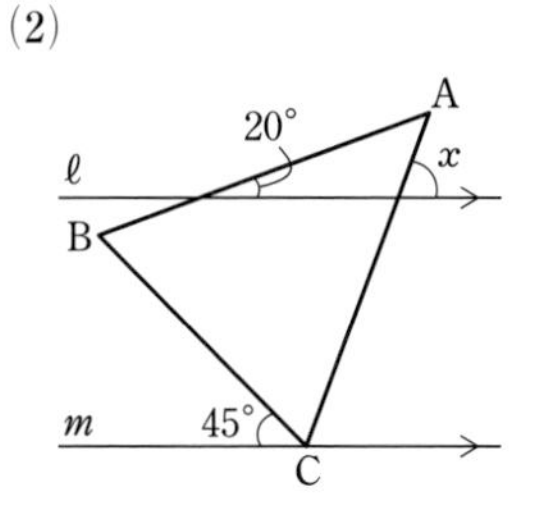

(3)

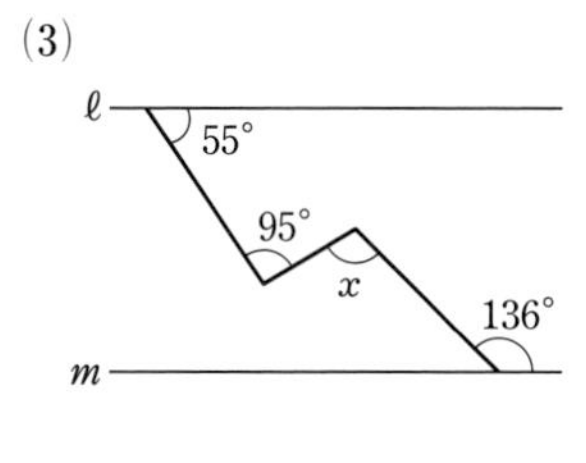

27 右の図において，正六角形 ABCDEF に，2つの平行な直線 ℓ，m が交わっており，交点はそれぞれ G，H，I，J である。$\angle$GHF＝78° のとき，$\angle$IJE の大きさを求めなさい。〔大分〕

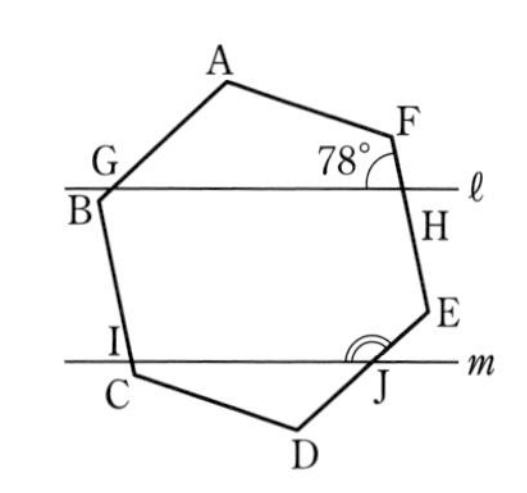

28 右の図のように，三角形 ABC の $\angle$B の二等分線と $\angle$C の外角 $\angle$ACD の二等分線の交点を E とする。
$\angle$BAC の大きさが 40° のとき，$\angle$BEC の大きさを求めなさい。

〔三重〕

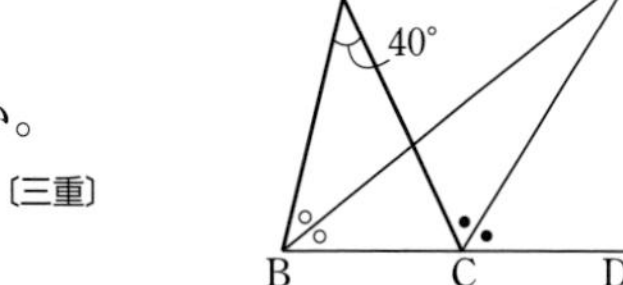

29 右の図のように，長方形 ABCD を対角線 AC を折り目として折り返し，頂点Bが移った点をEとする。
$\angle$ACE＝20° のとき，$\angle x$ の大きさを求めなさい。〔和歌山〕

30 図の $\angle a$ から $\angle h$ までの大きさの和を求めなさい。〔東北学院高〕

>>発展例題 12

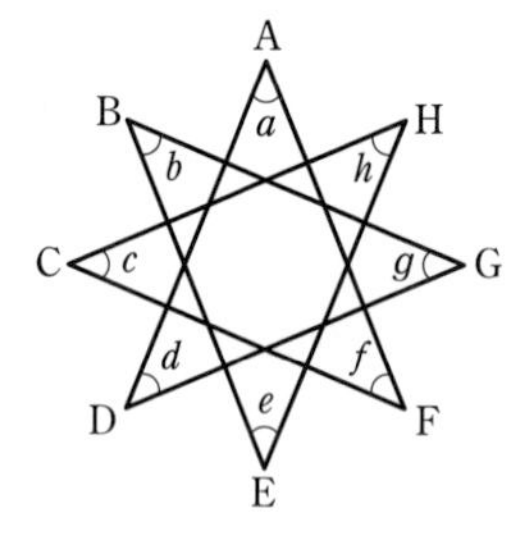

31 右の図のように，AB＝AD，AD // BC，$\angle$ABC が鋭角である台形 ABCD がある。対角線 BD 上に点Eを，$\angle$BAE＝90° となるようにとる。

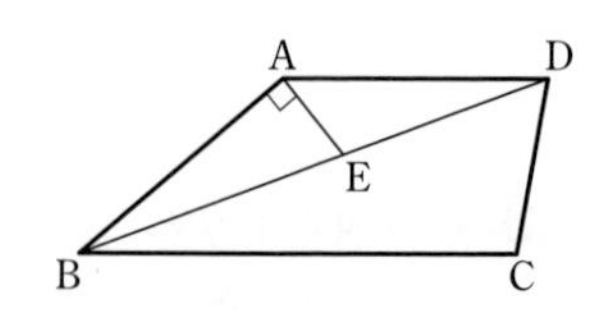

(1)　$\angle$ADB＝20°，$\angle$BCD＝100° のとき，$\angle$BDC の大きさを求めなさい。

(2)　頂点Aから辺 BC に垂線をひき，対角線 BD，辺 BC との交点をそれぞれ F，G とする。このとき，△ABF≡△ADE を証明しなさい。〔北海道〕

第5章 三角形と四角形

32 右の図のように，正五角形 ABCDE において，CD＝FD，∠DCF＝17° である点Fをとる。
このとき，∠EDF と ∠CFE の大きさを求めなさい。〔新潟第一高〕

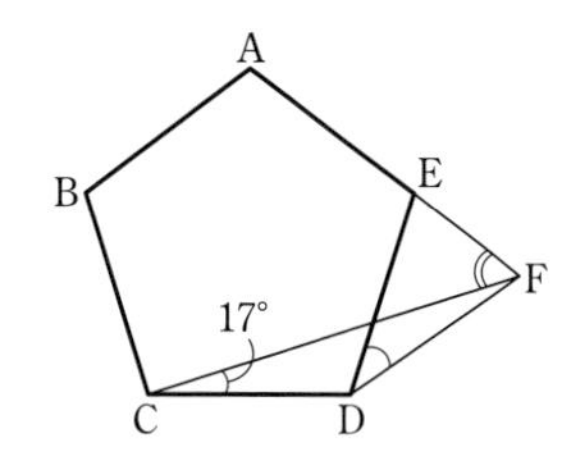

33 右の図において，△ABC は AB＝AC の二等辺三角形であり，∠B＝65° である。点 D，E はそれぞれ辺 AB，AC 上の点であり，点Fは直線 BC，DE の交点である。また，∠CFE＝30° である。
このとき，∠DEA の大きさを求めなさい。〔山梨〕

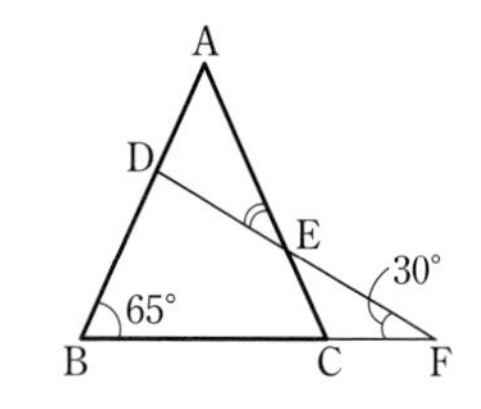

34 右の図のように，2つの正三角形 ABC，CDE がある。頂点 A，D を結んで △ACD をつくり，頂点 B，E を結んで △BCE をつくる。このとき，△ACD≡△BCE であることを証明しなさい。〔新潟〕

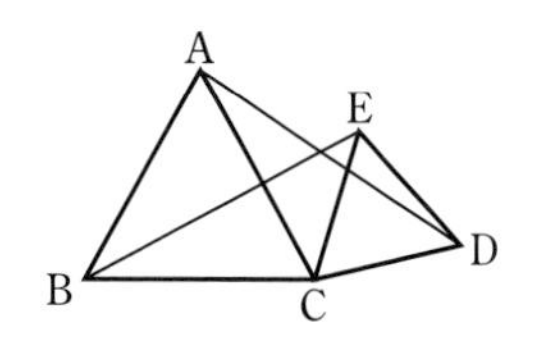

35 図のように，△ABC と辺 AB の延長線上に点Dがある。
また，∠CAB の二等分線と ∠CBD の二等分線の交点をEとする。
点Eから直線 AB，BC，CA に垂線を下ろし，垂線と直線 AB，BC，CA との交点をそれぞれ H，I，J とする。

(1) 三角形の合同を用いて，EI＝EJ であることを証明しなさい。

(2) ∠CAB＝∠ABC＝70° であるとき，∠ECJ の大きさを求めなさい。〔市川高〕

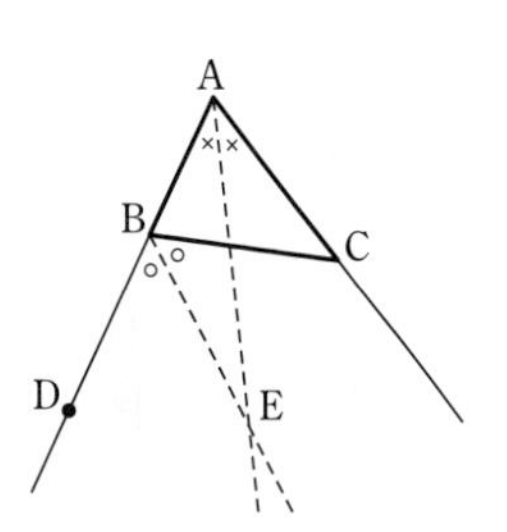

入試対策編　入試対策問題

36 右の図において，△ABC は正三角形，四角形 ACDE は正方形，F は線分 AC と EB との交点である。
このとき，∠EFC の大きさは何度か，求めなさい。〔愛知〕

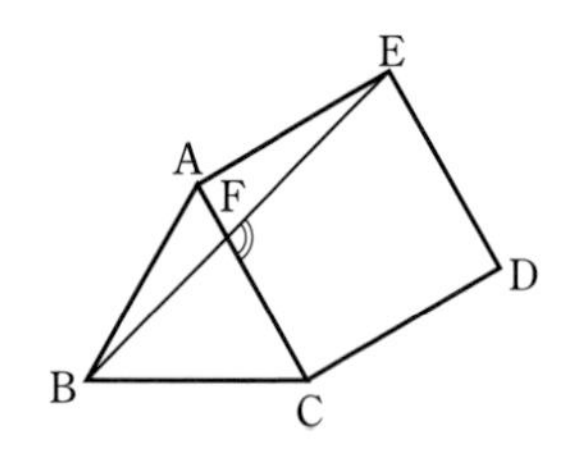

37 右の図のひし形 ABCD で，∠AEB＝110°，∠EBC＝22°，∠CAE＝34° である。
このとき，∠ADC の大きさを求めなさい。〔桐朋高〕

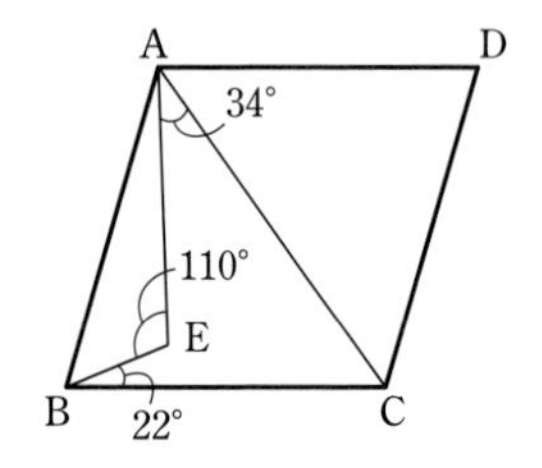

38 右の図のように，平行四辺形 ABCD の対角線の交点をOとし，線分 OA，OC 上に，AE＝CF となる点 E，F をそれぞれとる。
このとき，四角形 EBFD は平行四辺形であることを証明しなさい。〔19 埼玉〕

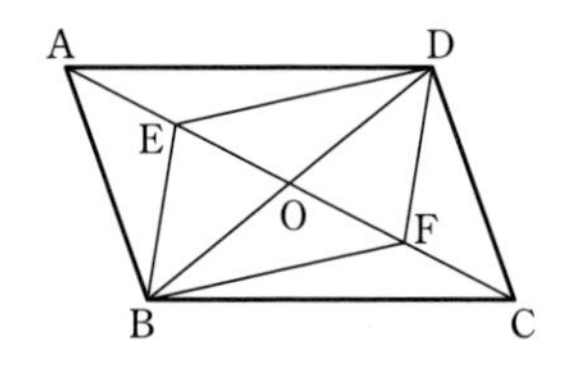

39 次の図において，四角形 ABCD の辺 AB 上に点P，辺 BC 上に点Q，辺 CD 上に点Rがあるひし形 PBQR を，定規とコンパスを用いて作図しなさい。〔三重〕

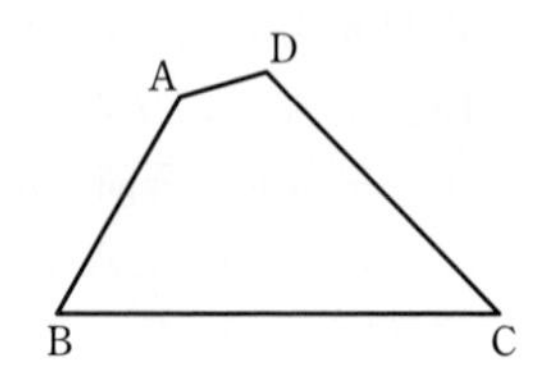

40 右の図のように，∠ABC の二等分線と ∠ACB の二等分線の交点をＩとし，点Ｉを通り辺 BC に平行な直線と，辺 AB，辺 AC との交点をそれぞれ D，E とする。
AB＝5 cm，BC＝4 cm，AC＝6 cm であるとき，△ADE の周の長さを求めなさい。〔専修大学松戸高〕

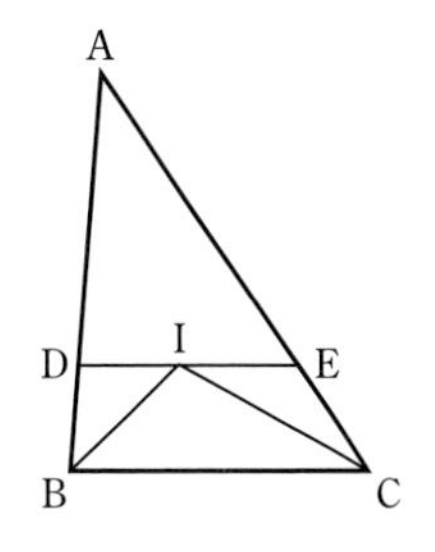

41 右の図の正三角形 ABC において，辺 AB，CA の中点をそれぞれ E，F とし，辺 BC 上に点 G，H を GH＝AE となるようにとる。
点 F，G から線分 EH にひいた垂線と，線分 EH との交点をそれぞれ I，J とする。
このとき，四角形 FJGI は平行四辺形であることを証明しなさい。

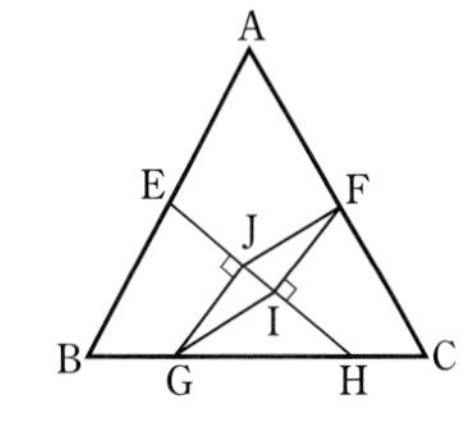

第6章 データの活用

42 右の図は，Ａ社，Ｂ社について，それぞれ従業員 50 人の通勤時間のデータの箱ひげ図である。このデータについての記述として **適切でないもの** を次の ①～④ のうちから１つ選びなさい。

① Ａ社には通勤時間が 50 分以上の人が 25 人以上いる。
② Ａ社，Ｂ社を通じて通勤時間がもっとも短い人はＡ社にいる。
③ 通勤時間が 40 分以下の人はＢ社の方が多い。
④ 通勤時間が 70 分以上の人はＡ社の方が多い。

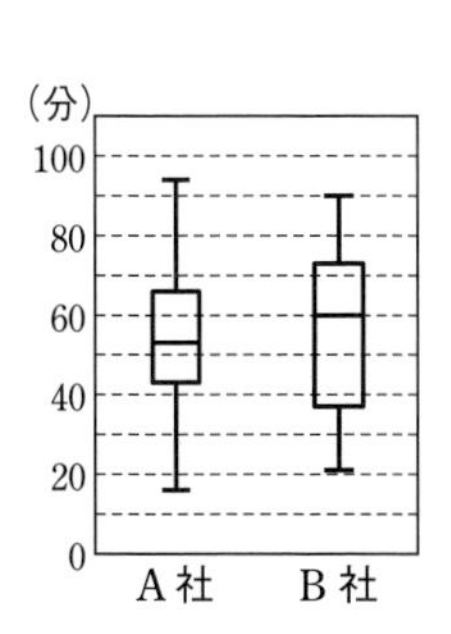

43 A組 40 人，B組 40 人の計 80 人の生徒が英語の試験を行った結果を箱ひげ図にまとめると，右のようになった。生徒 a の得点は 90 点であり，また，生徒 b の得点は 61 点で，組の中で 22 位の得点であった。ただし，点数は整数値で，順位は点数の高い順につけてあるものとする。

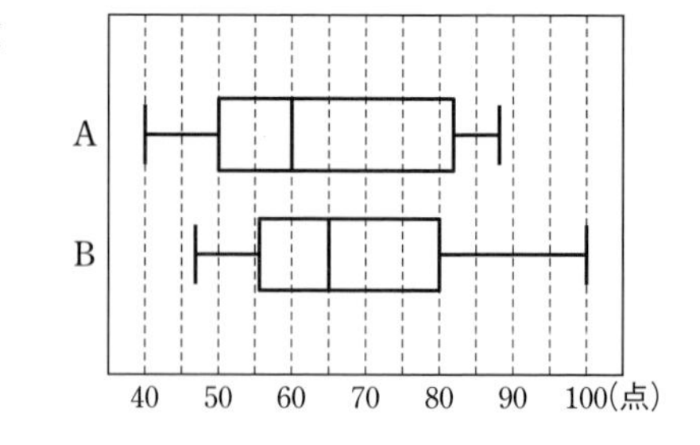

(1) 生徒 a は ア□ 組，生徒 b は イ□ 組の生徒である。

(2) 次の (i)～(iii) が正しいか正しくないかを答えなさい。

(i) 四分位範囲で比較すると，B組の方がA組より点数の散らばりが大きい。

(ii) A組の第 1 四分位数よりも低い点数の生徒は，B組に少なくとも 1 人いる。

(iii) 80 人全体の得点の中央値は 60 点以上，65 点以下の範囲にある。

44 次のデータは，ある高校の生徒 15 人のハンドボール投げの飛距離 (m) の記録である。

18，33，16，28，20，31，24，25，28，30，13，32，27，21，29

(1) このデータの平均値，中央値，第 3 四分位数を求めよ。

(2) もう一度ハンドボールを投げて飛距離を記録し，結果を箱ひげ図で表すと右のようになった。2 回目について，この図から確実に読みとれることを，次の ①～⑥ の中からすべて選びなさい。

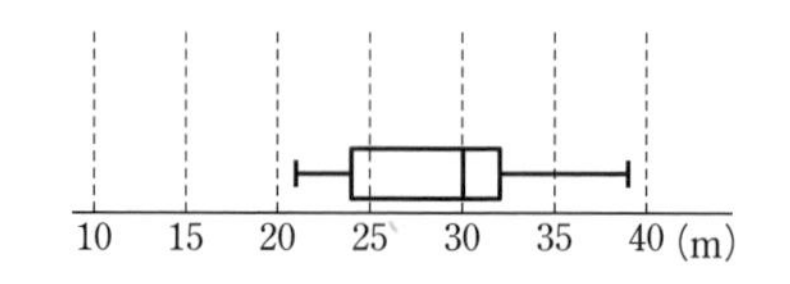

① 1 回目の中央値以下であった生徒全員の飛距離が伸びた。

② 1 回目の中央値以上であった生徒全員の飛距離が伸びた。

③ 1 回目下位 3 名全員の飛距離が伸びた。 ④ 1 回目上位 3 名全員の飛距離が伸びた。

⑤ 1 回目より中央値が大きくなった。

⑥ 1 回目と比べ，飛距離が下がった生徒はいなかった。

第7章 確　率

※以下の問題において，さいころの目の出方や玉の取り出し方などは，特にことわりがない限り，同様に確からしいとする。

45 右の図のように，袋の中に，赤玉2個と白玉2個が入っている。
それぞれの色の玉には，1，2の数字が1つずつ書かれている。
玉をかき混ぜてから1個取り出し，それを袋に戻してかき混ぜ，また1個取り出すとき，次の問いに答えなさい。

(1)　2回とも白玉が出る確率を求めなさい。

(2)　2回とも同じ色の玉が出る確率を求めなさい。

(3)　1回目と2回目で，色も数字も異なる玉が出る確率を求めなさい。〔岐阜〕

46 右の図のように，袋Aには1，2，4，8の数字が1つずつ書かれたカードが4枚，袋Bには3，5，6，7の数字が1つずつ書かれたカードが4枚入っている。
袋Aと袋Bからそれぞれ1枚ずつカードを取り出し，袋Aから取り出したカードに書かれている数を a，袋Bから取り出したカードに書かれている数を b とする。

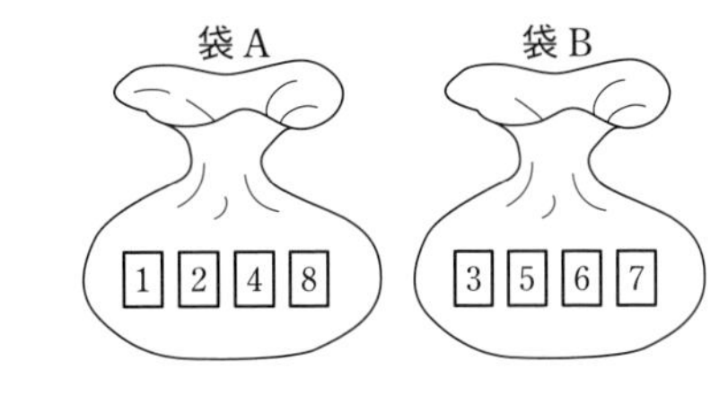

袋Aと袋Bからそれぞれ1枚ずつカードを取り出すとき，次の問いに答えなさい。

(1)　カードの取り出し方は全部で何通りあるか求めなさい。

(2)　$a+b=7$ となる確率を求めなさい。

(3)　$a-b>0$ となる確率を求めなさい。

(4)　$\dfrac{ab}{6}$ の値が整数となる確率を求めなさい。〔佐賀〕

47 500円，100円，50円，10円の硬貨が1枚ずつある。この4枚を同時に投げるとき，次の問いに答えなさい。

(1)　4枚のうち，少なくとも1枚は裏となる確率を求めなさい。

(2)　表が出た硬貨の合計金額が，510円以上になる確率を求めなさい。〔三重〕

48 1から6までの目が出る大小1つずつのさいころを同時に1回投げ，大きいさいころの出た目の数をa，小さいさいころの出た目の数をbとします。aとbの積abの約数の個数が3個以上となる確率を求めなさい。〔18 埼玉〕

49 数直線上に点Pがある。
1つのさいころを投げて，次のルールにしたがって点Pを移動させる。

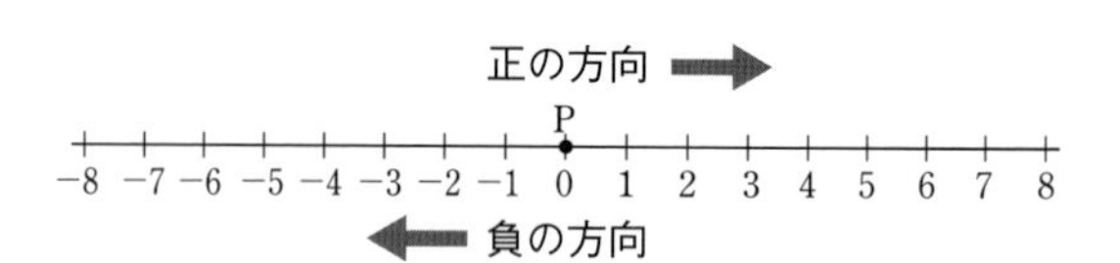

〈ルール〉
1，3，5の目が出たら，出た目の数だけ正の方向に点Pを移動させる。
2，4，6の目が出たら，出た目の数だけ負の方向に点Pを移動させる。

最初，点Pは原点にあるとして，次の各問いに答えなさい。

(1) さいころを1回投げるとき，点Pが3の位置にある確率を求めなさい。

(2) さいころを2回投げるとき，次の問いに答えなさい。
たとえば，1回目で3の目が出て，2回目で4の目が出ると，点Pは −1 の位置にある。

(ア) 点Pが2の位置にある確率を求めなさい。

(イ) 点Pが，原点から点Pまでの距離が3より小さい位置にある確率を求めなさい。〔沖縄〕

>>発展例題 16

50 図1のような正六角形があり，その1つの頂点をAとする。また，2点P，Qについて，点Pは大きいさいころの出た目の数だけ頂点Aから時計の針の回転と同じ向きに頂点を順に移動し，点Qは小さいさいころの出た目の数だけ頂点Aから時計の針の回転と同じ向きに頂点を順に移動する。
たとえば，大きいさいころの出た目が1，小さいさいころの出た目が4のときの2点P，Qの位置は図2のようになる。
大小2つのさいころを同時に1回投げるとき，次の各問いに答えなさい。

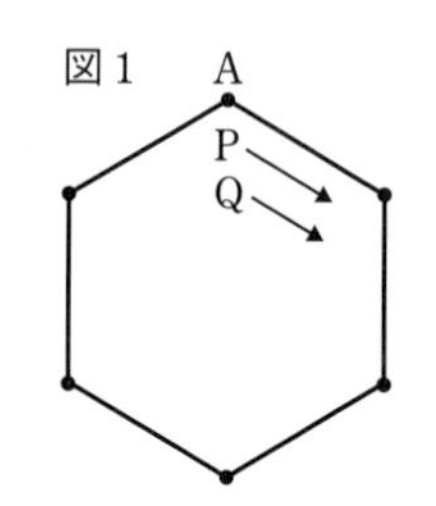

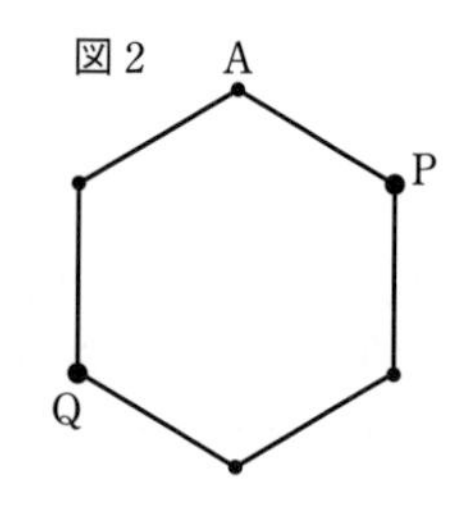

(1) 2点P，Qがともに頂点Aの位置にある確率を求めなさい。

(2) 3点A，P，Qを結んでできる図形が正三角形になる確率を求めなさい。

(3) 3点A，P，Qを結んでできる図形が直角三角形になる確率を求めなさい。〔佐賀〕

>>発展例題 17，18

51 1から6までの目が出る大小2つのさいころを同時に投げる。
大きいさいころの出た目を a，小さいさいころの出た目を b とするとき，直線 $y=3ax$ と直線 $y=2bx+1$ が交わる確率を求めなさい。〔都立青山高〕

52 右の図のように，平行四辺形 ABCD の辺 AB，BC 上に AC∥EF となるような点 E，F をとる。
次に，C，D，E，F の文字を1つずつ書いた4枚のカードをよくきって，2枚同時に引き，2枚のカードに書かれた文字が表す2つの点と点Aの3点を結んで三角形をつくる。
その3点を頂点とする三角形が，△DFC と同じ面積になる確率を求めなさい。〔滋賀〕

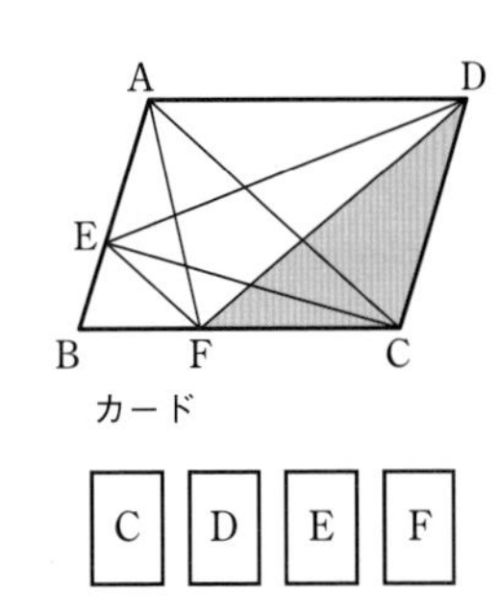

53 2つのさいころ A，B と，右の図のような，方眼紙に座標軸をかいた平面があり，点Oは原点である。さいころ A，B を投げて，それぞれのさいころの出る目の数を a，b として，次のルールで点Pの x 座標と y 座標をそれぞれ決める。

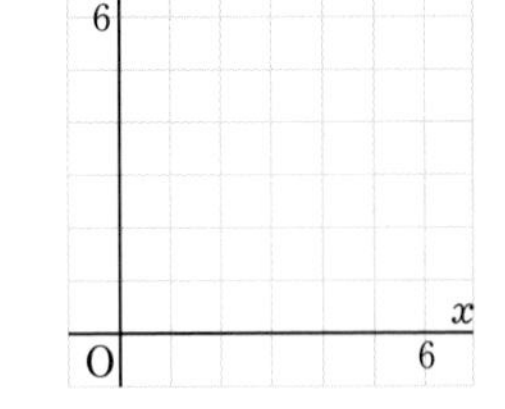

〈ルール〉
・点Pの x 座標は，a の値が奇数のとき a，偶数のとき $\frac{a}{2}$ とする。
・点Pの y 座標は，b の値が奇数のとき b，偶数のとき $\frac{b}{2}$ とする。

たとえば，$a=1$，$b=6$ のとき，P(1, 3) となり，$a=2$，$b=4$ のとき，P(1, 2) となる。
(1) 点Pが関数 $y=x$ のグラフ上の点となる確率を求めなさい。
★(2) 点Pと原点Oとの距離が4以下となる確率を求めなさい。〔熊本〕 >>発展例題 18
(★ 中学3年生の内容をふくみます)

さくいん

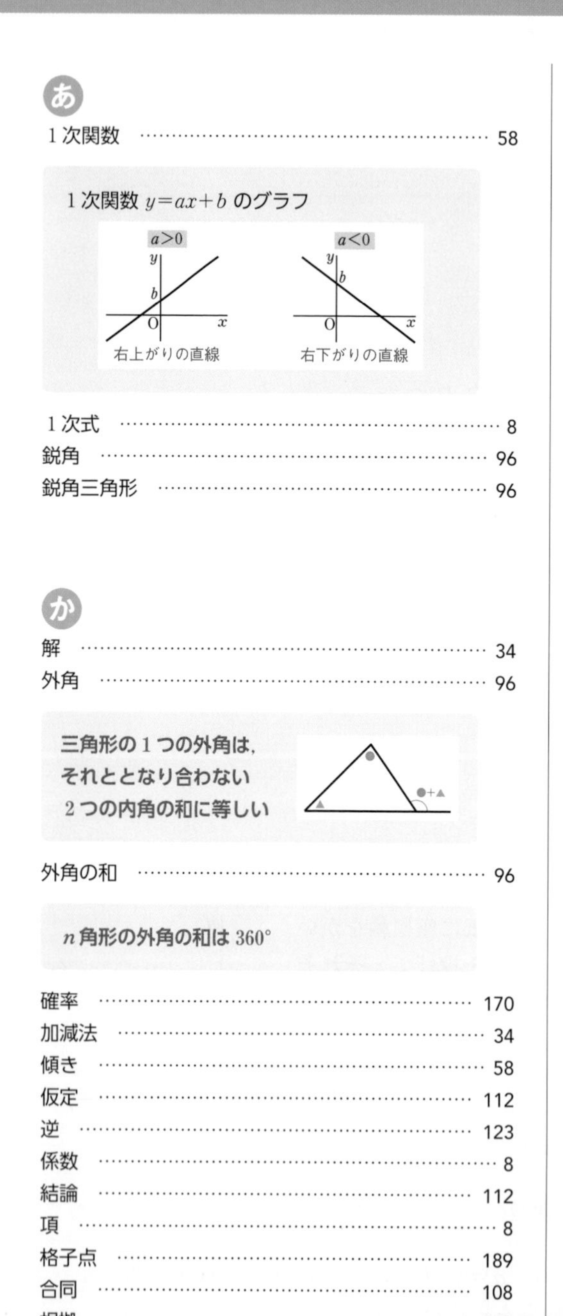

あ

1次関数 $y=ax+b$ のグラフ

か

三角形の1つの外角は，
それととなり合わない
2つの内角の和に等しい

n 角形の外角の和は $360°$

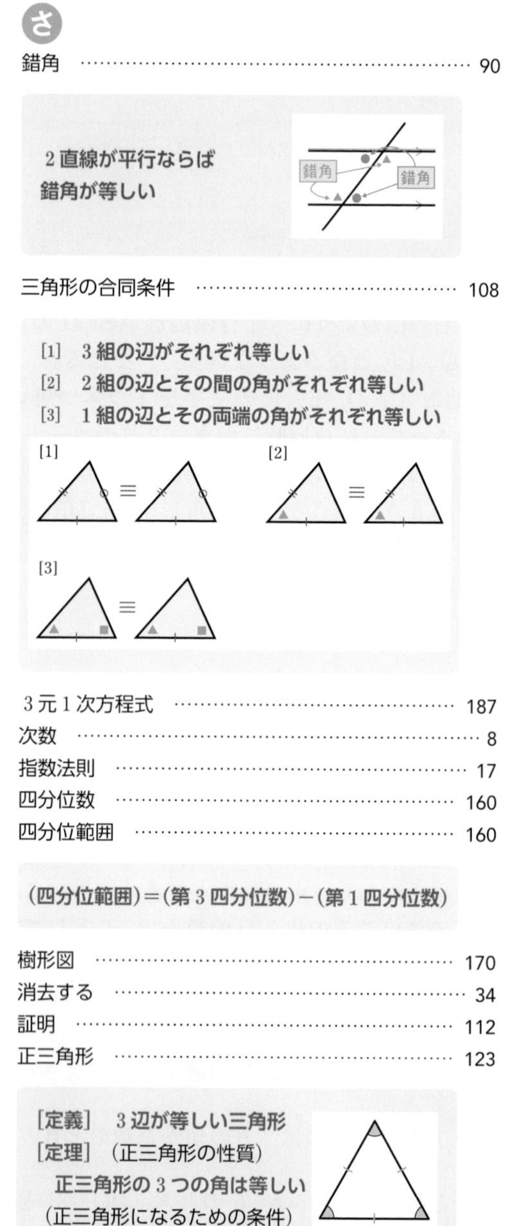

さ

2直線が平行ならば
錯角が等しい

[1]　3組の辺がそれぞれ等しい
[2]　2組の辺とその間の角がそれぞれ等しい
[3]　1組の辺とその両端の角がそれぞれ等しい

(四分位範囲)＝(第3四分位数)－(第1四分位数)

[定義]　3辺が等しい三角形
[定理]　(正三角形の性質)
　正三角形の3つの角は等しい
(正三角形になるための条件)
　3つの角が等しい三角形は，正三角形である

[定義]
2辺が等しい三角形 
[定理]
[1] 二等辺三角形の2つの底角は等しい
[2] 二等辺三角形の頂角の二等分線は，底辺を垂直に2等分する
[3] (二等辺三角形になるための条件)
2つの角が等しい三角形は，二等辺三角形である
[定理] 二等辺三角形において，次の4つはすべて一致する。
① 頂角の二等分線
② 頂点から底辺にひいた中線
③ 頂点から底辺にひいた垂線
④ 底辺の垂直二等分線

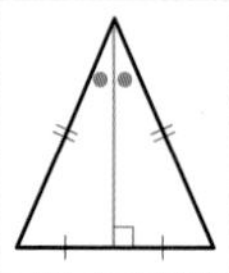

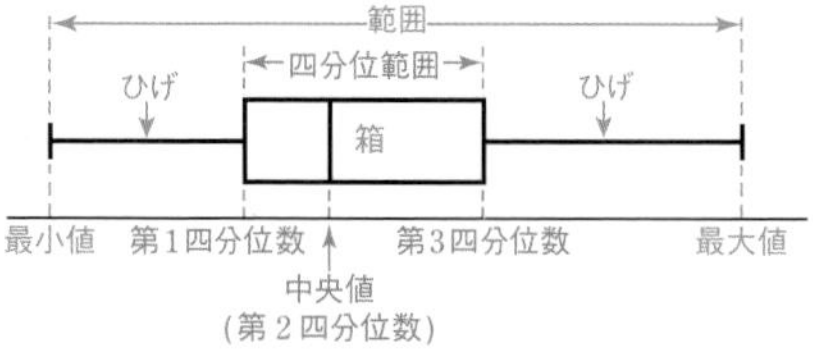

は

[定義]
4つの辺が等しい四角形 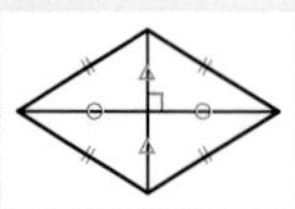
[定理]
ひし形の対角線は垂直に交わる

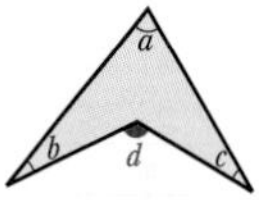

$\angle d=\angle a+\angle b+\angle c$

[定義] 2組の対辺がそれぞれ平行な四角形 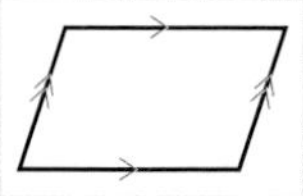
[定理] (平行四辺形の性質)
[1] 平行四辺形の2組の対辺はそれぞれ等しい
[2] 平行四辺形の2組の対角はそれぞれ等しい
[3] 平行四辺形の対角線はそれぞれの中点で交わる

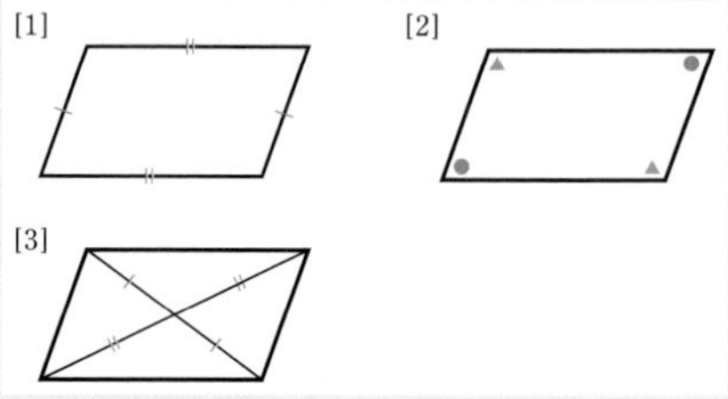

[定理] (平行四辺形になるための条件)
四角形は，次のどれかが成り立つとき，平行四辺形である。
[1] 2組の対辺がそれぞれ等しい
[2] 2組の対角がそれぞれ等しい
[3] 対角線がそれぞれの中点で交わる
[4] 1組の対辺が平行でその長さが等しい
(定義) 2組の対辺がそれぞれ平行である

$$(\text{変化の割合})=\frac{(y\text{の増加量})}{(x\text{の増加量})}$$

ま

ら

記号

●編著者
チャート研究所

●カバー・本文デザイン
アーク・ビジュアル・ワークス（落合あや子）

初版
第１刷　1972年３月１日　発行
改訂新版
第１刷　1977年３月１日　発行
新制版
第１刷　1981年２月25日　発行
新指導要領準拠版
第１刷　1993年４月１日　発行
新指導要領準拠版
第１刷　2002年４月１日　発行
新指導要領準拠（基礎からのシリーズ）
第１刷　2012年４月１日　発行
改訂版
第１刷　2016年３月１日　発行
新指導要領準拠版
第１刷　2021年３月１日　発行

編集·制作 チャート研究所
発行者 星野 泰也

ISBN978-4-410-15026-5

チャート式® 中学数学 2年

発行所 **数研出版株式会社**

〒101-0052 東京都千代田区神田小川町２丁目３番地３
〔振替〕00140-4-118431
〒604-0861 京都市中京区烏丸通竹屋町上る大倉町205番地
〔電話〕代表（075）231-0161
ホームページ http://www.chart.co.jp/
印刷 創栄図書印刷株式会社

第 4 章　図形の性質と合同

●平行線と角

①　対頂角，同位角，錯角

(1)　**対頂角は等しい**

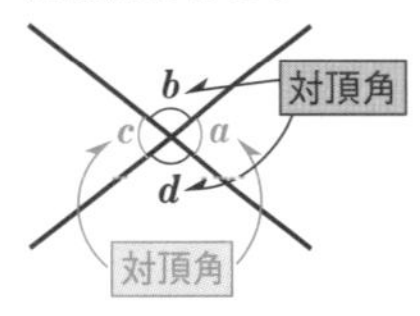

(2)　**2 直線に 1 直線が交わってできる角**

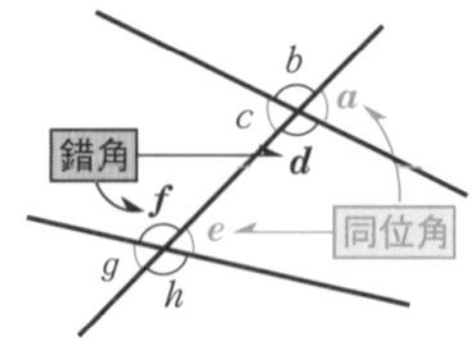

②　平行線と同位角・錯角

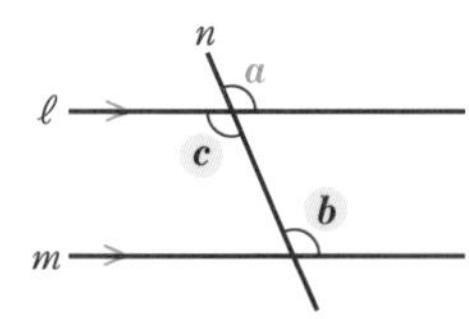

(1)　**平行 ⟺ 同位角が等しい**

$\ell /\!/ m \iff \angle a = \angle b$

(2)　**平行 ⟺ 錯角が等しい**

$\ell /\!/ m \iff \angle c = \angle b$

●三角形の角

①　三角形の内角と外角

(1)　内角の和は 180°

(2)　外角は，そのとなりにない 2 つの内角の和に等しい。

②　多角形の内角と外角

(1)　n 角形の内角の和　$180° \times (n-2)$

(2)　多角形の外角の和　360°

●三角形の合同

三角形の合同条件　次のいずれかが成り立てば合同。

(1)　3 組の辺

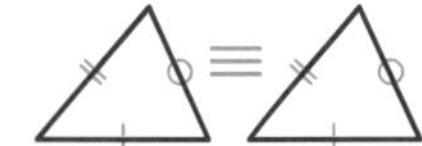

(2)　2 組の辺とその間の角

(3)　1 組の辺とその両端の角

●証明

仮定と結論　ことがら「○○○ ならば △△△」について

○○○ の部分が仮定　　　△△△ の部分が結論

第 5 章　三角形と四角形

●三角形

①　二等辺三角形　定義　2 辺が等しい三角形

定理　(1)　AB＝AC　ならば　∠B＝∠C

(2)　AB＝AC，∠BAD＝∠CAD

ならば　AD⊥BC，BD＝CD

(3)　∠B＝∠C　ならば　AB＝AC

(1)

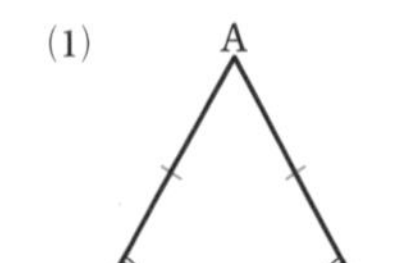

(2)

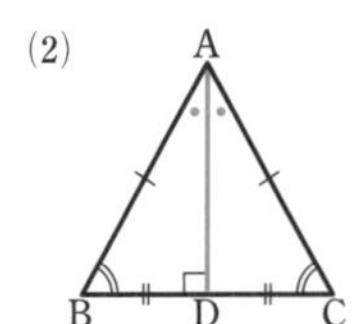

②　正三角形　定義　3 辺が等しい三角形

定理　△ABC で，AB＝BC＝CA ⟺ ∠A＝∠B＝∠C

③　直角三角形

合同条件　一般の合同条件のほかに，(1)　**斜辺と 1 つの鋭角**　(2)　**斜辺と他の 1 辺**

チャート式®

2年

【別冊解答編】

（答と解説）

Mathematics

数研出版
https://www.chart.co.jp

答と解説

- 練習，EXERCISES，定期試験対策問題，問題，入試対策問題の答と解説を載せています。
- 解説は，計算問題の途中式や解き方，考え方などを示しています。やさしい問題では解説を省略したものもあります。

第1章 式の計算 p. 7

練習

練習 1 (1) 単項式は ㋐，㋒，㋔
多項式は ㋑，㋓

(2) a^3，$-5ab$，$-7b^2$，2

練習 2 (1) 2次式 (2) 3次式 (3) 5次式
(4) 5次式 (5) 1次式 (6) 2次式
(7) 3次式

解説
単項式の次数は，かけ合わされている文字の個数。
多項式の次数は，各項の次数のうち，もっとも大きいもの。
(2) $-2x^2y=-2\times x\times x\times y$ ←単項式
かけ合わされている文字の個数は3個。
(3) $-a^2b^3=-1\times a\times a\times b\times b\times b$ ←単項式
かけ合わされている文字の個数は5個。
(7) $ab^2-2ab+3b$ は多項式であり，各項の次数は
ab^2 …… $a\times b\times b$ であるから3次。
$-2ab$ …… $-2\times a\times b$ であるから2次。
$3b$ …… $3\times b$ であるから1次。
もっとも大きい次数は，3であるから，3次式。

練習 3 (1) $4a-2b$ (2) $3x^2-2x-3$
(3) $4ab$ (4) $-\frac{5}{3}x-\frac{2}{5}y+4$
(5) $\frac{7}{6}a-\frac{1}{4}b+c$

解説
文字の部分が同じものをまとめる。

(1) $7a-6b-3a+4b$
$=7a-3a-6b+4b$
$=(7-3)a+(-6+4)b=4a-2b$

(2) $x^2+3x-4+2x^2-5x+1$
$=x^2+2x^2+3x-5x-4+1$
$=(1+2)x^2+(3-5)x+(-4+1)$
$=3x^2-2x-3$

(3) $5ab-3a-ab+3a$
$=5ab-ab-3a+3a$
$=(5-1)ab+(-3+3)a=4ab$

(4) $-2x+\frac{3}{5}y+4+\frac{1}{3}x-y$
$=-2x+\frac{1}{3}x+\frac{3}{5}y-y+4$
$=\left(-2+\frac{1}{3}\right)x+\left(\frac{3}{5}-1\right)y+4$
$=-\frac{5}{3}x-\frac{2}{5}y+4$

(5) $\frac{1}{2}a-\frac{3}{4}b+\frac{2}{3}a+\frac{1}{2}b+c$
$=\frac{1}{2}a+\frac{2}{3}a-\frac{3}{4}b+\frac{1}{2}b+c$
$=\left(\frac{1}{2}+\frac{2}{3}\right)a+\left(-\frac{3}{4}+\frac{1}{2}\right)b+c$
$=\frac{7}{6}a-\frac{1}{4}b+c$

練習 4 (1) $7x-2y$ (2) $-2a+7b$
(3) $5x+1$ (4) $-14x^2+7x-8$
(5) x^2+x-4 (6) $19x^2-19x$

解説
かっこをはずし，同類項をまとめる。
+(　) はそのままはずす。
−(　) は符号を変えてはずす。
(1) $(8x-7y)+(-x+5y)$
$=8x-7y-x+5y$

$=(8-1)x+(-7+5)y$
$=7x-2y$

(2) $(7a+2b)-(9a-5b)$
$=7a+2b-9a+5b$
$=(7-9)a+(2+5)b$
$=-2a+7b$

(3) $(4x+8y-2)-(-x+8y-3)$
$=4x+8y-2+x-8y+3$
$=(4+1)x+(8-8)y+(-2+3)$
$=5x+1$

(4) $(-9x^2+4x-1)-(5x^2-3x+7)$
$=-9x^2+4x-1-5x^2+3x-7$
$=(-9-5)x^2+(4+3)x+(-1-7)$
$=-14x^2+7x-8$

(5) $(10x^2-9x-2)+(10x-9x^2-2)$
$=10x^2-9x-2+10x-9x^2-2$
$=(10-9)x^2+(-9+10)x+(-2-2)$
$=x^2+x-4$

(6) $(10x^2-9x-2)-(10x-9x^2-2)$
$=10x^2-9x-2-10x+9x^2+2$
$=(10+9)x^2+(-9-10)x+(-2+2)$
$=19x^2-19x$

参考　次のように縦書きで計算してもよい。

(1)
$$\begin{array}{r} 8x-7y \\ +)\ -x+5y \\ \hline 7x-2y \end{array}$$

(2)
$$\begin{array}{r} 7a+2b \\ -)\ 9a-5b \\ \hline -2a+7b \end{array}$$

(3)
$$\begin{array}{r} 4x+8y-2 \\ -)\ -x+8y-3 \\ \hline 5x\quad\ \ +1 \end{array}$$

(4)
$$\begin{array}{r} -9x^2+4x-1 \\ -)\ 5x^2-3x+7 \\ \hline -14x^2+7x-8 \end{array}$$

(5)
$$\begin{array}{r} 10x^2-\ 9x-2 \\ +)\ -9x^2+10x-2 \\ \hline x^2+\ \ x-4 \end{array}$$

(6)
$$\begin{array}{r} 10x^2-\ 9x-2 \\ -)\ -9x^2+10x-2 \\ \hline 19x^2-19x \end{array}$$

練習5 (1) $\boldsymbol{3x-15y+21}$　(2) $\boldsymbol{-4x+10y}$
(3) $\boldsymbol{6x+10y}$　(4) $\boldsymbol{-8x+6y-1}$

解説　分配法則を利用する。
$a(b+c)=ab+ac$
$(a+b)c=ac+bc$

(2) $(10x-25y)\div\left(-\frac{5}{2}\right)$
$=(10x-25y)\times\left(-\frac{2}{5}\right)$ ← $\div\left(-\frac{5}{2}\right)$ は $\times\left(-\frac{2}{5}\right)$
$=10x\times\left(-\frac{2}{5}\right)+(-25y)\times\left(-\frac{2}{5}\right)$
$=-4x+10y$

(3) $\frac{3}{4}(12x+8y)-6\left(\frac{1}{2}x-\frac{2}{3}y\right)$
$=\frac{3}{4}\times12x+\frac{3}{4}\times8y$
$\quad+(-6)\times\frac{1}{2}x+(-6)\times\left(-\frac{2}{3}y\right)$
$=9x+6y-3x+4y$
$=(9-3)x+(6+4)y$
$=6x+10y$

(4) $-3(2x-3y+2)-(2x+3y-5)$
$=(-3)\times2x+(-3)\times(-3y)+(-3)\times2$
$\quad-2x-3y+5$
$=-6x+9y-6-2x-3y+5$
$=(-6-2)x+(9-3)y+(-6+5)$
$=-8x+6y-1$

練習6 (1) $\boldsymbol{\dfrac{13x-12y}{12}}$　(2) $\boldsymbol{-\dfrac{a+9b}{4}}$

解説
① 通分して，1つの分数にまとめる か
② (分数)×(多項式) の形にする

(1) $\frac{3x-2y}{4}+\frac{2x-3y}{6}$
$=\frac{3(3x-2y)}{12}+\frac{2(2x-3y)}{12}$
$=\frac{3(3x-2y)+2(2x-3y)}{12}$
$=\frac{9x-6y+4x-6y}{12}=\frac{13x-12y}{12}$

別解　$\frac{3x-2y}{4}+\frac{2x-3y}{6}$
$=\frac{1}{4}(3x-2y)+\frac{1}{6}(2x-3y)$
$=\frac{3}{4}x-\frac{1}{2}y+\frac{1}{3}x-\frac{1}{2}y$
$=\frac{9}{12}x+\frac{4}{12}x-\frac{1}{2}y-\frac{1}{2}y=\frac{13}{12}x-y$

(2) $\dfrac{a-17b}{6}-\dfrac{5a-7b}{12}$

$=\dfrac{2(a-17b)}{12}-\dfrac{5a-7b}{12}$

$=\dfrac{2(a-17b)-(5a-7b)}{12}$

$=\dfrac{2a-34b-5a+7b}{12}$

$=\dfrac{-3a-27b}{12}$

$=\dfrac{-3(a+9b)}{12}=-\dfrac{a+9b}{4}$ ←約分を忘れずに。

別解 $\dfrac{a-17b}{6}-\dfrac{5a-7b}{12}$

$=\dfrac{1}{6}(a-17b)-\dfrac{1}{12}(5a-7b)$

$=\dfrac{1}{6}a-\dfrac{17}{6}b-\dfrac{5}{12}a+\dfrac{7}{12}b$

$=\dfrac{2}{12}a-\dfrac{5}{12}a-\dfrac{34}{12}b+\dfrac{7}{12}b$

$=-\dfrac{3}{12}a-\dfrac{27}{12}b=-\dfrac{1}{4}a-\dfrac{9}{4}b$

練習 7 (1) $\boldsymbol{-12xy^3}$　(2) $\boldsymbol{54x^4}$

(3) $\boldsymbol{-6a^2b^2}$　(4) $\boldsymbol{-\dfrac{4}{3}a^7b^3}$

解説

(1) $4xy\times(-3y^2)$

$=4\times(-3)\times xy\times y^2=-12xy^3$

(2) $-2x\times(-3x)^3$

$=-2x\times(-27x^3)$ ← $(-3x)\times(-3x)\times(-3x)$ $=(-3)\times(-3)\times(-3)$ $\times x\times x\times x$ $=-27x^3$

$=(-2)\times(-27)\times x\times x^3=54x^4$

(3) $15ab^2\times\left(-\dfrac{2}{5}a\right)$

$=15\times\left(-\dfrac{2}{5}\right)\times ab^2\times a=-6a^2b^2$

(4) $\left(-\dfrac{1}{3}ab\right)^3\times(6a^2)^2$ ← $(6a^2)^2=6a^2\times6a^2$ $=6\times6\times a^2\times a^2$ $=36a^4$

$=\left(-\dfrac{1}{27}a^3b^3\right)\times36a^4$

$=\left(-\dfrac{1}{27}\right)\times36\times a^3b^3\times a^4=-\dfrac{4}{3}a^7b^3$

練習 8 (1) $\boldsymbol{-2a}$　(2) $\boldsymbol{-\dfrac{x}{8}}$　(3) $\boldsymbol{3a^2}$

(4) $\boldsymbol{2y}$　(5) $\boldsymbol{256x^3}$　(6) $\boldsymbol{9}$

解説

分数になおす か 乗法になおす。

(1) $-10a^2b\div5ab$

$=-\dfrac{10a^2b}{5ab}$

$=-2a$

(2) $\dfrac{1}{2}xy\div(-4y)=\dfrac{xy}{2}\times\left(-\dfrac{1}{4y}\right)$

$=-\dfrac{xy}{2\times4y}=-\dfrac{x}{8}$

(3) $12a^3b^2\div4ab^2=\dfrac{12a^3b^2}{4ab^2}=3a^2$

(4) $\dfrac{xy^2}{3}\div\dfrac{xy}{6}=\dfrac{xy^2}{3}\times\dfrac{6}{xy}=2y$

(5) $(-2x)^4\div\dfrac{x}{16}=16x^4\div\dfrac{x}{16}$

$=16x^4\times\dfrac{16}{x}=256x^3$

(6) $(-3x)^3\div(-3x^3)=-27x^3\div(-3x^3)$

$=\dfrac{27x^3}{3x^3}=9$

練習 9 (1) $\boldsymbol{4b^2}$　(2) $\boldsymbol{-16ab}$

(3) $\boldsymbol{12xy^3}$　(4) $\boldsymbol{-\dfrac{4}{3}}$

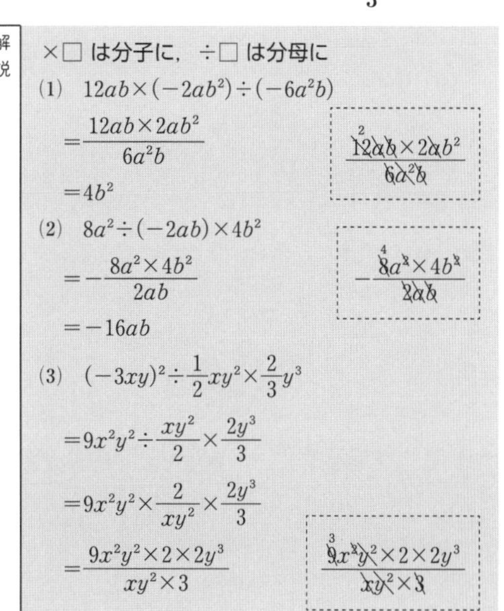

解説

×□ は分子に，÷□ は分母に

(1) $12ab\times(-2ab^2)\div(-6a^2b)$

$=\dfrac{12ab\times2ab^2}{6a^2b}$

$=4b^2$

(2) $8a^2\div(-2ab)\times4b^2$

$=-\dfrac{8a^2\times4b^2}{2ab}$

$=-16ab$

(3) $(-3xy)^2\div\dfrac{1}{2}xy^2\times\dfrac{2}{3}y^3$

$=9x^2y^2\div\dfrac{xy^2}{2}\times\dfrac{2y^3}{3}$

$=9x^2y^2\times\dfrac{2}{xy^2}\times\dfrac{2y^3}{3}$

$=\dfrac{9x^2y^2\times2\times2y^3}{xy^2\times3}$

$=12xy^3$

(4) $(-xy)^3\div\frac{1}{3}xy\div\frac{9}{4}x^2y^2$

$=-x^3y^3\div\frac{xy}{3}\div\frac{9x^2y^2}{4}$

$=-x^3y^3\times\frac{3}{xy}\times\frac{4}{9x^2y^2}$

$=-\frac{x^3y^3\times3\times4}{xy\times9x^2y^2}$

$=-\frac{4}{3}$

$-\frac{x^3y^3\times3\times4}{xy\times9x^2y^2}$（約分）

練習10 (1) **−8**　(2) **−12**　(3) **1**

解説

式を簡単にしてから数を代入する。

(1) $2(3a-4b)-4(a-3b)$

$=6a-8b-4a+12b$

$=2a+4b$

$a=2$, $b=-3$ を代入して

$2\times2+4\times(-3)=4-12=-8$

(2) $x^3y^4\div x^4y^3\times x^2$

$=x^3y^4\times\frac{1}{x^4y^3}\times x^2$

$=\frac{x^3y^4\times x^2}{x^4y^3}=xy$

$\frac{x^3y^4\times x^2}{x^4y^3}$（約分）

$x=3$, $y=-4$ を代入して

$3\times(-4)=-12$

(3) $15x^2y^2\times(-x^3)\div8x^4y$

$=15x^2y^2\times(-x^3)\times\frac{1}{8x^4y}$

$=-\frac{15x^2y^2\times x^3}{8x^4y}$

$-\frac{15x^2y^2\times x^3}{8x^4y}$（約分）

$=-\frac{15}{8}xy$

$x=-\frac{4}{5}$, $y=\frac{2}{3}$ を代入して

$-\frac{15}{8}\times\left(-\frac{4}{5}\right)\times\frac{2}{3}=1$

練習11 n を整数として，連続する 3 つの偶数を $2n$, $2n+2$, $2n+4$ と表す。

このとき，これらの和は

$2n+(2n+2)+(2n+4)$

$=2n+2n+2+2n+4$

$=6n+6$

$=6(n+1)$

$n+1$ は整数であるから，$6(n+1)$ は 6 の倍数である。

よって，連続する 3 つの偶数の和は 6 の倍数である。

別解　n を整数として，連続する 3 つの偶数を $2n-2$, $2n$, $2n+2$ と表す。

このとき，これらの和は

$(2n-2)+2n+(2n+2)$

$=2n-2+2n+2n+2$

$=6n$

n は整数であるから，$6n$ は 6 の倍数である。

よって，連続する 3 つの偶数の和は 6 の倍数である。

解説

n を整数とすると，偶数は $2n$ と表すことができる。そして，「2, 4, 6」のように，連続する 3 つの偶数は 2 ずつ大きくなるから，一番小さい偶数を $2n$ とすると，$2n$, $2n+2$, $2n+4$ と表すことができる。
なお，まん中の数を $2n$ とすると，$2n-2$, $2n$, $2n+2$ と表すことができ，計算が簡単になる。

練習12 もとの自然数の百の位の数を a，十の位の数を b，一の位の数を c とすると，

もとの自然数は　$100a+10b+c$,

百の位の数と一の位の数を入れかえた自然数は　$100c+10b+a$

と表される。

このとき，これらの差は

$(100a+10b+c)-(100c+10b+a)$

$=100a+10b+c-100c-10b-a$

$=99a-99c$

$=99(a-c)$

$a-c$ は整数であるから，$99(a-c)$ は 99

の倍数である。

したがって，3けたの自然数と，その数の百の位の数と一の位の数を入れかえた自然数の差は99の倍数になる。

解説
3けたの自然数の百の位の数をa，十の位の数をb，一の位の数をcとすると，その自然数は$100a+10b+c$と表すことができる。

練習13 nを整数として，小さい方の数を$5n+2$と表す。

このとき，大きい方の数は

$(5n+2)+1=5n+3$

と表される。

よって，これら2つの数の和は

$(5n+2)+(5n+3)$

$=5n+2+5n+3$

$=10n+5=5(2n+1)$

$2n+1$は整数であるから，$5(2n+1)$は5の倍数である。

よって，2つの数の和は5の倍数である。

解説
aでわると，b余る数は$a\times$(整数)$+b$の形に表される（ただし，$0\leqq b\leqq a-1$）。

練習14 **12倍**

解説
円柱Bの底面の半径は$2r$ cm，高さは$3h$ cmであるから，円柱Bの体積は

$\pi\times(2r)^2\times3h=12\pi r^2h$ (cm^3)

円柱Aの体積はπr^2h (cm^3)であるから，円柱Bの体積は円柱Aの体積の12倍である。

練習15 (1) $\boldsymbol{y=\frac{30-5x}{6}}$　(2) $\boldsymbol{x=\frac{2y-2b}{a}}$

(3) $\boldsymbol{h=\frac{V}{\pi r^2}}$

解説
(1)　$5x+6y=30$

$5x$を移項すると　$6y=30-5x$

両辺を6でわると　$y=\frac{30-5x}{6}$

(2)　$y=\frac{1}{2}ax+b$

両辺を入れかえると　$\frac{1}{2}ax+b=y$

bを移項すると　$\frac{1}{2}ax=y-b$

両辺に2をかけると　$ax=2y-2b$

両辺をaでわると　$x=\frac{2y-2b}{a}$

(3)　$V=\pi r^2h$

両辺を入れかえると　$\pi r^2h=V$

両辺をπr^2でわると　$h=\frac{V}{\pi r^2}$

EXERCISES

➡本冊 p. 15

1 (1) (ア) **4**　(イ) **4**　(ウ) **1**

(2) (ア) **項 $3a^2$，$-2ab$，$-6b^2$**

2次式

(イ) **項 $7x^2$，$5x$，$-3x^4$，-5**

4次式

解説
(1) (ア) $-7a^3b=-7\times\underline{a\times a\times a\times b}$

かけ合わされている文字の個数は4個。

(ウ) $\frac{x}{4}=\frac{1}{4}x$

2 (1) $\boldsymbol{5x+y}$　(2) $\boldsymbol{-3x+2y}$

(3) $\boldsymbol{-0.7x+6y}$　(4) $\boldsymbol{-x^2-1}$

(5) $\boldsymbol{8x-1}$

解説
(1) $(3x+4y)+(2x-3y)=3x+4y+2x-3y$

$=(3+2)x+(4-3)y$

$=5x+y$

(2) $(2x-y)+(-5x+3y)$

$=2x-y-5x+3y$

$=(2-5)x+(-1+3)y$

$=-3x+2y$

(3) $(0.6x+2y)-(1.3x-4y)$

第1章 第2章 第3章 第4章 第5章 第6章 第7章 入試対策編

$=0.6x+2y-1.3x+4y$
$=(0.6-1.3)x+(2+4)y=-0.7x+6y$
(4) $(x^2+3x+1)+(-2x^2-3x-2)$
$=x^2+3x+1-2x^2-3x-2$
$=(1-2)x^2+(3-3)x+(1-2)$
$=-x^2-1$
(5) $(-x^2+4x)-(-x^2-4x+1)$
$=-x^2+4x+x^2+4x-1$
$=(-1+1)x^2+(4+4)x-1$
$=8x-1$

3 $\boldsymbol{-4x+9y-4}$

解説
求める多項式をAとおくと
$(9x-8y-7)+A=5x+y-11$
よって $A=(5x+y-11)-(9x-8y-7)$
$=5x+y-11-9x+8y+7$
$=(5-9)x+(1+8)y+(-11+7)$
$=-4x+9y-4$

4 (1) $\boldsymbol{6x-9y}$ (2) $\boldsymbol{-\frac{4}{3}a-b}$
(3) $\boldsymbol{3x-5y}$ (4) $\boldsymbol{-5x}$
(5) $\boldsymbol{x+11y}$

解説
(1) $3(2x-3y)=3\times 2x+3\times(-3y)=6x-9y$
(2) $-\frac{2}{3}\left(2a+\frac{3}{2}b\right)=\left(-\frac{2}{3}\right)\times 2a+\left(-\frac{2}{3}\right)\times\frac{3}{2}b$
$=-\frac{4}{3}a-b$
(3) $(-9x+15y)\div(-3)$
$=(-9x+15y)\times\left(-\frac{1}{3}\right)$
$=(-9x)\times\left(-\frac{1}{3}\right)+15y\times\left(-\frac{1}{3}\right)$
$=3x-5y$
(4) $3(x-2y)-2(4x-3y)$
$=3\times x+3\times(-2y)+(-2)\times 4x+(-2)\times(-3y)$
$=3x-6y-8x+6y$
$=(3-8)x+(-6+6)y=-5x$
(5) $-2(-3x+2y)+5(3y-x)$
$=(-2)\times(-3x)+(-2)\times 2y+5\times 3y+5\times(-x)$
$=6x-4y+15y-5x$
$=(6-5)x+(-4+15)y$
$=x+11y$

5 (1) $\boldsymbol{\frac{2x+15y}{12}}$ (2) $\boldsymbol{\frac{27x+y}{15}}$
(3) $\boldsymbol{\frac{2x+y}{3}}$ (4) $\boldsymbol{\frac{-9a+2b}{12}}$

解説
(1) $\frac{2x+y}{4}-\frac{x-3y}{3}=\frac{3(2x+y)}{12}-\frac{4(x-3y)}{12}$
$=\frac{3(2x+y)-4(x-3y)}{12}$
$=\frac{6x+3y-4x+12y}{12}$
$=\frac{2x+15y}{12}$
別解 $\frac{2x+y}{4}-\frac{x-3y}{3}$
$=\frac{1}{4}(2x+y)-\frac{1}{3}(x-3y)$
$=\frac{1}{2}x+\frac{1}{4}y-\frac{1}{3}x+y$
$=\frac{3}{6}x-\frac{2}{6}x+\frac{1}{4}y+\frac{4}{4}y$
$=\frac{1}{6}x+\frac{5}{4}y$
(2) $2x-\frac{y}{3}-\frac{x-2y}{5}=\frac{30x}{15}-\frac{5y}{15}-\frac{3(x-2y)}{15}$
$=\frac{30x-5y-3(x-2y)}{15}$
$=\frac{30x-5y-3x+6y}{15}$
$=\frac{27x+y}{15}$
別解 $2x-\frac{y}{3}-\frac{x-2y}{5}=2x-\frac{1}{3}y-\frac{1}{5}(x-2y)$
$=2x-\frac{1}{3}y-\frac{1}{5}x+\frac{2}{5}y$
$=\frac{10}{5}x-\frac{1}{5}x-\frac{5}{15}y+\frac{6}{15}y$
$=\frac{9}{5}x+\frac{1}{15}y$
(3) $\frac{4x-y}{3}-\frac{7x-y}{15}-\frac{x-3y}{5}$

$=\frac{5(4x-y)}{15}-\frac{7x-y}{15}-\frac{3(x-3y)}{15}$

$=\frac{5(4x-y)-(7x-y)-3(x-3y)}{15}$

$=\frac{20x-5y-7x+y-3x+9y}{15}$

$=\frac{10x+5y}{15}$

$=\frac{5(2x+y)}{15}=\frac{2x+y}{3}$　← 約分を忘れずに。

(4) $\frac{2a-b}{3}-\frac{3a+2b}{4}-2\left(\frac{a}{3}-\frac{b}{2}\right)$

$=\frac{2a-b}{3}-\frac{3a+2b}{4}-\frac{2a}{3}+b$

$=\frac{4(2a-b)}{12}-\frac{3(3a+2b)}{12}-\frac{8a}{12}+\frac{12b}{12}$

$=\frac{4(2a-b)-3(3a+2b)-8a+12b}{12}$

$=\frac{8a-4b-9a-6b-8a+12b}{12}$

$=\frac{-9a+2b}{12}$　$\left(=-\frac{3}{4}a+\frac{1}{6}b\right)$

➡本冊 p. 21

6 (1) $\boldsymbol{6ab}$　(2) $\boldsymbol{-15xy}$　(3) $\boldsymbol{4mn}$

(4) $\boldsymbol{-\frac{3}{8}x^3}$　(5) $\boldsymbol{6x^3}$　(6) $\boldsymbol{\frac{1}{6}abc}$

(7) $\boldsymbol{-\frac{1}{1000}a^3b^3}$　(8) $\boldsymbol{-3x^3y^5}$

解説

(1) $3a\times2b=3\times2\times a\times b=6ab$

(2) $5x\times(-3y)=5\times(-3)\times x\times y=-15xy$

(3) $(-4m)\times(-n)=(-4)\times(-1)\times m\times n=4mn$

(4) $\frac{1}{2}x\times\left(-\frac{3}{4}x^2\right)=\frac{1}{2}\times\left(-\frac{3}{4}\right)\times x\times x^2$

$=-\frac{3}{8}x^3$

(5) $\frac{2}{3}x\times(-3x)^2=\frac{2}{3}x\times9x^2$　← $(-3x)^2=9x^2$

$=\frac{2}{3}\times9\times x\times x^2=6x^3$

(6) $\frac{2}{3}ab\times\frac{1}{4}c=\frac{2}{3}\times\frac{1}{4}\times ab\times c=\frac{1}{6}abc$

(7) $\left(-\frac{ab}{10}\right)^3=\left(-\frac{ab}{10}\right)\times\left(-\frac{ab}{10}\right)\times\left(-\frac{ab}{10}\right)$

$=\left(-\frac{1}{10}\right)\times\left(-\frac{1}{10}\right)\times\left(-\frac{1}{10}\right)\times ab\times ab\times ab$

$=-\frac{1}{1000}a^3b^3$

(8) $(2xy^2)^2=2xy^2\times2xy^2=4x^2y^4$

よって

$(2xy^2)^2\times\left(-\frac{3}{4}xy\right)=4x^2y^4\times\left(-\frac{3}{4}xy\right)$

$=4\times\left(-\frac{3}{4}\right)\times x^2y^4\times xy=-3x^3y^5$

7 (1) $\boldsymbol{9a}$　(2) $\boldsymbol{2a}$

(3) $\boldsymbol{-3xy^2}$　(4) $\boldsymbol{-\frac{1}{2}x}$

(5) $\boldsymbol{\frac{1}{4}a^2b}$　(6) $\boldsymbol{-\frac{1}{4}x}$

(7) $\boldsymbol{\frac{1}{3}x}$　(8) $\boldsymbol{16a^2}$

解説

(1) $36ab^2\div4b^2=\frac{36ab^2}{4b^2}=9a$

(2) $-12a^2b\div(-6ab)=\frac{12a^2b}{6ab}=2a$

(3) $-21x^2y^3\div7xy=-\frac{21x^2y^3}{7xy}=-3xy^2$

(4) $-\frac{2}{3}x^2\div\frac{4}{3}x=-\frac{2x^2}{3}\div\frac{4x}{3}=-\frac{2x^2}{3}\times\frac{3}{4x}$

$=-\frac{2x^2\times3}{3\times4x}=-\frac{1}{2}x$

(5) $-\frac{5}{18}a^3b\div\left(-\frac{10}{9}a\right)=-\frac{5a^3b}{18}\div\left(-\frac{10a}{9}\right)$

$=-\frac{5a^3b}{18}\times\left(-\frac{9}{10a}\right)$

$=\frac{5a^3b\times9}{18\times10a}=\frac{1}{4}a^2b$

$\frac{5a^3b\times9}{18\times10a}$（5と10, 9と18, a^3とa を約分：$\frac{a^2b}{2\times2}$）

(6) $\frac{5}{6}x^2\div\left(-\frac{10}{3}x\right)=\frac{5x^2}{6}\div\left(-\frac{10x}{3}\right)$

$=\frac{5x^2}{6}\times\left(-\frac{3}{10x}\right)$

$=-\frac{5x^2\times3}{6\times10x}=-\frac{1}{4}x$

(7) $\left(-\frac{1}{3}x^2\right)^2=\left(-\frac{1}{3}x^2\right)\times\left(-\frac{1}{3}x^2\right)=\frac{1}{9}x^4$

よって

$$\left(-\frac{1}{3}x^2\right)^2 \div \frac{1}{3}x^3 = \frac{1}{9}x^4 \div \frac{1}{3}x^3 = \frac{x^4}{9} \div \frac{x^3}{3}$$

$$= \frac{x^4}{9} \times \frac{3}{x^3}$$

$$= \frac{x^4 \times 3}{9 \times x^3} = \frac{1}{3}x$$

(8) $\left(\frac{2}{3}a^2b\right)^2 = \frac{2}{3}a^2b \times \frac{2}{3}a^2b = \frac{4}{9}a^4b^2$,

$$\left(-\frac{1}{6}ab\right)^2 = \left(-\frac{1}{6}ab\right) \times \left(-\frac{1}{6}ab\right) = \frac{1}{36}a^2b^2$$

よって

$$\left(\frac{2}{3}a^2b\right)^2 \div \left(-\frac{1}{6}ab\right)^2 = \frac{4}{9}a^4b^2 \div \frac{1}{36}a^2b^2$$

$$= \frac{4a^4b^2}{9} \div \frac{a^2b^2}{36}$$

$$= \frac{4a^4b^2}{9} \times \frac{36}{a^2b^2}$$

$$= \frac{4a^4b^2 \times 36}{9 \times a^2b^2} = 16a^2$$

8 (1) $\boldsymbol{6ab}$　(2) $\boldsymbol{2xy^2}$　(3) $\boldsymbol{-140x^3y^2}$
(4) $\boldsymbol{a}$　(5) $\boldsymbol{-8y^2}$　(6) $\boldsymbol{12ab}$
(7) $\boldsymbol{-12xy^2}$　(8) $\boldsymbol{2a^4b^5}$

解説

(1) $4a^2 \div 2ab \times 3b^2 = \frac{4a^2 \times 3b^2}{2ab} = 6ab$

(2) $18xy \times x^2y \div (-3x)^2$

$= 18xy \times x^2y \div 9x^2$

$= \frac{18xy \times x^2y}{9x^2} = 2xy^2$

(3) $-5xy \times 7y \times (-2x)^2 = -5xy \times 7y \times 4x^2$

$= -5 \times 7 \times 4 \times xy \times y \times x^2$

$= -140x^3y^2$

(4) $-12a^2b^3 \div (-6ab) \div 2b^2$

$= \frac{12a^2b^3}{6ab \times 2b^2}$ ←符号は＋

$= a$

(5) $(-4xy^2)^2 \div 2x^3y^4 \times (-xy^2)$

$= 16x^2y^4 \div 2x^3y^4 \times (-xy^2)$

$= -\frac{16x^2y^4 \times xy^2}{2x^3y^4} = -8y^2$

(6) $(-2a)^3 \times (3b)^2 \div (-6a^2b)$

$= (-8a^3) \times 9b^2 \div (-6a^2b)$

$= \frac{8a^3 \times 9b^2}{6a^2b} = 12ab$

(7) $(-3xy)^3 \div 9x^4y^3 \times (-2xy)^2$

$= -27x^3y^3 \div 9x^4y^3 \times 4x^2y^2$

$= -\frac{27x^3y^3 \times 4x^2y^2}{9x^4y^3}$

$= -12xy^2$

$$-\frac{\overset{3}{\cancel{27}}\cancel{x^3}\cancel{y^3} \times 4x^{\cancel{2}}y^2}{\cancel{9}\cancel{x^4}\cancel{y^3}}$$

(8) $\left(-\frac{3}{2}ab^2\right)^2 = \left(-\frac{3}{2}ab^2\right) \times \left(-\frac{3}{2}ab^2\right) = \frac{9}{4}a^2b^4$

よって

$\frac{8a^3b^2}{3} \times \left(-\frac{3}{2}ab^2\right)^2 \div 3ab$

$= \frac{8a^3b^2}{3} \times \frac{9}{4}a^2b^4 \div 3ab$

$= \frac{8a^3b^2}{3} \times \frac{9a^2b^4}{4} \times \frac{1}{3ab}$

$= \frac{8a^3b^2 \times 9a^2b^4}{3 \times 4 \times 3ab}$

$= 2a^4b^5$

$$\frac{\overset{2}{\cancel{8}}a^3b^{\cancel{2}} \times \cancel{9}a^{\cancel{2}}b^4}{\cancel{3} \times \cancel{4} \times \cancel{3}\cancel{a}\cancel{b}}$$

9 (1) **12**　(2) **24**　(3) **−1**

解説

(1) $5(2a+b) - (5a-b) = 10a + 5b - 5a + b$

$= 5a + 6b$

$a=2$, $b=\frac{1}{3}$ を代入すると

$5 \times 2 + 6 \times \frac{1}{3} = 10 + 2 = 12$

(2) $8a^2b \div 6ab \times (-3b) = -\frac{8a^2b \times 3b}{6ab}$

$= -4ab$

$a=2$, $b=-3$ を代入すると

$-4 \times 2 \times (-3) = 24$

(3) $(5xy^2)^2 \div (-10xy^2)^3 \times 4x^2y^4$

$= 25x^2y^4 \div (-1000x^3y^6) \times 4x^2y^4$

$= -\frac{25x^2y^4 \times 4x^2y^4}{1000x^3y^6}$

$= -\frac{1}{10}xy^2$

$x=\frac{1}{10}$, $y=10$ を代入して

$-\frac{1}{10} \times \frac{1}{10} \times 10^2 = -1$

➡本冊 p. 29

10 n を整数として，連続する 2 つの奇数を $2n+1$，$2n+3$ と表す。
このとき，これらの和は

$$\begin{aligned}(2n+1)+(2n+3)&=2n+1+2n+3\\&=4n+4\\&=4(n+1)\end{aligned}$$

$n+1$ は整数であるから，$4(n+1)$ は 4 の倍数である。
よって，連続する 2 つの奇数の和は 4 の倍数である。

別解　n を整数として，連続する 2 つの奇数を $2n-1$，$2n+1$ と表す。
このとき，これらの和は

$$\begin{aligned}(2n-1)+(2n+1)&=2n-1+2n+1\\&=4n\end{aligned}$$

n は整数であるから，$4n$ は 4 の倍数である。
よって，連続する 2 つの奇数の和は 4 の倍数である。

11 n を整数とする。縦に並んだ 3 つの数のうち，一番上の数を n とすると，縦に並んだ 3 つの数は n，$n+7$，$n+14$ と表すことができる。
このとき，これらの和は

$$\begin{aligned}n+(n+7)+(n+14)&=n+n+7+n+14\\&=3n+21=3(n+7)\end{aligned}$$

$3(n+7)$ は $n+7$ の 3 倍である。
よって，3 つの数の和は，その中央の数の 3 倍になる。

解説
1 週間は 7 日であるから，縦に並んだ数は，7 ずつ大きくなる。
なお，3 つの数を $n-7$，n，$n+7$ と表してもよい。その場合，3 つの数の和は $3n$ となり，中央の数 n の 3 倍になる。

12 3 けたの自然数の百の位，十の位，一の位の数を a とすると，この 3 けたの自然数は

$$100a+10a+a=111a$$

と表される。
$111=3\times37$ であるから　$111a=3\times37a$
$37a$ は整数であるから，$3\times37a$ は 3 の倍数である。
したがって，百の位，十の位，一の位の数がすべて等しい 3 けたの自然数は，3 の倍数である。

解説
3 の倍数になることを説明するから，$3\times$(整数) になるように，式を変形する。
なお，各位の数の和が 3 の倍数ならば，その数は 3 の倍数である。

13 m，n を整数として，
6 でわった余りが 2 になる自然数を　$6m+2$，
9 でわった余りが 4 になる自然数を　$9n+4$
と表す。このとき，これらの和は

$$\begin{aligned}(6m+2)+(9n+4)&=6m+2+9n+4\\&=6m+9n+6\\&=3(2m+3n+2)\end{aligned}$$

$2m+3n+2$ は整数であるから，
$3(2m+3n+2)$ は 3 の倍数である。
よって，6 でわった余りが 2 になる自然数と，9 でわった余りが 4 になる自然数の和は 3 の倍数である。

解説
3 の倍数になることを説明するから，$3\times$(整数) になるように，式を変形する。
なお，同じ文字を使ってはいけないことに注意。

14 $\dfrac{4}{9}$ 倍

解説
できる円錐の底面の半径は $\dfrac{1}{3}r$，高さは $4h$ であるから，この円錐の体積は

$$\frac{1}{3}\times\pi\times\left(\frac{1}{3}r\right)^2\times4h=\frac{4}{27}\pi r^2h$$

もとの円錐の体積は $\frac{1}{3}\pi r^2h$ であるから

$\frac{4}{27}\pi r^2h \div \frac{1}{3}\pi r^2h = \frac{4}{9}$

よって，$\frac{4}{9}$ 倍。

15 (1) $r=\frac{2S}{\ell}$　(2) $y=-3x+\frac{15}{2}$

(3) $b=\frac{1}{10}n-10a-\frac{1}{10}c$

解説

(1) $S=\frac{1}{2}\ell r$

両辺を入れかえると $\frac{1}{2}\ell r=S$

両辺に 2 をかけると $\ell r=2S$

両辺を ℓ でわると $r=\frac{2S}{\ell}$

(2) $6x+2y=15$

$6x$ を移項すると $2y=-6x+15$

両辺を 2 でわると $y=-3x+\frac{15}{2}$

$\left(y=\frac{-6x+15}{2}\right.$ でもよい$\left.\right)$

(3) $n=100a+10b+c$

両辺を入れかえると

$100a+10b+c=n$

$100a$，c を移項すると

$10b=n-100a-c$

両辺を 10 でわると $b=\frac{1}{10}n-10a-\frac{1}{10}c$

$\left(b=\frac{n-100a-c}{10}\right.$ でもよい$\left.\right)$

定期試験対策問題

➡本冊 p. 30

1 (1) ①，④　(2) ③

解説

(1) 単項式は，数や文字をかけ合わせただけの式。1 つの数も単項式。

(2) ① は $-6x^2y=-6\times x\times x\times y$ より 3 次式。

2 (1) $8a-3b$　(2) $-x+2y$

(3) $-\frac{2}{3}x^2-x+4$　(4) $3a^2-9a+4$

(5) $6x+2y$　(6) $-8x+8y$

解説

(1) $(5a+2b)+(3a-5b)=5a+2b+3a-5b$
$=(5+3)a+(2-5)b=8a-3b$

(2) $(6x-3y)-(7x-5y)=6x-3y-7x+5y$
$=(6-7)x+(-3+5)y=-x+2y$

(3) $\left(\frac{1}{3}x^2+x+1\right)-(2x+x^2-3)$

$=\frac{1}{3}x^2+x+1-2x-x^2+3$

$=\left(\frac{1}{3}-1\right)x^2+(1-2)x+(1+3)$

$=-\frac{2}{3}x^2-x+4$

(4) $(a^2-2a+4)-(7a-2a^2)$
$=a^2-2a+4-7a+2a^2$
$=(1+2)a^2+(-2-7)a+4$
$=3a^2-9a+4$

(5)
$$\begin{array}{rr} & 8x-3y \\ +) & -2x+5y \\ \hline & 6x+2y \end{array}$$

(6)
$$\begin{array}{rr} & -7x+5y \\ -) & x-3y \\ \hline & -8x+8y \end{array}$$

3 (1) $-6x-14y+8$

(2) $-\frac{2}{7}x^2+\frac{1}{6}x-\frac{1}{7}$

(3) $-2a+9b$　(4) $-8x+15y$

(5) $3x^2+\frac{2}{3}$　(6) $\frac{7x-8y}{6}$

(7) $\frac{5x-14y}{20}$　(8) $\frac{4x+8y}{3}$

解説

(1) $-2(3x+7y-4)$
$=-2\times 3x+(-2)\times 7y+(-2)\times(-4)$
$=-6x-14y+8$

(2) $(12x^2-7x+6)\div(-42)$

$=(12x^2-7x+6)\times\left(-\frac{1}{42}\right)$

$=12x^2\times\left(-\frac{1}{42}\right)+(-7x)\times\left(-\frac{1}{42}\right)+6\times\left(-\frac{1}{42}\right)$

$=-\frac{2}{7}x^2+\frac{1}{6}x-\frac{1}{7}$

(3) $3(a-2b)+5(-a+3b)$

$=3\times a+3\times(-2b)+5\times(-a)+5\times 3b$

$=3a-6b-5a+15b$

$=(3-5)a+(-6+15)b=-2a+9b$

(4) $2(2x-3y)-3(4x-7y)$

$=2\times 2x+2\times(-3y)+(-3)\times 4x+(-3)\times(-7y)$

$=4x-6y-12x+21y$

$=(4-12)x+(-6+21)y=-8x+15y$

(5) $\frac{1}{3}(15x^2+9x-1)-6\left(\frac{1}{3}x^2+\frac{1}{2}x-\frac{1}{6}\right)$

$=\frac{1}{3}\times 15x^2+\frac{1}{3}\times 9x+\frac{1}{3}\times(-1)$

$+(-6)\times\frac{1}{3}x^2+(-6)\times\frac{1}{2}x+(-6)\times\left(-\frac{1}{6}\right)$

$=5x^2+3x-\frac{1}{3}-2x^2-3x+1$

$=(5-2)x^2+(3-3)x+\left(-\frac{1}{3}+1\right)=3x^2+\frac{2}{3}$

(6) $\frac{2x-3y}{3}+\frac{3x-2y}{6}$

$=\frac{2(2x-3y)}{6}+\frac{3x-2y}{6}$

$=\frac{2(2x-3y)+(3x-2y)}{6}$

$=\frac{4x-6y+3x-2y}{6}=\frac{7x-8y}{6}$

(7) $\frac{3x-2y}{4}-\frac{5x+2y}{10}$

$=\frac{5(3x-2y)}{20}-\frac{2(5x+2y)}{20}$

$=\frac{5(3x-2y)-2(5x+2y)}{20}$

$=\frac{15x-10y-10x-4y}{20}=\frac{5x-14y}{20}$

(8) $\frac{10x+5y}{3}-(2x-y)$

$=\frac{10x+5y}{3}-\frac{3(2x-y)}{3}$

$=\frac{10x+5y-3(2x-y)}{3}$

$=\frac{10x+5y-6x+3y}{3}=\frac{4x+8y}{3}$

4 (1) $-20x^2y^2$ (2) $-4xy$ (3) $8a^9$

(4) $-2a^2b$ (5) $-\frac{1}{2}x^2y$ (6) $-\frac{8}{3}y$

(7) $-2x$ (8) $7x^4$

解説

(1) $(-4x^2y)\times 5y=-4\times 5\times x^2y\times y$

$=-20x^2y^2$

(2) $24x^2y\div(-6x)=-\frac{24x^2y}{6x}=-4xy$

(3) $(-a^3)^2\times(2a)^3=a^6\times 8a^3=8a^9$

(4) $(4ab^2)^2\div(-2b)^3=16a^2b^4\div(-8b^3)$

$=-\frac{16a^2b^4}{8b^3}=-2a^2b$

(5) $-\frac{3}{4}x\times\frac{2}{3}xy=-\frac{3}{4}\times\frac{2}{3}\times x\times xy$

$=-\frac{1}{2}x^2y$

(6) $\frac{4}{5}x^2y\div\left(-\frac{3}{10}x^2\right)=\frac{4x^2y}{5}\div\left(-\frac{3x^2}{10}\right)$

$=\frac{4x^2y}{5}\times\left(-\frac{10}{3x^2}\right)=-\frac{4x^2y\times 10}{5\times 3x^2}=-\frac{8}{3}y$

(7) $12x^2y\div 3y\div(-2x)=-\frac{12x^2y}{3y\times 2x}=-2x$

(8) $(-4x)^3\div(8x)^2\times(-7x^3)$

$=(-64x^3)\div 64x^2\times(-7x^3)$

$=\frac{64x^3\times 7x^3}{64x^2}=7x^4$

5 (1) -3 (2) $\frac{4}{3}$

解説

(1) $3(2x-y)-2(x-4y)=6x-3y-2x+8y$

$=4x+5y$

$x=\frac{1}{2}$, $y=-1$ を代入すると

$4\times\frac{1}{2}+5\times(-1)=2-5=-3$

(2) $6ab\div(-3a)^2\times 9a^2b=6ab\div 9a^2\times 9a^2b$

$=\frac{6ab\times 9a^2b}{9a^2}$

$=6ab^2$

$a=2$, $b=-\frac{1}{3}$ を代入すると

$$6\times2\times\left(-\frac{1}{3}\right)^2=6\times2\times\frac{1}{9}=\frac{4}{3}$$

6 n を整数として，連続する 3 つの 4 の倍数を $4n$，$4n+4$，$4n+8$ と表す。
このとき，これらの和は

$$\begin{aligned}4n+(4n+4)+(4n+8)&=4n+4n+4+4n+8\\&=12n+12\\&=12(n+1)\end{aligned}$$

$n+1$ は整数であるから，$12(n+1)$ は 12 の倍数である。
よって，連続する 3 つの 4 の倍数の和は 12 の倍数である。

解説
n を整数とすると，4 の倍数は $4n$ と表すことができる。そして，「4, 8, 12」のように，連続する 3 つの 4 の倍数は 4 ずつ大きくなるから，一番小さい 4 の倍数を $4n$ とすると，$4n$，$4n+4$，$4n+8$ と表すことができる。
なお，まん中の数を $4n$ とすると，$4n-4$，$4n$，$4n+4$ となる。このときの和は $12n$ となり，12 の倍数となる。

7 4 けたの自然数の千の位と一の位の数を a，百の位と十の位の数を b とすると，4 けたの自然数は

$$1000a+100b+10b+a=1001a+110b$$

と表される。
$1001=11\times91$，$110=11\times10$ であるから

$$1001a+110b=11(91a+10b)$$

$91a+10b$ は整数であるから，$11(91a+10b)$ は 11 の倍数である。
したがって，千の位の数と一の位の数，百の位の数と十の位の数がそれぞれ同じ数である 4 けたの自然数は，11 の倍数である。

8 2 倍

解説
円柱Aの底面の半径を r，高さを h とすると，
円柱Bの底面の半径は $2r$，高さは $\frac{1}{2}h$ であるから，円柱Bの体積は $\pi\times(2r)^2\times\frac{1}{2}h=2\pi r^2h$
円柱Aの体積は πr^2h であるから，円柱Bの体積は円柱Aの体積の 2 倍である。

9 赤色の部分の長さと灰色の部分の長さは等しい

解説
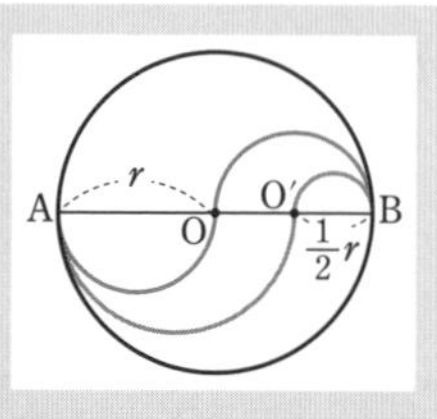

線分 OA の長さを r とすると，線分 OB の長さも r であるから，赤色の部分の長さは，直径 r の円周の長さに等しい。
よって，赤色の部分の長さは

$r\times\pi=\pi r$ ←(直径)×(円周率)

また，線分 OO′ の長さは $\frac{1}{2}r$ であるから
線分 O′A の長さは $r+\frac{1}{2}r=\frac{3}{2}r$
よって，線分 O′A を直径とする半円の弧の長さは

$$\frac{3}{2}r\times\pi\times\frac{1}{2}=\frac{3}{4}\pi r$$

線分 O′B の長さも $\frac{1}{2}r$ であるから，線分 O′B を直径とする半円の弧の長さは

$$\frac{1}{2}r\times\pi\times\frac{1}{2}=\frac{1}{4}\pi r$$

したがって，灰色の部分の長さは

$$\frac{3}{4}\pi r+\frac{1}{4}\pi r=\pi r$$

よって，赤色の部分の長さと灰色の部分の長さは等しい。

10 (1) $y=\frac{8}{3}x-4$　(2) $c=\frac{1}{2}a-b$
(3) $h=\frac{3V}{\pi r^2}$

解説
(1)　　$8x-3y=12$
$8x$ を移項すると　$-3y=-8x+12$

両辺を -3 でわると　$y=\frac{-8x}{-3}+\frac{12}{-3}$

したがって　$y=\frac{8}{3}x-4$

$\left(y=\frac{8x-12}{3}\text{ でもよい}\right)$

参考　$-3y$ を右辺に，12 を左辺に移項して

$8x-12=3y$

両辺を入れかえると　$3y=8x-12$

両辺を 3 でわると　$y=\frac{8}{3}x-4$

このようにしてもよい。

(2)　$a=2(b+c)$

両辺を入れかえると　$2(b+c)=a$

両辺を 2 でわると　$b+c=\frac{1}{2}a$

b を移項すると　$c=\frac{1}{2}a-b$

(3)　$V=\frac{1}{3}\pi r^2h$

両辺を入れかえると　$\frac{1}{3}\pi r^2h=V$

両辺に 3 をかけると　$\pi r^2h=3V$

両辺を πr^2 でわると　$h=\frac{3V}{\pi r^2}$

11 $y=\frac{1}{3}x-3$

解説

$\frac{1}{2}\times(3+y)\times6=x$

よって　$3(3+y)=x$

両辺を 3 でわると　$3+y=\frac{1}{3}x$

3 を移項すると　$y=\frac{1}{3}x-3$

第2章 連立方程式　p. 33

練習

練習16 (ウ)

解説

(ア)　$x=1,\ y=-1$ を ② の左辺に代入すると

(左辺)$=1+2\times(-1)=-1$，(右辺)$=9$

よって　(左辺)$\neq$(右辺)

(イ)　$x=7,\ y=1$ を ① の左辺に代入すると

(左辺)$=3\times7-4\times1=17$，(右辺)$=7$

よって　(左辺)$\neq$(右辺)

練習17 (1)　$x=2,\ y=1$

(2)　$x=1,\ y=2$

解説

2 つの式をたしたり，ひいたりして，1 つの文字を消去する。

(1)　$\begin{cases} x+y=3 & \cdots\cdots ① \\ 3x-y=5 & \cdots\cdots ② \end{cases}$

①＋② より　$4x=8$　$x=2$

$x=2$ を ① に代入して　$y=1$

(2)　$\begin{cases} 3x-2y=-1 & \cdots\cdots ① \\ 3x+4y=11 & \cdots\cdots ② \end{cases}$

①－② より　$-6y=-12$　$y=2$

$y=2$ を ① に代入して

$3x-2\times2=-1$

$3x=3$　$x=1$

練習18 (1)　$x=3,\ y=-1$

(2)　$x=2,\ y=3$

解説

両辺を何倍かして，文字の係数の絶対値をそろえる。

(1)　$\begin{cases} 3x+2y=7 & \cdots\cdots ① \\ x-5y=8 & \cdots\cdots ② \end{cases}$

①　　$3x+2y=7$

②×3　$-)\ 3x-15y=24$

$17y=-17$　← x を消去

$y=-1$

$y=-1$ を ② に代入すると

$x-5\times(-1)=8$　$x=3$

(2)　$\begin{cases} 5x-3y=1 & \cdots\cdots ① \\ 7x-4y=2 & \cdots\cdots ② \end{cases}$

①×4　$20x-12y=4$

②×3　$-)\ 21x-12y=6$

$-x=-2$　← y を消去

$x=2$

$x=2$ を ① に代入すると

$5\times 2-3y=1$

$-3y=-9 \qquad y=3$

練習 19 (1) $x=5,\ y=-3$

(2) $x=\frac{1}{3},\ y=\frac{2}{3}$

解説

一方の式を $y=(x$ の式$)$ または $x=(y$ の式$)$ に変形して，他方の式に代入する。

(1) $\begin{cases} x=y+8 & \cdots\cdots ① \\ 2x+y=7 & \cdots\cdots ② \end{cases}$

② の x に ① の $y+8$ を代入すると

$2(y+8)+y=7$

$2y+16+y=7$

$3y=-9$

$y=-3$

$y=-3$ を ① に代入すると

$x=-3+8=5$

(2) $\begin{cases} 4x+y=2 & \cdots\cdots ① \\ 7x-5y=-1 & \cdots\cdots ② \end{cases}$

① より　$y=-4x+2 \cdots\cdots ③$

② の y に，③ の $-4x+2$ を代入すると

$7x-5(-4x+2)=-1$

$7x+20x-10=-1$

$27x=9$

$x=\frac{1}{3}$

$x=\frac{1}{3}$ を ③ に代入すると

$y=-4\times\frac{1}{3}+2=\frac{2}{3}$

注意　連立方程式の解は整数とは限らない。

練習 20 (1) $x=7,\ y=4$

(2) $x=4,\ y=-3$

解説

かっこをはずして，$ax+by=c$ の形に整理する。

(1) 第 1 式のかっこをはずすと

$5x+5=4y+24 \qquad 5x-4y=19$

$\begin{cases} 5x-4y=19 & \cdots\cdots ① \\ x-2y=-1 & \cdots\cdots ② \end{cases}$

①　　$5x-4y=19$

②×2　$-)\ 2x-4y=-2$

$3x \qquad =21 \qquad x=7$

$x=7$ を ② に代入すると　$7-2y=-1$

$-2y=-8 \qquad y=4$

参考　連立方程式の 1 つ目の式を第 1 式，2 つ目の式を第 2 式とよぶことがある。

(2) 第 1 式のかっこをはずすと

$2x+2-3y+6=25$

$2x-3y=17 \cdots\cdots ①$

第 2 式のかっこをはずすと

$5x+2y+2=16$

$5x+2y=14 \cdots\cdots ②$

①×2　$4x-6y=34$

②×3　$+)\ 15x+6y=42$

$19x \qquad =76 \qquad x=4$

$x=4$ を ① に代入すると

$2\times 4-3y=17 \qquad -3y=9 \qquad y=-3$

練習 21 (1) $x=12,\ y=2$

(2) $x=2,\ y=\frac{1}{3}$

解説

両辺を何倍かして，係数を整数にする。

(1) 第 1 式の両辺に 18 をかけると

$3x+2(y-2)=36$

$3x+2y-4=36$

$3x+2y=40$

$\begin{cases} 3x+2y=40 & \cdots\cdots ① \\ 2x-7y=10 & \cdots\cdots ② \end{cases}$

①×2　$6x+4y=80$

②×3　$-)\ 6x-21y=30$

$25y=50 \qquad y=2$

$y=2$ を ① に代入すると　$3x+2\times 2=40$

$3x=36 \qquad x=12$

(2) 第 2 式の両辺に 10 をかけると

$7(x-5)-3(y-4)=-10$

$7x-35-3y+12=-10$

$7x-3y=13$

$\begin{cases} x-3y=1 & \cdots\cdots ① \\ 7x-3y=13 & \cdots\cdots ② \end{cases}$

①−② から　$-6x=-12$　　$x=2$

$x=2$ を ① に代入すると

$$2-3y=1 \qquad -3y=-1 \qquad y=\frac{1}{3}$$

練習 22 $x=\frac{6}{11}$，$y=\frac{18}{11}$

解説

$\begin{cases} 2x+3y=6 & \cdots\cdots ① \\ 5x+2y=6 & \cdots\cdots ② \end{cases}$

①×2　　$4x+6y=12$

②×3　$-)\ 15x+6y=18$

$-11x=-6$　　$x=\frac{6}{11}$

$x=\frac{6}{11}$ を ① に代入すると　$2\times\frac{6}{11}+3y=6$

$$3y=6-\frac{12}{11}$$

$$3y=\frac{54}{11} \quad \leftarrow 3y=\frac{66}{11}-\frac{12}{11}$$

$$y=\frac{18}{11}$$

練習 23 $a=-3$，$b=1$

解説

$x=1$，$y=-1$ を連立方程式に代入すると，

$\begin{cases} 2-a=5b \\ b-4=a \end{cases}$ から

$\begin{cases} a+5b=2 & \cdots\cdots ① \\ a-b=-4 & \cdots\cdots ② \end{cases}$

①−② から　$6b=6$　　$b=1$

$b=1$ を ② に代入して

$a-1=-4$　　$a=-3$

練習 24 美術館の入館券　128 枚，
博物館の入館券　72 枚

解説

美術館と博物館の入館券がそれぞれ x 枚，y 枚売れたとする。

枚数と金額について

$\begin{cases} x+y=200 & \cdots\cdots ① \\ 350x+250y=62800 & \cdots\cdots ② \end{cases}$

② の両辺を 50 でわると

$7x+5y=1256$　……　③

①×5　　$5x+5y=1000$

③　$-)\ 7x+5y=1256$

$-2x=-256$　　$x=128$

$x=128$ を ① に代入すると

$128+y=200$　　$y=72$

これらは，問題に適している。

練習 25 歩いた時間 12 分，走った時間 8 分

解説

A さんが歩いた時間を x 分，走った時間を y 分とする。

時間について　$x+y=20$ ……　①

道のりについて　$80x+230y=2800$

$8x+23y=280$ ……　②

①×8　　$8x+8y=160$

②　$-)\ 8x+23y=280$

$-15y=-120$　　$y=8$

$y=8$ を ① に代入すると

$x+8=20$　　$x=12$

これらは，問題に適している。

練習 26 今年の男子生徒の入学者数　49 人，
今年の女子生徒の入学者数 159 人

解説

求める数量は今年の男子生徒，女子生徒の入学者数であることに注意。

昨年の男子生徒の入学者数を x 人，女子生徒の入学者数を y 人とする。男子が 2 % 減少し，女子が 6 % 増加したため，全体の入学者数は 4 % 増加していたから

$$-\frac{2}{100}x+\frac{6}{100}y=\frac{4}{100}(x+y)$$

$$-2x+6y=4(x+y)$$

$$-x+3y=2(x+y)$$

$$-x+3y=2x+2y$$

$$-3x+y=0$$

また，4 % の増加分が 8 人であるから

$$\frac{4}{100}(x+y)=8$$

$$4(x+y)=800$$

$$x+y=200$$

よって $\begin{cases} -3x+y=0 & \cdots\cdots ① \\ x+y=200 & \cdots\cdots ② \end{cases}$

①−② より

$-4x=-200 \qquad x=50$

$x=50$ を ② に代入すると　$y=150$

よって，今年の男子生徒の入学者数は

$$50\times\left(1-\frac{2}{100}\right)=49\ (人)$$

今年の女子生徒の入学者数は

$$150\times\left(1+\frac{6}{100}\right)=159\ (人)$$

これらは，問題に適している。

練習 27　大人 950 円，中学生 500 円

解説

大人 1 人の通常料金を x 円，中学生 1 人の通常料金を y 円とする。

通常料金の合計について

$$2x+3y=3400 \quad \cdots\cdots ①$$

団体料金は，

大人 1 人あたり　$x\times\left(1-\frac{2}{10}\right)=\frac{8}{10}x$ (円)

中学生 1 人あたり　$y\times\left(1-\frac{1}{10}\right)=\frac{9}{10}y$ (円)

よって，団体料金の合計について

$$\frac{8}{10}x\times10+\frac{9}{10}y\times30=21100$$

$$8x+27y=21100 \quad \cdots\cdots ②$$

①×4　　$8x+12y=13600$

②　　$-)\ 8x+27y=21100$

$$-15y=-7500$$

$$y=500$$

$y=500$ を ① に代入すると

$$2x+3\times500=3400$$

$$2x=1900$$

$$x=950$$

これらは，問題に適している。

練習 28　10 % の食塩水 30 g，6 % の食塩水 90 g

解説

10 % の食塩水を x g，6 % の食塩水を y g 混ぜるとする。

食塩水の重さ，食塩の重さについて

$$\begin{cases} x+y=120 & \cdots\cdots ① \\ \frac{10}{100}x+\frac{6}{100}y=120\times\frac{7}{100} & \cdots\cdots ② \end{cases}$$

①×6　　$6x+6y=720$

②×100　$-)\ 10x+6y=840$

$$-4x \quad = -120$$

$$x=30$$

$x=30$ を ① に代入すると　$y=90$

これらは，問題に適している。

練習 29　95

解説

もとの 2 けたの正の整数の十の位の数を x，一の位の数を y とすると

$$\begin{cases} 10x+y=7(x+y)-3 \\ 10y+x=10x+y-36 \end{cases}$$

第 1 式から　$10x+y=7x+7y-3$

$3x-6y=-3$

$x-2y=-1 \quad \cdots\cdots ①$

第 2 式から　$9x-9y=36$

$x-y=4 \quad \cdots\cdots ②$

①−② より　$-y=-5 \qquad y=5$

$y=5$ を ② に代入すると　$x-5=4 \qquad x=9$

これらは，問題に適している。

練習 30　速さは秒速 24 m，長さは 250 m

解説

列車の速さを秒速 x m，列車の長さを y m とする。

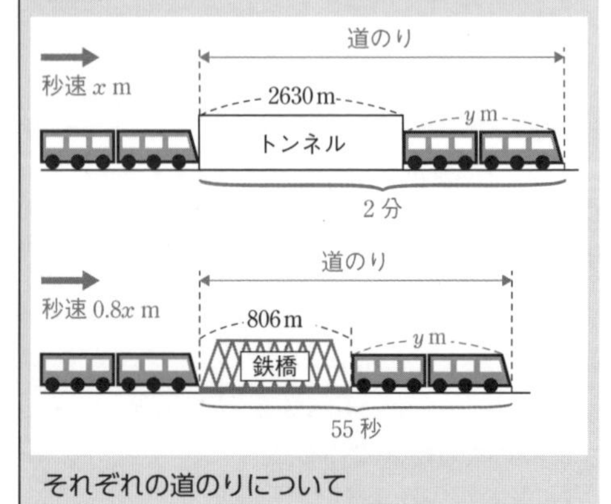

それぞれの道のりについて

$$\begin{cases} 120x=y+2630 & \cdots\cdots ① \\ 55\times0.8x=y+806 & \cdots\cdots ② \end{cases}$$

② から　$44x=y+806$ …… ③

①−③ から　$76x=1824$　　$x=24$

$x=24$ を ③ に代入して

$44\times24=y+806$　　$y=250$

これらは，問題に適している。

EXERCISES

➡本冊 p. 44

16 (ア)，(ウ)，(エ)

解説

x，y の値を $3x-4y$ に代入して，その値が 12 になるかどうかを調べる。

(イ)　$3\times2-4\times1=2$　よって，解でない。

(ウ)　$3\times\frac{5}{3}-4\times\left(-\frac{7}{4}\right)=5+7=12$

よって，解である。

17 (1)　$x=3$，$y=4$

(2)　$x=-\frac{1}{2}$，$y=\frac{9}{2}$

(3)　$a=5$，$b=-4$

解説

(1) $\begin{cases} 3x-y=5 & \cdots\cdots ① \\ 2x-3y=-6 & \cdots\cdots ② \end{cases}$

①×3　　$9x-3y=15$

②　　$-)\ 2x-3y=-6$

　　　$7x\quad=21$　　$x=3$

$x=3$ を ① に代入して　$9-y=5$　　$y=4$

したがって　$x=3$，$y=4$

(2) $\begin{cases} 3x+y=3 & \cdots\cdots ① \\ x-y=-5 & \cdots\cdots ② \end{cases}$

①+② より　$4x=-2$　　$x=-\frac{1}{2}$

$x=-\frac{1}{2}$ を ② に代入して

$-\frac{1}{2}-y=-5$　　$y=5-\frac{1}{2}$　　$y=\frac{9}{2}$

したがって　$x=-\frac{1}{2}$，$y=\frac{9}{2}$

(3) $\begin{cases} 3a+2b=7 & \cdots\cdots ① \\ 2a-3b=22 & \cdots\cdots ② \end{cases}$

①×3　　$9a+6b=21$

②×2　$+)\ 4a-6b=44$

　　　$13a\quad=65$　　$a=5$

$a=5$ を ① に代入して

$15+2b=7$　　$2b=-8$　　$b=-4$

よって　$a=5$，$b=-4$

18 (1)　$x=6$，$y=2$

(2)　$x=14$，$y=3$

(3)　$x=3$，$y=-2$

解説

(1) $\begin{cases} x=3y & \cdots\cdots ① \\ 3x-5y=8 & \cdots\cdots ② \end{cases}$

① を ② に代入して

$9y-5y=8$　　$4y=8$　　$y=2$

$y=2$ を ① に代入して　$x=6$

よって　$x=6$，$y=2$

(2) $\begin{cases} x=2y+8 & \cdots\cdots ① \\ x=5y-1 & \cdots\cdots ② \end{cases}$

① を ② に代入して　$2y+8=5y-1$

$-3y=-9$　　$y=3$

$y=3$ を ① に代入して

$x=2\times3+8=14$

よって　$x=14$，$y=3$

(3) $\begin{cases} 5x-3y=21 & \cdots\cdots ① \\ 2x+y=4 & \cdots\cdots ② \end{cases}$

② から　$y=-2x+4$ …… ③

③ を ① に代入して　$5x-3(-2x+4)=21$

$5x+6x-12=21$　　$11x=33$　　$x=3$

$x=3$ を ③ に代入して

$y=-6+4=-2$

よって　$x=3$，$y=-2$

19 (1)　$x=4$，$y=1$

(2)　$x=5$，$y=-2$

(3)　$x=8$，$y=6$

(4)　$x=\frac{3}{2}$，$y=-3$

(5) $x=3,\ y=4$

(6) $x=5,\ y=3$

解説

(1) $\begin{cases} 2(x+y)-y=9 \\ x-3(x-y)=-5 \end{cases}$

かっこをはずして整理すると

$\begin{cases} 2x+y=9 & \cdots\cdots ① \\ -2x+3y=-5 & \cdots\cdots ② \end{cases}$

①+② から　$4y=4$　$y=1$

$y=1$ を ① に代入して

$2x+1=9$　$2x=8$　$x=4$

よって　$x=4,\ y=1$

(2) $\begin{cases} 4(x+2y)+x=9 \\ 3x=5(y+5) \end{cases}$

かっこをはずして整理すると

$\begin{cases} 5x+8y=9 & \cdots\cdots ① \\ 3x-5y=25 & \cdots\cdots ② \end{cases}$

$$\begin{array}{rl} ①\times5 & 25x+40y=45 \\ ②\times8 & +)\ 24x-40y=200 \\ \hline & 49x\qquad\ =245 \end{array}\qquad x=5$$

$x=5$ を ① に代入して　$25+8y=9$

$8y=-16$　$y=-2$

よって　$x=5,\ y=-2$

(3) $\begin{cases} 4x-3y=14 \\ \dfrac{x}{2}-\dfrac{y}{3}=2 \end{cases}$

第 2 式の両辺に 6 をかけると

$\begin{cases} 4x-3y=14 & \cdots\cdots ① \\ 3x-2y=12 & \cdots\cdots ② \end{cases}$

$$\begin{array}{rl} ①\times2 & 8x-6y=28 \\ ②\times3 & -)\ 9x-6y=36 \\ \hline & -x\qquad\ =-8 \end{array}\qquad x=8$$

$x=8$ を ① に代入して　$32-3y=14$

$-3y=-18$　$y=6$

よって　$x=8,\ y=6$

(4) $\begin{cases} \dfrac{4x-3}{6}-\dfrac{y-3}{4}=2 \\ 6x-4y=21 \end{cases}$

第 1 式の両辺に 12 をかけると

$2(4x-3)-3(y-3)=24$

$8x-6-3y+9=24$

$8x-3y=21$

$\begin{cases} 8x-3y=21 & \cdots\cdots ① \\ 6x-4y=21 & \cdots\cdots ② \end{cases}$

$$\begin{array}{rl} ①\times4 & 32x-12y=84 \\ ②\times3 & -)\ 18x-12y=63 \\ \hline & 14x\qquad\ =21 \end{array}\qquad x=\frac{3}{2}$$

$x=\dfrac{3}{2}$ を ② に代入して　$6\times\dfrac{3}{2}-4y=21$

$-4y=12$　$y=-3$

よって　$x=\dfrac{3}{2},\ y=-3$

(5) $\begin{cases} 3x-2y=1 \\ 2.5x+0.5y=9.5 \end{cases}$

第 2 式の両辺に 2 をかけると

$\begin{cases} 3x-2y=1 & \cdots\cdots ① \\ 5x+y=19 & \cdots\cdots ② \end{cases}$

② から　$y=-5x+19$ ……③

③ を ① に代入して　$3x-2(-5x+19)=1$

$3x+10x-38=1$　$13x=39$　$x=3$

$x=3$ を ③ に代入して　$y=-15+19=4$

よって　$x=3,\ y=4$

注意　第 2 式は小数第 1 位が 5 であるから，2 倍すると係数はすべて整数になる。

(6) $\begin{cases} \dfrac{2}{5}x-\dfrac{1}{3}y=1 & \cdots\cdots ① \\ 0.5y=0.1x+1 & \cdots\cdots ② \end{cases}$

①×15　$6x-5y=15$ ……③

②×10　$5y=x+10$

$-x+5y=10$ ……④

③+④ から

$5x=25$　$x=5$

$x=5$ を ④ に代入して　$-5+5y=10$

$5y=15$　$y=3$

よって　$x=5,\ y=3$

20 $x=3,\ y=-1$

解説

$2x+y-4=x+2y=1$ から

$\begin{cases} 2x+y=5 & \cdots\cdots ① \\ x+2y=1 & \cdots\cdots ② \end{cases}$

$①\times 2 \qquad 4x+2y=10$

$② \qquad -)\ x+2y=1$

$3x \qquad =9 \qquad x=3$

$x=3$ を ① に代入して

$2\times 3+y=5 \qquad y=-1$

よって　$x=3,\ y=-1$

21 $a=3,\ b=2$

解説

$x=1,\ y=-2$ を $ax-by=7$ と $bx+ay=-4$ に代入して

$$\begin{cases} a+2b=7 & \cdots\cdots ① \\ -2a+b=-4 & \cdots\cdots ② \end{cases}$$

$① \qquad a+2b=\ 7$

$②\times 2 \qquad -)\ -4a+2b=-8$

$5a \qquad =\ 15 \qquad a=3$

$a=3$ を ② に代入して

$-2\times 3+b=-4 \qquad b=2$

➡本冊 p. 53

22 ケーキ 13 個，アイスクリーム 19 個

解説

最初に買おうとしたケーキの個数を x 個，アイスクリームの個数を y 個とすると，個数について　$x+y=32$ ……①

また，代金について

$360x+250y=250x+360y-660$

$110x-110y=-660$

両辺を 110 でわると

$x-y=-6$ ……②

①+② から　$2x=26 \qquad x=13$

$x=13$ を ① に代入して　$13+y=32$

$y=19$

これらは，問題に適している。

※以下，解説では，連立方程式の解が問題に適している場合，その確認をはぶいている場合がある。

23 A 1 個 240 g，B 1 個 80 g

解説

A 1 個の重さを x g，B 1 個の重さを y g とすると

$$\begin{cases} 3x+y=800 & \cdots\cdots ① \\ x+2y=400 & \cdots\cdots ② \end{cases}$$

$①\times 2 \qquad 6x+2y=1600$

$② \qquad -)\ x+2y=400$

$5x \qquad =1200$

$x=240$

$x=240$ を ① に代入して　$3\times 240+y=800$

$y=80$

24 学校から休憩所まで 64 km，休憩所から目的地まで 34 km

解説

単位に注意。午前 8 時から午前 10 時 15 分までは，2 時間 15 分，つまり $2\frac{15}{60}=\frac{135}{60}$ 時間。

また，休憩時間は 20 分，つまり $\frac{20}{60}$ 時間。

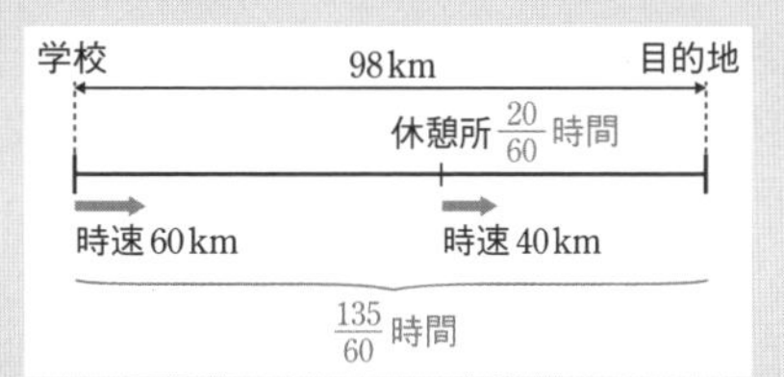

学校から休憩所までの道のりを x km，休憩所から目的地までの道のりを y km とすると，道のりと時間について

$$\begin{cases} x+y=98 & \cdots\cdots ① \\ \frac{x}{60}+\frac{20}{60}+\frac{y}{40}=\frac{135}{60} & \cdots\cdots ② \end{cases}$$

②×120 から　$2x+40+3y=270$

$2x+3y=230$ ……③

$③ \qquad 2x+3y=230$

$①\times 2 \qquad -)\ 2x+2y=196$

$y=34$

$y=34$ を ① に代入すると　$x=64$

25 A さん：分速 90 m，B さん：分速 60 m

解説

A さんの歩く速さを分速 x m，B さんの歩く速さを分速 y m とする。

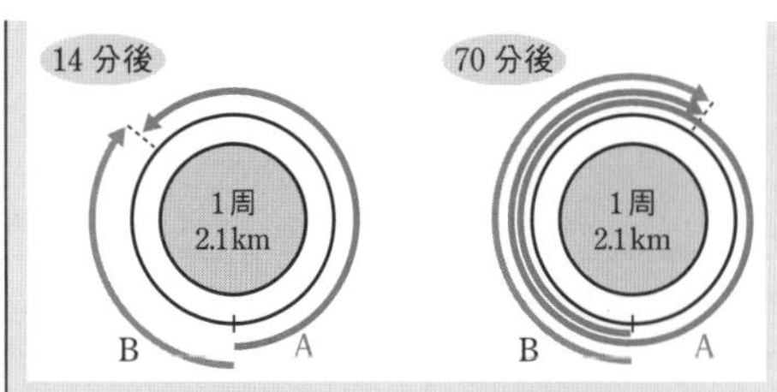

反対向きに歩いたときの関係について

$14x+14y=2100$

よって　$x+y=150$ …… ①

同じ向きに歩いたときの関係について

$70x-70y=2100$

よって　$x-y=30$ …… ②

①+② から　$2x=180$　$x=90$

$x=90$ を ① に代入すると　$90+y=150$

$y=60$

注意　同じ向きに歩くとき，Aさんは 3 周，Bさんは 2 周した後，歩き始めた地点で，AさんはBさんに追いつく。

26 男子 190 人，女子 175 人

解説

A中学校の男子の生徒数を x 人，女子の生徒数を y 人とする。

生徒数と運動部に所属している人数について

$$\begin{cases} x+y=365 & \cdots\cdots ① \\ \dfrac{80}{100}x+\dfrac{60}{100}y=257 & \cdots\cdots ② \end{cases}$$

② から　$80x+60y=25700$

両辺を 20 でわると

$4x+3y=1285$ …… ③

$$\begin{array}{lrl} ③ & 4x+3y & =1285 \\ ①\times 3 & -)\ 3x+3y & =1095 \\ \hline & x & =190 \end{array}$$

$x=190$ を ① に代入すると　$y=175$

27 A：100 円，B：500 円

解説

商品Aの定価を x 円，商品Bの定価を y 円とする。

商品 A，B の定価の 1 割引きの値段は，それぞれ

$0.9x$ 円，$0.9y$ 円　← $(1-0.1)x$，$(1-0.1)y$

また，1 週間後の商品Bの値段は，1 週間前の売値，つまり $0.9y$ 円の 2 割引きであるから

$0.8\times 0.9y$ (円)　← $(1-0.2)\times 0.9y$

よって，合計金額について

$$\begin{cases} 0.9x+0.9y=540 & \cdots\cdots ① \\ 0.9x+0.8\times 0.9y=450 & \cdots\cdots ② \end{cases}$$

① から　$9x+9y=5400$

$x+y=600$ …… ③

② から　$90x+72y=45000$

両辺を 18 でわると　$5x+4y=2500$ …… ④

$$\begin{array}{lrl} ④ & 5x+4y & =2500 \\ ③\times 4 & -)\ 4x+4y & =2400 \\ \hline & x & =100 \end{array}$$

$x=100$ を ③ に代入して　$y=500$

28 A：300 g，B：400 g

解説

初めに食塩水が容器Aに x g，容器Bに y g あったとする。

濃度	9 %	3 %	5 %
食塩水(g)	$\frac{2}{3}x$	y	600
食塩(g)	$\frac{9}{100}\times\frac{2}{3}x$	$\frac{3}{100}y$	$\frac{5}{100}\times 600$

$$\begin{cases} \dfrac{2}{3}x+y=600 & \cdots\cdots ① \\ \dfrac{9}{100}\times\dfrac{2}{3}x+\dfrac{3}{100}y=\dfrac{5}{100}\times 600 & \cdots\cdots ② \end{cases}$$

$$\begin{array}{lrl} ①\times 3 & 2x+3y & =1800 \\ ②\times 100 & -)\ 6x+3y & =3000 \\ \hline & -4x & =-1200 \end{array}\qquad x=300$$

$x=300$ を ① に代入して　$\frac{2}{3}\times 300+y=600$

$200+y=600$　$y=400$

29 52

解説

Mの十の位の数を x，一の位の数を y とすると　$M=10x+y$，$N=10y+x$

$M=N+27$，$N=\frac{1}{2}M-1$ より

$$\begin{cases} 10x+y=10y+x+27 \quad \cdots\cdots ① \\ 10y+x=\dfrac{10x+y}{2}-1 \quad \cdots\cdots ② \end{cases}$$

① から　$9x-9y=27$

$x-y=3$

$x=y+3$ …… ③

② から　$20y+2x=10x+y-2$

$-8x+19y=-2$

$8x-19y=2$ …… ④

③ を ④ に代入すると　$8(y+3)-19y=2$

$-11y=-22$　　$y=2$

$y=2$ を ③ に代入すると　$x=5$

したがって，Mの値は　52

これは，問題に適している。

30 時速 72 km

解説

電車の速さを秒速 x m，トンネルの長さを y m とする。

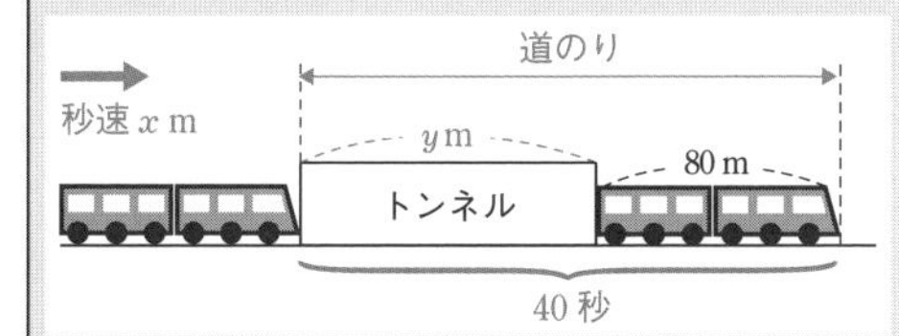

電車が進んだ距離について

$40x=y+80$ …… ①

A町からB町までの距離について

$180x=5y$　　← 単位を秒にそろえる 3 分は 180 秒

$y=36x$ …… ②

② を ① に代入すると

$40x=36x+80$　　$4x=80$

$x=20$

$x=20$ を ② に代入すると　$y=720$

これらは，問題に適している。

秒速 20 m は　1 秒間で 20 m 進む

1 分間で 20×60 m 進む

1 時間で 20×60×60 m 進む

20×60×60=72000 で，72000 m は 72 km であるから

電車の速さは　時速 72 km

定期試験対策問題

➡本冊 p. 55

12 (1) $x=5$，$y=2$

(2) $x=2$，$y=-1$

(3) $x=\dfrac{1}{2}$，$y=-1$

(4) $x=5$，$y=-6$

(5) $x=-\dfrac{3}{5}$，$y=\dfrac{4}{5}$

(6) $x=0$，$y=-2$

解説

(1) $\begin{cases} x=3y-1 \quad \cdots\cdots ① \\ 5x-4y=17 \quad \cdots\cdots ② \end{cases}$

① を ② に代入して　$5(3y-1)-4y=17$

$15y-5-4y=17$　　$11y=22$　　$y=2$

$y=2$ を ① に代入して　$x=3\times2-1=5$

(2) $\begin{cases} 3x+5y=1 \quad \cdots\cdots ① \\ 2y=3x-8 \quad \cdots\cdots ② \end{cases}$

② から　　$-3x+2y=-8$ …… ③

①+③ より　　$7y=-7$

$y=-1$

$y=-1$ を ② に代入して　$2\times(-1)=3x-8$

$-3x=-6$

$x=2$

(3) $\begin{cases} 6x-4y=7 \quad \cdots\cdots ① \\ 4x-3y=5 \quad \cdots\cdots ② \end{cases}$

$$\begin{array}{lrl} ①\times3 & & 18x-12y=21 \\ ②\times4 & -) & 16x-12y=20 \\ \hline & & 2x \qquad\quad =1 \end{array} \qquad x=\frac{1}{2}$$

$x=\dfrac{1}{2}$ を ② に代入すると　$4\times\dfrac{1}{2}-3y=5$

$-3y=3$　　$y=-1$

(4) 第 1 式の両辺に 10 をかけて

$8x+15y=-50$ …… ①

第 2 式の両辺に 10 をかけて

$14x-5y=100$ …… ②

$$\begin{array}{lrl} ① & & 8x+15y=-50 \\ ②\times3 & +) & 42x-15y=\ 300 \\ \hline & & 50x \qquad\quad =\ 250 \end{array}$$

$x=5$

$x=5$ を ① に代入して　$8\times5+15y=-50$

$15y=-90$　　$y=-6$

(5)　第 1 式の両辺に 10 をかけて

$15x+10y=-1$　…… ①

第 2 式の両辺に 30 をかけて

$-10x+15y=18$　…… ②

①×2　　$30x+20y=-2$

②×3　$+)\ -30x+45y=54$

$65y=52$

$y=\frac{4}{5}$　←13 で約分

$y=\frac{4}{5}$ を ① に代入して

$15x+10\times\frac{4}{5}=-1$

$15x=-9$

$x=-\frac{3}{5}$

(6)　第 1 式の両辺に 12 をかけて

$8x+3y=-6$　…… ①

第 2 式の両辺に 4 をかけて

$5x-y=2$　…… ②

①　　$8x+3y=-6$

②×3　$+)\ 15x-3y=6$

$23x=0$　　$x=0$

$x=0$ を ② に代入して

$-y=2$　　$y=-2$

13 (1)　$x=-5$, $y=2$　(2)　$x=3$, $y=4$

解説

(1)　第 1 式のかっこをはずすと

$x+2y-2x+2y=13$

$-x+4y=13$　…… ①

第 2 式のかっこをはずすと

$12x-9y=6x-10y-28$

$6x+y=-28$　…… ②

①×6　　$-6x+24y=78$

②　$+)\ 6x+y=-28$

$25y=50$　　$y=2$

$y=2$ を ① に代入して

$-x+4\times2=13$　　$x=-5$

(2)　第 1 式の両辺に 10 をかけると

$3x+y=13$　…… ①

第 2 式の両辺に 4 をかけると

$-x+4y=2y+5$

$-x+2y=5$　…… ②

①×2　　$6x+2y=26$

②　$-)\ -x+2y=5$

$7x=21$　　$x=3$

$x=3$ を ① に代入して

$3\times3+y=13$　　$y=4$

14 $x=5$, $y=6$

解説

次の連立方程式を解けばよい。

$\begin{cases} x+4y-2=27 & \cdots\cdots ① \\ 3x+2y=27 & \cdots\cdots ② \end{cases}$

① を整理すると　$x+4y=29$　…… ③

②×2　　$6x+4y=54$

③　$-)\ x+4y=29$

$5x=25$

$x=5$

$x=5$ を ② に代入すると

$3\times5+2y=27$　　$2y=12$

$y=6$

15 $a=4$, $b=1$

解説

$x=-2$, $y=3$ が解であるから，これらを連立方程式に代入すると　$\begin{cases} -2a+9b=1 \\ -4b+3a=8 \end{cases}$

つまり　$\begin{cases} -2a+9b=1 & \cdots\cdots ① \\ 3a-4b=8 & \cdots\cdots ② \end{cases}$

①×3　　$-6a+27b=3$

②×2　$+)\ 6a-8b=16$

$19b=19$　　$b=1$

$b=1$ を ② に代入して　$3a-4=8$　　$a=4$

16 A 1 個 180 円，B 1 個 230 円

解説

A 1 個の値段を x 円，B 1 個の値段を y 円とすると　$\begin{cases} 3x+2y=1000 & \cdots\cdots ① \\ 4x+6y=2100 & \cdots\cdots ② \end{cases}$

$$\begin{array}{lrl} ①\times3 & 9x+6y & =3000 \\ ② & -)\ 4x+6y & =2100 \\ \hline & 5x & =900 \\ & x & =180 \end{array}$$

$x=180$ を ① に代入すると

$$3\times180+2y=1000$$
$$2y=460$$
$$y=230$$

17 15 km

解説

自転車で走った道のりを x km，歩いた道のりを y km とする。

予定では，時速 12 km の速さで進むと 1 時間 30 分，つまり $1\frac{1}{2}$ 時間で着くから，A さんの家から目的地までの道のりは

$$12\times1\frac{1}{2}=12\times\frac{3}{2}=18\ (\text{km})$$

	自転車	徒歩	家から目的地まで
道のり	x km	y km	18 km
時間	$\frac{x}{12}$ 時間	$\frac{y}{4}$ 時間	2 時間

よって $\begin{cases} x+y=18 & \cdots\cdots ① \\ \frac{x}{12}+\frac{y}{4}=2 & \cdots\cdots ② \end{cases}$

$$\begin{array}{lrl} ① & x+\ y & =18 \\ ②\times12 & -)\ x+3y & =24 \\ \hline & -2y & =-6 \\ & y & =3 \end{array}$$

$y=3$ を ① に代入して　$x=15$

$x=15$，$y=3$ は問題に適している。

したがって，家から自転車が故障した地点までの道のりは　15 km

18 A さん：時速 12 km，B さん：時速 4 km

解説

A さん，B さんの速さを，それぞれ時速 x km，y km とする。

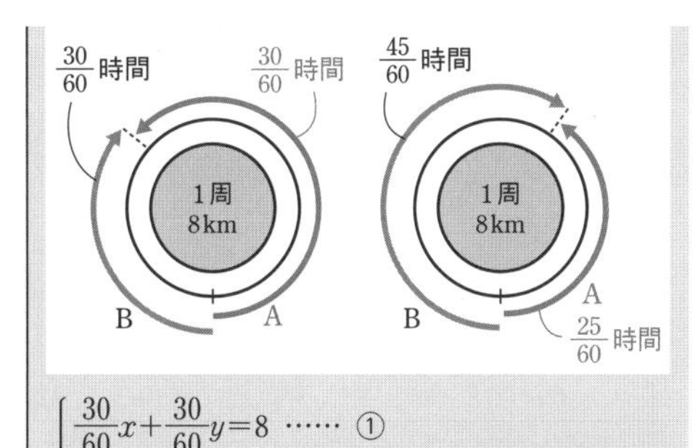

$$\begin{cases} \frac{30}{60}x+\frac{30}{60}y=8 & \cdots\cdots ① \\ \frac{25}{60}x+\frac{45}{60}y=8 & \cdots\cdots ② \end{cases}$$

↑ B さんが出発して 45 分後に出会う

①×2 より　$x+y=16$ …… ③

②×12 より　$5x+9y=96$ …… ④

③ から　$y=16-x$ …… ⑤

⑤ を ④ に代入して　$5x+9(16-x)=96$

$$5x+144-9x=96$$

$-4x=-48$　$x=12$

$x=12$ を ⑤ に代入して　$y=4$

19 A 1 個 350 円，B 1 個 440 円

解説

A 1 個の定価を x 円，B 1 個の定価を y 円とする。

A 1 個の定価の 2 割引きは $x\times\left(1-\frac{2}{10}\right)=\frac{8}{10}x$

B 1 個の定価の 4 割引きは $y\times\left(1-\frac{4}{10}\right)=\frac{6}{10}y$

よって，それぞれの代金について

$$\begin{cases} 8x+5y=5000 & \cdots\cdots ① \\ \frac{8}{10}x\times9+\frac{6}{10}y\times10=5160 & \cdots\cdots ② \end{cases}$$

② の両辺に 10 をかけると

$$72x+60y=51600$$

両辺を 12 でわると

$$6x+5y=4300 \cdots\cdots ③$$

①−③ から　$2x=700$　$x=350$

$x=350$ を ① に代入して　$8\times350+5y=5000$

$5y=2200$　$y=440$

20 A の濃度 5.5 %，B の濃度 10 %

解説

食塩水Aの濃度を x %，食塩水Bの濃度を y %とする。

A 200 g と B 100 g で 7 % となるから，食塩の重さについて

$$200\times\frac{x}{100}+100\times\frac{y}{100}=300\times\frac{7}{100}$$

$$2x+y=21 \quad \cdots\cdots ①$$

A 500 g と B 400 g で 7.5 % となるから，食塩の重さについて

$$500\times\frac{x}{100}+400\times\frac{y}{100}=900\times\frac{7.5}{100}$$

$$5x+4y=67.5 \quad \cdots\cdots ②$$

①×5　　$10x+5y=105$

②×2　$-)\ 10x+8y=135$　← 2倍で整数になる

　　　$-3y=-30$　　$y=10$

$y=10$ を ① に代入して　$2x+10=21$

$2x=11$　　$x=5.5$

$x=5.5$，$y=10$ は問題に適している。

注意　x は濃度であるから，小数でもよい。

21 35

解説

もとの自然数の十の位の数を x，一の位の数を y とすると

$$\begin{cases} 5(x+y)=10x+y+5 \\ 10y+x=10x+y+18 \end{cases}$$

第 1 式のかっこをはずすと

$$5x+5y=10x+y+5$$

$$-5x+4y=5 \quad \cdots\cdots ①$$

第 2 式を整理すると

$$-9x+9y=18$$

$$-x+y=2 \quad \cdots\cdots ②$$

②×5　　$-5x+5y=10$

①　　$-)\ -5x+4y=5$

　　　$y=5$

$y=5$ を ② に代入して　$x=3$

よって，もとの自然数は　35

第 3 章　1 次関数　p. 57

練　習

練習 31 (1) $y=-3x+40$　(2) 16 L

(3) $\dfrac{40}{3}$ 分後

解説

(1) 初め 40 L 入っていて，x 分後に $3x$ L 減るから　$y=40-3x$

(2) $y=-3x+40$ に $x=8$ を代入すると

$y=-3\times8+40=16$

(3) 水そうが空になるのは，$y=0$ のときであるから，$y=-3x+40$ に $y=0$ を代入して

$0=-3x+40$　　$3x=40$　　$x=\dfrac{40}{3}$

参考　$\dfrac{40}{3}=13\dfrac{1}{3}$ より $\dfrac{40}{3}$ 分は　13 分 20 秒

練習 32 (1) $y=1000-60x$　(2) $y=2\pi x$

(3) $y=\dfrac{20}{x}$　(4) $y=\dfrac{x}{30}$

y が x の 1 次関数であるものは

(1)，(2)，(4)

解説

$y=ax+b$ ($a\neq0$) の形ならば y は x の 1 次関数。

(3) 問題から　$10=\dfrac{1}{2}xy$

よって　$xy=20$

(4) $(時間)=\dfrac{(道のり)}{(速さ)}$

練習 33 (1) y の増加量 -4，変化の割合 -2

(2) y の増加量 $\dfrac{4}{3}$，変化の割合 $\dfrac{2}{3}$

解説

$(変化の割合)=\dfrac{(y の増加量)}{(x の増加量)}$

x の増加量は　$-1-(-3)=2$

(1) $x=-3$ のとき

$y=-2\times(-3)+3=9$

$x=-1$ のとき

$y=-2\times(-1)+3=5$

y の増加量は　$5-9=-4$

変化の割合は　$\dfrac{-4}{2}=-2$

(2)　$x=-3$ のとき

$$y=\frac{2}{3}\times(-3)-1=-3$$

$x=-1$ のとき

$$y=\frac{2}{3}\times(-1)-1=-\frac{5}{3}$$

y の増加量は　$-\dfrac{5}{3}-(-3)=\dfrac{4}{3}$

変化の割合は　$\dfrac{4}{3}\div2=\dfrac{2}{3}$

練習 34

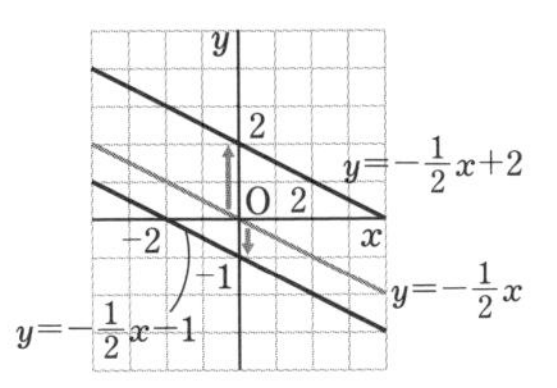

解説

$y=-\dfrac{1}{2}x+2$ のグラフは，$y=-\dfrac{1}{2}x$ のグラフを y 軸の正の方向に 2 だけ平行移動したもの。

$y=-\dfrac{1}{2}x-1$ のグラフは，$y=-\dfrac{1}{2}x$ のグラフを y 軸の負の方向に 1 だけ平行移動したもの。

練習 35　(1)　**傾き $-\dfrac{3}{2}$，切片 2**

(2)　(ア)　$\dfrac{3}{2}$　(イ)　**3**　(ウ)　**9**

解説

(2)　$-\dfrac{3}{2}=\dfrac{-3}{2}=\dfrac{-9}{6}$

練習 36

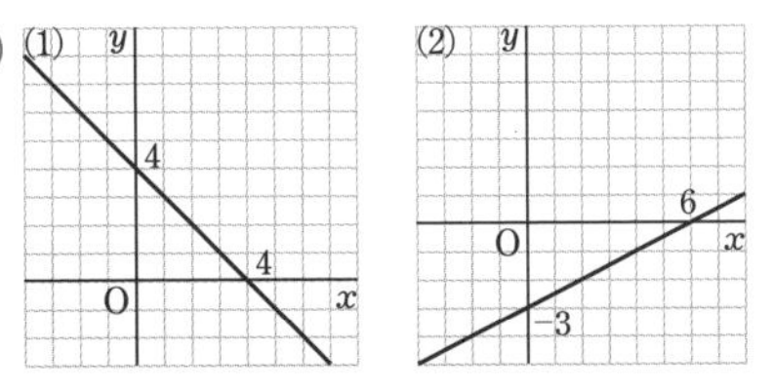

解説

切片と傾きから，通る 2 点を求める。

(1)　傾き -1，切片 4 であるから，点 (0, 4) と，点 (0, 4) から右へ 1，下へ 1 進んだ点 (1, 3) を通る。

(2)　傾き $\dfrac{1}{2}$，切片 -3 であるから，点 (0, -3) と，点 (0, -3) から右へ 2，上へ 1 進んだ点 (2, -2) を通る。

練習 37

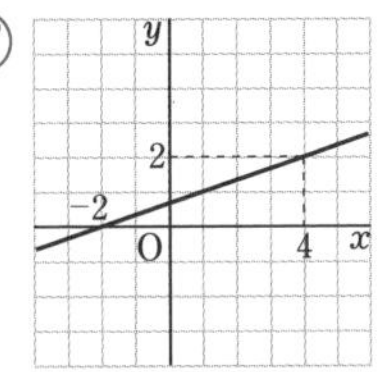

解説

x 座標，y 座標がともに整数である 2 点を見つける。

$x=1$ のとき $y=1$，$x=4$ のとき $y=2$ であるから，2 点 (1, 1)，(4, 2) を通る。

練習 38　(1)　**左下図の実線部分，$-3\leqq y<3$**

(2)　**右下図の実線部分，$y\geqq0$**

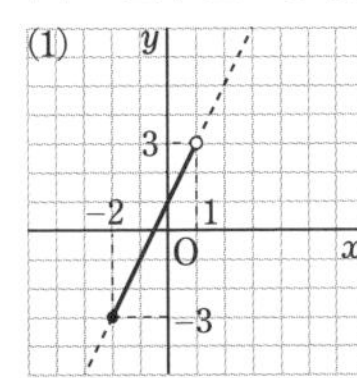

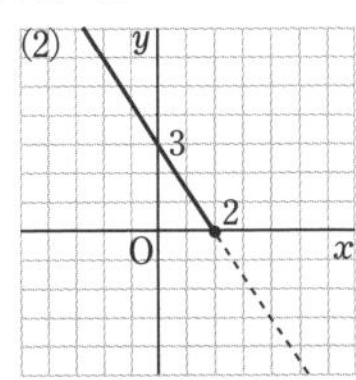

解説

(1)　$x=-2$ のとき

$$y=2\times(-2)+1=-3$$

$x=1$ のとき　$y=2\times1+1=3$

グラフは 2 点 (-2, -3)，(1, 3) を通る直線の $-2\leqq x<1$ の部分。

(2)　$x=2$ のとき

$$y=-\frac{3}{2}\times2+3=-3+3=0$$

グラフは 2 点 (0, 3)，(2, 0) を通る直線の $x\leqq2$ の部分。

練習 39　①　$y=x+2$　　②　$y=3x-6$

③　$y=-\dfrac{1}{2}x-3$

解説

グラフから傾きと切片を読みとる。

① 点 $(0,\ 2)$ を通るから，切片は 2
また，右へ 1 進むと上へ 1 進むから，傾きは 1
よって　$y=x+2$

② 点 $(0,\ -6)$ を通るから，切片は -6
また，右へ 1 進むと上へ 3 進むから，傾きは 3
よって　$y=3x-6$

③ 点 $(0,\ -3)$ を通るから，切片は -3
また，右へ 2 進むと下へ 1 進むから，傾きは $-\frac{1}{2}$
よって　$y=-\frac{1}{2}x-3$

練習 40 (1)　$y=2x-2$　　(2)　$y=-\frac{2}{3}x+3$

(3)　$y=3x+7$

解説

(1) 変化の割合が 2 であるから，1 次関数は $y=2x+b$ と表すことができる。
$x=3$，$y=4$ を代入すると
$$4=2\times3+b \qquad b=-2$$
よって　$y=2x-2$

(2) 1 次関数は $y=-\frac{2}{3}x+b$ と表すことができる。
$x=-3$，$y=5$ を代入すると
$$5=-\frac{2}{3}\times(-3)+b \qquad b=3$$
よって　$y=-\frac{2}{3}x+3$

(3) グラフが直線 $y=3x+2$ に平行であるから，1 次関数は $y=3x+b$ と表すことができる。
$x=-2$，$y=1$ を代入すると
$$1=3\times(-2)+b \qquad b=7$$
よって　$y=3x+7$

練習 41 (1)　$y=3x+9$

(2)　$y=-\frac{5}{2}x+\frac{5}{2}$

解説

(1) 2 点 $(-3,\ 0)$，$(2,\ 15)$ を通る直線の傾きは
$$\frac{15-0}{2-(-3)}=\frac{15}{5}=3$$
よって，直線の式は $y=3x+b$ と表すことができる。
$x=-3$，$y=0$ を代入すると
$$0=3\times(-3)+b \qquad b=9$$
したがって　$y=3x+9$

(2) **(解法 1)**
直線の傾きは　$\frac{-5-5}{3-(-1)}=\frac{-10}{4}=-\frac{5}{2}$
よって，直線の式は $y=-\frac{5}{2}x+b$ と表すことができる。
$x=-1$，$y=5$ を代入すると
$$5=-\frac{5}{2}\times(-1)+b \qquad b=\frac{5}{2}$$
したがって　$y=-\frac{5}{2}x+\frac{5}{2}$

(解法 2)
直線の式を $y=ax+b$ とする。
$x=-1$，$y=5$ を代入すると　$5=-a+b$
$$-a+b=5 \quad \cdots\cdots ①$$
$x=3$，$y=-5$ を代入すると　$-5=3a+b$
$$3a+b=-5 \quad \cdots\cdots ②$$
②－① より　$4a=-10$　　$a=-\frac{5}{2}$
$a=-\frac{5}{2}$ を ① に代入して
$$\frac{5}{2}+b=5 \qquad b=\frac{5}{2}$$
よって　$y=-\frac{5}{2}x+\frac{5}{2}$

練習 42

(1)
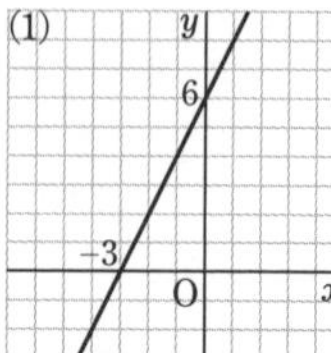

(2)
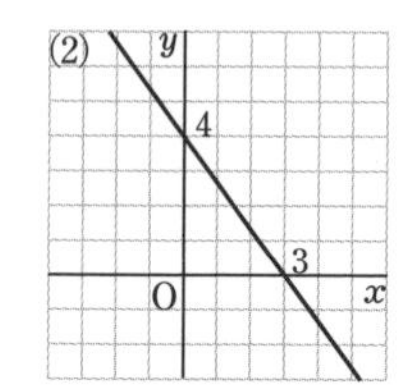

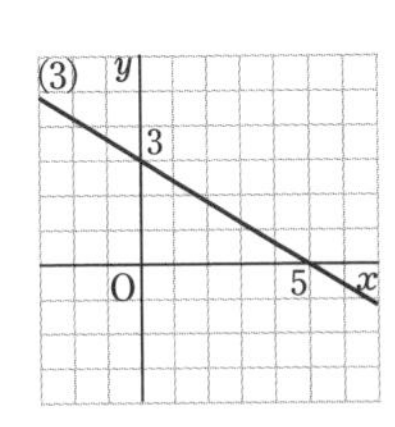

解説
(1) $2x-y=-6$ から　$y=2x+6$
よって，グラフは傾き 2，切片 6 の直線。
(2) $x=0$ のとき　$3y=12$　　$y=4$
$y=0$ のとき　$4x=12$　　$x=3$
よって，グラフは 2 点 $(0,\ 4)$，$(3,\ 0)$ を通る直線。
(3) $x=0$ のとき　$y=3$，$y=0$ のとき　$x=5$
よって，グラフは 2 点 $(0,\ 3)$，$(5,\ 0)$ を通る直線。

練習 43

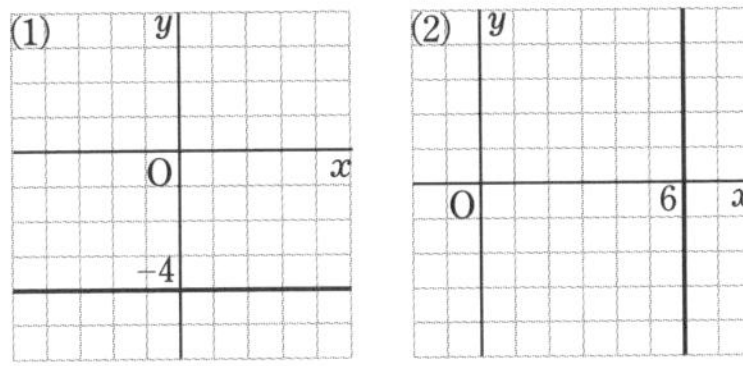

解説
(1) $5y+20=0$ から　$y=-4$
点 $(0,\ -4)$ を通り，x 軸に平行な直線。
(2) $\dfrac{x}{3}=2$ から　$x=6$
点 $(6,\ 0)$ を通り，y 軸に平行な直線。

練習 44 (1) $x=2,\ y=1$
(2) $x=1,\ y=-1$

解説
方程式を上から順に ①，② とする。

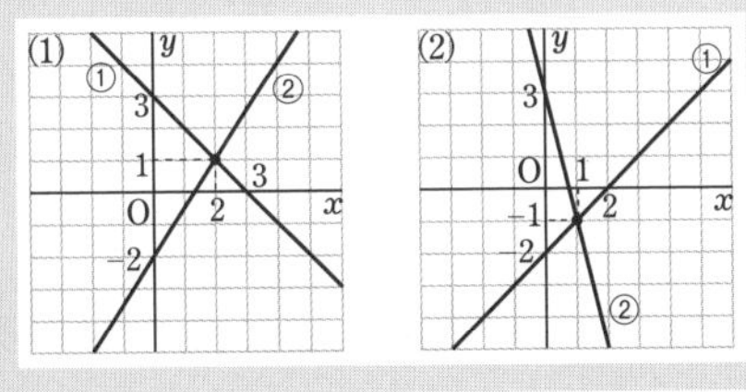

練習 45 (1) $\left(-\dfrac{5}{3},\ -\dfrac{19}{3}\right)$ (2) $\left(\dfrac{2}{3},\ -\dfrac{5}{2}\right)$

解説
(1) $\begin{cases} y=2x-3 & \cdots\cdots ① \\ y=5x+2 & \cdots\cdots ② \end{cases}$
y を消去して　$2x-3=5x+2$　　$-3x=5$
$$x=-\frac{5}{3}$$
$x=-\dfrac{5}{3}$ を ① に代入して
$$y=-\frac{10}{3}-3=-\frac{19}{3}$$
よって，交点の座標は $\left(-\dfrac{5}{3},\ -\dfrac{19}{3}\right)$

(2) $\begin{cases} 3x+2y=-3 & \cdots\cdots ① \\ 9x-4y=16 & \cdots\cdots ② \end{cases}$
$$\begin{array}{lrl} ①\times 2 & 6x+4y= & -6 \\ ② & +)\ 9x-4y= & 16 \\ \hline & 15x\qquad = & 10 \end{array} \qquad x=\frac{2}{3}$$
$x=\dfrac{2}{3}$ を ① に代入して
$$2+2y=-3 \qquad y=-\frac{5}{2}$$
よって，交点の座標は $\left(\dfrac{2}{3},\ -\dfrac{5}{2}\right)$

練習 46 $a=-3,\ b=7$

解説
$a<0$ であるから，1 次関数 $y=ax+b$ は右下がりの直線になる。
よって，$x=1$ のとき $y=4$，
　　　$x=3$ のとき $y=-2$
これらを $y=ax+b$ に代入すると
$\begin{cases} a+b=4 & \cdots\cdots ① \\ 3a+b=-2 & \cdots\cdots ② \end{cases}$
②−① から　$2a=-6$　　$a=-3$
① に代入して　$-3+b=4$　　$b=7$

練習 47 $a=19$

解説
2 直線の交点を，残りの直線が通る。
$3x-y=9$　$\cdots\cdots$ ①
$x+2y=-4$　$\cdots\cdots$ ②
$2x-5y=a$　$\cdots\cdots$ ③　とする。
まず，2 直線 ①，② の交点の座標を求める。

①から　$y=3x-9$ ……④
④を②に代入して　$x+2(3x-9)=-4$
$x+6x-18=-4$　　$7x=14$　　$x=2$
$x=2$ を④に代入して　$y=3\times2-9=-3$
2 直線①，②の交点の座標は　$(2,\ -3)$
直線③も点 $(2,\ -3)$ を通るから
$2\times2-5\times(-3)=a$　　$a=19$

練習 48 (1)　$y=-\dfrac{3}{2}x+20$　(2)　$\dfrac{19}{2}$ cm

解説
(1) 線香は一定の速さで短くなるように燃えているから，y は x の 1 次関数で，
$y=ax+b$ と表される。
$x=4$ のとき $y=14$，$x=10$ のとき $y=5$ であるから
$\begin{cases}14=4a+b\\5=10a+b\end{cases}$ つまり $\begin{cases}4a+b=14 & \cdots\cdots ①\\10a+b=5 & \cdots\cdots ②\end{cases}$
①−②から　$-6a=9$　　$a=-\dfrac{3}{2}$
$a=-\dfrac{3}{2}$ を①に代入して
$4\times\left(-\dfrac{3}{2}\right)+b=14$
よって　$b=20$
したがって　$y=-\dfrac{3}{2}x+20$
(2) $y=-\dfrac{3}{2}x+20$ に $x=7$ を代入して
$y=-\dfrac{3}{2}\times7+20$
$=-\dfrac{21}{2}+\dfrac{40}{2}=\dfrac{19}{2}$

練習 49 (1)　走ったとき　$y=200x$
歩いたとき　$y=100x+1000$
(2)　12 時 8 分

解説
(1) 走ったときのグラフは，原点と点 $(10,\ 2000)$ を通る直線である。
$\dfrac{2000}{10}=200$ であるから，直線の式は
$y=200x$ ←比例の式
歩いたときのグラフは，2 点 $(10,\ 2000)$，$(30,\ 4000)$ を通る直線である。
$\dfrac{4000-2000}{30-10}=100$ であるから，直線の式は
$y=100x+b$ と表すことができる。
$x=10$，$y=2000$ を代入すると
$2000=100\times10+b$　　$b=1000$
よって　$y=100x+1000$
(2) Bさんが駅を出発してから x 分後のAさんの家との距離を y m とする。速さは分速 300 m で，$x=0$ のとき $y=4000$ であるから

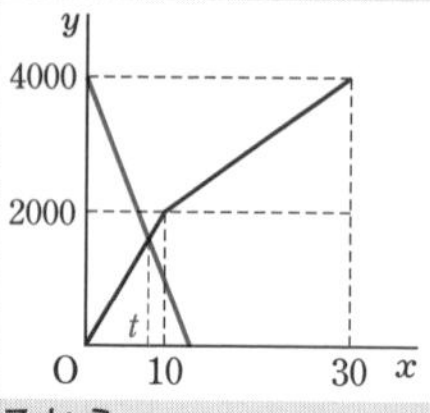

$y=-300x+4000$
$x=10$ のとき $y=1000$ であるから，2 人が出会うのは，Aさんが走っているときである。
12 時 t 分に出会うとすると
$200t=-300t+4000$
$500t=4000$　　$t=8$
よって　12 時 8 分

練習 50 (1)　(ア)　x の変域は $0\leqq x\leqq4$，$y=3x$
(イ)　x の変域は $4\leqq x\leqq10$，$y=12$
(ウ)　x の変域は $10\leqq x\leqq14$，$y=-3x+42$
(2)　右の図

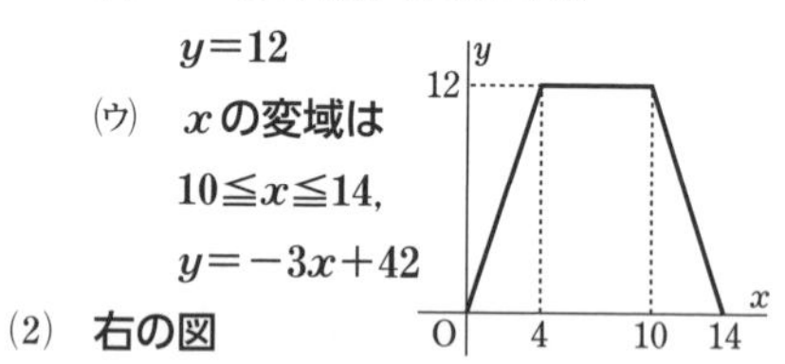

解説
(ア) Pが辺 AB 上にあるとき　$0\leqq x\leqq4$
AP$=x$ (cm) であるから
$y=\dfrac{1}{2}\times6\times x=3x$
(イ) Pが辺 BC 上にあるとき　$4\leqq x\leqq10$
$y=\dfrac{1}{2}\times6\times4=12$
(ウ) Pが辺 CD 上にあるとき　$10\leqq x\leqq14$
AB+BC+CP$=x$ (cm) であるから

PD$=14-x$ (cm)

$$y=\frac{1}{2}\times6\times(14-x)=-3x+42$$

(ア)

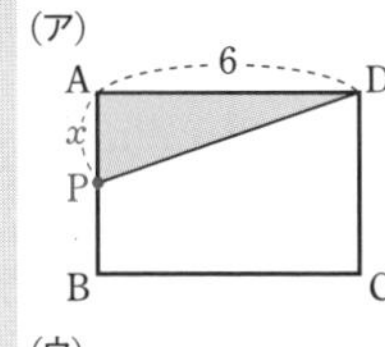

(イ)

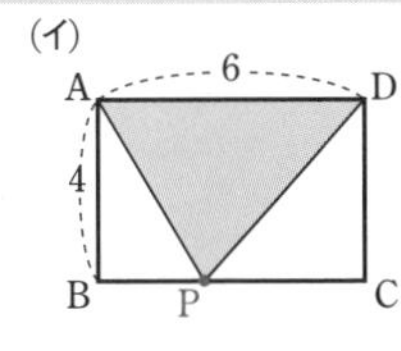

(ウ)

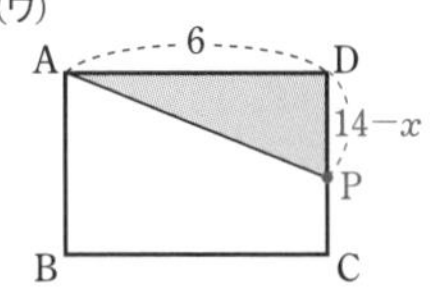

EXERCISES

➡本冊 p. 67

31 (1) $y=450x$ (2) $y=x^3$

(3) $y=-3x+300$ (4) $y=-x+155$

y が x の 1 次関数であるものは (1), (3), (4)

解説

(2) (立方体の体積)$=$(1 辺の長さ)^3

(3) $y=300\times\left(1-\frac{x}{100}\right)=-3x+300$

(4) 3 教科の平均点が 75 点であるから

$$\frac{x+y+70}{3}=75$$

よって $x+y+70=225$

y について解くと $y=-x+155$

32 (1) -3 (2) -9

解説

(1) $x=-2$ のとき $y=-3\times(-2)+5=11$

$x=2$ のとき $y=-3\times2+5=-1$

よって，変化の割合は

$$\frac{-1-11}{2-(-2)}=\frac{-12}{4}=-3$$

(2) $-3=\frac{-9}{3}$ であるから，y の増加量は -9

33 (ア) $-\frac{2}{3}x$ (イ) 6 (ウ) -2

(エ) 6 (オ) 4

解説

(ウ) $y=-\frac{2}{3}x$ に $x=3$ を代入すると

$$y=-\frac{2}{3}\times3=-2$$

(エ) $0+6=6$ (オ) $-2+6=4$

34 (1) ②，③ (2) ②

(3) ② (4) ①，④

解説

(1) x の係数が負の数であるもの

(2) $x=0$ のとき $y=3$ (切片が 3) であるもの

(3) x の係数が -1 であるもの

(4) x の係数が 2 であるもの

35

(2)

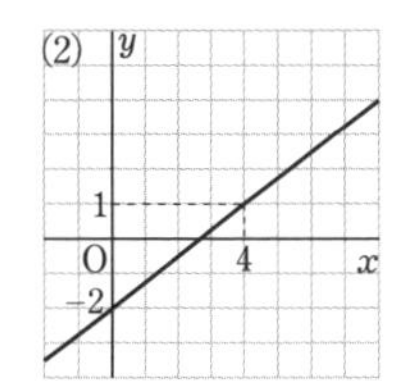

(3)

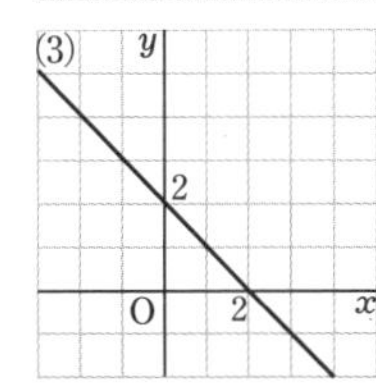

解説

(1) 2 点 (0, 6)，(9, 0) を通る。

(2) $0.75=\frac{3}{4}$

2 点 (0, -2)，(4, 1) を通る。

(3) 2 点 (0, 2)，(2, 0) を通る。

36 (1) $-1\leqq y\leqq2$ (2) $3<y\leqq12$

解説

(1) x の係数が負の数であるから，グラフは右下がりの直線。

$x=-5$ のとき

$$y=-\frac{1}{5}\times(-5)+1=2$$

$x=10$ のとき $y=-\frac{1}{5}\times10+1=-1$

よって，y の変域は　$-1 \leqq y \leqq 2$

(2)　x の係数が正の数であるから，グラフは右上がりの直線。

$x=0$ のとき　$y=3$

$x=\frac{9}{4}$ のとき　$y=4\times\frac{9}{4}+3=12$

よって，y の変域は　$3<y\leqq 12$

➡本冊 p. 72

37　① $y=\frac{1}{2}x-3$　② $y=\frac{2}{3}x+2$

③ $y=-x+5$　④ $y=-\frac{5}{3}x-4$

解説

①　点 $(0,\ -3)$ を通るから，切片は -3

また，右へ 2 進むと上へ 1 進むから，傾きは $\frac{1}{2}$

②　点 $(0,\ 2)$ を通るから，切片は 2

また，右へ 3 進むと上へ 2 進むから，傾きは $\frac{2}{3}$

③　点 $(0,\ 5)$ を通るから，切片は 5

また，右へ 1 進むと下へ 1 進むから，傾きは -1

④　点 $(0,\ -4)$ を通るから，切片は -4

また，右へ 3 進むと下へ 5 進む（左へ 3 進むと上へ 5 進む）から，傾きは $-\frac{5}{3}$

38　(1) $y=-\frac{4}{5}x-\frac{8}{5}$　(2) $y=\frac{2}{3}x+\frac{4}{3}$

(3) $y=-\frac{5}{3}x+4$　(4) $y=-\frac{1}{2}x+4$

解説

(2)　1 次関数の式は $y=\frac{2}{3}x+b$ と表すことができる。

$x=1$，$y=2$ を代入して

$$2=\frac{2}{3}+b \qquad b=\frac{4}{3}$$

よって　$y=\frac{2}{3}x+\frac{4}{3}$

(3)　x の値が 3 増加すると，y の値は 5 減少するから，変化の割合は $-\frac{5}{3}$

$x=0$ のとき $y=4$ であるから

$$y=-\frac{5}{3}x+4$$

(4)　直線の式は $y=ax+4$ と表すことができる。

$x=2$，$y=3$ を代入して　←点 $(2,\ 3)$ を通る

$$3=2a+4 \qquad a=-\frac{1}{2}$$

よって　$y=-\frac{1}{2}x+4$

39　(1) $y=\frac{2}{3}x+2$　(2) $y=-2x+1$

解説

(1)　直線 $y=\frac{2}{3}x$ に平行であるから，

直線の式は $y=\frac{2}{3}x+b$ と表すことができる。

$x=3$，$y=4$ を代入して

$$4=\frac{2}{3}\times 3+b \qquad b=2$$

よって　$y=\frac{2}{3}x+2$

(2)　直線 $y=-2x+3$ に平行であるから，

直線の式は $y=-2x+b$ と表すことができる。

$x=-1$，$y=3$ を代入して

$$3=-2\times(-1)+b \qquad b=1$$

よって　$y=-2x+1$

40　(1) $y=\frac{8}{3}x-\frac{14}{3}$　(2) $y=\frac{4}{3}x+1$

(3) $y=-2x+4$

解説

1 次関数の式を $y=ax+b$ とする。

(1)　$x=1$，$y=-2$ を代入すると $-2=a+b$

$x=4$，$y=6$ を代入すると　$6=4a+b$

$$\begin{cases} a+b=-2 & \cdots\cdots ① \\ 4a+b=6 & \cdots\cdots ② \end{cases}$$

②−① から　$3a=8$　　$a=\frac{8}{3}$

$a=\frac{8}{3}$ を ① に代入すると

$\frac{8}{3}+b=-2 \qquad b=-\frac{14}{3}$

よって　$y=\frac{8}{3}x-\frac{14}{3}$

別解　$a=\frac{6-(-2)}{4-1}=\frac{8}{3}$

$y=\frac{8}{3}x+b$ において，$x=1$，$y=-2$ を代入すると

$$-2=\frac{8}{3}+b \qquad b=-\frac{14}{3}$$

よって　$y=\frac{8}{3}x-\frac{14}{3}$

(2)　$x=0$ のとき $y=1$ であるから　$y=ax+1$

$x=3$，$y=5$ を代入すると

$$5=3a+1 \qquad 4=3a$$

$$a=\frac{4}{3}$$

よって　$y=\frac{4}{3}x+1$

(3)　$x=-1$，$y=6$ を代入すると　$6=-a+b$

$x=3$，$y=-2$ を代入すると　$-2=3a+b$

$$\begin{cases} -a+b=6 & \cdots\cdots ① \\ 3a+b=-2 & \cdots\cdots ② \end{cases}$$

②−① から　$4a=-8 \qquad a=-2$

$a=-2$ を ① に代入すると

$$2+b=6 \qquad b=4$$

よって　$y=-2x+4$

別解　$a=\frac{-2-6}{3-(-1)}=\frac{-8}{4}=-2$

$y=-2x+b$ において，$x=-1$，$y=6$ を代入すると

$$6=-2\times(-1)+b \qquad b=4$$

よって　$y=-2x+4$

➡本冊 p. 80

41 (1)

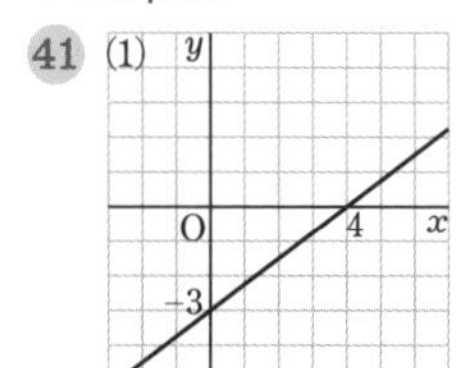

(2)

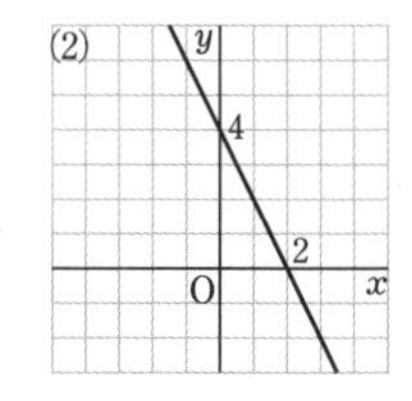

(3)

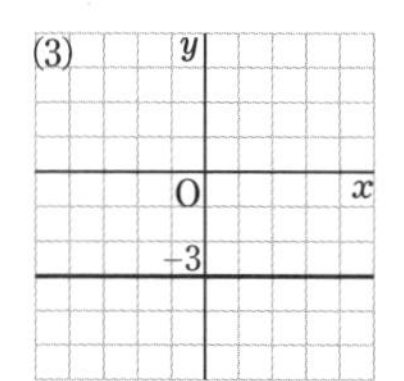

(4)

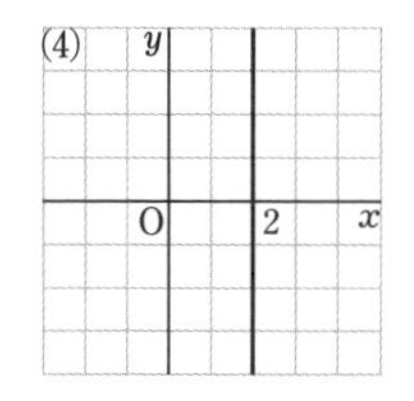

解説

(1)　$3x-4y=12$ から　$y=\frac{3}{4}x-3$

傾き $\frac{3}{4}$，切片 -3 の直線であるから，

点 $(0,\ -3)$ を通り，そこから右へ 4，上へ 3 進んだ点 $(4,\ 0)$ も通る。

別解　$x=0$ のとき　$y=-3$

$y=0$ のとき　$x=4$

よって，2 点 $(0,\ -3)$，$(4,\ 0)$ を通る。

(2)　$x=0$ のとき　$y=4$

$y=0$ のとき　$x=2$

2 点 $(0,\ 4)$，$(2,\ 0)$ を通る。

(3)　$2y+6=0$ から　$y=-3$

点 $(0,\ -3)$ を通り，x 軸に平行な直線。

(4)　$2x=4$ から　$x=2$

点 $(2,\ 0)$ を通り，y 軸に平行な直線。

42 (1)　$\left(\frac{1}{2},\ \frac{7}{2}\right)$　　(2)　$(-1,\ -2)$

(3)　$(-2,\ 3)$　　(4)　$(2,\ -5)$

解説

(1)　$y=11x-2$ ⋯⋯ ①，

$y=-x+4$ ⋯⋯ ②

①，② から y を消去して

$$11x-2=-x+4 \qquad 12x=6 \qquad x=\frac{1}{2}$$

$x=\frac{1}{2}$ を ② に代入して　$y=-\frac{1}{2}+4=\frac{7}{2}$

交点の座標は　$\left(\frac{1}{2},\ \frac{7}{2}\right)$

(2)　$2x-3y=4$ ⋯⋯ ①，$3x-4y=5$ ⋯⋯ ②

$$\begin{array}{lr} ①\times 3 & 6x-9y=12 \\ ②\times 2 & -)\ 6x-8y=10 \\ \hline & -y=2 \end{array} \qquad y=-2$$

$y=-2$ を ① に代入して　$2x+6=4$

$$2x=-2 \qquad x=-1$$

交点の座標は　$(-1,\ -2)$

(3)　$2x-y=-7$ …… ①，$3x+4y=6$ …… ②

①から　$y=2x+7$ …… ③

③を②に代入して　$3x+4(2x+7)=6$

$3x+8x+28=6$　　$11x=-22$

$x=-2$

$x=-2$ を③に代入して

$y=2\times(-2)+7=3$

交点の座標は　$(-2,\ 3)$

(4)　$5x-10=0$ …… ①，$6y+30=0$ …… ②

①から　$x=2$　　②から　$y=-5$

交点の座標は　$(2,\ -5)$

参考　①，②のグラフは右のようになるから，2直線の交点の座標は $(2,\ -5)$ であることがわかる。

y　x=2　2　O　x　−5　y=−5　(2, −5)

43　(1)　①：$y=-\frac{1}{2}x+2$　②：$y=\frac{5}{2}x+5$

(2)　$\left(-1,\ \frac{5}{2}\right)$　　(3)　$y=\frac{1}{2}x+3$

解説

(1)　①：点 $(0,\ 2)$ を通るから，切片は 2

右へ 2 進むと下へ 1 進むから，傾きは $-\frac{1}{2}$

よって　$y=-\frac{1}{2}x+2$ …… ①

②：点 $(0,\ 5)$ を通るから，切片は 5

右へ 2 進むと上へ 5 進むから，傾きは $\frac{5}{2}$

よって　$y=\frac{5}{2}x+5$ …… ②

(2)　①，②から y を消去すると

$-\frac{1}{2}x+2=\frac{5}{2}x+5$

$-3x=3$　　$x=-1$

$x=-1$ を①に代入して

$y=-\frac{1}{2}\times(-1)+2=\frac{5}{2}$

交点の座標は　$\left(-1,\ \frac{5}{2}\right)$

(3)　直線 $y=\frac{1}{2}x-3$ に平行な直線の式は

$y=\frac{1}{2}x+b$ と表すことができる。

点 $\left(-1,\ \frac{5}{2}\right)$ を通るから　$\frac{5}{2}=-\frac{1}{2}+b$

$b=3$

よって　$y=\frac{1}{2}x+3$

44　(1)　$a=5,\ b=4$　　(2)　$a=\frac{3}{4},\ b=-4$

解説

(1)　1次関数 $y=-x+3$ のグラフは右下がりの直線である。

よって　$x=-1$ のとき　$y=b$，

$x=a$ のとき　$y=-2$

$x=-1,\ y=b$ を $y=-x+3$ に代入すると

$b=-(-1)+3=4$

$x=a,\ y=-2$ を $y=-x+3$ に代入すると

$-2=-a+3$　　$a=5$

(2)　$a>0$ のとき，グラフは右上がりの直線であるから　$x=b$ のとき　$y=-2$，

$x=8$ のとき　$y=7$

$x=b,\ y=-2$ を $y=ax+1$ に代入すると

$-2=ab+1$ …… ①

$x=8,\ y=7$ を $y=ax+1$ に代入すると

$7=8a+1$ …… ②

②から　$8a=6$　　$a=\frac{6}{8}=\frac{3}{4}$　← $a>0$

$a=\frac{3}{4}$ を①に代入すると　$-2=\frac{3}{4}b+1$

両辺に 4 をかけて　$-8=3b+4$

$3b=-12$　　$b=-4$

45　$a=-8$

解説

2直線 $y=2x-3$ … ①，$y=-x+12$ … ② の交点の座標を求める。

①，②から y を消去して

$2x-3=-x+12$　　$3x=15$　　$x=5$

$x=5$ を①に代入すると　　$y=2\times5-3=7$

よって，2直線①，②の交点の座標は $(5,\ 7)$

直線 $y=3x+a$ …… ③ も点 (5, 7) を通るから　$7=15+a$　　$a=-8$

➡本冊 p. 86

46 $y=0.6x+40$, 54.4 g

解説

グラフから，$y=ax+40$ と表すことができる。
$x=60$ のとき，$y=76$ であるから

$76=60a+40$　　$60a=36$

$a=\frac{36}{60}=0.6$

よって　$y=0.6x+40$

$x=24$ を $y=0.6x+40$ に代入すると

$y=0.6\times24+40=54.4$

47 (1) 分速 100 m　　(2) 7 時 55 分

解説

(1) 10 分間で 1000 m 進んでいるから

$\frac{1000}{10}=100$ より　　分速 100 m

(2) 自転車の速さについて
時速 18 km は，1 時間に 18 km 進む速さであるから，60 分間に 18000 m 進む。
よって，$\frac{18000}{60}=300$ より，時速 18 km は分速 300 m である。
母の動きをグラフにかき込むと下の図のようになる。

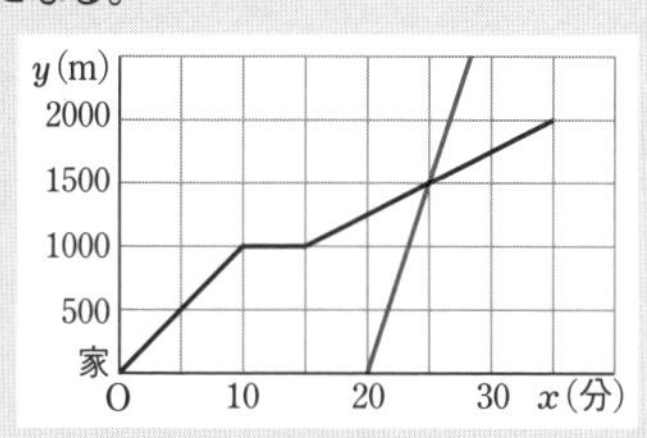

$15\leqq x\leqq35$ におけるAさんの動きを表すグラフは，傾きが $\frac{1500-1000}{25-15}=50$ で点 (15, 1000) を通る直線である。
Aさんの動きを表すグラフの式を $y=50x+q$ とすると，$x=15$ のとき $y=1000$ であるから

$1000=50\times15+q$　　$q=250$

よって，Aさんの動きを表すグラフの式は

$y=50x+250$

Aさんが出発してから t 分後に，母がAさんに追いつくとすると

$50t+250=300(t-20)$

$t+5=6(t-20)$

$5t=125$

$t=25$

追いつく時刻は 7 時 30 分の 25 分後であるから　　7 時 55 分

48 $0\leqq x\leqq2$ のとき　$y=9x$
$2\leqq x\leqq5$ のとき　$y=18$
$5\leqq x\leqq11$ のとき
$y=-3x+33$

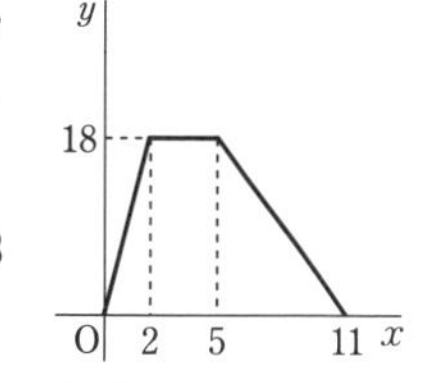

解説

[1] 点PがDに着くのは，動き始めてから 2 秒後であるから　←6÷3
x の変域は　$0\leqq x\leqq2$　　PA$=3x$ (cm) であるから　$y=\frac{1}{2}\times6\times3x=9x$

[2] 点PがCに着くのは，動き始めてから 5 秒後であるから　←2+6÷2
x の変域は　$2\leqq x\leqq5$

$y=\frac{1}{2}\times6\times6=18$

[3] 点PがBに着くのは，動き始めてから 11 秒後であるから　←5+6÷1
x の変域は　$5\leqq x\leqq11$
PB$=6-(x-5)=11-x$ (cm) であるから

$y=\frac{1}{2}\times6\times(11-x)$

$=-3x+33$

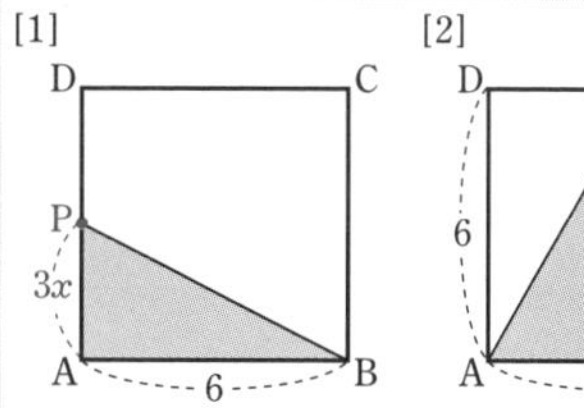

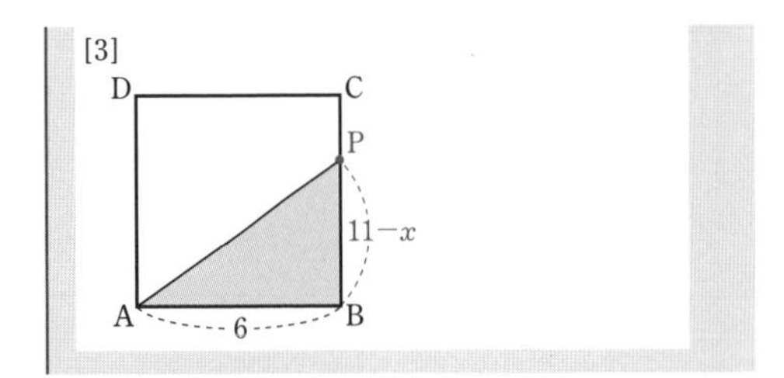

定期試験対策問題

➡本冊 p. 87

22 (1)　$-\dfrac{3}{2}$　　　　(2)　-6

解説
(2)　x の増加量は $5-1=4$

$-\dfrac{3}{2}=\dfrac{-6}{4}$ であるから，y の増加量は -6

23 下図の実線部分

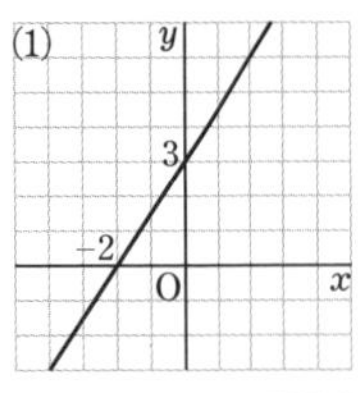

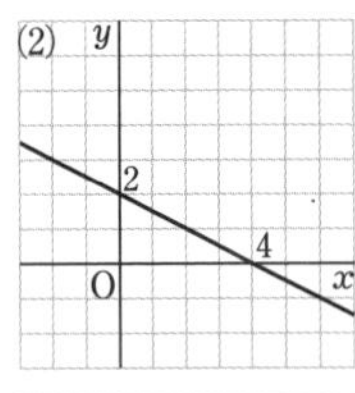

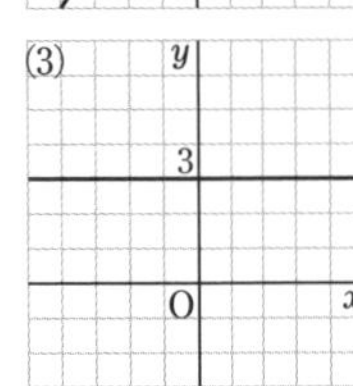

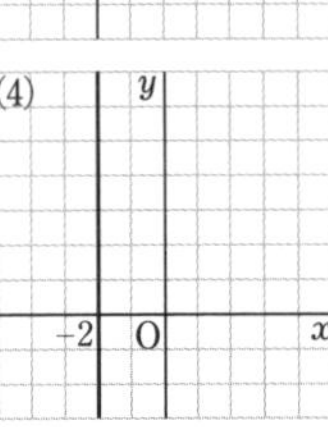

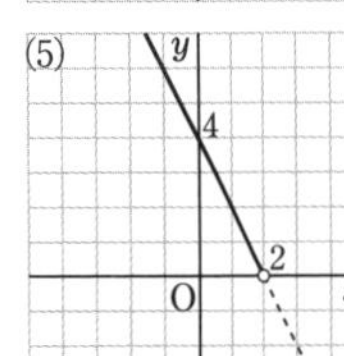

解説
(1)　2点 $(-2,\ 0)$，$(0,\ 3)$ を通る直線。
(2)　2点 $(4,\ 0)$，$(0,\ 2)$ を通る直線。
(3)　点 $(0,\ 3)$ を通り，x 軸に平行な直線。
(4)　点 $(-2,\ 0)$ を通り，y 軸に平行な直線。
(6)　$x=-2$ のとき $y=-4$，$x=1$ のとき $y=5$

24 ①　$y=-3x+4$　　②　$y=\dfrac{1}{2}x+2$，

$\left(\dfrac{4}{7},\ \dfrac{16}{7}\right)$

解説
直線①は点 $(0,\ 4)$ を通り，右へ1進むと下に3進む。← 切片 4，傾き -3

よって　$y=-3x+4$ …… ①

直線②は点 $(0,\ 2)$ を通り，右へ4進むと上に2進む。← 切片 2，傾き $\dfrac{1}{2}$

よって　$y=\dfrac{1}{2}x+2$ …… ②

①，②から，y を消去して

$$-3x+4=\frac{1}{2}x+2$$

$$-\frac{7}{2}x=-2 \qquad x=\frac{4}{7}$$

①に代入して　$y=-3\times\dfrac{4}{7}+4=\dfrac{16}{7}$

交点の座標は　$\left(\dfrac{4}{7},\ \dfrac{16}{7}\right)$

25 (1)　$y=3x-6$　　(2)　$y=-\dfrac{5}{6}x+\dfrac{4}{3}$

(3)　$y=-\dfrac{2}{3}x+\dfrac{4}{3}$　　(4)　$y=-4x+19$

解説
(1)　切片 -6 から，$y=ax-6$ と表すことができる。$x=4$，$y=6$ を代入すると

$$6=4a-6 \qquad 4a=12 \qquad a=3$$

よって　$y=3x-6$

(2)　2点 $(-2,\ 3)$，$(4,\ -2)$ を通る直線の

傾きは　$\dfrac{-2-3}{4-(-2)}=-\dfrac{5}{6}$ であるから，

$y=-\dfrac{5}{6}x+b$ と表すことができる。

$x=-2$，$y=3$ を代入すると

$$3=-\frac{5}{6}\times(-2)+b \qquad b=3-\frac{5}{3}=\frac{4}{3}$$

よって　$y=-\dfrac{5}{6}x+\dfrac{4}{3}$

別解　直線の式を $y=ax+b$ とする。

$x=-2$，$y=3$ を代入すると　$3=-2a+b$

$x=4$，$y=-2$ を代入すると　$-2=4a+b$

$$\begin{cases} -2a+b=3 & \cdots\cdots ① \\ 4a+b=-2 & \cdots\cdots ② \end{cases}$$

①−② から　$-6a=5$　　$a=-\frac{5}{6}$

これを ① に代入して

$$-2\times\left(-\frac{5}{6}\right)+b=3 \qquad b=\frac{4}{3}$$

(3)　$2x+3y=6$ を，y について解くと

$$y=-\frac{2}{3}x+2$$

よって，直線 $2x+3y=6$ に平行な直線の式は　$y=-\frac{2}{3}x+b$　と表すことができる。

$x=-1$，$y=2$ を代入すると

$$2=-\frac{2}{3}\times(-1)+b \qquad b=\frac{4}{3}$$

したがって　$y=-\frac{2}{3}x+\frac{4}{3}$

参考　直線 $2x+3y=6$ に平行な直線の式は $2x+3y=c$ で表される。 ← 傾きは $-\frac{2}{3}$

$x=-1$，$y=2$ を代入して

$$2\times(-1)+3\times2=c \qquad c=4$$

よって　$2x+3y=4$

(4)　2 直線 $x+2y=3$，$y+1=0$ の交点の座標は，$y=-1$ を $x+2y=3$ に代入して

$$x-2=3 \qquad x=5$$

よって　$(5,\ -1)$

傾き -4 の直線 $y=-4x+b$ が点 $(5,\ -1)$ を通るから，$x=5$，$y=-1$ を代入して

$$-1=-4\times5+b \qquad b=19$$

よって　$y=-4x+19$

26 $a=2$，$b=5$　y の変域は $2\leqq y\leqq4$

解説

2 直線 $y=ax-1$，$y=-x+b$ の交点の座標が $(2,\ 3)$ であるから，それぞれの式に $x=2$，$y=3$ を代入すると

$$3=a\times2-1,\ 3=-2+b$$

よって　$a=2$，$b=5$

$y=-x+5$ について

$x=1$ のとき　$y=-1+5=4$

$x=3$ のとき　$y=-3+5=2$

よって，y の変域は　$2\leqq y\leqq4$

27 $a=\frac{1}{2}$

解説

3 直線を順に ①，②，③ とする。

直線 ①，② の交点の座標は連立方程式

$\begin{cases} y=2x+1 \\ y=-x+5 \end{cases}$ の解で表される。

y を消去して　$2x+1=-x+5$　　$x=\frac{4}{3}$

$x=\frac{4}{3}$ を ① に代入すると

$y=2\times\frac{4}{3}+1=\frac{11}{3}$　交点の座標は $\left(\frac{4}{3},\ \frac{11}{3}\right)$

直線 ③ も，点 $\left(\frac{4}{3},\ \frac{11}{3}\right)$ を通るから

$$\frac{11}{3}=\frac{4}{3}a+3 \qquad 11=4a+9 \qquad 4a=2$$

よって　$a=\frac{1}{2}$

28 (1)　4 L　　(2)　$\frac{25}{3}$ 分　　(3)　5 分

解説

(1)　A だけで水を入れたのは，水を入れ始めてから 3 分後から 8 分後までである。

3 分後の水の量は 30 L，8 分後の水の量は 50 L であるから，A から 1 分間に出る水の量は　$\frac{50-30}{8-3}=\frac{20}{5}=4$ (L)

(2)　A，B の両方で 3 分間水を入れると 30 L になるから，A，B の両方で 1 分間に出る水の量は　$\frac{30}{3}=10$ (L)

A から 1 分間に出る水の量は，(1) より 4 L であるから，B から 1 分間に出る水の量は

$$10-4=6 \text{ (L)}$$

よって，B だけで満水になる時間は

$\frac{50}{6}=\frac{25}{3}$ (分)　← 8 分 20 秒

(3)　B だけで水を入れた時間を t 分とすると，A，B の両方で水を入れた時間は $(7-t)$ 分である。

よって　$6t+10(7-t)=50$

$6t+70-10t=50$

$-4t=-20$　　$t=5$

29 (1)　$y=\frac{3}{2}x+6$

(2)　$y=-2x+20$

(3)

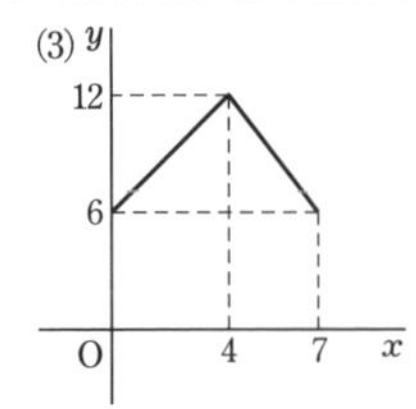

解説

(1)　四角形 ABCP は AP∥BC の台形である。
AP$=x$ (cm) であるから

$$y=\frac{1}{2}\times(x+4)\times3=\frac{3}{2}x+6$$

(2)　四角形 ABCP は AB∥PC の台形である。
PC$=7-x$ (cm) であるから

$$y=\frac{1}{2}\times\{(7-x)+3\}\times4$$

$$=2(10-x)=-2x+20$$

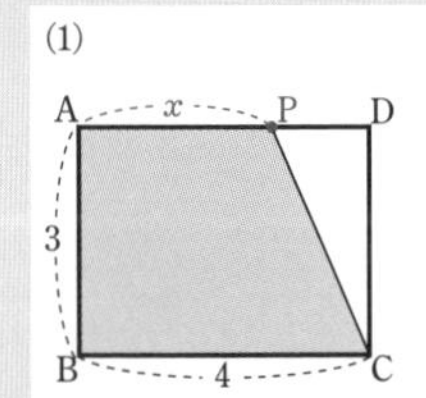

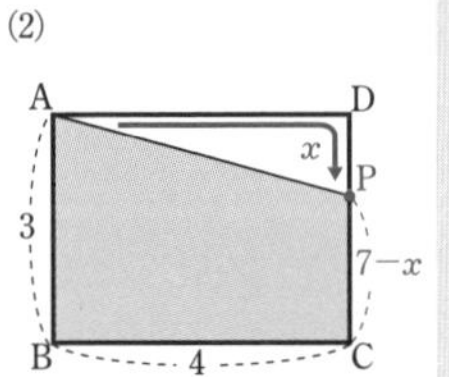

(3)　$0\leqq x\leqq4$ のとき

$y=\frac{3}{2}x+6$

$4\leqq x\leqq7$ のとき

$y=-2x+20$

よって，グラフは右の図のようになる。

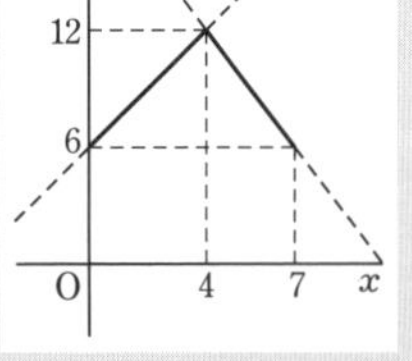

第4章　図形の性質と合同　p. 89

練　習

練習 51　$\angle a=45°$，$\angle b=28°$，$\angle c=72°$

解説

対頂角は等しい。

対頂角は等しいから $\angle a=45°$，$\angle b=28°$

直線のつくる角は 180° であるから

$35°+28°+\angle c+45°=180°$　← $\angle b=28°$

$\angle c=180°-(35°+28°+45°)=72°$

練習 52　(1)　**同位角は $\angle g$，錯角は $\angle e$**

(2)　$\angle x=135°$，$\angle y=75°$

解説

(2)　2 直線が平行のとき同位角・錯角は等しい。

右の図から

$\angle x=180°-45°$

$=135°$

$\angle y$

$=180°-(60°+45°)$

$=75°$

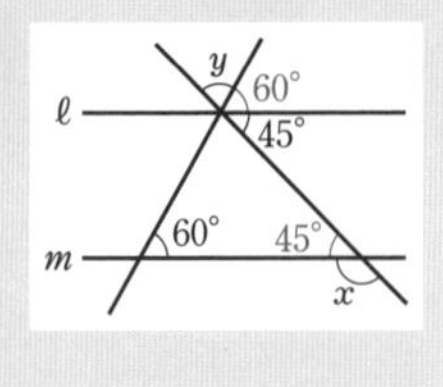

練習 53　**直線 a と直線 c**

解説

同位角・錯角が等しいならば，2 直線は平行。

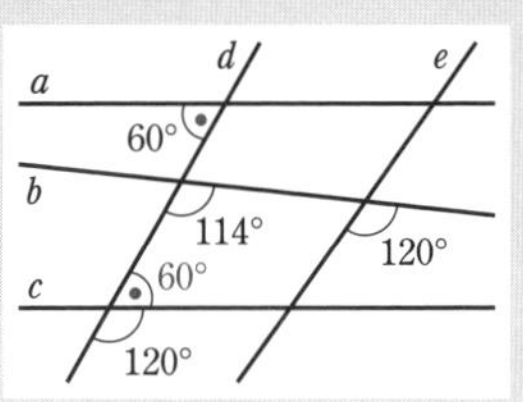

練習 54　$\angle x=40°$，$\angle y=40°$

解説

平行線には同位角・錯角。

右の図のように $\angle a$ を定めると

$\angle x=\angle a=\angle y$

また

$\angle a=180°-140°=40°$

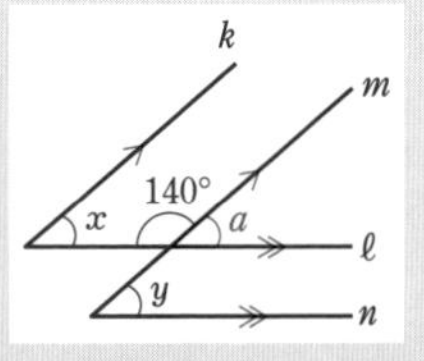

参考

k∥m より，同側内角の和は 180° であるから

$\angle x+140°=180°$　　$\angle x=40°$

練習 55　PQ∥BC より，錯角が等しいから

∠PAB＝∠B ……①

∠QAC＝∠C ……②

①, ② から

$\angle A+\angle B+\angle C$

$=\angle BAC+\angle PAB+\angle QAC$

$=180^\circ$

よって　$\angle A+\angle B+\angle C=180^\circ$

解説　平行線には同位角・錯角。

練習 56　(1)　$\angle x=50^\circ$　　(2)　$\angle x=72^\circ$

(3)　$\angle x=63^\circ$

解説

[1]　(三角形の内角の和)$=180^\circ$

[2]　(三角形の1つの外角)$=$(となり合わない2つの内角の和)

(1)　$\angle x+(\angle x+20^\circ)+60^\circ=180^\circ$

$2\times\angle x=180^\circ-(20^\circ+60^\circ)$

$=100^\circ$

$\angle x=100^\circ\div 2=50^\circ$

(2)　$\angle x=140^\circ-68^\circ=72^\circ$

(3)　$\angle ABC=180^\circ-115^\circ=65^\circ$

$\angle x+65^\circ=128^\circ$ より

$\angle x=128^\circ-65^\circ=63^\circ$

別解　外角の和が 360° であることを利用。

$\angle A$ の外角は

$360^\circ-(115^\circ+128^\circ)=117^\circ$

$\angle x=180^\circ-117^\circ=63^\circ$

練習 57　(1)　$\angle x=45^\circ$　　(2)　$\angle x=65^\circ$

解説

(三角形の1つの外角)$=$(となり合わない2つの内角の和)

(1)　外角について

$\angle x+40^\circ=30^\circ+55^\circ$

$\angle x=30^\circ+55^\circ-40^\circ=45^\circ$

(2)　右の図のように線分をひき，$\angle a$ を定める。

$\angle a=\angle x+25^\circ$

$\angle a+38^\circ=128^\circ$

よって

$\angle x+25^\circ+38^\circ=128^\circ$

$\angle x=128^\circ-(25^\circ+38^\circ)=65^\circ$

練習 58　(1)　**鋭角三角形**　　(2)　**直角三角形**

(3)　**鈍角三角形**　　(4)　**鋭角三角形**

解説

直角があれば　直角三角形

鈍角があれば　鈍角三角形

すべて鋭角ならば　鋭角三角形

(1)　残りの内角は　$180^\circ-(60^\circ+70^\circ)=50^\circ$

よって，3つの内角がすべて鋭角であるから，鋭角三角形。

(2)　残りの内角は　$180^\circ-(45^\circ+45^\circ)=90^\circ$

よって，内角の1つが 90° であるから，直角三角形。

(3)　残りの内角は　$180^\circ-(18^\circ+62^\circ)=100^\circ$

よって，内角の1つが 100° で鈍角であるから，鈍角三角形。

(4)　残りの内角は　$180^\circ-(75^\circ+35^\circ)=70^\circ$

よって，3つの内角がすべて鋭角であるから，鋭角三角形。

練習 59　$\angle x=241^\circ$

解説

折れ線の頂点を通る平行線をひく。

右の図のように，$\angle x$ の頂点を通る，ℓ，m に平行な直線 n をひき，$\angle a$，$\angle b$，$\angle c$ を定める。

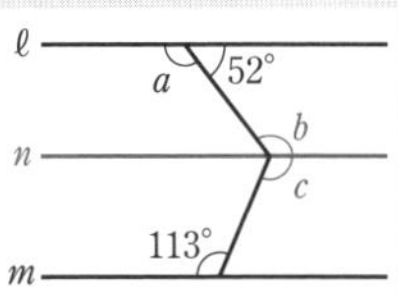

$\angle a=180^\circ-52^\circ=128^\circ$

$\ell /\!/ n$ より，錯角は等しいから

$\angle b=\angle a=128^\circ$

$n /\!/ m$ より，錯角は等しいから

$\angle c=113^\circ$

よって　$\angle x=\angle b+\angle c$

$=128^\circ+113^\circ=241^\circ$

練習 60　(1)　**内角の和　1800°，外角の和　360°**

正十二角形の1つの内角　150°，1つの外角　30°

(2)　**九角形，正八角形**

解説　n 角形の内角の和は　$180^\circ\times(n-2)$

外角の和は　360°

(1)　十二角形の内角の和は

$180^\circ\times(12-2)=1800^\circ$，外角の和は 360°

正十二角形の 1 つの内角の大きさは

$1800^\circ\div12=150^\circ$

1 つの外角の大きさは

$360^\circ\div12=30^\circ$ ← $180^\circ-150^\circ$ でもよい

(2)　$180^\circ\times(n-2)=1260^\circ$

$n-2=7$　　$n=9$

よって　　九角形

また，$360^\circ\div45^\circ=8$ から　正八角形

練習 61 (1)　$\angle x=130^\circ$　　(2)　$\angle x=58^\circ$

解説

(1)　多角形の外角の和は 360° であるから

$85^\circ+(180^\circ-\angle x)+65^\circ+(180^\circ-110^\circ)+90^\circ$

$=360^\circ$

よって　$490^\circ-\angle x=360^\circ$

$\angle x=490^\circ-360^\circ=130^\circ$

(2)　右の図のように補助線をひき，$\angle a$，$\angle b$ を定める。

五角形の内角の和は

$180^\circ\times(5-2)=540^\circ$ であるから

$\angle a=540^\circ-(124^\circ+70^\circ+79^\circ+110^\circ)$

$=157^\circ$

よって　$\angle b=180^\circ-157^\circ=23^\circ$

$\angle b+\angle x=81^\circ$ であるから

$\angle x=81^\circ-23^\circ=58^\circ$

別解　右の図のように補助線をひき，$\angle a$，$\angle b$ を定める。

$81^\circ+\angle a+\angle b$

$=180^\circ$ より

$\angle a+\angle b=180^\circ-81^\circ=99^\circ$

五角形の内角の和は

$180^\circ\times(5-2)=540^\circ$

であるから

$124^\circ+70^\circ+\angle x+\angle a+\angle b+79^\circ+110^\circ$

$=540^\circ$

$\angle x+482^\circ=540^\circ$　　$\angle x=58^\circ$

練習 62 15°

解説

平行線には同位角・錯角

離れたものは近づける

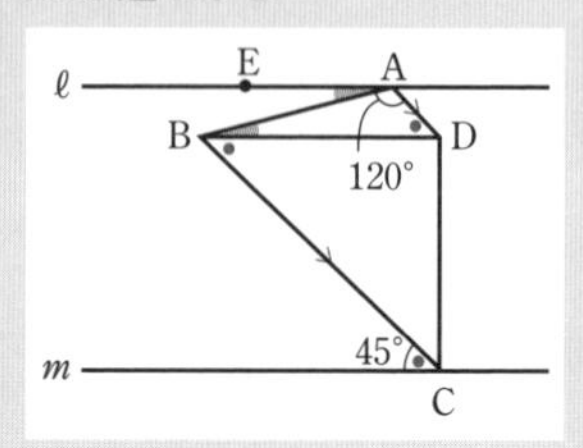

$m\,/\!/\,\mathrm{BD}$ より，錯角は等しいから

$\angle\mathrm{DBC}=45^\circ$

$\mathrm{AD}\,/\!/\,\mathrm{BC}$ より，錯角は等しいから

$\angle\mathrm{ADB}=\angle\mathrm{DBC}=45^\circ$

よって，$\triangle\mathrm{ABD}$ において

$\angle\mathrm{ABD}=180^\circ-(120^\circ+45^\circ)=15^\circ$

$\ell\,/\!/\,\mathrm{BD}$ より，錯角は等しいから

$\angle\mathrm{BAE}=\angle\mathrm{ABD}=15^\circ$

練習 63 $\angle x=59^\circ$

解説

折って重なる角は同じ大きさ。

右の図のように，$\angle a$，$\angle b$ を定める。

$\mathrm{AE}\,/\!/\,\mathrm{BF}$ より，同位角は等しいから

$\angle a=62^\circ$

折って重なる角は等しいから

$\angle b=\angle x$

よって　　$62^\circ+2\times\angle x=180^\circ$

$\angle x=(180^\circ-62^\circ)\div2$

$=59^\circ$

練習 64 $\angle\mathrm{BDC}=56^\circ$

解説

ひとつひとつの角がわからない場合は角の和

を考える。

$\angle CBD=\angle a$,

$\angle BCD=\angle b$ とする。

$\triangle BDC$ において

$\angle BDC$

$=180^\circ-(\angle a+\angle b)$

…… ①

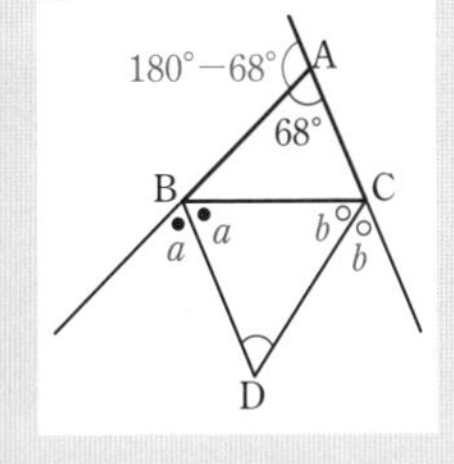

また，$\triangle ABC$ の外角の和について

$(180^\circ-68^\circ)+2\times(\angle a+\angle b)=360^\circ$ ←外角の和は 360°

$2\times(\angle a+\angle b)=248^\circ$

よって　$\angle a+\angle b=124^\circ$ …… ②

①，②から

$\angle BDC=180^\circ-124^\circ=56^\circ$

練習 65 $x=7$，$\angle y=72^\circ$，$\angle z=48^\circ$

解説

合同な図形は，対応する辺や角が等しい。

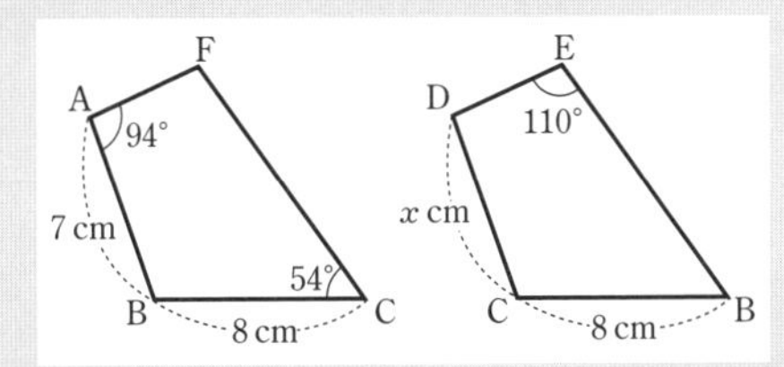

AB=DC から　$x=7$

$\angle FCB=\angle EBC$ から　$\angle EBC=54^\circ$

よって　$\angle y=180^\circ-2\times54^\circ=72^\circ$

$\angle y$ の外角は 108° であり，

$\angle F=\angle E=110^\circ$ であるから，

$94^\circ+\angle z+108^\circ+110^\circ=360^\circ$　　$\angle z=48^\circ$

練習 66 **$\triangle ABC\equiv\triangle ONM$**

（3 組の辺がそれぞれ等しい）

$\triangle DEF\equiv\triangle IHG$

（2 組の辺とその間の角がそれぞれ等しい）

$\triangle JKL\equiv\triangle RPQ$

（1 組の辺とその両端の角がそれぞれ等しい）

解説

記号で表すとき，対応する頂点を周にそって順に書く。

⑥　残りの 1 つの内角は　$\angle PRQ=60^\circ$

よって，④と合同である。

練習 67 (1)　**[仮定]　$\triangle ABC\equiv\triangle DEF$**

[結論]　AB=DE

(2)　**[仮定]　$\ell /\!/ m$，$m /\!/ n$**

[結論]　$\ell /\!/ n$

(3)　**[仮定]　AM=BM，CM=DM**

[結論]　AC // BD

解説

（仮定）ならば（結論）

(3)

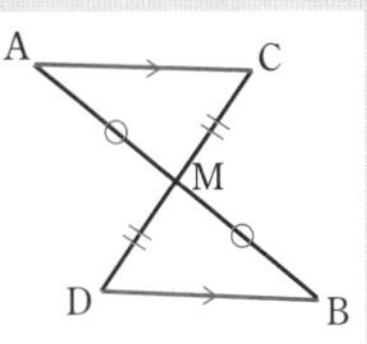

練習 68 (1)　$\triangle OAC$ と $\triangle OBD$ において

仮定から　OA=OB …… ①

$\angle C=\angle D$ …… ②

対頂角は等しいから

$\angle AOC=\angle BOD$ …… ③

三角形の内角の和は 180° であるから

$\angle A=180^\circ-\angle C-\angle AOC$

$\angle B=180^\circ-\angle D-\angle BOD$

②，③から　$\angle A=\angle B$ …… ④

①，③，④より，1 組の辺とその両端の角がそれぞれ等しいから

$\triangle OAC\equiv\triangle OBD$

合同な図形では，対応する線分の長さは等しいから　OC=OD

(2)　$\triangle OAC$ と $\triangle OBD$ において

仮定から　OA=OB …… ①

対頂角は等しいから

$\angle AOC=\angle BOD$ …… ②

AC∥BD より，錯角は等しいから

$\angle OAC=\angle OBD$ …… ③

①，②，③ より，1 組の辺とその両端の角がそれぞれ等しいから

$\triangle OAC\equiv\triangle OBD$

合同な図形では，対応する線分の長さは等しいから　OC=OD

解説

仮定と結論をはっきりさせる。

(1)　［仮定］　OA=OB，$\angle C=\angle D$

［結論］　OC=OD

(2)　［仮定］　AC∥BD，OA=OB

［結論］　OC=OD

また，辺や角が等しいことを証明するときは，それらをふくむ図形の合同 を考える。

参考

(1)　$\angle C=\angle D$ より，錯角が等しいから

AC∥BD

よって　$\angle A=\angle B$　　としてもよい。

練習 69 $\triangle EBD$ と $\triangle FDC$ において

仮定から　BD=DC …… ①

DE∥CA より，同位角は等しいから

$\angle EDB=\angle FCD$ …… ②

DF∥BA より，同位角は等しいから

$\angle EBD=\angle FDC$ …… ③

①，②，③ より，1 組の辺とその両端の角がそれぞれ等しいから

$\triangle EBD\equiv\triangle FDC$

合同な図形では，対応する線分の長さは等しいから

BE=DF

解説

示したいものをふくむ図形の合同を考える。

［仮定］　BD=DC，DE∥CA，DF∥BA

［結論］　BE=DF

よって，$\triangle EBD\equiv\triangle FDC$ を証明する。

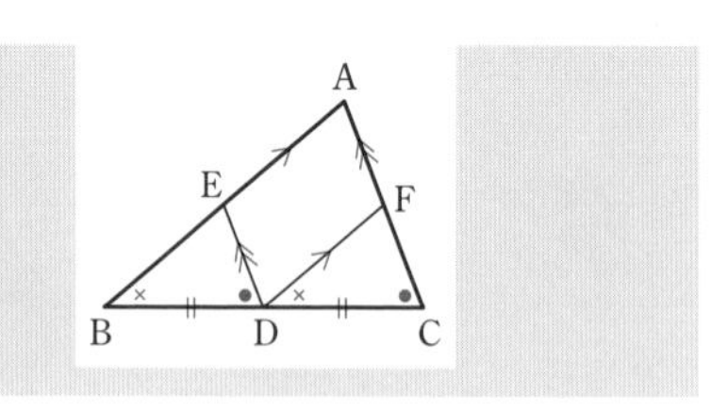

練習 70 点 P と R，点 Q と R を結ぶ。

$\triangle APR$ と $\triangle AQR$ において

①，② から

AP=AQ,

PR=QR

共通な辺であるから

AR=AR

3 組の辺がそれぞれ等しいから

$\triangle APR\equiv\triangle AQR$

よって　$\angle PAR=\angle QAR$

$\angle PAR+\angle QAR=180°$ であるから

$\angle PAR=\angle QAR=90°$

したがって，直線 AR は ℓ の垂線である。

解説

［仮定］　AP=AQ，PR=QR

［結論］　$AR\perp\ell$

直線 AR が直線 ℓ の垂線であることを証明したい。

↓

$\angle PAR=\angle QAR=90°$ を示せばよい。

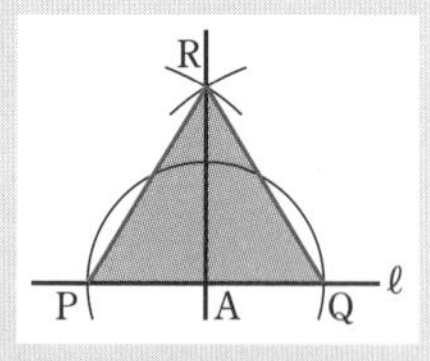

↓

$\angle PAR=\angle QAR$ を示すために，これらをふくむ $\triangle APR\equiv\triangle AQR$ の証明を考える。

EXERCISES

➡本冊 p. 95

49 (1)　$\angle a=36°$，$\angle b=50°$，$\angle c=41°$

(2)　$\angle a=38°$，$\angle b=72°$，$\angle c=70°$

解説

対頂角は等しい。

2 直線が平行ならば　同位角・錯角は等しい。

(1)　対頂角は等しいから

$\angle a=36^\circ$，$\angle b=50^\circ$

直線のつくる角は 180° であるから

$53^\circ+50^\circ+36^\circ+\angle c=180^\circ$　← $\angle b=50^\circ$

$\angle c=180^\circ-(53^\circ+50^\circ+36^\circ)=41^\circ$

(2)　$\ell /\!/ m$ より，同位角・錯角は等しいから

$\angle a=38^\circ$，$\angle b=72^\circ$

対頂角が等しいことと，直線のつくる角が 180° であることから

$38^\circ+72^\circ+\angle c=180^\circ$ ← $\angle a=38^\circ$，$\angle b=72^\circ$

$\angle c=180^\circ-(38^\circ+72^\circ)=70^\circ$

50　2 直線 a，b と交わる直線 ℓ において，錯角である 2 つの角が 70° で等しいから　$a /\!/ b$

2 直線 b，c と交わる直線 ℓ において，同位角である 2 つの角が 70° で等しいから　$b /\!/ c$

$\angle x=95^\circ$，$\angle y=85^\circ$

解説

$a /\!/ b$ より，錯角が等しいから　$\angle x=95^\circ$

2 直線 b，c と交わる直線 m において，同位角が等しいことと，直線のつくる角が 180° であることから

$95^\circ+\angle y=180^\circ$　　$\angle y=85^\circ$

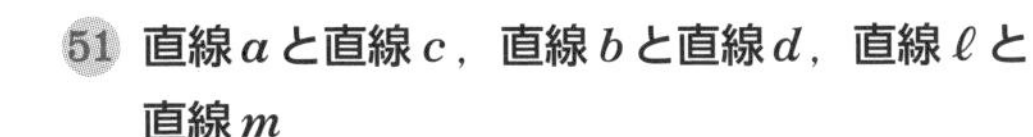

51　**直線 a と直線 c，直線 b と直線 d，直線 ℓ と直線 m**

解説

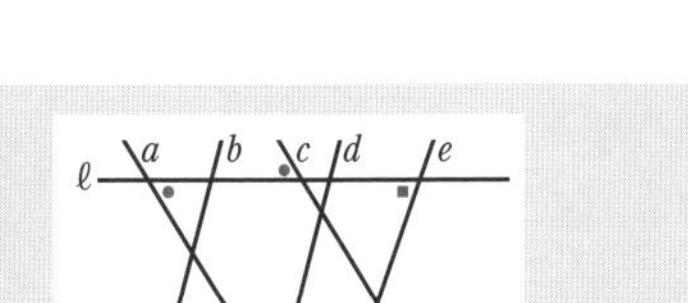

52　(1)　**$\angle x=80^\circ$，$\angle y=260^\circ$**

(2)　**$\angle x=65^\circ$，$\angle y=115^\circ$**

解説

(1)　右の図のように，直線 n を延長し，$\angle a$ を定める。

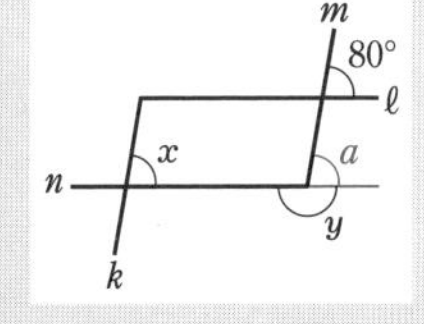

$\ell /\!/ n$ より，同位角は等しいから

$\angle a=80^\circ$

$k /\!/ m$ より，同位角は等しいから

$\angle x=\angle a=80^\circ$

また　$\angle y=180^\circ+\angle a=260^\circ$

(2)　右の図のように $\angle a$ を定めると，$k /\!/ m$ より，同位角は等しいから

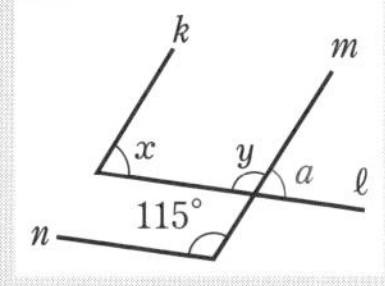

$\angle a=\angle x$

$\ell /\!/ n$ より，同位角は等しいから

$\angle y=115^\circ$

$\angle a+115^\circ=180^\circ$ であるから

$\angle a=65^\circ$

よって　$\angle x=\angle a=65^\circ$

別解　$k /\!/ m$ より，同側内角の和は 180° であるから

$\angle x+\angle y=180^\circ$

$\angle y=115^\circ$ より

$\angle x=180^\circ-115^\circ=65^\circ$

➡本冊 p. 107

53　(1)　**$\angle x=57^\circ$**　　(2)　**$\angle x=18^\circ$**

(3)　**$\angle x=25^\circ$**

解説

(1)　$\angle x=105^\circ-48^\circ=57^\circ$

(2)　$58^\circ+50^\circ=\angle x+90^\circ$　　$\angle x=18^\circ$

(3)　右の図のように補助線をひいて $\angle a$ を定める。

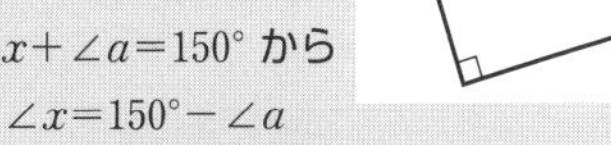

$\angle a=90^\circ+35^\circ=125^\circ$

$\angle x+\angle a=150^\circ$ から

$\angle x=150^\circ-\angle a$

$=150^\circ-125^\circ=25^\circ$

別解　$\angle x+90^\circ+35^\circ=150^\circ$ から

$\angle x=25^\circ$

54 (1)　**∠A＝30°，直角三角形**

(2)　**十五角形**

(3)　**正二十四角形**

解説

(1)　∠B＝2×∠A，∠C＝3×∠A であるから

　∠A＋2×∠A＋3×∠A＝180°

　∠A＝180°÷(1＋2＋3)＝30°

よって，∠B＝60°，∠C＝90° であるから

　　△ABC は直角三角形

(2)　180°×(n−2)＝2340° から

　n−2＝13　　n＝15

(3)　1 つの外角は　180°−165°＝15°

　　360°÷15°＝24

別解　求める正多角形を正 n 角形とすると，内角の和について

　165°×n＝180°×(n−2)

　15°×n＝360°　　n＝24

55 (1)　**∠x＝120°**　　(2)　**∠x＝105°**

(3)　**∠x＝225°**

解説

(1)　四角形の内角の和は 360° であるから

　∠x＝360°−(65°＋75°＋100°)＝120°

(2)　五角形の残りの内角の大きさは 180°−∠x

五角形の内角の和は 180°×(5−2)＝540° であるから

　180°−∠x＝540°−(120°＋100°＋135°＋110°)

　　＝540°−465°＝75°

よって　∠x＝180°−75°＝105°

(3)　右の図のように補助線をひいて ∠a，∠b を定める。

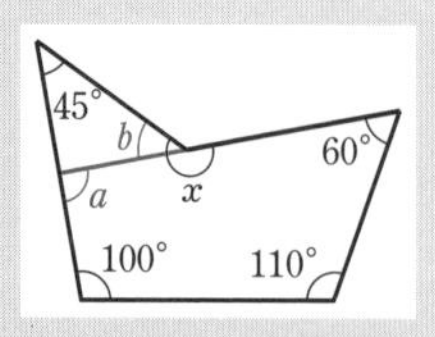

四角形の内角の和は 360° であるから

　∠a＝360°−(100°＋110°＋60°)

　　＝360°−270°＝90°

三角形の外角について

　45°＋∠b＝90°　　∠b＝45°

よって　∠x＝180°＋∠b

　　＝180°＋45°＝225°

別解　右の図のように，3 つの三角形に分ける。その内角の和について

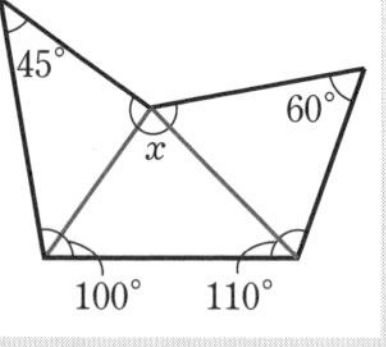

　45°＋100°＋110°

　　＋60°＋∠x

　＝180°×3　←三角形が 3 つ

　315°＋∠x＝540°

　　∠x＝225°

56 (1)　**∠x＝88°**　　(2)　**∠x＝52°**

解説

(1)　折れ線の頂点を通る平行線をひく。

右の図から

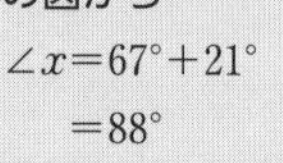

　∠x＝67°＋21°

　　＝88°

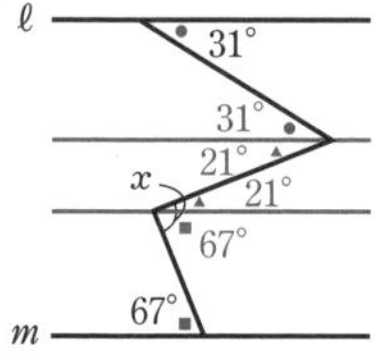

(2)　正五角形の内角の和は

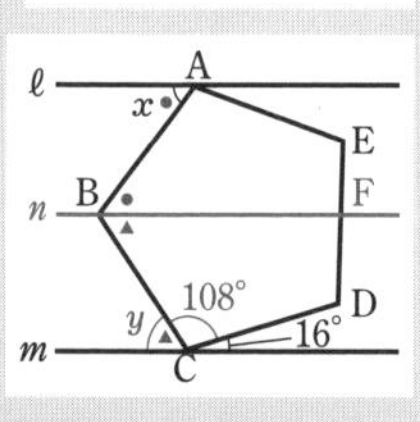

　180°×(5−2)＝540°

よって，正五角形の 1 つの内角の大きさは

　540°÷5＝108°

上の図のように，点 B を通る，ℓ に平行な直線 n をひき，n と辺 DE との交点を F とする。

また，図のように ∠y をとる。

∠BCD＝108° であるから

　∠y＝180°−(108°＋16°)＝56°

n // m より，錯角は等しいから

　∠FBC＝∠y＝56°

よって　∠ABF＝108°−56°＝52°

ℓ // n より，錯角は等しいから

　∠x＝∠ABF＝52°

➡本冊 p. 111

57　**△ABC≡△WVX**

　（2 組の辺とその間の角がそれぞれ等しい）

△GHI≡△NMO

（1組の辺とその両端の角がそれぞれ等しい）

△JKL≡△UTS

（3組の辺がそれぞれ等しい）

解説

頂点の並び順に注意。

対応する頂点を周にそって順に書く。

△DEF と △PQR は，3つの内角がそれぞれ等しいが，対応する辺の長さが異なるので，合同でない。

(長さが 5 cm の辺の両端の角が

△DEF …… 50°，60°

△PQR …… 50°，70° ← 180°−(50°+60°)

で異なる。)

58 BC＝EF　または　∠A＝∠D　または

∠C＝∠F

解説

BC＝EF：

合同条件は，2組の辺とその間の角がそれぞれ等しい。

∠A＝∠D：

合同条件は，1組の辺とその両端の角がそれぞれ等しい。

∠C＝∠F：

このとき，∠A＝∠D となる。

合同条件は，1組の辺とその両端の角がそれぞれ等しい。

59 (1)　△ABD≡△CDB

（3組の辺がそれぞれ等しい）

(2)　△ABO≡△CDO

（2組の辺とその間の角がそれぞれ等しい）

(3)　△AOD≡△COB

（1組の辺とその両端の角がそれぞれ等しい）

解説

(1)　AB＝CD，AD＝CB，BD＝DB

3組の辺がそれぞれ等しいから

△ABD≡△CDB

(2)　OA＝OC，OB＝OD

対頂角より　∠AOB＝∠COD

2組の辺とその間の角がそれぞれ等しいから　△ABO≡△CDO

(3)　OA＝OC，∠OAD＝∠OCB

対頂角より　∠AOD＝∠COB

1組の辺とその両端の角がそれぞれ等しいから　△AOD≡△COB

注意　図から判断してはいけない。

たとえば，(1)において，図から ∠A＝∠C のように見えるが，問題文に書かれていたり，等しい記号がついていたりしないので，勝手に ∠A＝∠C としてはいけない。

(ただし，△ABD≡△CDB なので，結果的には ∠A＝∠C となる。)

➡本冊 p. 117

60 △ABC と △ADE において

仮定から　AB＝AD …… ①

また，BE＝DC から

AC＝AE …… ②

共通な角であるから

∠CAB＝∠EAD …… ③

①，②，③ より，2組の辺とその間の角がそれぞれ等しいから　△ABC≡△ADE

合同な図形では，対応する辺の長さは等しいから　BC＝DE

61 △ABC と △DCB において

仮定から　AB＝DC …… ①

AC＝DB …… ②

共通な辺であるから　BC＝CB …… ③

①，②，③ より，3組の辺がそれぞれ等しいから

△ABC≡△DCB

合同な図形では，対応する角の大きさは等しいから　∠BAC＝∠CDB

62 △ABC と △CDA において

仮定より，AB∥DC で，錯角が等しいから

$\angle BAC = \angle DCA$ …… ①

AD∥BC で，錯角が等しいから

$\angle BCA = \angle DAC$ …… ②

共通な辺であるから　AC＝CA …… ③

①，②，③より，1組の辺とその両端の角がそれぞれ等しいから

△ABC≡△CDA

合同な図形では，対応する辺の長さは等しいから　AB＝CD，AD＝CB

63 △APQ と △QBA において

①，③から　AP＝QB

②，③から　PQ＝BA

共通な辺であるから　AQ＝QA

3組の辺がそれぞれ等しいから

△APQ≡△QBA

よって　$\angle AQP = \angle QAB$

錯角が等しいから　ℓ∥AB

したがって，直線 AB は ℓ に平行である。

解説

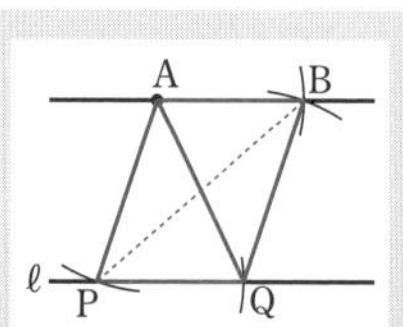

なお，△APB≡△QBP を証明してもよい。
[AP＝QB，AB＝QP，PB＝BP（共通）]
このとき，$\angle ABP = \angle QPB$ となり，錯角が等しいから　ℓ∥AB

定期試験対策問題

➡本冊 p. 118

30 辺 AB と辺 ED，辺 AF と辺 CD

解説

錯角が等しい。

$\angle BAD = \angle EDA = 63^\circ$

$\angle AFC = \angle DCF = 48^\circ$

31 (1)　$\angle x = 35^\circ$　(2)　$\angle x = 130^\circ$

(3)　$\angle x = 20^\circ$　(4)　$\angle x = 30^\circ$

解説

(1) 右の図のように $\angle a$ を定めると，$\ell \parallel m$ より錯角が等しいから

$\angle a = 40^\circ$

$\angle a + \angle x = 75^\circ$ より

$\angle x = 75^\circ - 40^\circ = 35^\circ$

(2) 右の図のように，ℓ，m に平行な直線 n をひき，$\angle a$，$\angle b$ を定める。

$\angle a + \angle b$

$= 180^\circ - (75^\circ + 25^\circ)$

$= 180^\circ - 100^\circ = 80^\circ$

また　$\angle b = 180^\circ - 150^\circ = 30^\circ$（錯角）

よって　$\angle a = 80^\circ - 30^\circ = 50^\circ$

$\angle x + \angle a = 180^\circ$ であるから

$\angle x = 180^\circ - \angle a = 180^\circ - 50^\circ = 130^\circ$

(3) 下の図のように点をとると，$\angle ADC = 30^\circ$（同位角）から

$\angle BDC = 55^\circ + 30^\circ = 85^\circ$

△BDE の頂点Dにおける外角について

$65^\circ + \angle BED = 85^\circ$

よって　$\angle BED = 85^\circ - 65^\circ = 20^\circ$

対頂角は等しいから　$\angle x = \angle BED = 20^\circ$

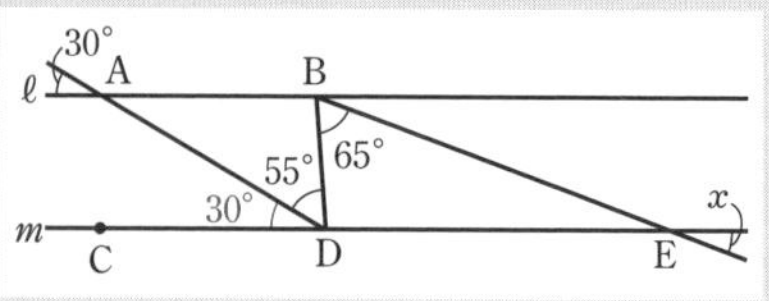

(4) 右の図のように，ℓ，m に平行な直線 s，t をひき，$\angle a$，$\angle b$，$\angle c$，$\angle d$ を定める。

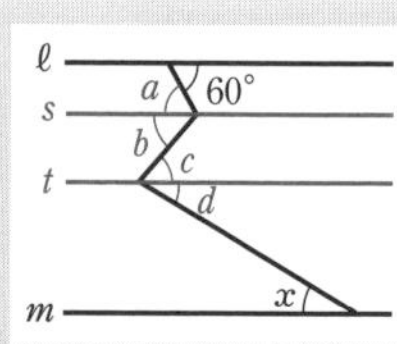

$\ell \parallel s$ より，錯角が等しいから

$\angle a = 60^\circ$

よって　$\angle b = 110^\circ - 60^\circ = 50^\circ$

$s /\!/ t$ より，錯角が等しいから

$\angle c = \angle b = 50°$

よって　$\angle d = 80° - 50° = 30°$

$t /\!/ m$ より，錯角が等しいから

$\angle x = \angle d = 30°$

32 (1)　$\angle x = 20°$　　(2)　$\angle x = 110°$

(3)　$\angle x = 75°$　　(4)　$\angle x = 25°$

解説

(1)　$30° + 40° = 50° + \angle x$　　$\angle x = 20°$

(2)　∠BEF は △AEC の頂点Eにおける外角であるから

$\angle \mathrm{BEF} = 60° + 30° = 90°$

$\angle x$ は △EBF の頂点Fにおける外角であるから

$\angle x = 90° + 20° = 110°$

別解　対頂角は等しいから　$\angle \mathrm{BFC} = \angle x$

よって　$\angle x = 60° + 20° + 30° = 110°$

(3)　AB∥DE より，同位角は等しいから

$\angle \mathrm{DEC} = 62°$

三角形の内角の和は 180° であるから

$\angle x = 180° - (43° + 62°) = 75°$

(4)　正五角形の 1 つの内角の大きさは

$180° \times (5-2) \div 5 = 108°$

△PCD において

$\angle x = 180° - (47° + 108°) = 25°$

33 (1)　直角三角形　　(2)　鈍角三角形

(3)　鋭角三角形

解説

三角形の内角の和は 180° であるから

$\angle \mathrm{A} + \angle \mathrm{B} + \angle \mathrm{C} = 180°$ …… ①

(1)　$\angle \mathrm{A} = \angle \mathrm{B} + \angle \mathrm{C}$ と ① から

$2 \times \angle \mathrm{A} = 180°$　　$\angle \mathrm{A} = 90°$

△ABC は ∠A＝90° の直角三角形である。

(2)　① から　$\angle \mathrm{A} = 180° \div (1+2+6) = 20°$

よって　$\angle \mathrm{C} = 6 \times \angle \mathrm{A} = 120°$

△ABC は鈍角三角形である。

(3)　$\angle \mathrm{A} = \angle \mathrm{B} + 10°$，$\angle \mathrm{B} = \angle \mathrm{C} + 10°$ より

$\angle \mathrm{A} + \angle \mathrm{B} + \angle \mathrm{C}$

$= (\angle \mathrm{B} + 10°) + \angle \mathrm{B} + (\angle \mathrm{B} - 10°)$

$= 3 \times \angle \mathrm{B}$

① より $3 \times \angle \mathrm{B} = 180°$ であるから　$\angle \mathrm{B} = 60°$

よって　$\angle \mathrm{A} = 70°$，$\angle \mathrm{C} = 50°$　←すべて鋭角

△ABC は鋭角三角形である。

34 二十角形，内角 162°，外角 18°

解説

n 角形とすると

$180° \times (n-2) = 3240°$

$n - 2 = 18$　　$n = 20$

よって，二十角形。

また，正二十角形の 1 つの内角の大きさは

$3240° \div 20 = 162°$

正二十角形の 1 つの外角の大きさは

$360° \div 20 = 18°$　←180°−162° でもよい

35 $\angle x = 27°$

解説

図のように点A～Fを定める。また，線分 BF の延長と辺 AC の交点をGとする。

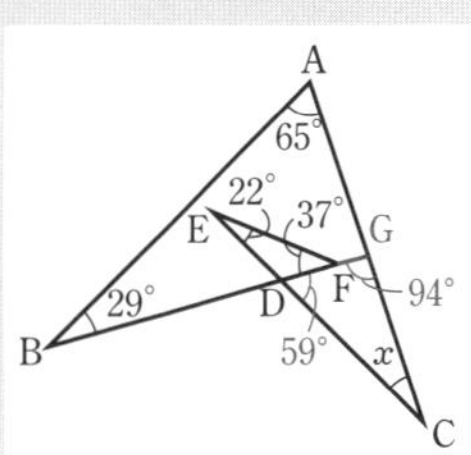

△ABG の頂点Gにおける外角は

$\angle \mathrm{DGC} = 29° + 65° = 94°$

△DEF の頂点Dにおける外角は

$\angle \mathrm{GDC} = 22° + 37° = 59°$

△CDG において　$\angle x = 180° - (94° + 59°) = 27°$

別解　図のように，補助線をひいて，点A～Fを定める。

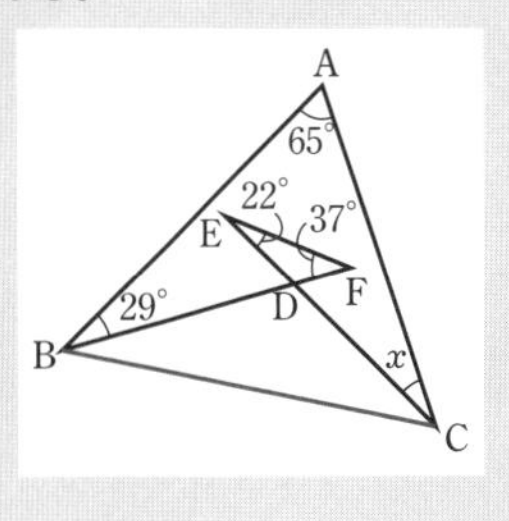

△DBC と △DEF について，頂点Dにおける外角は等しいから

$\angle DBC+\angle DCB=22^\circ+37^\circ=59^\circ$

△ABC において

$65^\circ+(29^\circ+\underline{\angle DBC)+(\angle DCB}+\angle x)=180^\circ$

（$\angle DBC+\angle DCB=59^\circ$）

$65^\circ+29^\circ+59^\circ+\angle x=180^\circ$

$153^\circ+\angle x=180^\circ$　　$\angle x=27^\circ$

参考　$\angle BDC=180^\circ-(22^\circ+37^\circ)=121^\circ$

よって　$65^\circ+29^\circ+\angle x=121^\circ$ ←ブーメラン型

$\angle x=27^\circ$

36 (1) ［仮定］四角形 ABCD は長方形

［結論］∠A は直角

(2) ［仮定］$x+y=5$，$x-y=1$

［結論］$x=3$，$y=2$

(3) ［仮定］∠A は鈍角

［結論］∠A は ∠B より大きい

解説

参考　記号で表すと

(1) 結論は　$\angle A=90^\circ$

(3) 仮定は　$90^\circ<\angle A<180^\circ$

結論は　$\angle A>\angle B$

37 △ABE と △CBD において

仮定から　AB=CB　…… ①

∠A=∠C …… ②

共通な角であるから

∠B=∠B …… ③

①，②，③ より，1 組の辺とその両端の角がそれぞれ等しいから

△ABE≡△CBD

合同な図形では対応する辺の長さは等しいから

AE=CD

38 $\angle ACE=\angle ECD=\angle a$，

$\angle BDE=\angle EDC=\angle b$ とする。

また，図のように点Fをとる。

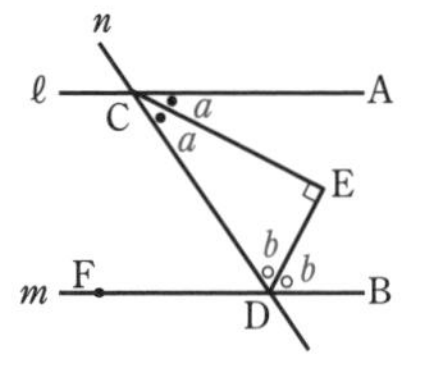

直角三角形 CDE において

$\angle a+\angle b=180^\circ-90^\circ$

$=90^\circ$

よって

$2\times\angle a+2\times\angle b=180^\circ$

したがって　$\angle FDC=180^\circ-2\times\angle b$

$=2\times\angle a$

∠ACD=∠FDC より，錯角が等しいから

$\ell /\!/ m$

第5章 三角形と四角形　p. 121

練習

練習 71　△ABC において，∠B=∠C とし，∠A の二等分線と辺 BC の交点をDとする。

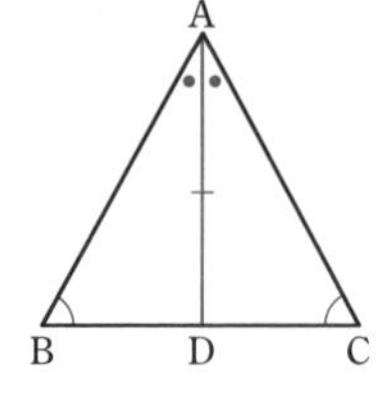

△ABD と △ACD において

仮定から　∠B=∠C　…… ①

AD は ∠A の二等分線であるから

∠BAD=∠CAD …… ②

①，② と三角形の内角の和が 180° であることから

∠ADB=∠ADC …… ③

共通な辺であるから

AD=AD　…… ④

②，③，④ より，1 組の辺とその両端の角がそれぞれ等しいから

△ABD≡△ACD

合同な図形では対応する辺の長さは等しいから　AB=AC

よって，2 つの角が等しい三角形は二等辺三角形である。

解説

△ABC において

[仮定] ∠B=∠C　[結論] AB=AC

練習 72 △ABC において，AB=AC とし，点Aから辺 BC に垂線 AD をひく。

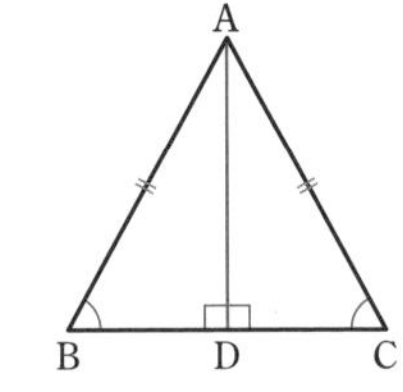

△ABD と △ACD において

仮定から　AB=AC …… ①

△ABC において　∠B=∠C …… ②

また　∠ADB=∠ADC=90° …… ③

②，③ と三角形の内角の和が 180° であることから

∠BAD=∠CAD …… ④

①，②，④ より，1 組の辺とその両端の角がそれぞれ等しいから

△ABD≡△ACD

合同な図形では対応する辺の長さは等しいから　BD=CD …… ⑤

④，⑤ より，二等辺三角形の頂点から底辺にひいた垂線は，頂角を 2 等分し，底辺の中点を通る。

解説
△ABC と辺 BC 上の点Dにおいて
[仮定] AB=AC，AD⊥BC
[結論] ∠BAD=∠CAD，BD=CD

練習 73 $\angle x=70°$，$\angle y=40°$

解説
二等辺三角形の 2 つの底角の大きさは等しい。
DA=DB より，△ABD は二等辺三角形であるから　∠DAB=∠B=35°
△ABD において，内角と外角の性質から
∠ADC=35°×2=70°
AD=AC より，△ACD は二等辺三角形であるから　$\angle x$=∠ADC=70°
△ACD の内角の和は 180° であるから
$\angle y$=180°−70°×2=40°

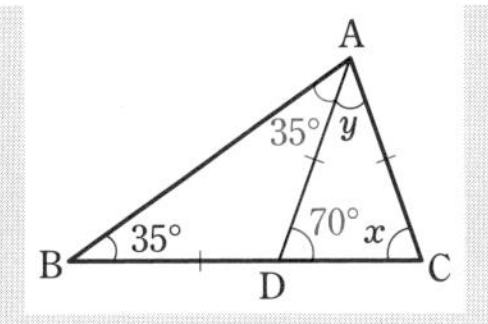

練習 74 △ABC と △DCB において

仮定から　AB=DC …… ①

AC=DB …… ②

共通な辺であるから

BC=CB …… ③

①，②，③ より，3 組の辺がそれぞれ等しいから　△ABC≡△DCB

よって　∠ACB=∠DBC

したがって　∠ECB=∠EBC

△EBC において，2 つの角が等しいから，△EBC は EB=EC の二等辺三角形である。

解説
二等辺三角形であることの証明
2 辺が等しい　か　2 角が等しい
[仮定] AB=DC，AC=DB
[結論] △EBC は二等辺三角形

練習 75 (1) △DBC と △ECB において

AB=AC から　∠DBC=∠ECB …… ①

BE と CD はそれぞれ ∠B，∠C の二等分線であるから，① より

∠DCB=∠EBC …… ②

BC=CB (共通) …… ③

①，②，③ より，1 組の辺とその両端の角がそれぞれ等しいから

△DBC≡△ECB

よって　BD=CE

(2) △PDB と △PEC において

BE と CD はそれぞれ ∠B，∠C の二等分線であるから，① より

∠DBP=∠ECP …… ④

(1) から　∠PDB=∠PEC …… ⑤

BD=CE　　……⑥

④，⑤，⑥より，1組の辺とその両端の角がそれぞれ等しいから

△PDB≡△PEC

よって　PD=PE

解説

(2)　(1)から　DC=EB ……(＊)

②から，△PBC は PB=PC の二等辺三角形。

PD=DC−PC，PE=EB−PB

であるから，(＊)と PB=PC より，

PD=PE としてもよい。

練習 76　(1)　△ABC において，

∠A=∠B=∠C とする。

∠B=∠C から

AB=AC ……①

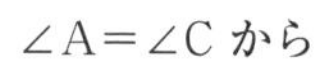

∠A=∠C から

BA=BC ……②

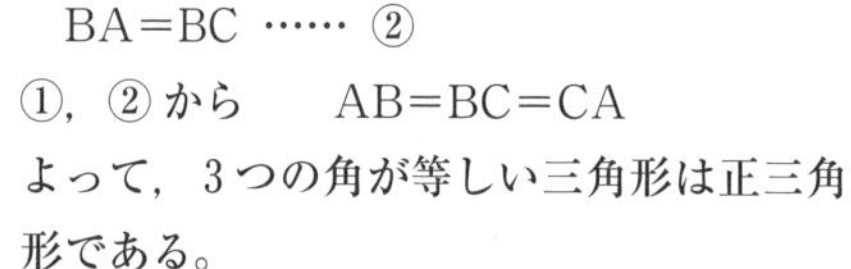

①，②から　　AB=BC=CA

よって，3つの角が等しい三角形は正三角形である。

(2)　**36°**

解説

正三角形の性質

[1]　3辺が等しい　[2]　3角が等しい（60°）

(1)　[仮定]　△ABC において

∠A=∠B=∠C

[結論]　AB=BC=CA

(2)　△ABC，△ADE は正三角形であるから

∠DAB+∠BAE=60°，

∠CAE+∠BAE=60°

よって

∠DAB=∠CAE=24°

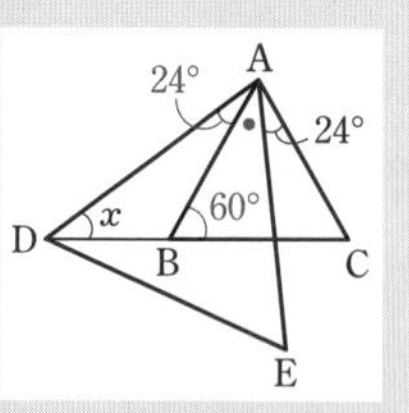

△ADB において，内角と外角の性質により

$\angle x+\angle$DAB=∠ABC

したがって

$\angle x=60°-24°=36°$　← ∠DAB=24°，∠ABC=60°

練習 77　△AEF と △BFD において

仮定から　AE=BF

△ABC は正三角形であるから

AF=AB+BF=BC+CD=BD，

∠EAF=∠FBD=180°−60°=120°

2組の辺とその間の角がそれぞれ等しいから

△AEF≡△BFD

よって　EF=FD ……①

△BFD と △CDE においても同じようにして　△BFD≡△CDE

よって　FD=DE ……②

①，②から　EF=FD=DE

したがって，3辺が等しいから，△DEF は正三角形である。

練習 78　△ABC と △DEF において

仮定から　AB=DE，∠A=∠D

また　∠B=180°−∠C−∠A

=180°−90°−∠A=90°−∠A

同様に　∠E=90°−∠D

∠A=∠D であるから　∠B=∠E

よって，1組の辺とその両端の角がそれぞれ等しいから　△ABC≡△DEF

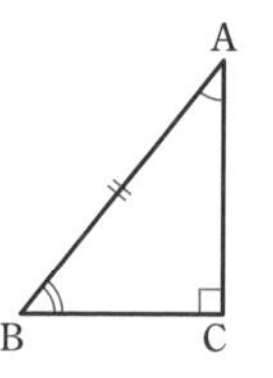

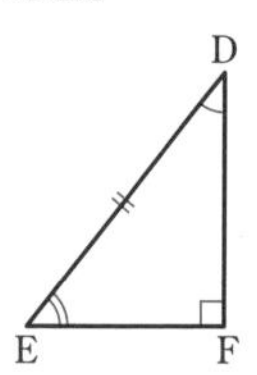

練習 79　**△ABC≡△PRQ**

（2組の辺とその間の角がそれぞれ等しい）

△DEF≡△LJK

（直角三角形の斜辺と他の1辺がそれぞれ等しい）

△GHI≡△NMO

（直角三角形の斜辺と1つの鋭角がそれぞれ等しい）

解説

直角三角形の合同条件
[1] 斜辺と1つの鋭角がそれぞれ等しい
[2] 斜辺と他の1辺がそれぞれ等しい
記号≡を使うときは対応する頂点の順に並べてかく。
斜辺と1つの鋭角がそれぞれ等しい。
…③と⑤
斜辺と他の1辺がそれぞれ等しい。…②と④
2組の辺とその間の角がそれぞれ等しい。
…①と⑥

練習 80 △POA と △POB において，仮定から

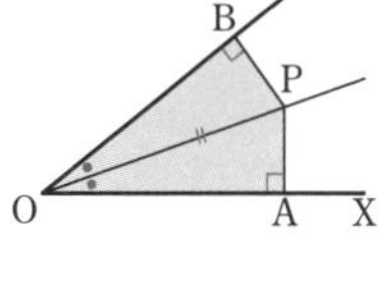

∠POA＝∠POB

∠PAO＝∠PBO＝90°

OP＝OP（共通）

直角三角形の斜辺と1つの鋭角がそれぞれ等しいから

△POA≡△POB

よって　OA＝OB，PA＝PB

練習 81 (1) **［逆］ $a+b<0$ ならば $a<0$，$b<0$；**
正しくない （反例）$a=2$，$b=-3$

(2) **［逆］ △ABC において，**
∠A＝∠B＝60° ならば △ABC は正三角形である。；正しい

(3) **［逆］ △ABC と △DEF において**
∠A＝∠D ならば △ABC≡△DEF；
正しくない
（反例）∠A＝∠D，AB＝DE，
AC＝2DF

解説

PならばQ　の逆は　QならばP
反例は，仮定は成り立つが結論は成り立たないもの。
(2) 三角形の内角の和は 180° であるから，
∠A＝∠B＝60° のとき
∠C＝180°－(∠A＋∠B)
＝180°－(60°＋60°)＝60°
よって，3つの角が等しいから，△ABC は正三角形である。
(3) 1つの角のみが等しくても，2つの三角形は合同にならない。

練習 82 △OAL と △OBL において

AL＝BL，∠OLA＝∠OLB＝90°，

OL＝OL（共通）

2組の辺とその間の角がそれぞれ等しいから

△OAL≡△OBL

よって　OA＝OB …… ①

同様にして，△OBM≡△OCM から

OB＝OC …… ②

①，② から　OA＝OC

したがって，△OCA は二等辺三角形であり，Oから底辺にひいた垂線は底辺を2等分するから　AN＝CN

すなわち，Nは線分 CA の中点である。

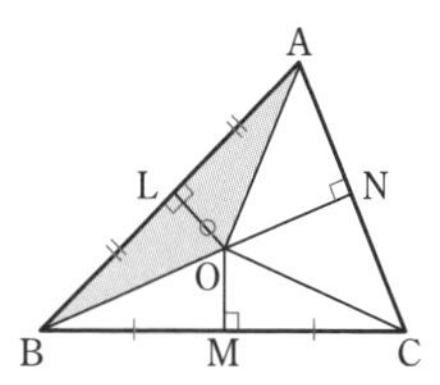

参考　この問題から

三角形の3辺の垂直二等分線は1点Oで交わり，Oから各頂点へひいた線分の長さは等しいことがわかる。

この点Oを三角形の **外心** という。

練習 83 △BAP と △ACQ において

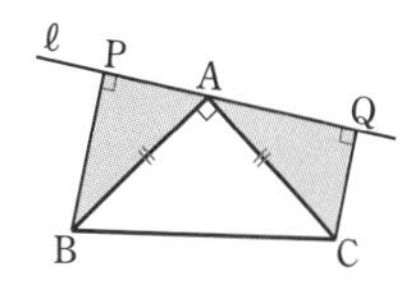

∠BPA＝∠AQC

＝90° …… ①

BA＝AC …… ②

また　∠PBA＝90°－∠PAB

∠QAC＝180°－(∠PAB＋∠BAC)

＝90°－∠PAB

よって　∠PBA＝∠QAC …… ③

①，②，③より，直角三角形の斜辺と１つの鋭角がそれぞれ等しいから

$\triangle BAP \equiv \triangle ACQ$

よって　$BP=AQ$，$AP=CQ$

したがって　$BP+CQ=AQ+AP=PQ$

練習 84 平行四辺形 ABCD において，対角線の交点をＯとする。

$\triangle OAB$ と $\triangle OCD$ において，

$AB \parallel DC$ から

$\angle OAB=\angle OCD$

$\angle OBA=\angle ODC$

平行四辺形の対辺は等しいから

$AB=CD$

１組の辺とその両端の角がそれぞれ等しいから　$\triangle OAB \equiv \triangle OCD$

よって　$OA=OC$，$OB=OD$

したがって，平行四辺形の対角線は，それぞれの中点で交わる。

練習 85 (1)　**58°**　　(2)　**53°**

解説

平行四辺形の２組の対角はそれぞれ等しい。

(1)　$AD \parallel BE$ より，錯角は等しいから

$\angle AEB=\angle EAD$
$=61°$

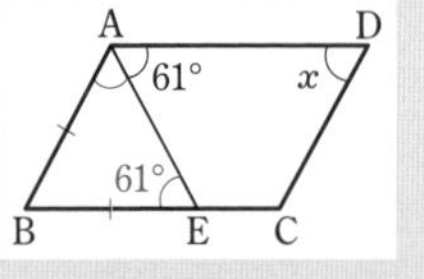

$\triangle ABE$ において，

$AB=BE$ であるから　← $\triangle ABE$ は二等辺三角形

$\angle BAE=\angle AEB=61°$

よって　$\angle ABE=180°-61°\times 2=58°$

平行四辺形の対角は等しいから

$\angle x=\angle ABE=58°$

(2)　右の図のように，辺 AD の延長上に点Ｇをとる。

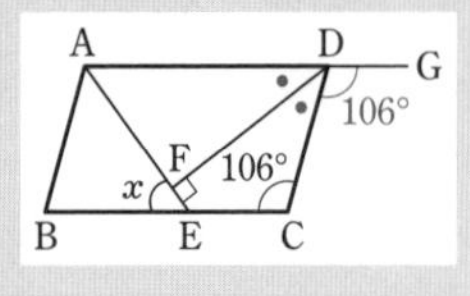

$AD \parallel BC$ より，錯角は等しいから

$\angle CDG=\angle DCE=106°$

よって　$\angle ADC=180°-106°=74°$

$\angle ADF=\angle CDF$ であるから

$\angle ADF=74°\div 2=37°$

$\triangle ADF$ において

$\angle DAF=180°-(90°+37°)=53°$

$AD \parallel BE$ より，錯角は等しいから

$\angle x=\angle DAF=53°$

練習 86 $\triangle OAP$ と $\triangle OCQ$ において

平行四辺形の対角線はそれぞれの中点で交わるから　$OA=OC$

対頂角は等しいから

$\angle AOP=\angle COQ$

$AD \parallel BC$ より，錯角は等しいから

$\angle OAP=\angle OCQ$

１組の辺とその両端の角がそれぞれ等しいから　$\triangle OAP \equiv \triangle OCQ$

よって　$AP=CQ$

解説

線分 AP，CQ を辺にもつ $\triangle OAP \equiv \triangle OCQ$ を示す。

練習 87 (1)　四角形 ABCD において，対角線の交点をＯとする。

$\triangle OAB$ と $\triangle OCD$ において

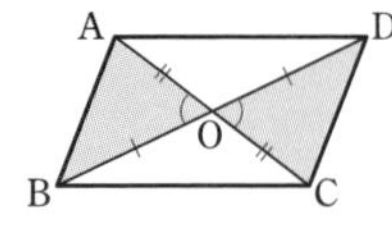

仮定から

$OA=OC$，$OB=OD$

また，対頂角は等しいから

$\angle AOB=\angle COD$

２組の辺とその間の角がそれぞれ等しいから　$\triangle OAB \equiv \triangle OCD$

よって　$\angle ABO=\angle CDO$

錯角が等しいから　$AB \parallel DC$

同様に，$\triangle OAD \equiv \triangle OCB$ より

$\angle ADO=\angle CBO$

錯角が等しいから　$AD \parallel BC$

２組の対辺がそれぞれ平行であるから，四角形 ABCD は平行四辺形である。

したがって，対角線がそれぞれの中点で交わる四角形は，平行四辺形である。

(2) 四角形 ABCD において，AB＝DC，AB∥DC とする。

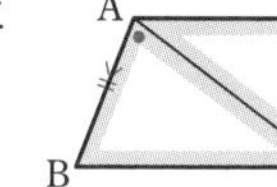

△ABC と △CDA において

仮定から

AB＝CD

AB∥DC より，錯角が等しいから

∠BAC＝∠DCA

また　AC＝CA (共通)

2 組の辺とその間の角がそれぞれ等しいから　△ABC≡△CDA

よって　∠ACB＝∠CAD

錯角が等しいから　AD∥BC

2 組の対辺がそれぞれ平行であるから，四角形 ABCD は平行四辺形である。

したがって，1 組の対辺が平行でその長さが等しい四角形は，平行四辺形である。

練習 88 ▱ABCD において

AD∥BC，AD＝BC …… ①

また，▱EBCF において

EF∥BC，EF＝BC …… ②

①，② から　AD∥EF，AD＝EF

よって，1 組の対辺が平行でその長さが等しいから，四角形 AEFD は平行四辺形である。

練習 89 平行四辺形 ABCD の対角線の交点を O とする。

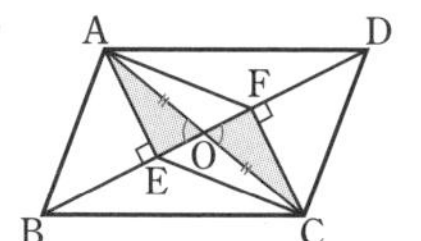

△AEO と △CFO において

仮定から

∠AEO＝∠CFO＝90° …… ①

対頂角は等しいから

∠AOE＝∠COF …… ②

平行四辺形の対角線は，それぞれの中点で交わるから　OA＝OC …… ③

①，②，③ より，直角三角形の斜辺と 1 つの鋭角がそれぞれ等しいから

△AEO≡△CFO

よって　OE＝OF …… ④

③，④ より，四角形 AECF は対角線がそれぞれの中点で交わるから，平行四辺形である。

別解　△ABE と △CDF において

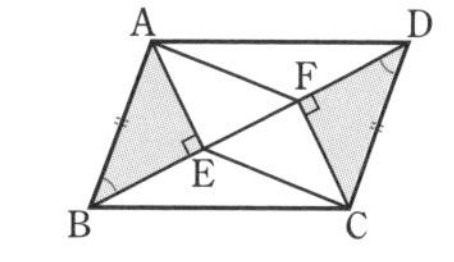

仮定から

∠AEB＝∠CFD

＝90° …… ①

AB∥DC で錯角が等しいから

∠ABE＝∠CDF …… ②

平行四辺形の対辺は等しいから

AB＝CD …… ③

①，②，③ より，直角三角形の斜辺と 1 つの鋭角がそれぞれ等しいから

△ABE≡△CDF

よって　AE＝CF …… ④

また　∠AEF＝∠CFE (＝90°)

錯角が等しいから　AE∥FC …… ⑤

④，⑤ より，四角形 AECF は 1 組の対辺が平行でその長さが等しいから，平行四辺形である。

練習 90 ▱ABCD において，∠A＝90° とする。

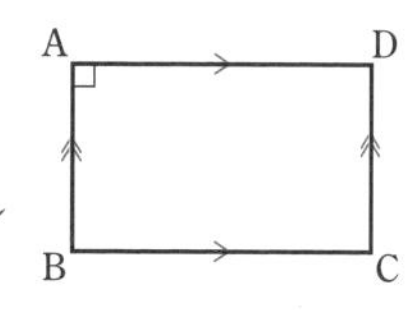

平行四辺形の対角は等しいから

∠C＝∠A＝90°

また，AD∥BC より ∠A＋∠B＝180° であるから　∠B＝90°

平行四辺形の対角は等しいから

∠D＝∠B＝90°

よって，4 つの角が等しいから，

$\square$ABCD は長方形である。

したがって，1つの内角が直角である平行四辺形は長方形である。

解説

AD∥BC より同側内角の和が 180° であるから　$\angle A+\angle B=180°$ となる。

辺 AB の点Aを越える延長上にEをとり，

AD∥BC より同位角が等しいから

$\angle B=\angle EAD=180°-90°=90°$

としてもよい。

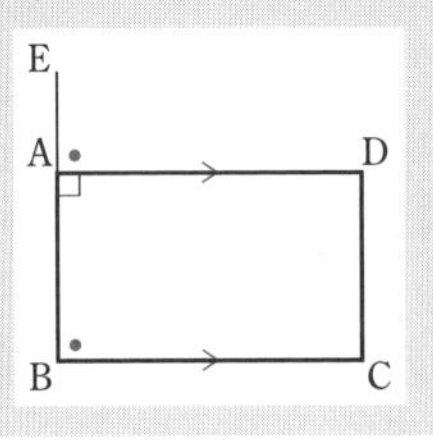

練習 91 右の図のように，辺 BA，CB，DC，AD の延長上に，それぞれ点 E，F，G，H をとる。

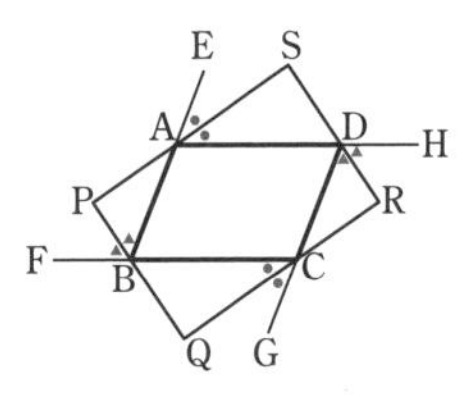

AD∥BC より，同位角が等しいから

$\angle EAD=\angle ABC$

$\angle FBA+\angle ABC=180°$ であるから

$\angle FBA+\angle EAD=180°$

よって

$$\frac{1}{2}\times\angle FBA+\frac{1}{2}\times\angle EAD=90°$$

したがって　$\angle PBA+\angle EAS=90°$

また，対頂角は等しいから

$\angle EAS=\angle PAB$

よって　$\angle PBA+\angle PAB=90°$

したがって　$\angle P=180°-90°=90°$

同様に　$\angle Q=\angle R=\angle S=90°$

4つの角が等しいから，四角形 PQRS は長方形である。

練習 92 $\square$ABCD において，AB=BC とする。

平行四辺形の対辺はそれぞれ等しいから

AB=CD，BC=DA

よって　AB=BC=CD=DA

4つの辺が等しいから，$\square$ABCD はひし形である。

したがって，1組のとなり合う2辺が等しい平行四辺形はひし形である。

練習 93 (1)　△ODF と △OBE において

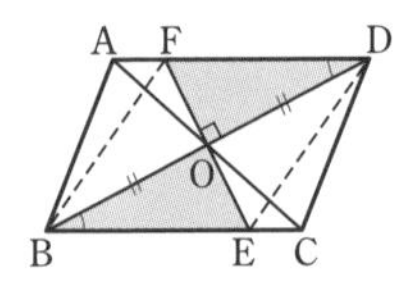

平行四辺形の対角線はそれぞれの中点で交わるから

OD=OB …… ①

AD∥BC より，錯角が等しいから

$\angle ODF=\angle OBE$

また，対頂角は等しいから

$\angle DOF=\angle BOE$

したがって，1組の辺とその両端の角がそれぞれ等しいから

△ODF≡△OBE

(2)　(1)から　OF=OE …… ②

①，② より，対角線がそれぞれの中点で交わるから，四角形 BEDF は平行四辺形である。

また，EF⊥BD より，対角線は垂直に交わるから，四角形 BEDF はひし形である。

解説

(2)　ひし形の性質

平行四辺形で，対角線が垂直に交わるを用いている。単に「対角線が垂直に交わる」だけを示しても，証明にならないので，注意。

たとえば，「たこ形」の四角形は，対角線が垂直に交わるが，ひし形ではない。

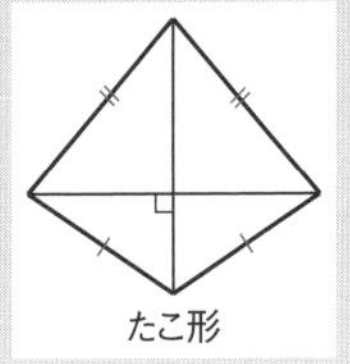
たこ形

練習 94 (1)　正方形 AB′C′D′ は，正方形 ABCD を回転させたものであるから

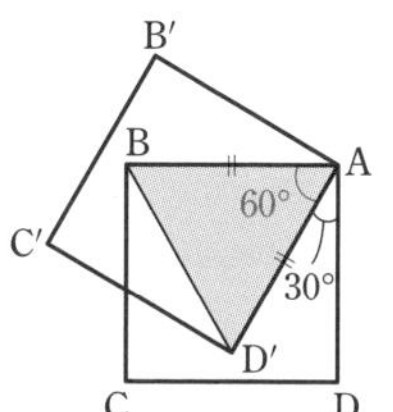

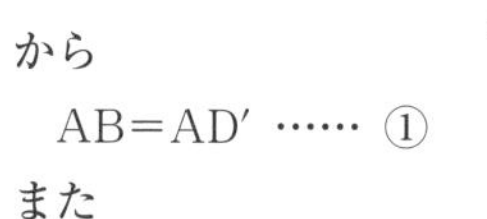

AB＝AD′ …… ①

また

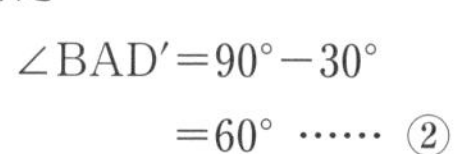

∠BAD′＝90°−30°

＝60° …… ②

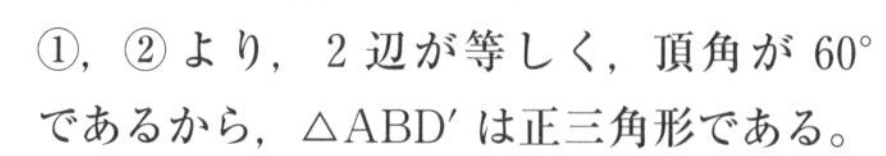

①，②より，2 辺が等しく，頂角が 60° であるから，△ABD′ は正三角形である。

(2)　△ABB′ と △D′BC′ において

四角形 AB′C′D′ は正方形であるから

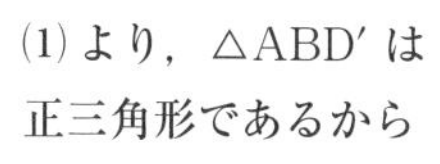

AB′＝D′C′ …… ③

(1)より，△ABD′ は正三角形であるから

AB＝D′B …… ④

また　∠BAB′＝90°−60°＝30°

∠BD′C′＝90°−60°＝30°

よって　∠BAB′＝∠BD′C′ …… ⑤

③，④，⑤より，2 組の辺とその間の角がそれぞれ等しいから

△ABB′≡△D′BC′

したがって　　BB′＝BC′

練習 95 **△AED，△EBC，△EBD**

解説

△AEC と △AED は，底辺 AE を共有し，AB∥DC であるから，高さが等しい。

よって　　△AEC＝△AED

また，AE＝BE であるから

△AEC＝△EBC

AB∥DC より　　△EBC＝△EBD

練習 96 **図の △APQ**

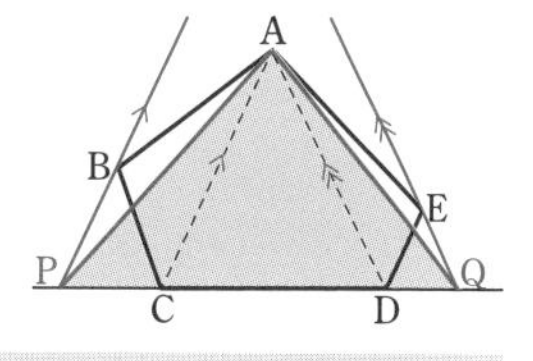

解説

① 点 B を通り，線分 AC に平行な直線と直線 CD との交点を P とする。

② 点 E を通り，線分 AD に平行な直線と直線 CD との交点を Q とする。

BP∥AC から　△ABC＝△APC

EQ∥AD から　△ADE＝△ADQ

五角形 ABCDE

＝△ABC＋△ACD＋△ADE

＝△APC＋△ACD＋△ADQ

＝△APQ

練習 97 AB∥DC で，DE が共通であるから

△AED＝△BED …… ①

また，DF∥BC で，DF が共通であるから

△BFD＝△CFD

共通である △EFD の面積をひいて

△BED＝△CFE …… ②

①，② から　△AED＝△CFE

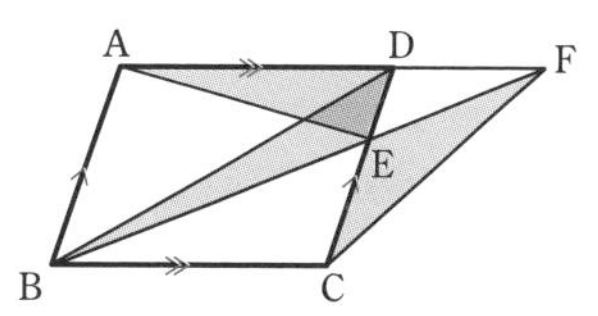

EXERCISES

➡本冊 p. 137

64 ②，④

解説

残りの内角の大きさを求める。

① 残りの角の大きさは

180°−(45°＋100°)＝35°

よって，二等辺三角形ではない。

② 残りの角の大きさは

180°−(55°＋70°)＝55°

よって，二等辺三角形である。

③　残りの角の大きさは

$180^\circ-(70^\circ+50^\circ)=60^\circ$

よって，二等辺三角形ではない。

④　残りの角の大きさは

$180^\circ-(30^\circ+75^\circ)=75^\circ$

よって，二等辺三角形である。

したがって　②，④

65　(1)　$\angle x=15^\circ$　　　(2)　$\angle x=67^\circ$

解説

(1)　AB=AC から

$\angle B=\angle C=(180^\circ-50^\circ)\div 2=65^\circ$

AD=CD から　$\angle DCA=\angle A=50^\circ$

$\angle x=65^\circ-50^\circ=15^\circ$

(2)　△DEF は正三角形であるから

$\angle EDF=\angle EFD=60^\circ$

$\angle ADF=180^\circ-(60^\circ+63^\circ)=57^\circ$

△ADF の点Fにおける外角について

$\angle DFC=\angle FAD+\angle ADF=70^\circ+57^\circ$

$=127^\circ$

よって　$60^\circ+\angle x=127^\circ$　　$\angle x=67^\circ$

66　△ABC において AB=AC とする。

辺 BC の中点を M とする。

△ABM と △ACM において

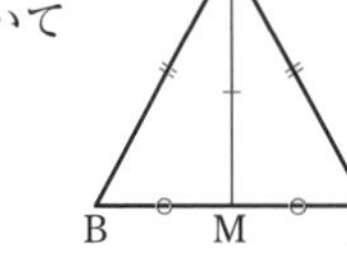

AB=AC,

BM=CM,

AM=AM (共通)

3 組の辺がそれぞれ等しいから

△ABM≡△ACM

よって　$\angle BAM=\angle CAM$ ……①

また　$\angle AMB=\angle AMC$,

$\angle AMB+\angle AMC=180^\circ$

であるから

$\angle AMB=\angle AMC=90^\circ$ ……②

①，②から，二等辺三角形の頂点と底辺の中点を結んだ線分は頂角の二等分線であり，底辺の垂線でもある。

参考　**「二等辺三角形の底辺の垂直二等分線は，頂角の二等分線である」の証明。**

AB=AC の △ABC において，底辺の垂直二等分線を，右の図のように NM とする。

M は辺 BC の中点であるから，EXERCISES 66 の結果により

$AM\perp BC$，$\angle BAM=\angle CAM$

ところで，点 M を通り，線分 BC に垂直な直線はただ 1 本であるから，NM は中線 AM に一致する。

よって，NM は A を通り，$\angle A$ を 2 等分する。

すなわち，二等辺三角形の底辺の垂直二等分線は，頂角の二等分線である。

67　90°

解説

△ABC において，AB=BC であるから

$\angle BCA=\angle A=15^\circ$

三角形の内角と外角の性質から

$\angle CBD=15^\circ+15^\circ=30^\circ$

△CBD において，BC=CD であるから

$\angle CDB=\angle CBD=30^\circ$

△CAD において，内角と外角の性質から

$\angle ECD=15^\circ+30^\circ=45^\circ$

△CDE において，CD=DE であるから

$\angle DEC=\angle ECD=45^\circ$

よって

$\angle CDE=180^\circ-(45^\circ+45^\circ)=90^\circ$

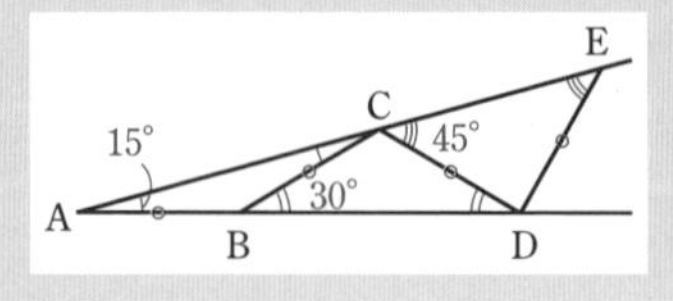

68　△ABC において

AE∥BC より，同位角が等しいから

$\angle B=\angle DAE$

AE∥BC より，錯角が等しいから

$\angle C=\angle EAC$

$\angle DAE = \angle EAC$ であるから

$\angle B = \angle C$

したがって，$\triangle ABC$ は $AB = AC$ の二等辺三角形である。

69 $\triangle ABD$ と $\triangle ACE$ において

$BD = CE$ …… ①

$\triangle ABC$ は正三角形であるから

$AB = AC$ …… ②

また　$\angle B = \angle BAC = 60°$

$AB \parallel CE$ より錯角が等しいから

$\angle BAC = \angle ACE = 60°$

よって　$\angle ABD = \angle ACE$ …… ③

①，②，③ より，2 組の辺とその間の角がそれぞれ等しいから

$\triangle ABD \equiv \triangle ACE$ …… ④

よって　$AD = AE$

④ より，$\angle BAD = \angle CAE$ であるから

$\angle DAE = \angle CAE - \angle CAD$

$= \angle BAD - \angle CAD$

$= \angle BAC = 60°$

$\triangle ADE$ は頂角が $60°$ の二等辺三角形であるから正三角形である。

解説　正三角形であることを示すのに，「二等辺三角形で，1 つの角が $60°$」であることを示してもよい。

70 (1)　$\triangle ACE$ と $\triangle ADE$ において

仮定から

$\angle AEC = \angle AED = 90°$ …… ①

$AC = AD$ …… ②

共通な辺であるから

$AE = AE$ …… ③

①，②，③ より，直角三角形の斜辺と他の 1 辺がそれぞれ等しいから

$\triangle ACE \equiv \triangle ADE$

(2)　$\triangle ACF$ と $\triangle ADF$ において

仮定から　$AC = AD$ …… ④

(1) から　$\angle CAF = \angle DAF$ …… ⑤

共通な辺であるから

$AF = AF$ …… ⑥

④，⑤，⑥ より，2 組の辺とその間の角がそれぞれ等しいから

$\triangle ACF \equiv \triangle ADF$

(3)　(2) から　$\angle ADF = \angle ACF = 90°$

よって　$\angle BDF = 90°$

また，$\triangle ABC$ は $AC = BC$ の直角二等辺三角形であるから

$\angle DBF = \angle ABC = 45°$

よって　$\angle DFB = 180° - (90° + 45°) = 45°$

したがって，$\triangle DBF$ は

$\angle D = 90°$，$\angle B = \angle F = 45°$

の直角二等辺三角形である。

解説　(3)　直角二等辺三角形であることを示すには，2 辺が等しく，その間の角が $90°$ であることを示すか，$90°$，$45°$，$45°$ の三角形であることを示せばよい。

71 (1)　**[逆]　$\triangle ABC$ において，$\angle B + \angle C = 90°$ ならば $\angle A = 90°$ である。；正しい**

(2)　**[逆]　2 つの三角形の面積が等しいならば，それらは合同である。；正しくない**

(反例) 底辺 3 cm，高さ 2 cm の三角形と，底辺 6 cm，高さ 1 cm の三角形

(3)　**[逆]　$\triangle ABC$ が正三角形ならば $\triangle ABC$ は頂角 $60°$ の二等辺三角形である。；正しい**

解説　(1)　$\angle B + \angle C = 90°$，

$\angle A + \angle B + \angle C = 180°$ から

$\angle A + 90° = 180°$　　よって　$\angle A = 90°$

(2)　底辺が 3 cm，高さが 2 cm の三角形と，底辺が 6 cm，高さが 1 cm の三角形は面積

がともに $3\,\text{cm}^2$ で等しいが，合同ではない。

(3)　△ABC が正三角形であるとき，

∠A=60°，AB=AC であるから，

△ABC は頂角 60° の二等辺三角形である。

72 △DCB と △DEB において

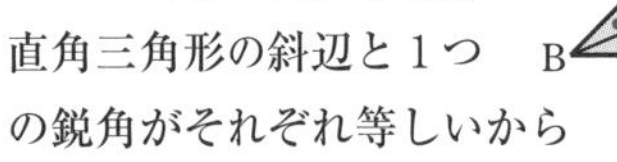

∠DCB=∠DEB=90°

∠DBC=∠DBE

BD=BD（共通）

直角三角形の斜辺と 1 つの鋭角がそれぞれ等しいから

△DCB≡△DEB

よって　CD=ED …… ①

BC=BE …… ②

また，△ABC は直角二等辺三角形であるから　∠A=45°

△ADE において，∠A=45°，∠E=90° から

∠D=45°

よって，△ADE は直角二等辺三角形であるから　ED=EA …… ③

①，②，③ から

BC+CD=BE+ED

=BE+EA=AB

➡本冊 p. 155

73 (1)　**∠x=70°，∠y=110°**

(2)　**∠x=102°，∠y=28°**

(3)　**∠x=104°，∠y=76°**

解説

(1)　△ABE は AB=AE の二等辺三角形であるから

∠ABE=∠AEB

よって　∠AEB=(180°−40°)÷2=70°

AD∥BC より，錯角が等しいから

∠x=70°

平行四辺形の対角は等しいから

∠y=40°+70°=110°

(2)　AB∥DC より，錯角が等しいから

∠FBE=∠CDB=32°

△FBE において，内角と外角の性質から

∠x=70°+32°=102°　← ∠BFE+∠FBE

また，△ABD において

∠y=180°−(∠DAB+∠ABD)

=180°−(120°+32°)=28°

(3)　△ABC は ∠A=90° の直角三角形であるから　∠B=90°−∠C　← ∠B+∠C=90°

=90°−56°=34°

∠x=∠BED　← 同位角

=180°−(42°+34°)=104°

DG∥EF より

∠x+∠y=180°　← 同側内角の和が 180°

よって　∠y=180°−∠x

=180°−104°=76°

74 △ABE と △CDF において

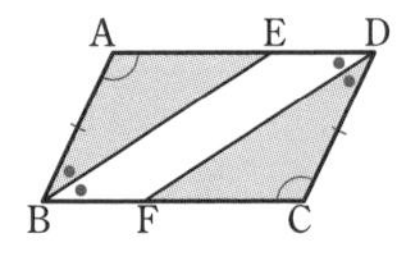

平行四辺形の対辺，対角はそれぞれ等しいから

AB=CD …… ①

∠A=∠C …… ②

線分 BE，DF はそれぞれ ∠B，∠D の二等分線であるから

$\angle \text{ABE}=\frac{1}{2}\times\angle \text{B}$，$\angle \text{CDF}=\frac{1}{2}\times\angle \text{D}$

∠B=∠D であるから

∠ABE=∠CDF …… ③

①，②，③ より，1 組の辺とその両端の角がそれぞれ等しいから

△ABE≡△CDF

よって　BE=DF

75 ②，③，⑤

解説

①　右の図の四角形 ABCD は，

AD=BC，AB∥DC

であるが，平行四辺形でない。

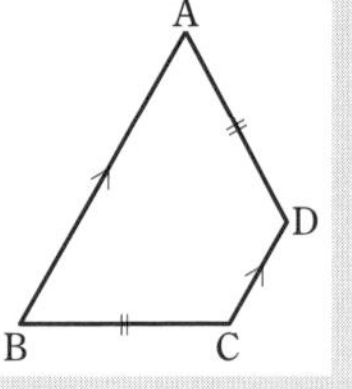

②　2 組の対辺がそれぞれ

等しいから，平行四辺形である。

③　2組の対辺がそれぞれ平行であるから，平行四辺形である。

④　右の図の四角形ABCDは，
$\angle A=110°$，$\angle B=70°$
であるが，平行四辺形でない。

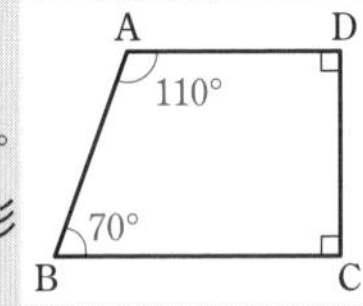

⑤　対角線がそれぞれの中点で交わるから，平行四辺形である。

⑥　右の図の四角形ABCDは，
AD＝BC，
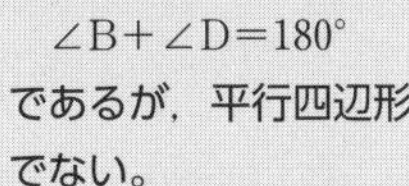
$\angle B+\angle D=180°$
であるが，平行四辺形でない。

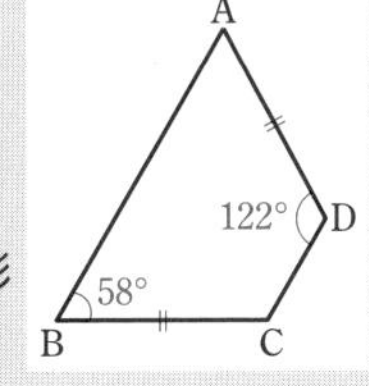

よって，平行四辺形になるものは　②，③，⑤

76 (1)　△ABC と △PBQ において
△PBA，△QBC は正三角形であるから
AB＝PB，BC＝BQ
また　$\angle ABC=60°-\angle ABQ=\angle PBQ$
よって，2組の辺とその間の角がそれぞれ等しいから　△ABC≡△PBQ

(2)　(1)から　AC＝PQ
△ACR は正三角形であるから
AC＝AR
よって　PQ＝AR ……①
また，(1)と同様に　△ABC≡△RQC
よって　QR＝BA＝PA ……②
①，②より，2組の対辺がそれぞれ等しいから，四角形PARQは平行四辺形である。

77 (1)　$\angle x=107°$　　(2)　$\angle x=74°$

解説

(1)　$\angle DCE=90°-33°=57°$
△CDE において，内角と外角の性質から
$\angle x=50°+57°=107°$

(2)　四角形ABCDはひし形であるから
AB＝BC
△EBC は正三角形であるから　BC＝EB
よって，△ABE は BA＝BE の二等辺三角形である。
AB∥DC より，錯角が等しいから
$\angle BAE=\angle AFD=83°$
よって，$\angle BAE=\angle BEA=83°$ であるから
$\angle ABE=180°-83°\times 2=14°$
したがって　$\angle ABC=14°+60°=74°$
ひし形の対角は等しいから　←平行四辺形の性質
$\angle x=74°$

78 (1)　△ABE と △GBE において
BE＝BE（共通）
$\angle BAE=\angle BGE=90°$
$\angle ABE=\angle GBE$
直角三角形の斜辺と1つの鋭角がそれぞれ等しいから
△ABE≡△GBE

(2)　△ABF と △GBF において
BF＝BF（共通），$\angle ABF=\angle GBF$
また，(1)から　BA＝BG
2組の辺とその間の角がそれぞれ等しいから　△ABF≡△GBF

(3)　(1)から　AE＝GE　　……①
$\angle AEB=\angle GEB$ ……②
(2)から　AF＝GF　　……③
ここで，$\angle ADC=\angle EGC=90°$ から
AD∥EG
よって，錯角が等しいから
$\angle AFE=\angle GEB$
②から　$\angle AFE=\angle AEB$
すなわち　$\angle AFE=\angle AEF$
したがって，△AFE は二等辺三角形であるから　AF＝AE ……④
①，③，④より，AF＝FG＝GE＝EA で4つの辺が等しいから，四角形AFGEは

ひし形である。

79 ③，⑦

解説

① 4つの辺が等しい四角形はひし形である。
② 平行四辺形のうち，対角線の長さが等しい四角形は長方形である。
④ 2組の対辺がそれぞれ等しい四角形は平行四辺形である。
⑤ 平行四辺形のうち，対角線が垂直に交わる四角形はひし形である。
⑥ 2本の対角線の長さが等しく，それぞれの中点で交わる四角形は長方形である。

80 **14 cm²**

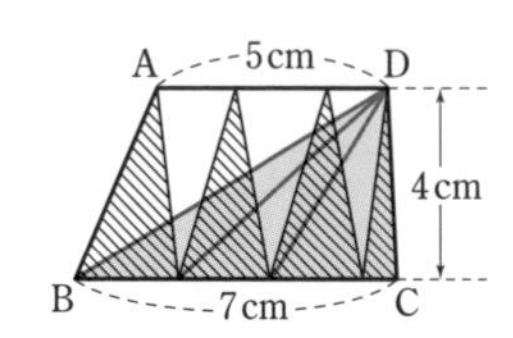

解説

平行線を利用する。
求める面積は，底辺 7 cm，高さ 4 cm の三角形の面積に等しいから

$\frac{1}{2}\times7\times4=14$ (cm²)

81 点Cを通り，線分 AP に平行にひいた直線と辺 AB との交点をDとすればよい。

解説

AP∥DC から
　△ADC=△PDC
この両辺に △DBC の面積を加えて
△ABC=四角形 BCPD

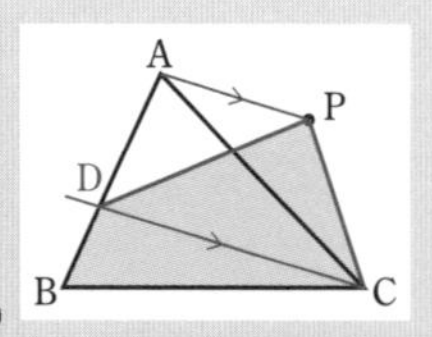

よって，点Cを通り，線分 AP に平行にひいた直線と辺 AB との交点をDとすればよい。

定期試験対策問題

➡本冊 p. 157

39 (1) **∠x=20°**　　(2) **∠x=21°**

解説

(1) 二等辺三角形の2つの底角は等しい。
(2) 正三角形の1つの内角は 60° である。

(1) DB=DC から
　∠DCB=40°
よって，△DBC における内角と外角の性質から

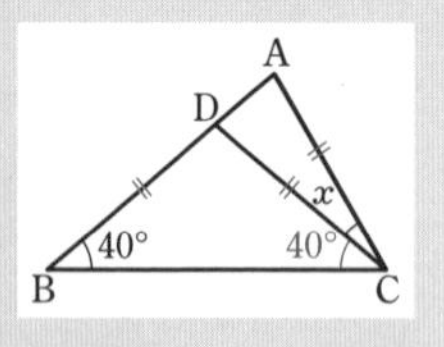

　∠ADC=40°+40°=80°
DC=CA から
　∠A=∠ADC=80°
　∠x=180°−2×80°=20°

(2) △DBE において，内角と外角の性質から
　∠DBE=81°−42°=39°
△ABC は正三角形であるから
　∠ABC=60°
よって　∠x=60°−39°=21°

40 仮定から
∠ABE=∠EBD
　…… ①
∠BAE=∠C
　…… ②

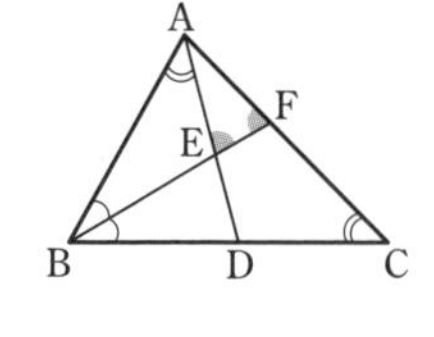

△ABE と △FBC において，内角と外角の性質から
　∠AEF=∠ABE+∠BAE
　∠AFE=∠EBD+∠C
①，② から
　∠AEF=∠AFE
よって，2つの角が等しいから，△AEF は AE=AF の二等辺三角形である。

41 △ABD と △EBD において
仮定から
　∠A=∠E=90°，∠ABD=∠EBD
また　BD=BD (共通)
直角三角形の斜辺と1つの鋭角がそれぞれ等しいから　△ABD≡△EBD
よって　AD=ED …… ①
また，△ABC は ∠A=90° の直角二等辺三角形であるから，△DEC において，

$\angle E=90^\circ$, $\angle C=45^\circ$

よって　$\angle EDC=180^\circ-(90^\circ+45^\circ)=45^\circ$

したがって，2つの角が等しいから △DEC は二等辺三角形である。

よって　ED＝EC ……②

①，②から　AD＝DE＝EC

42 (1) $\angle x=60^\circ$, $\angle y=65^\circ$

(2) $\angle x=60^\circ$, $\angle y=30^\circ$

解説

(1) AD∥BC より，同側内角の和が 180° であるから　$\angle BAD+\angle B=180^\circ$

よって　$\angle x=180^\circ-(65^\circ+55^\circ)$
$=180^\circ-120^\circ=60^\circ$

AB∥DC より，錯角が等しいから

$\angle y=\angle BAC=65^\circ$

(2) 四角形 ABCD はひし形であるから

DA＝DC

よって，△DAC は二等辺三角形であるから

$\angle x=\angle DAC=60^\circ$ ← 2つの底角は等しい

したがって，△DAC は正三角形である。

よって，△ABC も正三角形であるから

$\angle BAO=60^\circ$

$\angle AOD=90^\circ$ であるから，△ABO において，内角と外角の性質により

$\angle y=90^\circ-60^\circ=30^\circ$

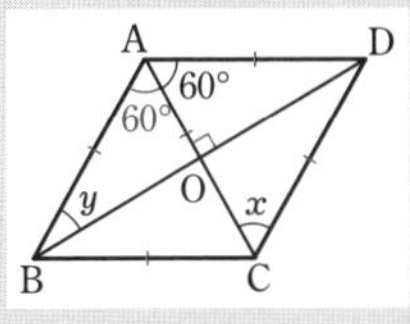

参考　△ABD は AB＝AD の二等辺三角形であり，ひし形の対角線はそれぞれの中点で垂直に交わるから，線分 AC は ∠BAD の二等分線である。(二等辺三角形において，頂角の二等分線と底辺の垂直二等分線は一致する。)

43 △AEH と △CGF において

仮定から　AE＝CG

平行四辺形の対角は等しいから

∠A＝∠C

また，平行四辺形の対辺は等しいから

AD＝BC

仮定より DH＝BF であるから

AH＝CF

したがって，2組の辺とその間の角がそれぞれ等しいから　△AEH≡△CGF

よって　EH＝GF ……①

同様にして，△BEF≡△DGH であるから

EF＝GH ……②

①，②より，2組の対辺がそれぞれ等しいから，四角形 EFGH は平行四辺形である。

44 △ABM と △ECM において

仮定から　BM＝CM

対頂角は等しいから　∠AMB＝∠EMC

また，AB∥DE より，錯角が等しいから

∠ABM＝∠ECM

1組の辺とその両端の角がそれぞれ等しいから　△ABM≡△ECM

よって　AM＝EM

したがって，対角線 AE，BC がそれぞれの中点Mで交わるから，四角形 ABEC は平行四辺形である。

45 AE∥FD，ED∥AF から，四角形 AEDF は平行四辺形で

AE＝FD，ED＝AF ……①

また，線分 AD は ∠A の二等分線であるから　∠EAD＝∠FAD

ED∥AF より，錯角が等しいから

∠EDA＝∠FAD

よって　∠EDA＝∠EAD

したがって，△AED は二等辺三角形であるから　EA＝ED ……②

①，②から　AE＝ED＝DF＝FA

4つの辺が等しいから，四角形 AEDF はひ

第1章 第2章 第3章 第4章 第5章 第6章 第7章 入試対策編

し形である。

46 図の直線 AD

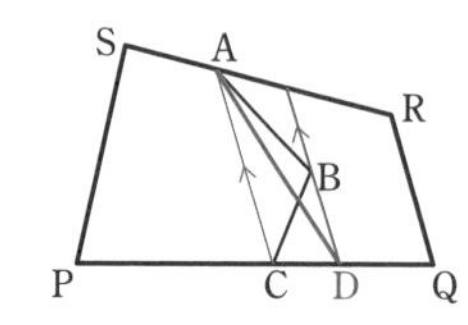

解説

点Bを通り，線分 AC に平行な直線と辺 PQ との交点をDとする。
このとき，BD∥AC で，線分 AC は共通であるから

$\triangle ACB = \triangle ACD$

よって，求める直線は直線 AD である。

第6章 データの活用 p. 159

練習

練習 98 (1) **第1四分位数 18,**
第2四分位数 21,
第3四分位数 30

(2) **第1四分位数 20,**
第2四分位数 24.5,
第3四分位数 28

解説

大きさの順に並べ，半分に分ける。
半分にしたデータのうち，
小さい方のデータの中央値が　第1四分位数
大きい方のデータの中央値が　第3四分位数
(第2四分位数は　データの中央値)

(1) データを，値の大きさの順に並べると

15　18　18　20　21　21
25　27　30　32　32

よって　第1四分位数は 18,
第2四分位数は 21,
第3四分位数は 30

(2) データを，値の大きさの順に並べると

18　19　21　24　25　28　28　32

よって　第1四分位数は $\dfrac{19+21}{2}=20$,
第2四分位数は $\dfrac{24+25}{2}=24.5$,
第3四分位数は $\dfrac{28+28}{2}=28$

練習 99 (1) **29点**　　(2) **A**

解説

(四分位範囲)＝(第3四分位数)−(第1四分位数)
四分位範囲が大きいほど，データの中央値のまわりの散らばりの程度が大きい。

(1) Cの得点を，大きさの順に並べると

55　56　57　63　65　73　80　86　87　90

よって，第1四分位数は 57 (点),
第3四分位数は 86 (点)
したがって，四分位範囲は
86−57＝29 (点)

(2) 四分位範囲について
A：22点，B：28点，C：29点
であるから，中央値のまわりの散らばりの程度が一番小さいのはAである。

練習 100

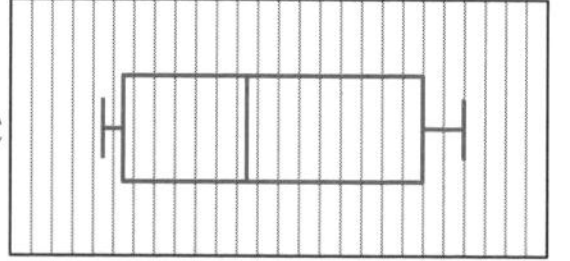

解説

グループCの最小値，四分位数，最大値は，次のようになる (単位は点)。

最小値	第1四分位数	中央値	第3四分位数	最大値
55	57	69	86	90

中央値は $\dfrac{65+73}{2}=69$ (点)

練習 101 ③

解説

ヒストグラムから，最小値，四分位数，最大値がどの階級にふくまれるかを読みとる。
ヒストグラムから，C組の

最小値がふくまれる階級は

0 分以上 5 分未満

最大値がふくまれる階級は

35 分以上 40 分未満

であることがわかる。 ←④は，適さない

また，C組の累積度数は，右のようになる。

階級（分）	累積度数（人）C組
5 未満	2
10 未満	6
15 未満	13
20 未満	20
25 未満	25
30 未満	28
35 未満	28
40 未満	30

データの個数は 30 で，データを値の大きさの順に並べたとき

第 1 四分位数は 8 番目の値，中央値は 15 番目と 16 番目の値の平均，第 3 四分位数は 23 番目の値 であるから，C組のデータについて

第 1 四分位数は

10 分以上 15 分未満

中央値は

15 分以上 20 分未満

第 3 四分位数は

20 分以上 25 分未満

の階級に，それぞれふくまれる。

これらを満たす箱ひげ図は　③

練習 102 ③

解説

① 各教科の箱ひげ図から，範囲がもっとも小さいのは，国語である。よって，正しくない。

② 英語の箱ひげ図は，中央値が 70 点以上であるから，少なくとも 200 人は 60 点以上の得点であると考えられる。よって，正しくない。

③ 数学の箱ひげ図は，第 1 四分位数が 50 点未満であるから，少なくとも 100 人は 50 点未満の得点であると考えられる。

よって，正しい。 ←100 人以上は「100 人」をふくむ

④ 国語の箱ひげ図を見ると，最小値は 30 点から 40 点の間にあるから，少なくとも 1 人は 30 点台の生徒がいる。

よって，正しくない。

EXERCISES

➡本冊 p. 167

82 **中央値 11 点，第 1 四分位数 9 点**

解説

平均値が 11 点であるから

$13+10+11+9+12+8+15+9+a+b=11\times10$

$87+a+b=110$

よって　$a+b=23$ …… ①

a，b を除いた 8 個のデータを，値の大きさの順に並べると

8，9，9，10，11，12，13，15

a，b をふくめた 10 個のデータにおいて，

第 3 四分位数は，大きい方から数えて 3 番目のデータである。

よって，第 3 四分位数が 12 点であるとき，

a，b の値は 12 以下である。…… ②

a，b は自然数で，$a<b$ であるから，①，② より

$a=11$，$b=12$ ← b が 11 以下のとき，$a<b$ を満たさない

したがって，すべてのデータを値の大きさの順に並べると

8，9，9，10，11，11，12，12，13，15

中央値は　$\dfrac{11+11}{2}=11$（点）

第 1 四分位数は　9 点

83 (1)　③　　(2)　④

解説

(1) ① 4 組全体の最高点の生徒がいるのは D組

② 四分位範囲がもっとも大きいのは A組

④ B組の箱ひげ図を見ると，第 1 四分位数は 60 点，第 3 四分位数は 80 点である。

生徒の人数は 30 人であるから，

60 点未満は 7 人 ← 小さい方から 8 番目が 60 点

80 点以上は 8 人 ← 大きい方から 8 番目が 80 点

である。よって，正しくない。

(2) 箱ひげ図から，A 組の各値は次のようになる。

最小値は　40 点以上 50 点未満

第 1 四分位数は

60 点以上 70 点未満 ← 小さい方から 8 番目

中央値は　70 点 ← 小さい方から 15，16 番目の平均

第 3 四分位数は

80 点以上 90 点未満 ← 小さい方から 23 番目

最大値は　90 点以上 100 点未満

また，①～④ のヒストグラムから，それぞれの累積度数は次のようになる。

階級（点）	① の累積度数（人）	② の累積度数（人）	③ の累積度数（人）	④ の累積度数（人）
50 未満	3	1	2	3
60 未満	8	7	6	7
70 未満	14	15	12	14
80 未満	22	24	23	22
90 未満	28	29	28	28
100 未満	30	30	30	30

第 1 四分位数の階級から，① は適さない。

第 3 四分位数の階級から，②，③ は適さない。

④ は最小値，四分位数，最大値すべて適する。

よって　④

定期試験対策問題

➡本冊 p. 168

47 (1)　③　　(2)　ゲーム A

解説

(1) ゲーム A の得点を，大きさの順に並べると，次のようになる。

1，1，2，3，5，7，8，9，9　単位（点）

よって，ゲーム A において

最小値 1 点，第 1 四分位数

$\frac{1+2}{2}=1.5$（点），

中央値 5 点，第 3 四分位数

$\frac{8+9}{2}=8.5$（点）

最大値 9 点　である。

これらを表す箱ひげ図は　③

(2) ゲーム A の四分位範囲は

$8.5-1.5=7$（点）

また，ゲーム B の得点を，大きさの順に並べると，次のようになる。

2，4，4，5，6，7，7，9，10　単位（点）

よって，ゲーム B において

第 1 四分位数は　$\frac{4+4}{2}=4$（点）

第 3 四分位数は　$\frac{7+9}{2}=8$（点）

したがって，ゲーム B の四分位範囲は

$8-4=4$（点）

よって，中央値のまわりの散らばりの程度が大きいのは　ゲーム A

48 ①，②

解説

① 箱の長さは四分位範囲を表すから，中央値のまわりの散らばりの程度が小さいのは，リーグ A で正しい。

② 箱ひげ図から，リーグ A の中央値は 12 点より大きい。← データの個数の半分は 12 点以上

選手の数は 30 人であるから，リーグ A では 15 人以上が 12 点以上得点しているといえるので，正しい。

③ 箱ひげ図からは，18 点得点した人がいるかどうかは読みとれない。

18 点得点した人がいなくても，リーグ B のような箱ひげ図になる場合があるから，正しくない。

49 ①

解説

このデータの累積度数は，右のようになる。

階級（℃）	累積度数（日）
4 未満	0
6 未満	1
8 未満	2
10 未満	9
12 未満	15
14 未満	25
16 未満	30
18 未満	30

日数は 30 日であるから，データを値の大きさの順に並べたとき
第 1 四分位数は
　小さい方から 8 番目
中央値は
　15 番目と 16 番目の平均
第 3 四分位数は
　大きい方から 8 番目　の値である。
よって，
　最小値は，4 ℃ 以上 6 ℃ 未満の階級に入る。
　→③ が適さない
　第 1 四分位数は，8 ℃ 以上 10 ℃ 未満の階級に入る。→② が適さない
　中央値は
　　小さい方から 15 番目のデータが 10 ℃ 以上 12 ℃ 未満の階級に入り，小さい方から 16 番目のデータが 12 ℃ 以上 14 ℃ 未満の階級に入るから，11 ℃ 以上 13 ℃ 未満である。→②，④ が適さない
　第 3 四分位数は，12 ℃ 以上 14 ℃ 未満の階級に入る。
　最大値は，14 ℃ 以上 16 ℃ 未満の階級に入る。
以上から，もっとも適する箱ひげ図は　①

第 7 章　確　率　p. 169

練　習

練習 103　(1) $\dfrac{1}{3}$　　(2) $\dfrac{1}{5}$

解説

$\dfrac{\text{そのことがらが起こる場合}}{\text{すべての場合}}$

(1) 目の出方は，全部で 6 通りあり，どの目が出ることも，同様に確からしい。
　3 の倍数の目が出る場合は 3，6 の 2 通り。
　よって，3 の倍数の目が出る確率は
　　$\dfrac{2}{6}=\dfrac{1}{3}$

(2) 玉の取り出し方は，全部で 10 通りあり，どの玉の取り出し方も，同様に確からしい。
　赤玉を取り出す場合は　2 通り
　よって，赤玉を取り出す確率は　$\dfrac{2}{10}=\dfrac{1}{5}$

練習 104　$\dfrac{4}{5}$

解説

(A の起こらない確率)＝1－(A の起こる確率)
100÷5＝20 より，1 から 100 の整数の中に 5 の倍数は 20 個ある。
よって，取り出した玉に書かれた数が 5 の倍数である確率は　$\dfrac{20}{100}=\dfrac{1}{5}$
　(書かれた数が 5 の倍数でない確率)
＝1－(書かれた数が 5 の倍数である確率)
であるから，求める確率は　$1-\dfrac{1}{5}=\dfrac{4}{5}$

練習 105　(1) $\dfrac{3}{8}$　　(2) $\dfrac{7}{8}$

解説

4 枚の硬貨を a，b，c，d と区別し，表を ○，裏を×で表すと，表裏の出方は次の 16 通りである。

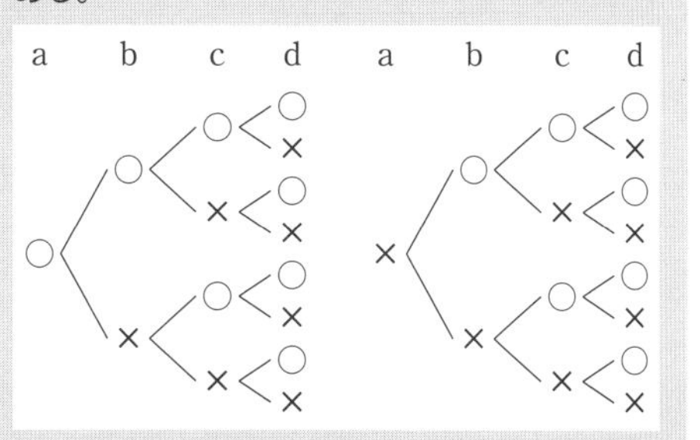

(1) 表が 2 枚，裏が 2 枚の場合は
　○○××，○×○×，○××○，
　×○○×，×○×○，××○○　の 6 通り。

よって，求める確率は　$\frac{6}{16}=\frac{3}{8}$

(2)　表が 3 枚，裏が 1 枚の場合は

○○○×，○○×○，○×○○，×○○○

の 4 通り。

表が 1 枚，裏が 3 枚の場合も同様に 4 通り。

(1) の場合も考えると，表も裏も出ている場合は　$4+4+6=14$ (通り)

よって，求める確率は　$\frac{14}{16}=\frac{7}{8}$

別解　(2)　表が出ない出方は××××の 1 通り。裏が出ない出方は ○○○○ の 1 通り。

表または裏しか出ない確率は $\frac{2}{16}=\frac{1}{8}$ であるから，表も裏も出ている確率は

$$1-\frac{1}{8}=\frac{7}{8}$$

参考　すべての出方は

$$2\times2\times2\times2=16 \text{ (通り)}$$

練習 106　(1) $\frac{1}{6}$　(2) $\frac{13}{36}$　(3) $\frac{1}{6}$

解説

2 つのさいころを同時に投げるとき，目の出方は全部で　$6\times6=36$ (通り)

(1)　目の和が 4 以下になる場合は

(1, 1)，(1, 2)，(1, 3)，(2, 1)，(2, 2)，(3, 1) の 6 通り。

よって，求める確率は　$\frac{6}{36}=\frac{1}{6}$

(2)　目の積が 15 以上になる場合は

(3, 5)，(3, 6)，(4, 4)，(4, 5)，(4, 6)，(5, 3)，(5, 4)，(5, 5)，(5, 6)，(6, 3)，(6, 4)，(6, 5)，(6, 6) の 13 通り。

よって，求める確率は　$\frac{13}{36}$

(3)　同じ目が出る場合は，その目が 1，2，……，6 の 6 通り。

よって，求める確率は　$\frac{6}{36}=\frac{1}{6}$

(1)

＼	1	2	3	4	5	6
1	2	3	4	5	6	7
2	3	4	5	6	7	8
3	4	5	6	7	8	9
4	5	6	7	8	9	10
5	6	7	8	9	10	11
6	7	8	9	10	11	12

(2)

＼	1	2	3	4	5	6
1	1	2	3	4	5	6
2	2	4	6	8	10	12
3	3	6	9	12	15	18
4	4	8	12	16	20	24
5	5	10	15	20	25	30
6	6	12	18	24	30	36

練習 107　(1) $\frac{3}{10}$　(2) $\frac{9}{25}$

解説

(1)

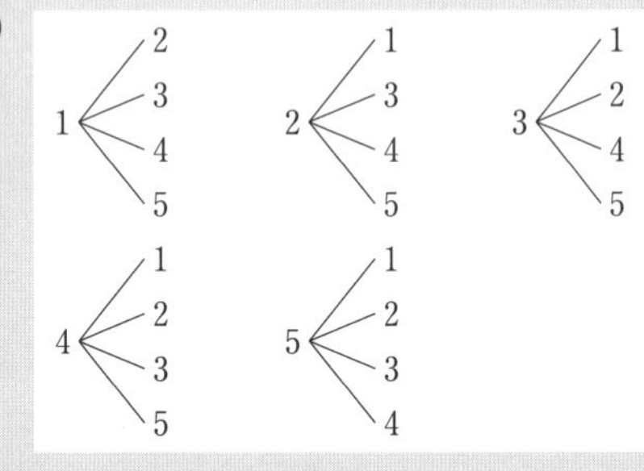

カードの引き方は全部で

$$5\times4=20 \text{ (通り)}$$

このうち，引いた 2 枚のカードがともに奇数である引き方は (1, 3)，(1, 5)，(3, 1)，(3, 5)，(5, 1)，(5, 3) の 6 通り。

よって，求める確率は　$\frac{6}{20}=\frac{3}{10}$

(2)

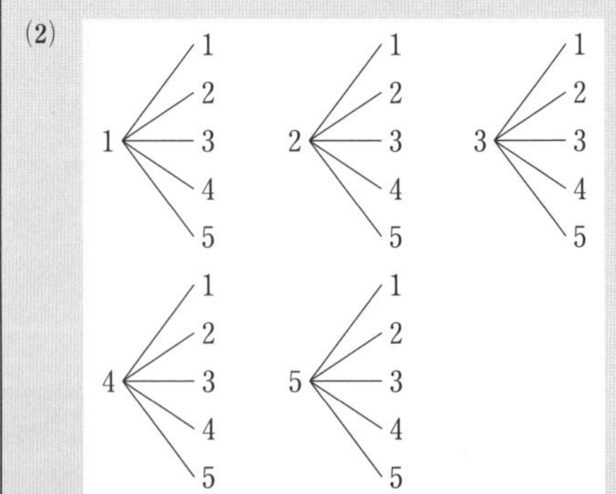

カードの引き方は全部で

$$5\times5=25 \text{ (通り)}$$

このうち，引いた 2 枚のカードがともに奇数である引き方は (1, 1)，(1, 3)，(1, 5)，(3, 1)，(3, 3)，(3, 5)，(5, 1)，

(5, 3), (5, 5) の 9 通り。

よって，求める確率は $\frac{9}{25}$

練習 108 (1) $\frac{2}{15}$　　(2) $\frac{3}{5}$

解説

赤玉を(赤1), (赤2), (赤3), 青玉を(青1), (青2), 黄玉を(黄1)とする。2 個の取り出し方は，全部で

((赤1), (赤2)), ((赤1), (赤3)), ((赤1), (青1))
((赤1), (青2)), ((赤1), (黄1))
((赤2), (赤3)), ((赤2), (青1)), ((赤2), (青2))
((赤2), (黄1)), ((赤3), (青1)), ((赤3), (青2))
((赤3), (黄1)), ((青1), (青2)), ((青1), (黄1))
((青2), (黄1))

の 15 通り。

(1) 1 個が青玉，1 個が黄玉の場合は〰〰の 2 通り。よって，求める確率は $\frac{2}{15}$

(2) 少なくとも 1 個は青玉である場合は＿＿と〰〰を合わせた 9 通り。

よって，求める確率は $\frac{9}{15}=\frac{3}{5}$

別解 (2) $\left(\begin{array}{c}\text{少なくとも 1 個は}\\\text{青玉である確率}\end{array}\right)$

$=1-\left(\begin{array}{c}\text{2 個とも}\\\text{青玉でない確率}\end{array}\right)$

2 個とも赤玉である場合は

((赤1), (赤2)), ((赤1), (赤3)), ((赤2), (赤3))

の 3 通り。

1 個が赤玉，1 個が黄玉である場合は

((赤1), (黄1)), ((赤2), (黄1)), ((赤3), (黄1))

の 3 通り。

よって，2 個とも青玉でない場合は 6 通りで，その確率は $\frac{6}{15}=\frac{2}{5}$

したがって，求める確率は $1-\frac{2}{5}=\frac{3}{5}$

練習 109 $\frac{3}{10}$

解説

当たりくじを ○1，○2，○3，はずれくじを ×1，×2 とすると，くじの引き方は，次の樹形図のようになる。

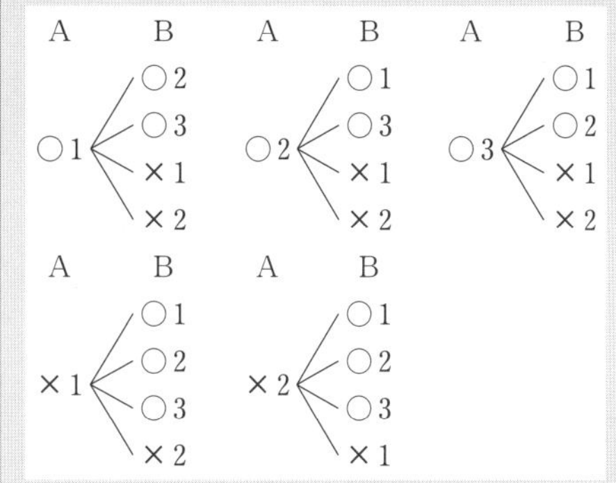

よって，すべての場合は　20 通り

このうち，2 人とも当たりくじを引くのは 6 通り。

よって，求める確率は $\frac{6}{20}=\frac{3}{10}$

練習 110 $\frac{4}{27}$

解説

じゃんけんをする 4 人を a さん，b さん，c さん，d さんとする。

a さんの手の出し方は　グー，チョキ，パーの 3 通り。

そのおのおのについて b さん，c さん，d さんの手の出し方は 3 通りずつあるから，すべての場合は　$3\times3\times3\times3=81$ (通り)

a さんだけ勝つとき，その勝ち方は

グー，チョキ，パーの 3 通り。

b さん，c さん，d さんも同様に 3 通りずつあるから，1 人だけ勝つ場合は

$3\times4=12$ (通り)

よって，求める確率は $\frac{12}{81}=\frac{4}{27}$

練習 111 (1) **36 通り**　　(2) $\frac{1}{4}$

解説

(1) 赤，青，緑，黄の 4 色のうち 3 色を使っ

て色をぬる場合は　24通り　←例題111(1)

また，4色のうち，2色を使って色をぬるとき，その2色の選び方は

(赤，青)，(赤，緑)，(赤，黄)，
(青，緑)，(青，黄)，(緑，黄)

の6通り。

赤，青の2色を使うとすると，となりあう色が同じにならないようにするから，ぬり方は，2通り

A　B　C　　A　B　C
赤―青―赤　　青―赤―青

他の2色を使う場合も同様であるから，2色の場合のぬり方は全部で

$2\times6=12$ (通り)

よって，色のぬり方は全部で

$24+12=36$ (通り)

(2)　4色のうち3色を使って色をぬるとき，中央が赤でぬられる場合は　6通り
←例題111(2)

また，(赤，青)の2色を使って色をぬるとき，中央が赤でぬられる場合は，(1)の樹形図から　1通り

(赤，緑)，(赤，黄)の2色を使う場合も同様であるから，4色のうち2色を使って色をぬるとき，中央が赤でぬられる場合は

$1\times3=3$ (通り)

よって，中央が赤でぬられる場合は全部で

$6+3=9$ (通り)

したがって，求める確率は　$\frac{9}{36}=\frac{1}{4}$

EXERCISES

➡本冊 p. 180

84 (1) $\frac{1}{4}$　(2) $\frac{2}{13}$　(3) $\frac{11}{26}$

解説

引き方は，全部で　52通り

(1)　♣を引く場合は，A，2，3，…，Kの13通り

よって，求める確率は　$\frac{13}{52}=\frac{1}{4}$

(2)　2またはJを引く場合は，それぞれ♠，♣，♥，◆の4種類あるから

$4+4=8$ (通り)

よって，求める確率は　$\frac{8}{52}=\frac{2}{13}$

(3)　♥または絵札（J，Q，K）を引く場合は

$13+\underline{3\times3}=22$ (通り)
←♥を除いた分

よって，求める確率は　$\frac{22}{52}=\frac{11}{26}$

85 (1) **10通り**　(2) $\frac{3}{10}$

解説

(1)　男子3人をA，B，C，女子2人をD，Eとする。

2人の委員の選び方は

(A，B)，(A，C)，(A，D)，(A，E)，
(B，C)，(B，D)，(B，E)，
(C，D)，(C，E)，(D，E)

の10通りある。

(2)　男子2人が選ばれるのは，(A，B)，(A，C)，(B，C)の3通りある。

よって，求める確率は　$\frac{3}{10}$

86 (1) $\frac{1}{9}$　(2) $\frac{5}{12}$　(3) $\frac{25}{36}$

解説

すべての目の出方は

$6\times6=36$ (通り)

(1)　差が4になる目の出方は

(1，5)，(2，6)，(5，1)，(6，2)の4通り。

よって，求める確率は　$\frac{4}{36}=\frac{1}{9}$

(2)　積が4の倍数となるのは，その積が

4，8，12，16，20，24，36

となるときである。

積が4　(1，4)，(2，2)，(4，1)
積が8　(2，4)，(4，2)
積が12　(2，6)，(3，4)，(4，3)，(6，2)
積が16　(4，4)

積が 20　(4, 5), (5, 4)
積が 24　(4, 6), (6, 4)
積が 36　(6, 6)
全部で　15 通り

よって，求める確率は　$\frac{15}{36}=\frac{5}{12}$

(3)　(Aでない確率)＝1－(Aである確率)
4 の目が出る場合は
(1, 4), (2, 4), (3, 4), (4, 4), (5, 4), (6, 4), (4, 1), (4, 2), (4, 3), (4, 5), (4, 6) の 11 通り。

よって，4 の目が出る確率は　$\frac{11}{36}$

したがって，求める確率は　$1-\frac{11}{36}=\frac{25}{36}$

87　$\frac{2}{5}$

解説

2 けたの数は
　12, 13, 14, 15, 21, 23, 24, 25,
　31, 32, 34, 35, 41, 42, 43, 45,
　51, 52, 53, 54
の 20 通りできる。

1 ＜ 2, 3, 4, 5　2 ＜ 1, 3, 4, 5　3 ＜ 1, 2, 4, 5　4 ＜ 1, 2, 3, 5　5 ＜ 1, 2, 3, 4
↑「11」などはつくられない

このうち，できた 2 けたの数が偶数である場合は
　12, 14, 24, 32, 34, 42, 52, 54
の 8 通りあるから，求める確率は　$\frac{8}{20}=\frac{2}{5}$

88　(1)　$\frac{1}{45}$　(2)　$\frac{1}{45}$　(3)　$\frac{7}{15}$

解説

1 等賞を ◎1，2 等賞を ○1，○2，はずれを ×1，×2，×3，×4，×5，×6，×7 とする。

Aさんのくじの引き方は 10 通りあり，Bさんのくじの引き方は，Aさんのくじを除いた 9 通りあるから，すべての場合は

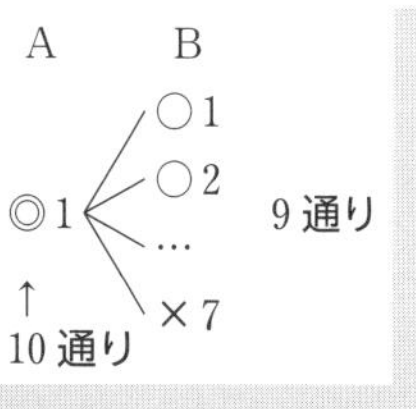

$10\times9=90$ (通り)

(1)　Aさんが 1 等賞，Bさんが 2 等賞を当てる場合は，◎1—○1，◎1—○2 の 2 通り。
よって，求める確率は　$\frac{2}{90}=\frac{1}{45}$

(2)　Aさんが 2 等賞，Bさんが 1 等賞を当てる場合は，○1—◎1，○2—◎1 の 2 通り。
よって，求める確率は　$\frac{2}{90}=\frac{1}{45}$

(3)　Aさん，Bさんがともにはずれる場合は右の図から
$7\times6=42$ (通り)
よって，求める確率は　$\frac{42}{90}=\frac{7}{15}$

A　B
×1 ＜ ×2, ×3, …, ×7　6 通り
↑
7 通り

定期試験対策問題

➡本冊 p. 181

50　(1)　$\frac{1}{4}$　(2)　$\frac{3}{13}$

解説

(1)　◆は全部で 13 枚あるから，求める確率は
　$\frac{13}{52}=\frac{1}{4}$

(2)　絵札は全部で $3\times4=12$ (枚) あるから，求める確率は　$\frac{12}{52}=\frac{3}{13}$

51　(1)　$\frac{7}{36}$　(2)　$\frac{3}{4}$

解説

すべての目の出方は　$6\times6=36$ (通り)

(1)　和が 5 の倍数になるのは，その和が
　5, 10
となるときである。

和が5　(1, 4), (2, 3), (3, 2), (4, 1)
和が10　(4, 6), (5, 5), (6, 4)
よって，和が5の倍数になる目の出方は
$4+3=7$ (通り)
したがって，求める確率は　$\frac{7}{36}$

(2)　(偶数)×(偶数)=(偶数),
(偶数)×(奇数)=(偶数),
(奇数)×(奇数)=(奇数)　であり，
(積が偶数になる確率)
=1−(積が奇数になる確率)　であるから，
積が奇数になる場合を考える。← この方が数が少ない
積が奇数になるのは，それぞれの目が奇数のときであるから
(1, 1), (1, 3), (1, 5)
(3, 1), (3, 3), (3, 5)
(5, 1), (5, 3), (5, 5)
の9通り。
よって，積が奇数となる確率は　$\frac{9}{36}=\frac{1}{4}$
したがって，求める確率は　$1-\frac{1}{4}=\frac{3}{4}$

52 $\frac{2}{5}$

解説
取り出し方は，全部で
(a, b), (a, c), (a, A), (a, B), (b, c),
(b, A), (b, B), (c, A), (c, B), (A, B)
の10通り。
このうち，小文字だけ，または大文字だけになる場合は
(a, b), (a, c), (b, c), (A, B)
の4通り。
よって，求める確率は　$\frac{4}{10}=\frac{2}{5}$

53 (1) $\frac{2}{5}$　(2) $\frac{8}{15}$

解説
玉を白1，白2，白3，白4，赤1，赤2とする。
取り出し方は，全部で
(白1, 白2), (白1, 白3), (白1, 白4),
(白1, 赤1), (白1, 赤2), (白2, 白3),
(白2, 白4), (白2, 赤1), (白2, 赤2),
(白3, 白4), (白3, 赤1), (白3, 赤2),
(白4, 赤1), (白4, 赤2), (赤1, 赤2)
の15通り。
(1)　2個とも白玉になる場合は
(白1, 白2), (白1, 白3), (白1, 白4),
(白2, 白3), (白2, 白4), (白3, 白4)
の6通り。
よって，求める確率は　$\frac{6}{15}=\frac{2}{5}$
(2)　白玉が1個，赤玉が1個になる場合は
(白1, 赤1), (白1, 赤2), (白2, 赤1),
(白2, 赤2), (白3, 赤1), (白3, 赤2),
(白4, 赤1), (白4, 赤2)
の8通り。
よって，求める確率は　$\frac{8}{15}$

54 A $\frac{1}{2}$, B $\frac{1}{2}$, C $\frac{1}{2}$

解説
当たりくじを○1，○2，はずれくじを×1，×2とする。
A，B，Cの順に引くとき，樹形図は次のようになる。

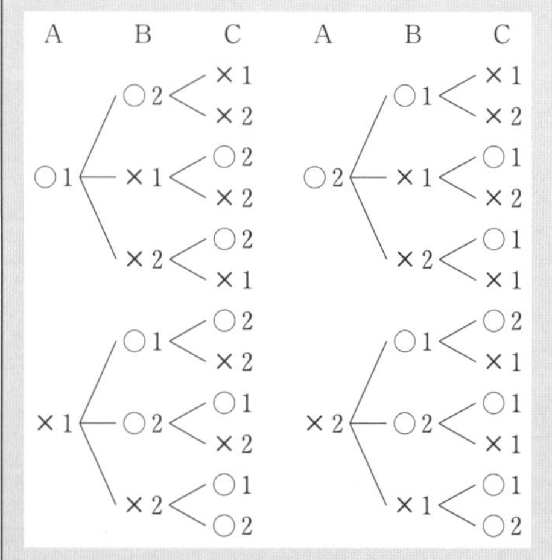

よって，すべての場合は24通り。

図から

Aの当たる確率は $\frac{12}{24}=\frac{1}{2}$

Bの当たる確率は $\frac{12}{24}=\frac{1}{2}$

Cの当たる確率は $\frac{12}{24}=\frac{1}{2}$

入試対策編 p. 183

問　題

問題 1 (1) **17**　(2) **$3n-1$**　(3) **5 個**

解説

(1) 7 行目の左端の数は 14 であるから，左から 4 番目の数は

$14+(4-1)=17$ ← 14, 15, 16, 17

(2) n 行目の左端の数は $2n$ で，

$2n$, $2n+1$, …… と n 個並ぶ。

2 行目の右端の数は　$4+(2-1)$

3 行目の右端の数は　$6+(3-1)$

4 行目の右端の数は　$8+(4-1)$ ……

となるから，n 行目の右端の数は

$2n+(n-1)=3n-1$

(3) (2) より，10 行目の右端の数は

$3\times10-1=29$

11 行目の右端の数は

$3\times11-1=32$

よって，31 は 11 行目にはじめて現れる。

また，16 行目の左端の数は

$2\times16=32$ ← 16 行目は 32 からはじまる

よって，31 は 11 行目から 15 行目の各行に 1 個ずつ現れるから，31 は 5 個。

問題 2 (1) $x=-\dfrac{2}{3}$，$y=-1$

(2) $x=7$，$y=-3$

解説

(1) $\dfrac{1}{x+1}=X$，$\dfrac{1}{y}=Y$ とすると

$$\begin{cases} X-Y=4 & \cdots\cdots ① \\ 2X+3Y=3 & \cdots\cdots ② \end{cases}$$

①×3+② から　$5X=15$　$X=3$

$X=3$ を ① に代入すると　$Y=-1$

よって　$\dfrac{1}{x+1}=3$，$\dfrac{1}{y}=-1$

$x+1=\dfrac{1}{3}$，$y=-1$

$x=-\dfrac{2}{3}$，$y=-1$

(2) $(x+y):(x+1)=1:2$ から

$2(x+y)=x+1$

整理すると　$x+2y=1$ …… ①

$2x+3y=5$ …… ② とすると

①×2−② から　$y=-3$

$y=-3$ を ① に代入すると　$x=7$

よって　$x=7$，$y=-3$

問題 3 $a=-1$，$b=2$

解説

$$\begin{cases} 5x+3y=35 & \cdots\cdots ① \\ ax+by=6 & \cdots\cdots ② \end{cases} \text{と} \begin{cases} 4x-3y=1 & \cdots\cdots ③ \\ bx-ay=13 & \cdots\cdots ④ \end{cases}$$

が同じ解をもつとき，その解は ① と ③ の連立方程式の解である。

①+③ から　$9x=36$　$x=4$

$x=4$ を ③ に代入すると　$y=5$

$x=4$，$y=5$ を ②，④ に代入すると

$$\begin{cases} 4a+5b=6 & \cdots\cdots ⑤ \\ -5a+4b=13 & \cdots\cdots ⑥ \end{cases}$$

⑤×5+⑥×4 から

$41b=82$　$b=2$

$b=2$ を ⑤ に代入すると　$a=-1$

よって　$a=-1$，$b=2$

問題 4 (1) $x=2$，$y=-3$，$z=-1$

(2) $x=3$，$y=4$，$z=-5$

解説

CHART 連立方程式　文字を減らす方針

(1) $$\begin{cases} 2x-y+z=6 & \cdots\cdots ① \\ 3x+y-2z=5 & \cdots\cdots ② \\ x+2y+3z=-7 & \cdots\cdots ③ \end{cases}$$ とする。

①+② から　$5x-z=11$ …… ④

①×2+③ から

$5x+5z=5$　$x+z=1$ …… ⑤

④+⑤ から　$6x=12$　$x=2$

$x=2$ を ⑤ に代入すると　$z=-1$

$x=2$，$z=-1$ を ① に代入すると

$4-y-1=6$　$y=-3$

よって　$x=2$，$y=-3$，$z=-1$

(2) $$\begin{cases} x+y=7 & \cdots\cdots ① \\ y+z=-1 & \cdots\cdots ② \\ z+x=-2 & \cdots\cdots ③ \end{cases}$$ とする。

①−② から　$x-z=8$ …… ④
③+④ から　$2x=6$　　$x=3$
$x=3$ を ①，③ に代入すると
$y=4$，$z=-5$
よって　$x=3$，$y=4$，$z=-5$
参考　次のように解くこともできる。
①+②+③ から $2(x+y+z)=4$
$x+y+z=2$ …… ④
①，④ から　$7+z=2$　$z=-5$
②，④ から　$x-1=2$　$x=3$
③，④ から　$y-2=2$　$y=4$

問題 5 16 分後

解説
水を入れ始めてから x 分後にAの水の量を 2 倍にし，Bの水の量も 2 倍にしてから y 分後に満水になったとする。
Aの水の量は $\frac{1}{90}$ であるから，その 2 倍は
$$\frac{1}{90}\times 2=\frac{1}{45}$$
Bの水の量は $\frac{1}{120}$ であるから，その 2 倍は
$$\frac{1}{120}\times 2=\frac{1}{60}$$
$x+6+y=35$ …… ①
$$\left(\frac{1}{90}+\frac{1}{120}\right)x+\left(\frac{1}{45}+\frac{1}{120}\right)\times 6+\left(\frac{1}{45}+\frac{1}{60}\right)y=1 \text{ …… ②}$$
① より　$x+y=29$ …… ③
② の両辺に 360 をかけると
$(4+3)x+(8+3)\times 6+(8+6)y=360$
$7x+66+14y=360$
$7x+14y=294$
$x+2y=42$ …… ④
④−③ から　$y=13$
$y=13$ を ③ に代入して　$x=16$
これらは問題に適する。

問題 6 (1)　10 個　　(2)　8

解説
(1)　$k=5$ のとき，直線の式は
$y=-x+5$
条件を満たす点で，
x 座標が 1 の点は
(1, 1)，(1, 2)，(1, 3)，(1, 4)
x 座標が 2 の点は
(2, 1)，(2, 2)，(2, 3)
x 座標が 3 の点は　(3, 1)，(3, 2)
x 座標が 4 の点は　(4, 1) ← 直線上の点もふくむ
よって　$1+2+3+4=10$ (個) ← $1+\cdots+(k-1)$
(2)　たとえば，$k=6$ のとき，条件を満たす点の個数は　$1+2+3+4+5=15$ (個)（5 ← $6-1$）
このように考えると，
$28=1+2+3+4+5+6+7$
であるから　$k=8$

問題 7 $k=-4$

解説
直線の式を $y=ax+b$ とする。
$x=-1$，$y=2$ を代入すると
$2=-a+b$　$-a+b=2$ …… ①
$x=1$，$y=6$ を代入すると
$6=a+b$　$a+b=6$ …… ②
①+② より　$2b=8$　$b=4$
$b=4$ を ① に代入すると　$a=2$
よって，3 点を通る直線の式は　$y=2x+4$
この直線が点 $(-4, k)$ を通るから，$y=2x+4$ に $x=-4$，$y=k$ を代入して
$k=2\times(-4)+4=-4$
別解　2 点 $(-1, 2)$，$(1, 6)$ を通る直線の傾きは
$$\frac{6-2}{1-(-1)}=\frac{4}{2}=2$$
2 点 $(-1, 2)$，$(-4, k)$ を通る直線の傾きは
$$\frac{k-2}{-4-(-1)}=-\frac{k-2}{3}$$

これらが等しいから　$-\frac{k-2}{3}=2$

両辺に -3 をかけて　$k-2=-6$　$k=-4$

問題 8 $(4,\ 8)$

解説

動く点の座標を文字で表す。

Pの x 座標を t とすると　$P(t,\ 2t)$，$Q(t,\ 0)$

$y=2t$ を $y=-\frac{1}{3}x+12$ に代入すると

$$2t=-\frac{1}{3}x+12 \qquad x=-6t+36$$

よって　$S(-6t+36,\ 2t)$

したがって　$PQ=2t$,

$PS=(-6t+36)-t=-7t+36$

四角形 PQRS が正方形となるのは，$PQ=PS$ のときであるから　$2t=-7t+36$

$9t=36 \qquad t=4$

よって　$P(4,\ 8)$

問題 9 (1)　$y=\frac{2}{3}x+4$　　(2)　18

解説

(1)　直線 AB の傾きは　$\frac{8-2}{6-(-3)}=\frac{6}{9}=\frac{2}{3}$

よって，直線 AB の式は $y=\frac{2}{3}x+b$ と表すことができる。

点 $(-3,\ 2)$ を通るから，$x=-3$，$y=2$ を代入すると　$2=\frac{2}{3}\times(-3)+b$　　$b=4$

よって，直線 AB の式は　　$y=\frac{2}{3}x+4$

(2)　直線 AB と y 軸の交点をCとすると，$C(0,\ 4)$ で

$\triangle OAB$

$=\triangle OAC+\triangle OBC$

$=\frac{1}{2}\times4\times3+\frac{1}{2}\times4\times6$

$=6+12=18$

参考　2点A，Bから x 軸にひいた垂線と x 軸との交点をそれぞれD，Eとして

[1]　$\triangle OAB$

$=(\text{台形 ADEB})-\triangle OAD-\triangle OBE$

[2]　$\triangle OAB=\triangle CDE$ ← $\triangle OAC=\triangle ODC$, $\triangle OBC=\triangle OEC$

を利用してもよい。

問題 10 $y=-\frac{1}{6}x+2$

解説

$C(0,\ 2)$ とし，直線 ℓ と線分 AB の交点をDとする。直線 ℓ は直線 CD であるから，その式は $y=ax+2$ と表すことができる。

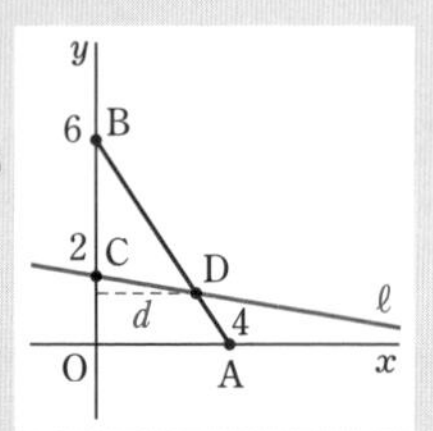

$\triangle OAB=\frac{1}{2}\times4\times6=12$

であるから，$\triangle BCD=6$ となればよい。

点Dから y 軸までの距離を d とすると，

$BC=4$ であるから

$$\triangle BCD=\frac{1}{2}\times4\times d=2d$$

$2d=6$ から　$d=3$　　よって，Dの x 座標は3

また，直線 AB の式は　$y=-\frac{3}{2}x+6$ …… ①

① に $x=3$ を代入すると

$$y=-\frac{9}{2}+6=\frac{3}{2} \qquad \text{よって}\quad D\left(3,\ \frac{3}{2}\right)$$

$a=\dfrac{\frac{3}{2}-2}{3-0}=-\frac{1}{2}\div3=-\frac{1}{6}$ より，求める直線は

$y=-\frac{1}{6}x+2$ ← 変化の割合から傾き a を求めた

問題 11 $\left(0,\ \frac{13}{4}\right)$

解説

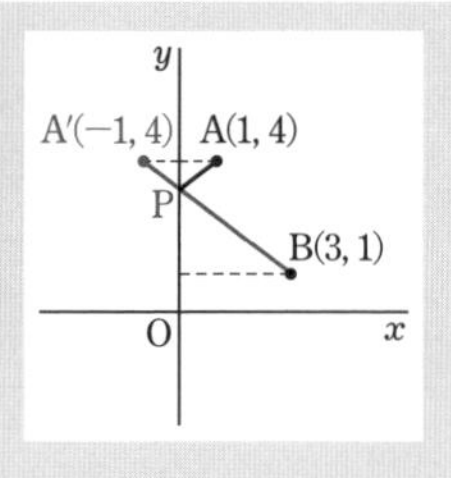

y 軸に関して点Aと対称な点を A′ とすると，直線 A′B と y 軸の交点をPとすればよい。

直線 A′B の傾きは

$$\frac{1-4}{3-(-1)}=-\frac{3}{4}$$

よって，直線 A′B の式は $y=-\frac{3}{4}x+b$ と表すことができる。$x=3$，$y=1$ を代入すると

$1=-\frac{3}{4}\times3+b \qquad b=\frac{13}{4}$

したがって，直線 A′B の式は　$y=-\frac{3}{4}x+\frac{13}{4}$

よって　$\mathrm{P}\left(0,\ \frac{13}{4}\right)$

参考　y 軸に関して点Bと対称な点を B′ として，直線 AB′ と y 軸の交点をPとしてもよい。

問題 12　180°

解説

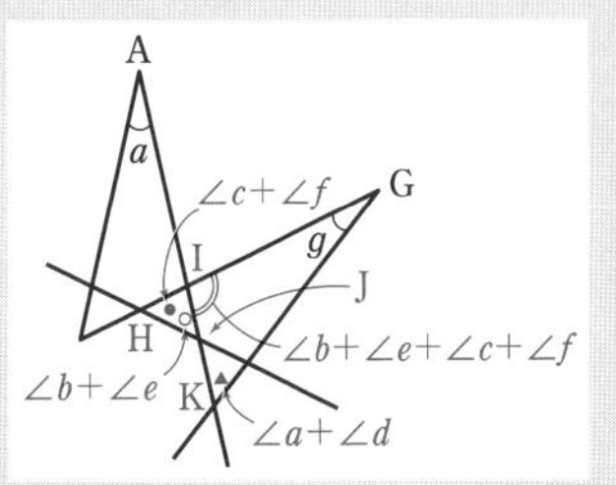

上の図のように，点 H，I，J，K をとると，三角形の内角と外角の性質から

$\angle\mathrm{GHF}=\angle c+\angle f$，$\angle\mathrm{AJB}=\angle b+\angle e$，

$\angle\mathrm{AKG}=\angle a+\angle d$，

$\angle\mathrm{GIK}=\angle b+\angle e+\angle c+\angle f$

よって，△GIK において，三角形の内角の和は 180° であるから

$\angle g+(\angle b+\angle e+\angle c+\angle f)+(\angle a+\angle d)$

$=180^\circ$

$\angle a+\angle b+\angle c+\angle d+\angle e+\angle f+\angle g=180^\circ$

問題 13　問題文のように点Lをとる。

このとき，

AN＝CN，

MN＝LN

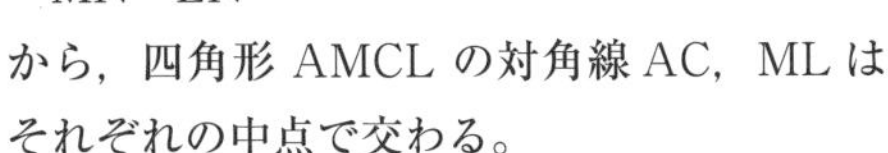

から，四角形 AMCL の対角線 AC，ML はそれぞれの中点で交わる。

よって，四角形 AMCL は平行四辺形である。

したがって　AM∥LC，AM＝LC

AM∥LC であるから　MB∥LC

AM＝MB であるから　MB＝LC

よって，四角形 MBCL は1組の対辺が平行でその長さが等しいから，平行四辺形である。

よって　　ML∥BC，　　ML＝BC

点Nは線分 ML の中点であるから

$\mathrm{MN}\parallel\mathrm{BC}$，　　$\mathrm{MN}=\frac{1}{2}\mathrm{BC}$

問題 14　点Cを通り，PM に平行にひいた直線と辺 AB の交点をQとすればよい

解説

点Cを通り PM に平行にひいた直線と辺 AB の交点をQとする。

このとき，PM∥CQ から

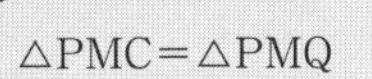

△PMC＝△PMQ

よって

△ACM＝△APQ

$\triangle\mathrm{ACM}=\frac{1}{2}\times\triangle\mathrm{ABC}$ であるから

$\triangle\mathrm{APQ}=\frac{1}{2}\times\triangle\mathrm{ABC}$

問題 15　$\frac{1}{2}$ と $\frac{9}{2}$

解説

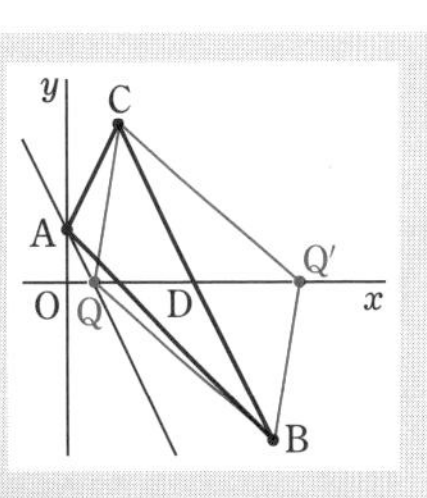

△QBC と △ABC は辺 BC が共通であるから，QA∥BC のとき △QBC＝△ABC となる。

直線 BC の傾きは

$\frac{3-(-3)}{1-4}=-2$

A(0, 1) であるから，直線 QA の式は $y=-2x+1$ と表すことができる。

この式に $y=0$ を代入すると　$x=\frac{1}{2}$

よって，求める x 座標の1つは　$\frac{1}{2}$

また，直線BCと x 軸の交点をDとし，点Dに関して点Qと対称な点を Q′ とすると，

QD=Q′D より

$$\triangle QBC=\triangle Q'BC \cdots\cdots (*)$$

直線BCの式を $y=-2x+b$ として，$x=1$，$y=3$ を代入すると　$3=-2+b$　$b=5$

よって，直線BCの式は $y=-2x+5$ であり，

$y=0$ を代入すると　$x=\frac{5}{2}$

$Q\left(\frac{1}{2},\ 0\right)$，$D\left(\frac{5}{2},\ 0\right)$ より，$QD=\frac{5}{2}-\frac{1}{2}=2$ であるから，点 Q′ の x 座標は　$\frac{5}{2}+2=\frac{9}{2}$

よって，求める点Qの x 座標は　$\frac{1}{2}$ と $\frac{9}{2}$

参考　(＊)について，QD=Q′D であるから，高さが共通な △CQD と △CQ′D の面積は等しい。△BQD と △BQ′D の面積も等しい。

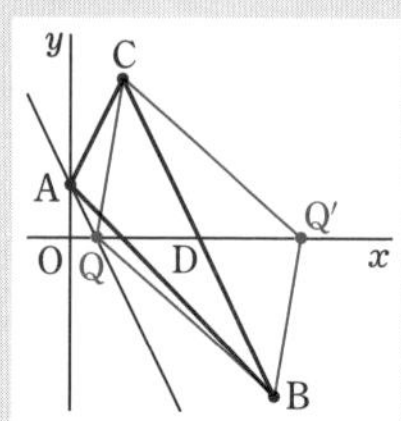

よって

$$\triangle CQD+\triangle BQD=\triangle CQ'D+\triangle BQ'D$$

したがって

$$\triangle QBC=\triangle Q'BC$$

問題16　$\frac{1}{4}$

解説

さいころを2回投げるとき，目の出方は全部で

$$6\times6=36\ (通り)$$

点Pが -2 の位置にあるのは，2回のさいころの目がともに偶数のときである。

1回目に出た目を a，2回目に出た目を b として $(a,\ b)$ のように表すと，次の9通りある。

(2, 2)，(2, 4)，(2, 6)，
(4, 2)，(4, 4)，(4, 6)，
(6, 2)，(6, 4)，(6, 6)

←偶数は，1回目も2回目も2，4，6の3通りあるから $3\times3=9$ (通り)

よって，点Pが -2 の位置にある確率は

$$\frac{9}{36}=\frac{1}{4}$$

問題17　$\frac{2}{9}$

解説

大小2つのさいころの目の出方は全部で

$$6\times6=36\ (通り)$$

大きいさいころの出た目を a，小さいさいころの出た目を b として $(a,\ b)$ のように表す。

[1]　頂点Aに止まるとき
　大きいさいころの目は　4
　小さいさいころの目は　2，6　であるから
　　(4, 2)，(4, 6) の2通り

[2]　頂点Bに止まるとき
　大きいさいころの目は　1，5
　小さいさいころの目は　3　であるから
　　(1, 3)，(5, 3) の2通り

[3]　頂点Cに止まるとき
　大きいさいころの目は　2，6
　小さいさいころの目は　4　であるから
　　(2, 4)，(6, 4) の2通り

[4]　頂点Dに止まるとき
　大きいさいころの目は　3
　小さいさいころの目は　1，5　であるから
　　(3, 1)，(3, 5) の2通り

よって，同じ頂点に止まるのは

$$2\times4=8\ (通り)$$

したがって，求める確率は　$\frac{8}{36}=\frac{2}{9}$

問題18　(1)　4　(2)　$\frac{1}{12}$　(3)　$\frac{1}{3}$　(4)　$\frac{1}{18}$

解説

(1)　点Pの座標は (2, 2) であるから

$$\triangle PAB=\frac{1}{2}\times2\times(6-2)=4$$

(2)　さいころを2回投げるとき，その目の出方は全部で　$6\times6=36$ (通り)

△PAB の面積が4となるのは，(1) より点Pが，点 (2, 2) を通り直線ABに平行な

直線上にあるときである。

直線 AB の傾きは $\frac{2-0}{6-2}=\frac{1}{2}$ であるから，

点Pの座標は (2, 2)，(4, 3)，(6, 4) の3通り。

よって，求める確率は　$\frac{3}{36}=\frac{1}{12}$

(3)　点Pの座標が (2, 4) のとき　$\triangle PAB=8$

よって，$\triangle PAB$ の面積が8以上となるのは，点Pが，点 (2, 4) を通り直線 AB に平行な直線上にあるか，その上側にあるときである。

このとき，点Pの座標は

(1, 4)，(1, 5)，(1, 6)，(2, 4)，(2, 5)，(2, 6)，(3, 5)，(3, 6)，(4, 5)，(4, 6)，(5, 6)，(6, 6)

の12通り。

したがって，求める確率は　$\frac{12}{36}=\frac{1}{3}$

(4)　$\triangle PAB$ が直角二等辺三角形となるのは，点Pの座標が　(3, 3)，(4, 6) ←PA=PB のときと，BA=BP のとき

のときの2通りある。

よって，求める確率は

$\frac{2}{36}=\frac{1}{18}$

第1章 第2章 第3章 第4章 第5章 第6章 第7章 入試対策編

入試対策問題

➡本冊 p. 203

1 (1) $5x-2y$　(2) $2a+\frac{5}{2}b$

(3) $\frac{13a+18b}{20}$　(4) $\frac{14x-y}{12}$

(5) $\frac{4x+7y}{12}$　(6) $\frac{2x-9y}{6}$

(7) $\frac{8x-3y}{3}$　(8) $\frac{x}{4}$

(9) $\frac{a-5b}{12}$　(10) $\frac{x+y-2}{2}$

解説

(1) $(7x+y)-4\left(\frac{1}{2}x+\frac{3}{4}y\right)=7x+y-2x-3y$

$=5x-2y$

(2) $3(2a+b)-5\left(\frac{4}{5}a+\frac{1}{10}b\right)$

$=6a+3b-4a-\frac{1}{2}b=2a+\frac{5}{2}b$

(3) $\frac{5a-2b}{4}-\frac{3a-7b}{5}$

$=\frac{5(5a-2b)-4(3a-7b)}{20}$

$=\frac{25a-10b-12a+28b}{20}=\frac{13a+18b}{20}$

(4) $\frac{3}{4}(2x-y)-\frac{x-2y}{3}$

$=\frac{9(2x-y)-4(x-2y)}{12}$

$=\frac{18x-9y-4x+8y}{12}=\frac{14x-y}{12}$

(5) $x-\frac{2x-y}{4}-\frac{x-2y}{6}$

$=\frac{12x-3(2x-y)-2(x-2y)}{12}$

$=\frac{12x-6x+3y-2x+4y}{12}=\frac{4x+7y}{12}$

(6) $\frac{4x-y}{2}-\left(\frac{-x+3y}{3}+2x\right)$

$=\frac{4x-y}{2}-\frac{-x+3y}{3}-2x$

$=\frac{3(4x-y)-2(-x+3y)-12x}{6}$

$=\frac{12x-3y+2x-6y-12x}{6}=\frac{2x-9y}{6}$

(7) $\frac{7}{15}x-\frac{3x+5y}{10}+\frac{5x-y}{2}$

$=\frac{14x-3(3x+5y)+15(5x-y)}{30}$

$=\frac{14x-9x-15y+75x-15y}{30}$

$=\frac{80x-30y}{30}=\frac{8x-3y}{3}$

(8) $2x-4y-\frac{5x-3y}{2}+\frac{3x+10y}{4}$

$=\frac{8x-16y-2(5x-3y)+(3x+10y)}{4}$

$=\frac{8x-16y-10x+6y+3x+10y}{4}=\frac{x}{4}$

(9) $\frac{a+b}{4}-\left(\frac{3a}{2}-\frac{4a-2b}{3}\right)$

$=\frac{a+b}{4}-\frac{3a}{2}+\frac{4a-2b}{3}$

$=\frac{3(a+b)-18a+4(4a-2b)}{12}$

$=\frac{3a+3b-18a+16a-8b}{12}=\frac{a-5b}{12}$

(10) $\frac{2x+y-1}{3}-\frac{x-y+4}{6}$

$=\frac{2(2x+y-1)-(x-y+4)}{6}$

$=\frac{4x+2y-2-x+y-4}{6}$

$=\frac{3x+3y-6}{6}=\frac{x+y-2}{2}$

2 (1) $-70ab^2$　(2) $27y$　(3) $-12xy$

(4) $8a^3b^2$　(5) $3a^3b^4$　(6) $-\frac{1}{5}x^3y$

(7) $18x^5y$　(8) $-\frac{8}{9}x^2y^2$　(9) $\frac{5}{32}x^7y^5$

(10) $-72x^2y^5$

解説

指数法則　① $a^m\times a^n=a^{m+n}$

② $(a^m)^n=a^{mn}$　③ $(ab)^n=a^nb^n$

(1) $4a^2b\div\left(-\frac{2}{5}ab\right)\times 7b^2$

$=4a^2b\times\left(-\frac{5}{2ab}\right)\times7b^2=-70ab^2$

(2) $12x^2y\times(-3y)^2\div(2xy)^2$

$=12x^2y\times9y^2\div4x^2y^2$

$=\frac{12x^2y\times9y^2}{4x^2y^2}=27y$

(3) $\frac{2}{3}x^2y^3\div\left(-\frac{1}{8}xy\right)\div\frac{4}{9}y$

$=\frac{2}{3}x^2y^3\times\left(-\frac{8}{xy}\right)\times\frac{9}{4y}=-12xy$

(4) $-12ab\times(-2a^2b)^2\div(-6a^2b)$

$=\frac{12ab\times4a^4b^2}{6a^2b}=8a^3b^2$

(5) $4a^3b^2\div3a^2b^4\times\left(-\frac{3}{2}ab^3\right)^2$

$=\frac{4a^3b^2}{3a^2b^4}\times\frac{9a^2b^6}{4}=3a^3b^4$

(6) $\left(\frac{2}{5}xy^2\right)^2\div\left(-\frac{2y}{x}\right)^2\div\left(-\frac{1}{5}xy\right)$

$=\frac{4x^2y^4}{25}\times\frac{x^2}{4y^2}\times\left(-\frac{5}{xy}\right)=-\frac{1}{5}x^3y$

(7) $4xy^3\div\left(\frac{y}{3x}\right)^2\times\frac{1}{2}x^2=4xy^3\div\frac{y^2}{9x^2}\times\frac{x^2}{2}$

$=4xy^3\times\frac{9x^2}{y^2}\times\frac{x^2}{2}=18x^5y$

(8) $\left(-\frac{1}{3}x^2y\right)^3\div\left(\frac{2}{3}x^2y^3\right)\times\left(-\frac{4y}{x}\right)^2$

$=-\frac{x^6y^3}{27}\times\frac{3}{2x^2y^3}\times\frac{16y^2}{x^2}$ ←符号は−

$=-\frac{8}{9}x^2y^2$

(9) $\left(-\frac{2}{3}x^2y\right)^3\div\left(-\frac{8}{9}xy\right)^2\times\left(-\frac{5}{12}x^3y^4\right)$

$=-\frac{8x^6y^3}{27}\div\frac{64x^2y^2}{81}\times\left(-\frac{5x^3y^4}{12}\right)$ ←符号は＋

$=\frac{8x^6y^3}{27}\times\frac{81}{64x^2y^2}\times\frac{5x^3y^4}{12}=\frac{5}{32}x^7y^5$

(10) $(-2x^2y)^3\div\left(-\frac{1}{3}x^3y\right)^2\times(-xy^2)^2$

$=(-8x^6y^3)\div\frac{x^6y^2}{9}\times x^2y^4$ ←符号は−

$=-8x^6y^3\times\frac{9}{x^6y^2}\times x^2y^4=-72x^2y^5$

3 (1) -4 (2) 4 (3) $-\frac{9}{2}$

解説

(1) $3(2x-3y)-(x-8y)=6x-9y-x+8y$

$=5x-y$

$x=-\frac{1}{5}$, $y=3$ を代入すると

$5\times\left(-\frac{1}{5}\right)-3=-4$

(2) $6xy\div(-2x)^2\times(-12x^2y)$

$=6xy\div4x^2\times(-12x^2y)$

$=-\frac{6xy\times12x^2y}{4x^2}=-18xy^2$

$x=-2$, $y=\frac{1}{3}$ を代入すると

$-18\times(-2)\times\left(\frac{1}{3}\right)^2=4$

(3) $\frac{1}{6}a^2b\times a^3b^2\div\left(-\frac{1}{2}ab\right)^2$

$=\frac{a^2b}{6}\times a^3b^2\div\frac{a^2b^2}{4}$

$=\frac{a^2b}{6}\times a^3b^2\times\frac{4}{a^2b^2}=\frac{2}{3}a^3b$

$a=-3$, $b=\frac{1}{4}$ を代入すると

$\frac{2}{3}\times(-3)^3\times\frac{1}{4}=-\frac{9}{2}$

4 5円硬貨の枚数を b 枚とすると，1円硬貨の枚数は　$(36-b)$ 枚

よって　$a=5b+(36-b)=4b+36=4(b+9)$

$b+9$ は整数であるから，$4(b+9)$ は4の倍数である。したがって，a は4の倍数である。

5 69，87

解説

a の十の位を m，一の位を n とすると，

$a=10m+n$（n は奇数）と表すことができる。

このとき，$b=10n+m$ であるから

$\frac{a+b}{8}=\frac{10m+n+10n+m}{8}=\frac{11(m+n)}{8}$

この値が20以上21以下であるとき，

$160\leqq11(m+n)\leqq168$

$11\times15=165$ であるから　$m+n=15$ …… ①

n は奇数であるから，① を満たす (m, n) の組合せは　$(6, 9)$，$(8, 7)$ ←m，n は 1 けたの数
よって，求める a の値は　69，87

6

(1)　**6 回目**　(2)　**3，6，9**　(3)　**1**
(4)　**74 回目**

解説

(1)　$7 \longrightarrow 10 \longrightarrow 5 \longrightarrow 8 \longrightarrow 4 \longrightarrow 2 \longrightarrow 1$
（1 回目　2 回目　3 回目　4 回目　5 回目　6 回目）

よって，7 のときは 6 回目の操作のあとで，はじめて 1 が現れる。

(2)　(1) の操作より，1，2，4，5，7，8 は，繰り返し操作を行うと 1 が現れることがわかる。

3，6，9 について繰り返し操作を行うと

$3 \longrightarrow 6 \longrightarrow 3 \longrightarrow 6 \longrightarrow \cdots$

$6 \longrightarrow 3 \longrightarrow 6 \longrightarrow 3 \longrightarrow \cdots$

$9 \longrightarrow 12 \longrightarrow 6 \longrightarrow 3 \longrightarrow 6 \longrightarrow \cdots$

よって，3，6，9 は何回操作を行っても 1 が現れない。

(3)　$4 \longrightarrow 2 \longrightarrow 1 \longrightarrow 4 \longrightarrow 2 \longrightarrow 1 \longrightarrow \cdots$
（1 回目　2 回目　3 回目　4 回目　5 回目）

3 回ごとに 4 に戻り，以下

$2 \longrightarrow 1 \longrightarrow 4$　が繰り返される。

$8=3\times2+2$ より 8 回目のあとは 2 回目のあとと同じで　1

(4)　2 度目の 1 は　　$2+3\times(2-1)=5$ 回目

3 度目の 1 は　　$2+3\times(3-1)=8$ 回目

25 度目の 1 は　　$2+3\times(25-1)=74$ 回目

7

5π cm

解説

半円の周の長さは　直径$\times\pi\times\frac{1}{2}$

1 つの円の直径を a cm とすると，太線の長さは

$$\{\pi a+\pi(10-a)\}\times\frac{1}{2}=(\pi a+10\pi-\pi a)\times\frac{1}{2}$$
$$=5\pi\ (\text{cm})$$

8

$y=2x-12$

解説

歩いた道のりは $(x-y)$ km と表すことができるから　$\frac{y}{6}+\frac{x-y}{3}=2$

両辺に 6 をかけて　$y+2(x-y)=12$

$2x-y=12$　　$y=2x-12$ ←$y=$ の形で表す

9

(1)　$x=-5$，$y=3$　(2)　$x=-4$，$y=3$

(3)　$x=-5$，$y=1$　(4)　$x=\frac{3}{4}$，$y=-1$

(5)　$x=-2$，$y=\frac{1}{2}$　(6)　$x=\frac{5}{2}$，$y=-1$

解説

(1)　(第 1 式)×6 から

$x-3+6y=10$　　$x+6y=13$ …… ①

第 2 式から　　$-x-y=x+7$

$-2x-y=7$ …… ②

①×2+② より　$11y=33$　$y=3$

$y=3$ を ① に代入すると

$x+18=13$　　$x=-5$

よって　　$x=-5$，$y=3$

(2)　(第 1 式)×6 から

$24-3(y-1)=2(1-2x)$ ←$24-3y+3=2-4x$

整理して　　$4x-3y=-25$ …… ①

また　　$x+6y=14$ …… ② とする。

①×2+② より　$9x=-36$　　$x=-4$

$x=-4$ を ② に代入すると

$-4+6y=14$　　$6y=18$　　$y=3$

よって　　$x=-4$，$y=3$

(3)　第 1 式から　$10x-5y-9x+12y=2$

$x+7y=2$ …… ①

(第 2 式)×10 から

$5x+28y=3$ …… ②

①×5−② より　$7y=7$　　$y=1$

$y=1$ を ① に代入すると

$x+7=2$　　$x=-5$

よって　$x=-5$，$y=1$

(4)　(第 1 式)×4 から

$4x+2y=1$ …… ①

(第 2 式)×20 から　$4(x-3y)=15$

$4x-12y=15$ …… ②

①−② より　$14y=-14$　　$y=-1$

$y=-1$ を ① に代入すると

$4x-2=1 \qquad x=\frac{3}{4}$

よって　$x=\frac{3}{4},\ y=-1$

(5) 第1式から　$3x-4y+1=2x-6y$

$x+2y=-1$ …… ①

(第2式)×4 から

$(-x+2y)-2(x-2y)=9$

$-3x+6y=9 \qquad x-2y=-3$ …… ②

①+② より　$2x=-4 \qquad x=-2$

$x=-2$ を ① に代入すると

$-2+2y=-1 \qquad y=\frac{1}{2}$

よって　$x=-2,\ y=\frac{1}{2}$

(6) $\frac{x}{5}-\frac{y}{2}=1$ …… ①

$0.1x-0.75y=1$ …… ②

①×10 から　$2x-5y=10$ …… ③

②×20 から　$2x-15y=20$ …… ④

③−④ から　$10y=-10 \qquad y=-1$

$y=-1$ を ① に代入すると

$2x+5=10 \qquad x=\frac{5}{2}$

よって　$x=\frac{5}{2},\ y=-1$

10 (1) $x=\frac{5}{8},\ y=-\frac{5}{7}$ (2) $x=-1,\ y=2$

(3) $x=\frac{5}{2},\ y=-\frac{3}{2},\ z=-\frac{1}{2}$

解説

(1) $\frac{1}{x}=X,\ \frac{1}{y}=Y$ とおくと

$$\begin{cases} X-Y=3 & \cdots\cdots ① \\ 2X+3Y=-1 & \cdots\cdots ② \end{cases}$$

①×2−② より　$-5Y=7 \quad Y=-\frac{7}{5}$

$Y=-\frac{7}{5}$ を ① に代入すると

$X+\frac{7}{5}=3 \qquad X=\frac{8}{5}$

よって　$x=\frac{1}{X}=\frac{5}{8},\ y=\frac{1}{Y}=-\frac{5}{7}$

(2) (第1式)×15 から

$5(x-y)+6(y-2)=3(1-3y)$

$5x-5y+6y-12=3-9y$

$x+2y=3$ …… ①

(第2式) から　$2(3-2x)=5y$

$4x+5y=6$ …… ②

①×4−② より　$3y=6 \quad y=2$

$y=2$ を ① に代入すると

$x+4=3 \qquad x=-1$

よって　$x=-1,\ y=2$

(3) $x+y=1$ …… ①, $y+z=-2$ …… ②,

$z+x=2$ …… ③　とすると

①−② より　$x-z=3$ …… ④

③+④ より　$2x=5 \qquad x=\frac{5}{2}$

$x=\frac{5}{2}$ を ① に代入すると

$\frac{5}{2}+y=1 \qquad y=-\frac{3}{2}$

$x=\frac{5}{2}$ を ③ に代入すると

$z+\frac{5}{2}=2 \qquad z=-\frac{1}{2}$

よって　$x=\frac{5}{2},\ y=-\frac{3}{2},\ z=-\frac{1}{2}$

別解　①+②+③ から　$2x+2y+2z=1$

$x+y+z=\frac{1}{2}$ …… ④

④−② から $x=\frac{5}{2}$　④−③ から $y=-\frac{3}{2}$

④−① から　$z=-\frac{1}{2}$

11 $a=\frac{1}{3},\ b=\frac{3}{2}$

解説

$$\begin{cases} -x+2y=-2 & \cdots\cdots ① \\ ax+by=5 & \cdots\cdots ② \end{cases}$$

$$\begin{cases} 2x-3y=6 & \cdots\cdots ③ \\ ax-by=-1 & \cdots\cdots ④ \end{cases}$$ とする。

$$\begin{cases} -x+2y=-2 & \cdots\cdots ① \\ 2x-3y=6 & \cdots\cdots ③ \end{cases}$$ について

①×2+③ より　$y=2$

$y=2$ を ① に代入すると

$-x+2\times2=-2 \qquad x=6$

よって　$x=6,\ y=2$

$x=6,\ y=2$ を ②，④ に代入して

$$\begin{cases} 6a+2b=5 & \cdots\cdots ⑤ \\ 6a-2b=-1 & \cdots\cdots ⑥ \end{cases}$$

⑤+⑥ より　$12a=4 \qquad a=\frac{1}{3}$

$a=\frac{1}{3}$ を ⑤ に代入すると

$$2+2b=5 \qquad b=\frac{3}{2}$$

したがって　$a=\frac{1}{3},\ b=\frac{3}{2}$

12 ほうれん草 75 g，ごま 8 g

解説

ほうれん草を x g，ごまを y g とすると

$$\begin{cases} x+y=83 & \cdots\cdots ① \\ \frac{54}{270}x+\frac{60}{10}y=63 & \cdots\cdots ② \end{cases}$$

② より　$\frac{1}{5}x+6y=63$

両辺に 5 をかけて　$x+30y=315$ ……③

③−① から　$29y=232 \qquad y=8$

$y=8$ を ① に代入すると

$$x+8=83 \qquad x=75$$

13 A 420 個，B 480 個

解説

A を x 個，B を y 個仕入れたとする。

1 日目の売れた総数について

$$\frac{75}{100}x+\frac{30}{100}y=\frac{1}{2}(x+y)+9$$

$$15x+6y=10(x+y)+180$$

$$5x-4y=180 \quad \cdots\cdots ①$$

2 日目の売れた総数について

$$\left(1-\frac{75}{100}\right)x+\left(1-\frac{30}{100}\right)y\times\frac{1}{2}=273$$

$$\frac{1}{4}x+\frac{7}{20}y=273$$

$$5x+7y=5460 \quad \cdots\cdots ②$$

②−① より　$11y=5280 \qquad y=480$

$y=480$ を ① に代入すると

$$5x-1920=180 \qquad x=420$$

よって，仕入れた A の個数は　420 個，
B の個数は　480 個

14 お弁当 1 個の値段 420 円，お茶 1 本の値段 80 円

解説

お弁当 1 個の値段を x 円，お茶 1 本の値段を y 円とする。

割引クーポン券を利用するとき

$$2x+\frac{1}{2}y+y=960 \qquad 2x+\frac{3}{2}y=960$$

$$4x+3y=1920 \quad \cdots\cdots ①$$

セット割引を利用するとき

$$(x+y-50)\times2=900 \qquad x+y=500 \quad \cdots\cdots ②$$

①−②×3 より　$x=420$

$x=420$ を ② に代入すると　$y=80$

15 (1)　120 g　　(2)　95 g

解説

(1)　8 % の食塩水 x g と 6 % の食塩水 y g を混ぜるとすると，

$$\begin{cases} x+y=300 & \cdots\cdots ① \\ \frac{8}{100}x+\frac{6}{100}y=\frac{6.8}{100}\times300 & \cdots\cdots ② \end{cases}$$

② より　$8x+6y=6.8\times300$

$$4x+3y=1020 \quad \cdots\cdots ③$$

③−①×3 より　$x=120$　←求めるもの

$x=120$ を ① に代入すると　$y=180$

(2)　A を x g，B を y g とすると，C は

$$2(x+y)\text{ g}$$

$$\begin{cases} x+y+2(x+y)=300 & \cdots\cdots ① \\ \frac{8}{100}x+\frac{6}{100}y+\frac{4}{100}\times2(x+y)=\frac{5.3}{100}\times300 & \cdots\cdots ② \end{cases}$$

① より　$x+y=100$ ……③

② より　$8x+6y+8(x+y)=1590$

$$4x+3y+4(x+y)=795$$

$$8x+7y=795 \quad \cdots\cdots ④$$

④−③×7 より　$x=95$　←求めるもの

$x=95$ を ③ に代入すると　$y=5$

16 (1)　180 分　　(2)　48 分

解説

(1)　C管のみを使う場合，90分で満水になるから，C管の1分間の水量は，水そうの $\frac{1}{90}$ である。空の水そうに対して，A管のみを使った場合は a 分で満水に，B管のみを使った場合は b 分で満水になるとすると，A管，B管の1分間の水量は，それぞれ水そうの $\frac{1}{a}$，$\frac{1}{b}$ である。

$$\begin{cases} \frac{1}{a}\times30+\frac{1}{b}\times20=\frac{1}{3} & \cdots\cdots ① \\ \left(\frac{1}{a}+\frac{1}{b}\right)\times48=\left(1-\frac{1}{3}\right) & \cdots\cdots ② \end{cases}$$

$\frac{1}{a}=x$，$\frac{1}{b}=y$ とおく。

① より $30x+20y=\frac{1}{3}$ …… ③

② より $24x+24y=\frac{1}{3}$ …… ④ ← $48x+48y=\frac{2}{3}$

③，④ より　$30x+20y=24x+24y$

$6x=4y$　$y=\frac{3}{2}x$ …… ⑤

⑤ を ③ に代入すると

$30x+30x=\frac{1}{3}$　　$x=\frac{1}{180}$

$x=\frac{1}{180}$ を ③ に代入すると　$\frac{1}{6}+20y=\frac{1}{3}$

$20y=\frac{1}{6}$　　$y=\frac{1}{120}$

$x=\frac{1}{180}$，$y=\frac{1}{120}$ から　$a=180$，$b=120$

(2)　A管とB管の両方を使った時間を t 分とする。

$$\left(\frac{1}{180}+\frac{1}{120}\right)t+\left(\frac{1}{180}+\frac{1}{120}+\frac{1}{90}\right)\times30=1$$

両辺に360をかけて

$(2+3)t+(2+3+4)\times30=360$

$5t+270=360$　　$5t=90$　　$t=18$

よって，満水になるまでにかかる時間は

$18+30=48$（分）

17 (1)　6　　　(2)　$a=\frac{9}{2}$

解説

(1)　変化の割合が2であるから，y の増加量は

$2\times3=6$

(2)　$y=0$ を $y=2x+8$ に代入すると

$0=2x+8$　　$x=-4$

よって，点Pの座標は　$(-4,\ 0)$

線分PQの中点を $M(1,\ 0)$ とすると

$PM=1-(-4)=5$

したがって，$QM=5$ であるから，点Qの x 座標は　$1+5=6$　← つまり $Q(6,\ 0)$

よって，$x=6$，$y=0$ を $y=-\frac{3}{4}x+a$ に代入すると　$0=-\frac{3}{4}\times6+a$　　$a=\frac{9}{2}$

参考　2点 $P(a,\ b)$，$Q(c,\ d)$ について，線分PQの中点の座標は $\left(\frac{a+c}{2},\ \frac{b+d}{2}\right)$ と表される。

このことを利用すると，点Qの x 座標は，次のようにして求めることができる。

$Q(q,\ 0)$ とすると，線分PQの中点の座標が $(1,\ 0)$ であるから

$\frac{(-4)+q}{2}=1$　　$q=6$

18 $a=20$

解説

関数 $y=\frac{a}{x}$ $(a>0)$ のグラフは，右下がりの双曲線であるから，$2\leqq x\leqq5$ のときの y の変域は

$\frac{a}{5}\leqq y\leqq\frac{a}{2}$

関数 $y=-2x+b$ のグラフは，右下がりの直線であるから，$2\leqq x\leqq5$ のときの y の変域は

$-10+b\leqq y\leqq-4+b$

よって　$\frac{a}{5}=-10+b$ …… ①

$\frac{a}{2}=-4+b$ …… ②

① より　$a-5b=-50$ …… ③

② より　$a-2b=-8$ …… ④

③−④ から　$-3b=-42$　　$b=14$

$b=14$ を ④ に代入して　$a-28=-8$

$a=20$　← $a>0$ であるから適する

19 (1)　**(2, 6)**　　(2)　**15**

解説

(1)　① を ② に代入すると

$\frac{5}{2}x+1=-x+8$　　$\frac{7}{2}x=7$　　$x=2$

$x=2$ を ② に代入すると　$y=-2+8=6$

よって，点Aの座標は　(2, 6)

(2)　点B，C，D の座標は

B(0, 1)，C(8, 0)，D(0, 8)

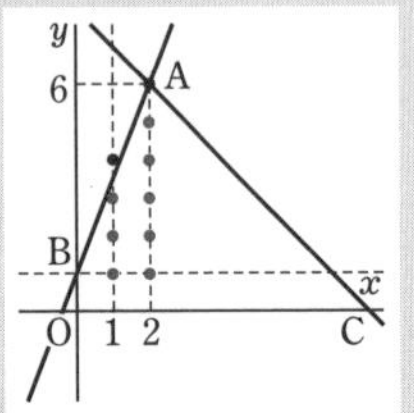

四角形 ABOC の内部にあり，x 座標，y 座標がともに自然数である点の個数は

$x=1$ のとき

$y=1, 2, 3$

$x=2$ のとき　$y=1, 2, 3, 4, 5$

$x=3$ のとき　$y=1, 2, 3, 4$　← $y=-x+8$ 上の点はふくまない

$x=4$ のとき　$y=1, 2, 3$

$x=5$ のとき　$y=1, 2$

$x=6$ のとき　$y=1$

よって　$a=3+5+4+3+2+1=18$

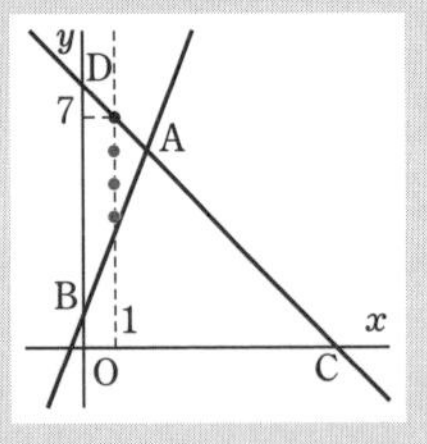

△ADB の内部にあり，x 座標，y 座標がともに自然数である点の個数は

$x=1$ のとき

$y=4, 5, 6$

よって　　$b=3$

したがって　$a-b=18-3=15$

20 (1)　$\boldsymbol{y=2x+4}$　　(2)　**(0, −4)**

(3)　**12**　　(4)　**−6, 2**

解説

(2)　C(0, 4) であるから　D(0, −4)

(3)　△ABD＝△ACD＋△BCD

CD$=4-(-4)=8$ であり，

△ACD$=\frac{1}{2}\times8\times1=4$，

△BCD$=\frac{1}{2}\times8\times2=8$

よって　△ABD$=4+8=12$

(4)　点Pが直線 AB より右側にあるとする。

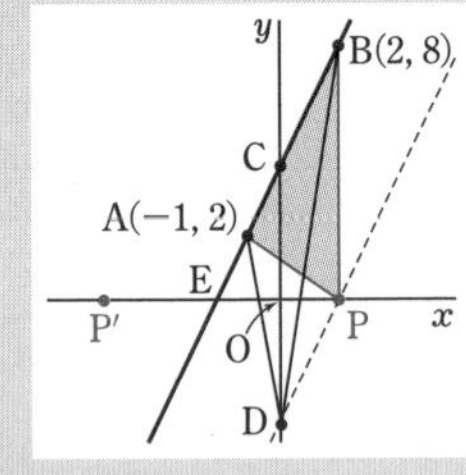

△ABP＝△ABD となるとき

DP∥AB

直線 DP の傾きは 2 であるから，直線 DP の式は　$y=2x-4$

$y=0$ を代入すると

$0=2x-4$　$x=2$

よって，点Pの x 座標は　2

また，直線 AB と x 軸との交点をEとする。

点Eの x 座標は，$0=2x+4$ から　$x=-2$

直線 AB について点Pと反対側の x 軸上に，P′E＝PE となる点 P′ をとると

△ABP′＝△ABP

PE$=2-(-2)=4$ であるから，点 P′ の x 座標は

$-2-4=-6$

よって，求める x 座標は　$-6, 2$

21 $\left(-\frac{2}{3},\ \frac{10}{3}\right)$

解説

$x=1$，$x=4$ を $y=2x$ にそれぞれ代入すると

$y=2\times1=2$，$y=2\times4=8$

よって　A(1, 2)，B(4, 8)

また，$x=-3$ を $y=-\frac{1}{3}x$ に代入すると

$y=-\frac{1}{3}\times(-3)=1$　よって　C(−3, 1)

直線 BC の式は　$y=x+4$

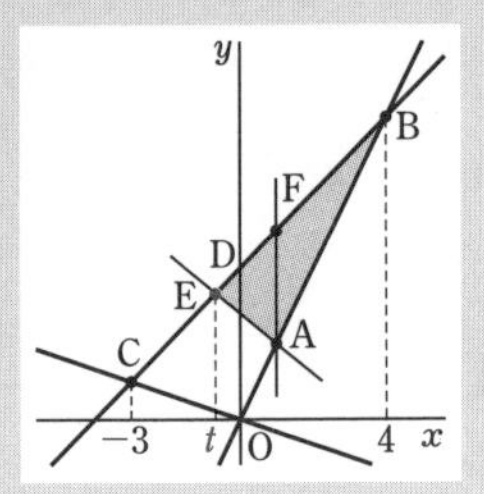

直線 BC と y 軸の交点をDとすると

OD＝4

△OBC

＝△OCD＋△OBD

であり

$\triangle OCD=\frac{1}{2}\times4\times3=6$

$\triangle OBD=\frac{1}{2}\times4\times4=8$

よって　$\triangle OBC=6+8=14$

したがって，点Aを通り $\triangle OBC$ の面積を2等分する直線と直線BCとの交点をEとすると　$\triangle ABE=7$

点Aを通り y 軸に平行な直線をひき，直線BCとの交点をFとすると，点Fの座標は　(1, 5)

$AF=5-2=3$

点Eの x 座標を t とすると，$\triangle ABE$ の面積について，$\triangle ABE=\triangle AEF+\triangle ABF$ から

$\frac{1}{2}\times3\times(1-t)+\frac{1}{2}\times3\times3=7$

$3(1-t)+9=14$　　$t=-\frac{2}{3}$

$x=-\frac{2}{3}$ を $y=x+4$ に代入すると

$y=-\frac{2}{3}+4=\frac{10}{3}$

よって　$E\left(-\frac{2}{3}, \frac{10}{3}\right)$

22 (1) **(−1, −7)**　　(2) **$y=2x-5$**

(3) **$\frac{5}{2}$**

解説

(3) x 軸はACの垂直二等分線であるから　$AP=CP$

$AP+PB=CP+PB$ がもっとも小さくなるのはPが直線BC上にあるときである。

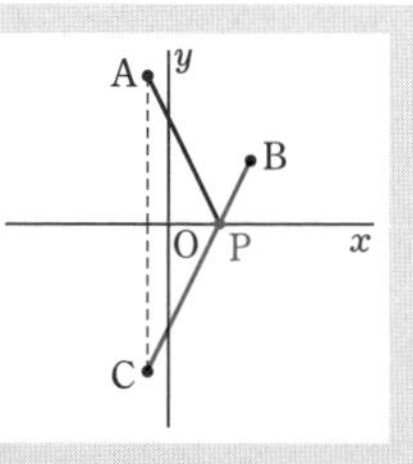

$y=2x-5$ に $y=0$ を代入すると

$0=2x-5$　　$x=\frac{5}{2}$

23 (1) **8分間**　　(2) **毎分 80 m**

(3) **午前9時26分**

解説

(1) 弟は，兄がR地点とP地点を往復する時間に休憩していたから

$1600\times2\div400=8$ (分間)

(2) 兄がP地点からQ地点まで往復するのにかかる時間は

$2400\times2\div400=12$ (分)

よって，兄はP地点を出発してから，$12\times3=36$ (分後) に3往復を終えてP地点に到着する。

弟がP地点からR地点まで行くのにかかる時間は

$1600\div200=8$ (分)

弟はR地点で8分間休憩するから，弟がR地点からP地点に戻るのにかかった時間は

$36-8-8=20$ (分)

したがって，求める速さは

毎分 $1600\div20=80$ (m)

(3) 弟がQ地点に向かう兄とすれちがうのは，P地点を出発してから t 分後とする。

2人が進んだ距離の和について

$400\times(t-24)+80\times(t-16)=1600$

$5(t-24)+(t-16)=20$

$6t=156$　　$t=26$

したがって，求める時刻は　午前9時26分

24 (1) **$y=16$**

(2) **$y=4x$ ($0\leqq x\leqq12$)**

(3) **イ**　　(4) **9秒後と14秒後**

解説

(1) 点PがAを出発してから4秒後，点Pは辺AB上にあり　$AP=1\times4=4$ (cm)

よって　$y=\frac{1}{2}\times4\times8=16$

(2) 点Pが頂点Bに着くのは

$12\div1=12$ (秒後)

よって，点Pが辺AB上を動くとき

$0\leqq x\leqq12$

このとき，$AP=1\times x=x$ (cm) であるから

$y=\frac{1}{2}\times x\times8=4x$

(3) $12\leqq x\leqq20$ のとき，点Pは辺BC上を動き

$CP=20-1\times x=20-x$ (cm)

よって　$y=\frac{1}{2}\times(20-x)\times 12$

すなわち　$y=-6x+120$

この式と(2)より，正しいグラフは　イ

(4)　$0\leqq x\leqq 12$ のとき

$y=36$ を $y=4x$ に代入すると

$36=4x$　　$x=9$

$12\leqq x\leqq 20$ のとき

$y=36$ を $y=-6x+120$ に代入すると

$36=-6x+120$　　$x=14$

よって，求める時間は　9 秒後と 14 秒後

25 (1)　(ア)　**18**

(イ)　**30**

(2)　〔図〕

(3)　(ア)　$\boldsymbol{y=3x}$

(イ)　$\boldsymbol{y=2x}$

(4)　**1 分 20 秒後,**

14 分 20 秒後

(2)

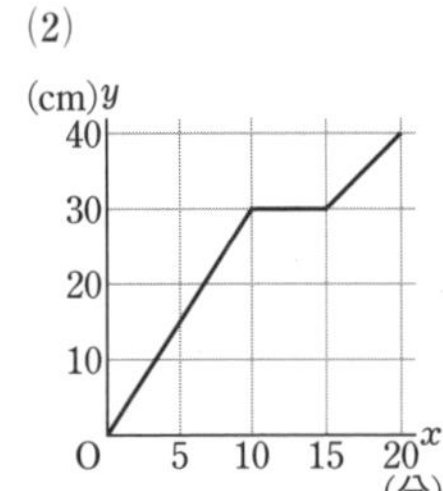

解説

(1)　10 分後にA側の水面の高さは 30 cm になるから，水面の高さは 1 分間に

$30\div 10=3$ (cm)

増加する。

よって，$x=6$ のとき　$y=3\times 6=18$

Bの面積はAの面積の 2 倍であるから，B側の水面の高さは，1 分間に

$3\div 2=\frac{3}{2}$ (cm) ←たまりにくくなる

増加する。

$x=10$ のときB側の水面の高さは

$\frac{3}{2}\times 10=15$ (cm)

10 分を超えると，管 a の水もB側に入るから，B側の水面の高さは 1 分間に 3 cm 増加する。

(a の水も入るから，水面の高さの上がり方はそれまでの 2 倍になる。)

したがって，$x>10$ のとき，B側の水面の高さは 5 分間で

$3\times 5=15$ (cm)

増加する。

よって，$x=15$ のとき，B側の水面の高さは

$15+15=30$ (cm)

このとき　$y=30$

(2)　(1)より

$0\leqq x\leqq 10$ のとき

$y=3x$

$10\leqq x\leqq 15$ のとき

$y=30$

$15\leqq x\leqq 20$ のとき，

y は x に比例して増加するから，

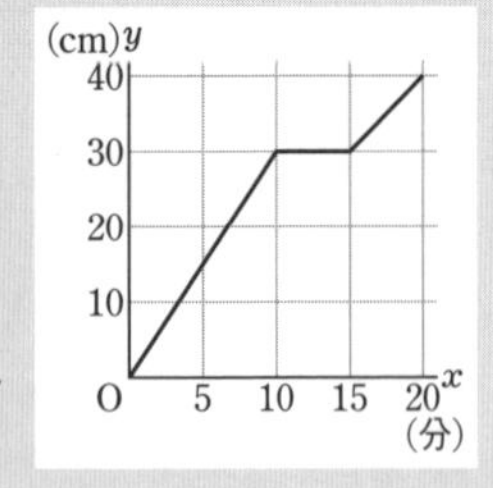

グラフは 2 点 (15, 30), (20, 40) を結ぶ線分である。

よって，グラフは図のようになる。

(3)　(ア)　$y=3x$

(イ)　直線の傾きは　$\frac{40-30}{20-15}=2$

よって，求める式は $y=2x+b$ と表される。

$x=15$ のとき $y=30$ であるから

$30=2\times 15+b$　　$b=0$

したがって　$y=2x$

(4)　管を開いてから t 分後に，A側の水面の高さとB側の水面の高さの差が 2 cm になるとすると，$0\leqq t\leqq 10$ と $10\leqq t\leqq 15$ の場合がある。

$0\leqq t\leqq 10$ のとき　$3t-\frac{3}{2}t=2$

$\frac{3}{2}t=2$　　$t=\frac{4}{3}=1\frac{1}{3}$

$\frac{1}{3}$ 分は $\frac{1}{3}\times 60=20$ (秒) であるから，1 分 20 秒後。

$10\leqq t\leqq 15$ のとき　　$30-\{15+3(t-10)\}=2$

$3t=43$　　$t=\frac{43}{3}=14\frac{1}{3}$

よって，14 分 20 秒後。

したがって，求める時間は

1 分 20 秒後，14 分 20 秒後

26 (1)　**65°**　　(2)　**70°**　　(3)　**106°**

解説

図のように点や直線，角を定める。

(1)　右の図において，内角と外角の性質から

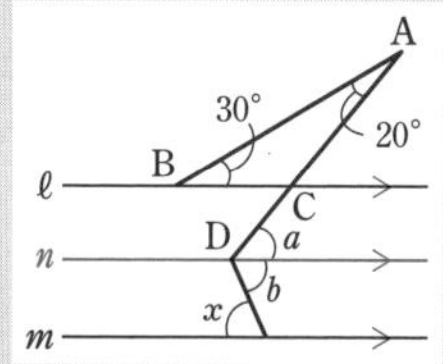

$\angle \mathrm{BCD}$
$=20^\circ+30^\circ=50^\circ$

$\ell /\!/ n$ より，錯角は等しいから　$\angle a=50^\circ$

よって　$\angle b=115^\circ-50^\circ=65^\circ$

$n /\!/ m$ より，錯角は等しいから

$\angle x=65^\circ$

(2)　右の図において，$\ell /\!/ n$ より，同位角は等しいから

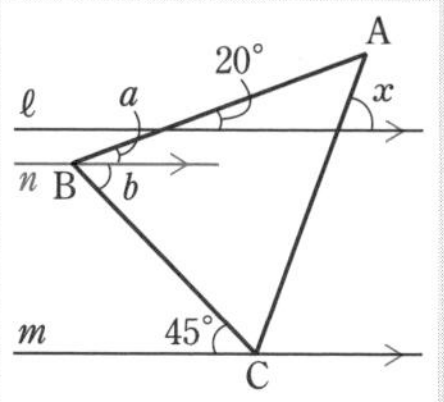

$\angle a=20^\circ$

$n /\!/ m$ より，錯角は等しいから

$\angle b=45^\circ$

よって　$\angle \mathrm{ABC}=20^\circ+45^\circ=65^\circ$

$\triangle \mathrm{ABC}$ は $\mathrm{AB}=\mathrm{AC}$ の二等辺三角形であるから

$\angle \mathrm{BAC}=180^\circ-65^\circ\times 2=50^\circ$

したがって　$\angle x=20^\circ+50^\circ=70^\circ$

(3)　右の図において，$\ell /\!/ m$ より，錯角は等しいから

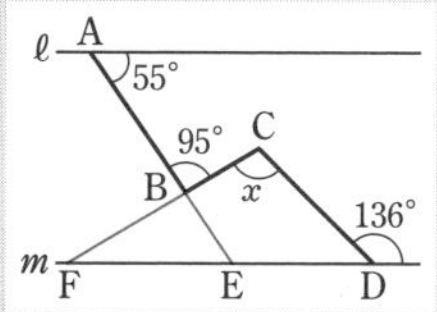

$\angle \mathrm{AEF}=55^\circ$

対頂角は等しいから

$\angle \mathrm{EBF}=95^\circ$

よって，$\triangle \mathrm{BEF}$ において

$\angle \mathrm{BFE}=180^\circ-(55^\circ+95^\circ)=30^\circ$

$\triangle \mathrm{CDF}$ において，内角と外角の性質から

$\angle x=136^\circ-30^\circ=106^\circ$

27 $\angle \mathrm{IJE}=138^\circ$

解説

右の図のように点K，$\angle a$，$\angle b$ を定める。

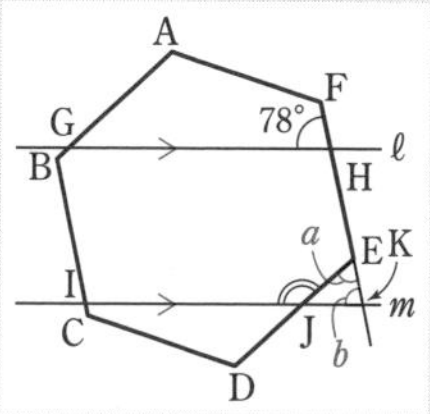

正六角形の 1 つの外角の大きさは

$360^\circ\div 6=60^\circ$

したがって　$\angle a=60^\circ$

$\ell /\!/ m$ より，同位角は等しいから　$\angle b=78^\circ$

よって，$\triangle \mathrm{EJK}$ において

$\angle \mathrm{IJE}=60^\circ+78^\circ=138^\circ$

28 20°

解説

$\angle \mathrm{ABE}=\angle \mathrm{EBC}=\angle a$,

$\angle \mathrm{ACE}=\angle \mathrm{ECD}=\angle b$ とする。

$\triangle \mathrm{ABC}$ において，内角と外角の性質から

$40^\circ+2\angle a=2\angle b$

$\angle b-\angle a=20^\circ$ …… ①

$\triangle \mathrm{BEC}$ において，内角と外角の性質から

$\angle \mathrm{BEC}=\angle b-\angle a$

① より　$\angle \mathrm{BEC}=20^\circ$

29 140°

解説

辺 AD と線分 EC の交点を F とする。

折り返した角は等しいから

$\angle \mathrm{ACB}=\angle \mathrm{ACE}=20^\circ$

よって　$\angle \mathrm{FCB}=20^\circ\times 2=40^\circ$

$\mathrm{AD} /\!/ \mathrm{BC}$ より，錯角は等しいから

$\angle \mathrm{DFC}=\angle \mathrm{FCB}=40^\circ$

したがって　$\angle x=180^\circ-40^\circ=140^\circ$

30 360°

解説

図のように点を定めると，

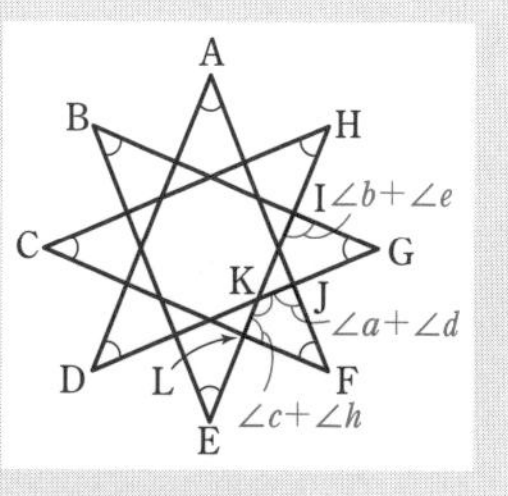

$\triangle \mathrm{ADJ}$ において

$\angle a+\angle d=\angle \mathrm{KJF}$

$\triangle \mathrm{BEI}$ において

$\angle b+\angle e=\angle \mathrm{KIG}$

$\triangle \mathrm{CLH}$ において

$\angle c+\angle h=\angle KLF$
△KGI において
$\angle KIG+\angle G=\angle JKL$
四角形 KLFJ において
$\angle KJF+\angle JKL+\angle KLF+\angle F=360°$
すなわち
$\angle a+\angle d+\angle b+\angle e+\angle g+\angle c+\angle h+\angle f$
$=360°$

31 (1) **60°**

(2) △ABF と △ADE において

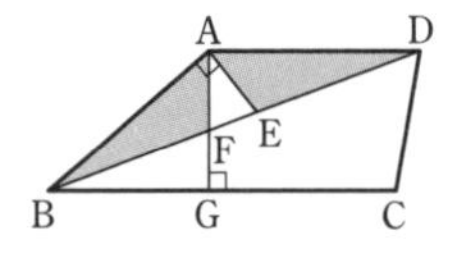

仮定より
AB＝AD …… ①
① より，△ABD は二等辺三角形であるから
$\angle ABF=\angle ADE$ …… ②
また，$\angle BAE=\angle GAD=90°$ であり
$\angle BAF=90°-\angle EAF$
$\angle DAE=90°-\angle EAF$
よって　$\angle BAF=\angle DAE$ …… ③
①，②，③ より，1 組の辺とその両端の角がそれぞれ等しいから
△ABF≡△ADE

解説
(1) AD∥BC より，錯角は等しいから
$\angle DBC=\angle ADB=20°$
よって，△BCD において
$\angle BDC=180°-(20°+100°)=60°$

32 **∠EDF＝38°，∠CFE＝54°**

解説
△CDF は DC＝DF の二等辺三角形であるから
$\angle DFC=\angle DCF=17°$
$\angle CDF=180°-2\times17°=146°$
ここで，正五角形の 1 つの内角は
$180°\times(5-2)\div5=108°$
よって　$\angle EDF=146°-108°=38°$
また，△DEF は DE＝DF の二等辺三角形であるから
$\angle DFE=(180°-38°)\div2=71°$
したがって　$\angle CFE=71°-17°=54°$

33 **35°**

解説
△ABC は AB＝AC の二等辺三角形であるから
$\angle ACB=\angle ABC=65°$
△ECF において，内角と外角の性質から
$\angle CEF=65°-30°=35°$
対頂角は等しいから
$\angle DEA=\angle CEF=35°$

34 △ACD と △BCE において
△ABC と △CDE は正三角形であるから
AC＝BC …… ①
CD＝CE …… ②
また，$\angle ACB=60°$，$\angle DCE=60°$ より
$\angle ACD=\angle ACE+60°$
$\angle BCE=60°+\angle ACE$
よって　$\angle ACD=\angle BCE$ …… ③
①，②，③ より，2 組の辺とその間の角がそれぞれ等しいから　△ACD≡△BCE

35 (1) △BEH と △BEI において

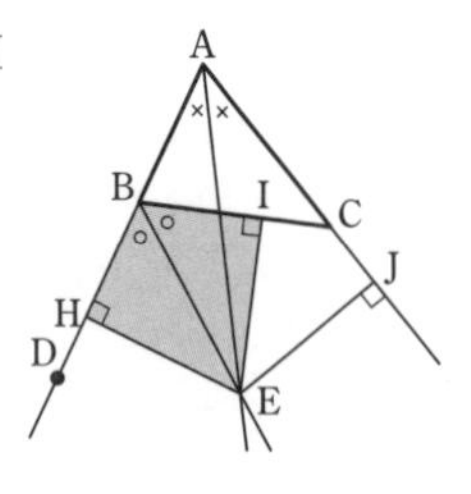

BE＝BE (共通)
仮定より
$\angle EBH=\angle EBI$
$\angle BHE=\angle BIE$
$=90°$
直角三角形の斜辺と 1 つの鋭角がそれぞれ等しいから
△BEH≡△BEI
よって　EH＝EI …… ①
同様にして　△AEH≡△AEJ
よって　EH＝EJ …… ②
①，② から　EI＝EJ

(2)　**70°**

解説

(2)　$\triangle$ABC の内角と外角の性質により

$\angle BCJ = 70^\circ + 70^\circ = 140^\circ$

$\triangle$CEI と $\triangle$CEJ において

CE＝CE（共通）

(1) より　EI＝EJ

仮定から　$\angle CIE = \angle CJE = 90^\circ$

直角三角形の斜辺と他の 1 辺がそれぞれ等しいから　$\triangle CEI \equiv \triangle CEJ$

よって　$\angle ECJ = \frac{1}{2}\angle ICJ = 70^\circ$

36　105°

解説

$\triangle$ABC は正三角形であるから　AB＝AC

四角形 ACDE は正方形であるから　AC＝AE

よって，AB＝AE より，$\triangle$ABE は二等辺三角形である。

$\angle BAE = 60^\circ + 90^\circ = 150^\circ$ であるから

$\angle AEB = (180^\circ - 150^\circ) \div 2 = 15^\circ$

$\triangle$AEF において，内角と外角の性質から

$\angle EFC = 15^\circ + 90^\circ = 105^\circ$

37　72°

解説

直線 AE と辺 BC の交点を F とする。

$\triangle$BFE において

$\angle BFE = 110^\circ - 22^\circ$
$= 88^\circ$

$\triangle$ACF において

$\angle ACF = 88^\circ - 34^\circ$
$= 54^\circ$

BA＝BC であるから

$\angle ABC = 180^\circ - 54^\circ \times 2 = 72^\circ$

ひし形の対角は等しいから

$\angle ADC = \angle ABC = 72^\circ$

38　平行四辺形の対角線はそれぞれの中点で交わるから

OA＝OC ……①

OB＝OD ……②

仮定より AE＝CF であることと，①より

OA－AE＝OC－CF

OE＝OF ……③

②，③より，四角形 EBFD は，対角線がそれぞれの中点で交わるから，平行四辺形である。

39

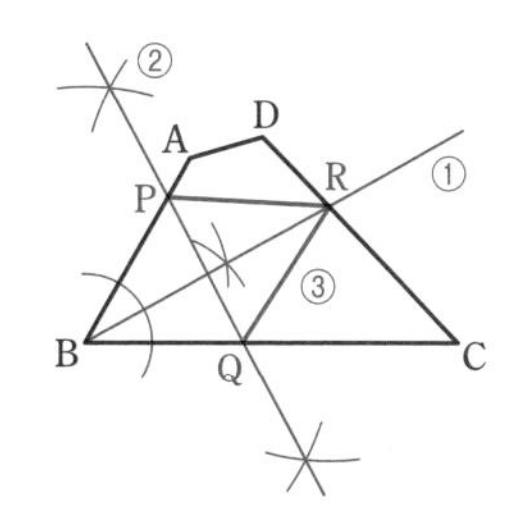

解説

①　$\angle$B の二等分線をひき，辺 CD との交点を R とする。

②　線分 BR の垂直二等分線をひき，辺 AB，辺 BC との交点をそれぞれ P，Q とする。

③　線分 PR，線分 QR をひく。

40　11 cm

解説

DE$/\!/$BC より，錯角は等しいから

$\angle DIB = \angle IBC$，$\angle EIC = \angle ICB$

また　$\angle IBC = \angle IBD$，$\angle ICB = \angle ICE$

よって　$\angle DIB = \angle IBC = \angle IBD$

$\angle EIC = \angle ICB = \angle ICE$

したがって，$\triangle$IBD は DI＝DB の二等辺三角形，$\triangle$ICE は IE＝EC の二等辺三角形である。

よって，$\triangle$ADE の周の長さは

AD＋DI＋IE＋AE

＝(AD＋DB)＋(EC＋AE)

＝AB＋AC＝5＋6

＝11 (cm)

41　点 E と F を結ぶ。

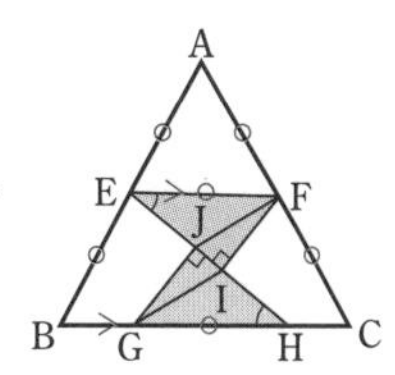

AE＝AF，$\angle A = 60^\circ$ から $\triangle$AEF は正三角形である。

よって

$\angle AEF = \angle ABC$
$= 60°$
同位角が等しいから
EF // BC
△EIF と △HJG において，
仮定から　∠EIF＝∠HJG＝90° …… ①
EF＝AE＝HG
EF // BC より，錯角が等しいから
∠FEI＝∠GHJ
直角三角形の斜辺と 1 つの鋭角がそれぞれ等しいから
△EIF≡△HJG
よって　FI＝GJ
また，① から　FI // GJ
したがって，四角形 FJGI は 1 組の対辺が平行でその長さが等しいから，平行四辺形である。

42 ④

解説
① 人数は 50 人であるから，A 社のデータの中央値は小さい方から 25 番目と 26 番目の通勤時間の平均である。
箱ひげ図より，A 社のデータの中央値は 50 分よりも大きいから，A 社には通勤時間が 50 分以上の人が 25 人以上いる。正しい。
② A 社のデータの最小値は，B 社のデータの最小値よりも小さいから，A 社，B 社を通じて通勤時間がもっとも短い人は A 社にいる。正しい。
③ 箱ひげ図より，A 社のデータの第 1 四分位数は 40 分よりも大きく，B 社のデータの第 1 四分位数は 40 分よりも小さいから，通勤時間が 40 分以下の人は B 社の方が多い。正しい。
④ 箱ひげ図より，A 社のデータの第 3 四分位数は 70 分よりも小さく，B 社のデータの第 3 四分位数は 70 分よりも大きいから，通勤時間が 70 分以上の人は B 社の方が多い。正しくない。
以上より，適切でないものは　④

43 (1) (ア) **B**　(イ) **B**　(2) (i) **正しくない**
(ii) **正しい**　(iii) **正しい**

解説
(1) 箱ひげ図から，90 点の生徒がいるのは B 組のみであるから，生徒 a は ア B 組の生徒である。
A 組の中央値は 60 点であるから，61 点で 20 位を超えることはない。
よって，生徒 b は イ B 組の生徒である。
(2) (i) 箱の長さは A 組の方が長いから，四分位範囲は A 組の方が大きい。
よって，A 組の方が散らばりの程度が大きいといえるから，正しくない。
(ii) A 組の第 1 四分位数は 50 点であり，B 組の最小値は 50 点未満であるから，正しい。
(iii) 得点の低い方からの順番で考える。中央値は，40 人では 20 番目と 21 番目の平均，80 人全体では 40 番目と 41 番目の平均である。
また，A 組の中央値は 60 点，B 組の中央値は 65 点である。
59 点以下は，A 組，B 組とも最大でも 20 番目までであるから，80 人全体の 41 番目は 60 点以上である。41 番目が 60 点のとき，40 番目も 60 点である。
よって，80 人全体の中央値の最小は 60 点である。
66 点以上は，A 組，B 組とも最小でも 21 番目以降であるから，80 人全体の 40 番目は 65 点以下である。40 番目が 65 点のとき，41 番目も 65 点である。
よって，80 人全体の中央値の最大は 65 点である。
よって，60 点以上 65 点以下の範囲にあり，正しい。

44 (1) **順に 25 m，27 m，30 m**　(2) **③，⑤**

解説

(1) 各データの数の和は　375

よって，平均値は　$\frac{375}{15}=25$ (m)

15 人の記録を小さい順に並べると

13, 16, 18, 20, 21, 24, 25, 27,

28, 28, 29, 30, 31, 32, 33

よって，中央値は　27 m

第 3 四分位数は　30 m

(2) 1 回目の記録について

最小値	第 1 四分位数	中央値	第 3 四分位数	最大値
13	20	27	30	33

また，箱ひげ図から，2 回目の記録はだいたい下の通りに読みとれる。

最小値	第 1 四分位数	中央値	第 3 四分位数	最大値
21	24	30	32	39

① 2 回目の記録は 1 回目の中央値 27 より小さいものもあるから，1 回目の中央値以下であった全員の飛距離が伸びたとはいえない。

② ①と同様に，1 回目の中央値以上であった全員の飛距離が伸びたとはいえない。

③ 1 回目下位 3 名の記録は13, 16, 18 で，2 回目の記録の最小値は 21 であるから，下位 3 名全員の飛距離が伸びたといえる。

④ 1 回目上位 3 名の記録は 31, 32, 33 であるが，その 3 名の 2 回目の記録はそれら以下になった可能性もあるから，上位 3 名全員の飛距離が伸びたとはいえない。

⑤ 中央値は 1 回目は 27，2 回目は 30 であり，大きくなったといえる。

⑥ 各生徒の記録が具体的にどのように変化したかは箱ひげ図からわからないため，飛距離が下がった生徒がいなかったとはいえない。

以上から，確実に読みとれるのは ③, ⑤

45 (1) $\frac{1}{4}$　(2) $\frac{1}{2}$　(3) $\frac{1}{4}$

解説

4 個の玉が入った袋の中から 1 個取り出すことを 2 回くり返すとき，その取り出し方は全部で

$4\times4=16$ (通り)

これらは同様に確からしい。

(1) 1 回目，2 回目の玉の取り出し方を（白 1, 赤 1）のように表すと，2 回とも白玉が出るような取り出し方は

（白 1, 白 1),（白 1, 白 2),

（白 2, 白 1),（白 2, 白 2)

の 4 通り。← 1 回目，2 回目ともに 2 通りずつあるから，$2\times2=4$ (通り)

よって，求める確率は　$\frac{4}{16}=\frac{1}{4}$

(2) 2 回とも赤玉が出るような取り出し方は (1) と同様に考えて　$2\times2=4$ (通り)

したがって，2 回とも同じ色の玉が出るような取り出し方は　$4+4=8$ (通り)

よって，求める確率は　$\frac{8}{16}=\frac{1}{2}$

(3) （白 1, 赤 2),（白 2, 赤 1),（赤 1, 白 2),（赤 2, 白 1）の 4 通りあるから，求める確率は　$\frac{4}{16}=\frac{1}{4}$

46 (1) 16 通り　(2) $\frac{3}{16}$

(3) $\frac{5}{16}$　(4) $\frac{7}{16}$

解説

(1) 袋A，袋Bともに 4 通りずつあるから，カードの取り出し方は全部で

$4\times4=16$ (通り)

(2) 取り出し方を (a, b) のように表す。

$a+b=7$ となる場合は

(1, 6), (2, 5), (4, 3)

の 3 通りあるから，求める確率は　$\frac{3}{16}$

(3) $a-b>0$ となる場合は

(4, 3), (8, 3), (8, 5), (8, 6), (8, 7)

の5通りあるから，求める確率は $\frac{5}{16}$

(4) $\frac{ab}{6}$ の値が整数となるのは，ab が6の倍数となる場合である。

$b=3$ のとき　$a=2, 4, 8$

$b=6$ のとき　$a=1, 2, 4, 8$

↑ $a=1$ を忘れずに

の7通りあるから，求める確率は $\frac{7}{16}$

47 (1) $\frac{15}{16}$　　(2) $\frac{7}{16}$

解説

「少なくとも～」とあったら，

CHART (Aでない確率)＝1－(Aである確率)

(1) 4枚の硬貨を同時に投げるとき，表と裏の出方は　$2\times2\times2\times2=16$ (通り)

4枚のうち，裏が1枚も出ないのは，すべて表の場合で1通りである。

よって，求める確率は　$1-\frac{1}{16}=\frac{15}{16}$

(2) 表が出た硬貨の合計金額が，510円以上になるような表と裏の出方は，右の樹形図のようになり，7通りある。

500円　100円　50円　10円

よって，求める確率は $\frac{7}{16}$

48 $\frac{29}{36}$

解説

(ab の約数の個数が3個以上となる確率)

＝1－(ab の約数の個数が2個以下となる確率)

大小2つのさいころの目の出方は

$6\times6=36$ (通り)

ab の約数の個数が2個以下となるのは，ab が1または素数のときである。

目の出方を (a, b) のように表すと，このような場合は　(1, 1)，(1, 2)，(1, 3)，(1, 5)，(2, 1)，(3, 1)，(5, 1)　の7通りある。

よって，求める確率は　$1-\frac{7}{36}=\frac{29}{36}$

49 (1) $\frac{1}{6}$　　(2) (ア) $\frac{1}{36}$　　(イ) $\frac{11}{36}$

解説

(1) 点Pが3の位置にあるのは，さいころの目が3のときの　1通り

よって，求める確率は $\frac{1}{6}$

(2) さいころを2回投げるとき，目の出方は

$6\times6=36$ (通り)

1回目の目が a，2回目の目が b のときの出方を (a, b) のように表す。

(ア) 点Pが2の位置にあるような目の出方は (1, 1) の1通りであるから，確率は

$\frac{1}{36}$

(イ) 点Pが $-2, -1, 0, 1, 2$ の位置にあるような目の出方を考える。

点Pが $-2, 0$ の位置にあることはない。

点Pが -1 の位置にあるような目の出方は (1, 2)，(2, 1)，(3, 4)，(4, 3)，(5, 6)，(6, 5)

点Pが1の位置にあるような目の出方は

(2, 3)，(3, 2)，(4, 5)，(5, 4)

点Pが2の位置にあるような目の出方は，(ア)より　1通り

よって，全部で　$6+4+1=11$ (通り)

したがって，求める確率は　$\frac{11}{36}$

50 (1) $\frac{1}{36}$　　(2) $\frac{1}{18}$　　(3) $\frac{1}{3}$

解説

大小2つのさいころの目の出方は

$6\times6=36$ (通り)

大きいさいころの目が a，小さいさいころの目が b のときの出方を (a, b) のように表す。

(1) 2点P，Qがともに頂点Aの位置にあるのは　(6, 6)　の1通り。

よって，求める確率は $\frac{1}{36}$

(2)　△APQ が正三角形になるのは，右の図の赤い点の位置に P，Q がある場合である。この場合は (2，4)，(4，2) の 2 通り。

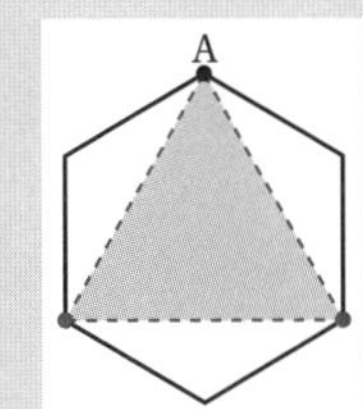

よって，求める確率は　$\frac{2}{36}=\frac{1}{18}$

(3)　点Aの向かい合う点をBとする。
△APQ が直角三角形になるのは，次の場合である。

[1]　点PがBの位置にあるとき
点Qの位置は A，B 以外である。
この場合は (3，1)，(3，2)，(3，4)，(3，5) の 4 通り。

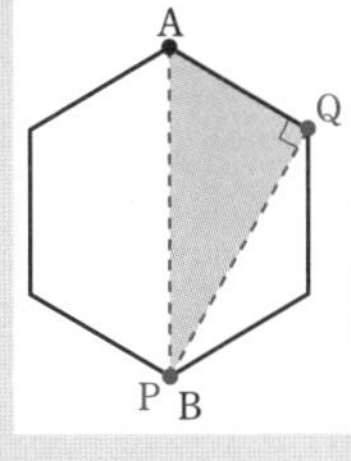

[2]　点QがBの位置にあるとき
点Pの位置は，A，B 以外である。
この場合は (1，3)，(2，3)，(4，3)，(5，3) の 4 通り

[3]　点P，Q が A，B 以外の向かい合う位置にあるとき
点Pの位置は，A，B 以外の 4 通りで，そのおのおのについて，点Qの位置は点Pの向かいである。
この場合は (1，4)，(2，5)，(4，1)，(5，2) の 4 通り。

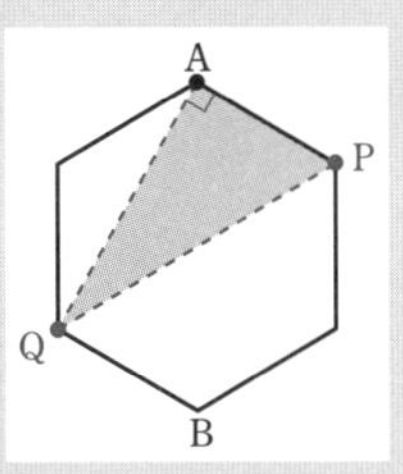

以上から
$4+4+4=12$ (通り)

よって，求める確率は　$\frac{12}{36}=\frac{1}{3}$

参考　(中学 3 年生の内容)
右の図のように正六角形の頂点を通る円をかき，点 A，B，C を定めると，線分 AB は円の直径となるから，円周角の定理により，$\angle ACB=90°$ となる。

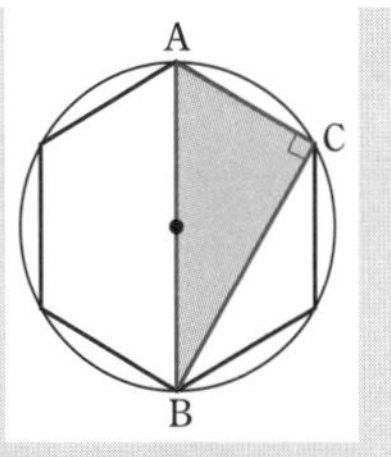

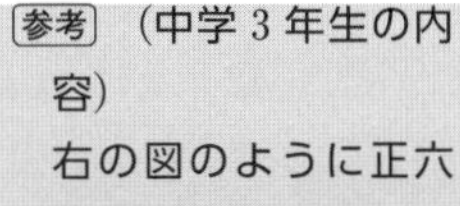

51 $\frac{17}{18}$

解説

大小 2 つのさいころの目の出方は
$6\times6=36$ (通り)
このうち，直線 $y=3ax$ と直線 $y=2bx+1$ が交わらないのは，直線の傾きが等しいとき で $3a=2b$ のときである。
このときの目の出方 $(a,\ b)$ は　(2，3)，(4，6) の 2 通り。
よって，求める確率は　$1-\frac{2}{36}=\frac{17}{18}$

52 $\frac{1}{2}$

解説

4 枚のカードから同時に 2 枚を引くとき，その引き方は，全部で 6 通りある。

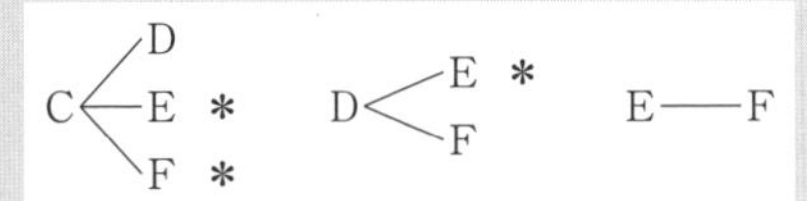

AD∥FC で，辺 FC を共有するから
△DFC＝△AFC
AC∥EF で，辺 AC を共有するから
△AFC＝△AEC
AB∥DC で，辺 AE を共有するから
△AEC＝△AED
よって，△DFC と同じ面積になるのは，上の図で＊印をつけた 3 通りあるから，求める確率は　$\frac{3}{6}=\frac{1}{2}$

53 (1) $\frac{5}{18}$　　(2) $\frac{7}{12}$

解説

2 つのさいころの目の出方は

$6\times6=36$ (通り)

点Pの x 座標について，さいころの出た目の数 a と x 座標は次のように対応する。

a	1	2	3	4	5	6
x 座標	1	1	3	2	5	3

よって，x 座標が 1 となるのは　2 通り

2 となるのは　1 通り

3 となるのは　2 通り

5 となるのは　1 通り

y 座標についても同様である。

(1) 点Pが関数 $y=x$ のグラフ上にあるとき，考えられる点Pの座標と場合の数は

(1, 1) …… $2\times2=4$ (通り)

(2, 2) …… $1\times1=1$ (通り)

(3, 3) …… $2\times2=4$ (通り)

(5, 5) …… $1\times1=1$ (通り)

したがって，全部で

$4+1+4+1=10$ (通り)

よって，求める確率は $\frac{10}{36}=\frac{5}{18}$

(2) 点Pと原点Oとの距離が 4 以下であるとき，考えられる点Pの座標は

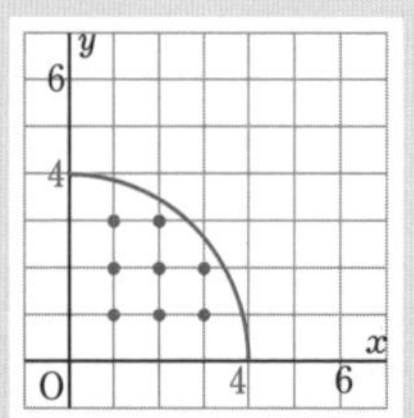

(1, 1)，(1, 2)，(1, 3)，(2, 1)，(2, 2)，(2, 3)，(3, 1)，(3, 2)

場合の数について

(1, 1)，(1, 3)，(3, 1) は，それぞれ

$2\times2=4$ (通り)

(1, 2)，(2, 1)，(2, 3)，(3, 2) は，それぞれ　$2\times1=2$ (通り)

(2, 2) は　1 通り

したがって，全部で

$4\times3+2\times4+1=21$ (通り)

よって，求める確率は $\frac{21}{36}=\frac{7}{12}$

参考 (中学 3 年生の内容)

P(3, 3) とすると，三平方の定理から

$\mathrm{OP}=\sqrt{3^2+3^2}=3\sqrt{2}$　← PとOの距離

$3\sqrt{2}>4$ であるから，(3, 3) はふくまれない。